Asbestzement

Technologie und Projektierung

Von

Dipl.-Ing. **Harald Klos**

Wien

Mit 178 Textabbildungen

1967

Springer-Verlag Wien GmbH

Ursprünglich erschienen bei Springer-Verlag/Wien 1967
Softcover reprint of the hardcover 1st edition 1967

Library of Congress Catalog Card Number 67 – 18161

ISBN 978-3-7091-8170-6 ISBN 978-3-7091-8169-0 (eBook)
DOI 10.1007/978-3-7091-8169-0

Titel Nr. 9207

Vorwort

In Gesprächen mit Asbestzement-Erzeugern, Betriebsleitern, Betriebsleuten und Technologen sowie mit auf diesem Gebiet tätigen Maschinenbauern, Projektanten, Konstrukteuren und für die Inbetriebsetzung verantwortlichen Technikern konnte ich immer wieder feststellen, wie sehr das Fehlen ausreichender Literatur über Asbestzement als Mangel empfunden wird. Dabei konnte ich zusätzlich feststellen, daß selbst die vorhandene Asbestzement-Literatur viel zuwenig bekannt ist. Daraus resultierte mein Entschluß, manches, was in der Literatur aufzufinden war, sowie einiges von den Erfahrungen, die ich als projektierender und konstruierender Ingenieur bei der Inbetriebsetzung mehrerer Anlagen und in Gesprächen mit Kunden und Interessenten gesammelt hatte, systematisch zu ordnen und in Form des vorliegenden Buches einem größeren Kreise zugänglich zu machen.

Das Buch wendet sich in erster Linie an den praktisch tätigen Ingenieur. Von diesem Gesichtspunkt aus habe ich jene Abschnitte kürzer gehalten, die für den Praktiker von geringerer Bedeutung sind, und habe bewußt auf die Behandlung allzu spezieller Probleme verzichtet. Die Asbesttechnologie enthält noch viele Fragen, die nicht restlos geklärt sind. Meine Darstellung, die sich weitgehend auf eigene Erfahrungen stützt, ist daher an manchen Stellen notwendigerweise subjektiv. Ich hoffe jedoch, daß dies kein Mangel ist.

An dieser Stelle ist es mir ein Bedürfnis, allen Firmen, die mir durch Überlassung von Unterlagen, Publikationen, Zeichnungen oder Photographien geholfen haben, meinen aufrichtigen Dank auszusprechen. Die meisten von ihnen sind im Quellenverzeichnis angeführt. Die Unterlagen einiger Firmen mußte ich bei der Straffung des Buches zurückstellen. Meinen Dank möchte ich auch der Fa. M. & R. Siroky aussprechen, die mich bei den Abschlußarbeiten an diesem Buch durch die Beistellung von Technikern und Schreibkräften unterstützt hat.

Wien, im Frühjahr 1967 Harald Klos

Inhaltsverzeichnis

Seite

I. Technologie

1. Einleitung 1
2. Was ist Asbestzement? 2

A. Historische Entwicklung 7

1. Asbest 7
2. Zement 10
3. Asbestzement 12
   a) Verfahren zur Plattenerzeugung 13
   b) Verfahren zur Rohrerzeugung 17
   c) Aufbereitungsverfahren 21
   d) Abbindung und Härtung 22

B. Physikalisch-chemische Grundlagen 23

1. Aufbau der Materie 23
   a) Gase 23
   b) Flüssigkeiten 23
   c) Feste Stoffe 25
2. Disperse Systeme 28
3. Gleichgewichtslehre und Reaktionsgeschwindigkeit 34
4. Thermochemie 38
   a) Chemische Reaktionen 41
   b) Chemische Energie 43

C. Grundstoffe 44

1. Asbest 44
   a) Entstehung 45
   b) Mineralogie 46
   c) Asbestarten 49
   d) Technische Eigenschaften 51
   e) Klassifizierung 55
   f) Asbestosis 58
   g) Asbestgewinnung 58
2. Zement 61
   a) Der Brennprozeß 61
   b) Die Bildung der Portlandzementklinker 63
   c) Die Erhärtungstheorien 65
      α) Zur Frage der physikochemischen Verhaltensweise von Wasser des hydratisierenden Zementes in Beton 70
      β) Das vom Zement gebundene Wasser 73

Seite

d) Die Wärmetönung der Abbindereaktionen 74
e) Geschwindigkeit der Hydratation, Regelung der Abbindezeit 74

3. Das Anmachwasser 75
α) Wasserhärte 76
β) Säuregrad des Wassers — pH-Wert 77

4. Asbestzement 80

D. Das Fertigprodukt 83

1. Die Asbestzement-Platte 83
a) Die Asbestzement-Platte als Dachhaut 83
b) Die Asbestzement-Platte als Wandverkleidung 86
c) Sonderanwendungen von Asbestzement-Platten 87
d) Die Asbestzement-Platte für Fertigbauteile 91

2. Das Asbestzement-Rohr 92
a) Das Druckrohr 92
b) Das Muffenrohr 96
c) Das Vierkantrohr 96
d) Rohrverbindungen 97

3. Andere Produkte aus Asbestzement 101

E. Erzeugung 102

1. Stoffaufbereitung 102
a) Stoffaufbereitung für Naßverfahren 104
α) Trockenaufbereitung 104
β) Naßaufbereitung 107
b) Stoffaufbereitung für Trockenverfahren 111
c) Wasserfilterung 112

2. Plattenerzeugung 113
a) Plattenerzeugung im Naßverfahren 113
b) Gußverfahren 122
c) Erzeugung von Kleinplatten 125
d) Formstückerzeugung 127

3. Rohrerzeugung 128
a) Naßverfahren 128
b) Gußverfahren 134
c) Trockenverfahren 137
d) Formstückerzeugung 137

4. Erzeugung von Muffenrohren 137

5. Erzeugung von Sondermaterial 138

6. Färben von Asbestzement 138

7. Abbindung und Härtung 139
a) Lufthärtung 139
b) Wasserbadhärtung 140
c) Autoklavhärtung 140
d) Abbindekammer 142

8. Siebzylinderwäsche 142

Seite

F. Gütefragen 143

1. Gütefragen zur Aufbereitung 143
a) Asbestaufschließung und Öffnungsgrad 143
b) Die Ausnützung des Asbestanteiles unter Berücksichtigung der räumlichen Verteilung der Asbestfasern 146
c) Die ideale Mischung 149
d) Konsistenz 158
e) Wasserwirtschaft 159
f) Hydratationsalter des Zementes 167

2. Mischungsfestlegung 173
a) Wertigkeit und Festigkeit 173
b) Die Verwendung von Blauasbest 176
c) Asbestmischungen mit Blauasbest 176
d) Amositasbest in der Mischung 178

3. Gütefragen bei der Plattenerzeugung 178
a) Die Rolle der Temperatur bei der Erzeugung von Asbestzement 178
b) Vliesdicke 186
c) Verdichtung, Festigkeit und Dichte der Platten 187
d) Filzgeschwindigkeit 188
e) Einfluß der chemisch-mineralogischen Zusammensetzung des Portlandzementes auf Produktionsleistung und Qualität der Asbestzement-Produkte 189
f) Wellverfahren 190
g) Oberflächenrisse bei Asbestzement-Wellplatten 200
h) Das Ausblühen 202

4. Gütefragen bei der Druckrohrerzeugung 203
a) Erzeugung mit Rundsiebrohrmaschinen 203
b) Erzeugung mit Magnani-Rohrmaschinen 214

5. Erzeugung von Abflußrohren 214

6. Rohrverbindungen 216

7. Die Bedeutung des Wassergehaltes für die Härtung des Asbestzementes . . . 216

G. Abnahme und Kontrolle 222

1. Laborprüfungen 222
a) Laborprüfungen für Asbest 222
Probeentnahme 222. — Faserlänge 223. — Staubgehalt (Trockentest) 225. — Raumgewicht und Dichte 225. — Luftdurchlässigkeitsprüfung nach Dyckerhoff 226. — Filtrationsprüfung 227. — Feuchtigkeitsgehalt 228. — Färbetest von Chrysotil mit Jod 228. — Festigkeitsprüfung nach Marchioli 229.
b) Zementprüfungen 231
Prüfung der Mahlfeinheit 231. — Bestimmung der spezifischen Oberfläche nach Blaine-Dyckerhoff 231. — Prüfung des Erstarrungsverhaltens 231. — Festigkeitsentwicklung 231. — Sag-Test 233.
c) Prüfung des Asbestzementes 238

2. Fertigungskontrolle 240

3. Abnahmeprüfungen 241
a) Abnahmeprüfungen für Platten 241
b) Abnahmeprüfungen für Rohre 244

Seite

II. Projektierung

1. Einleitung . . . 248

2. Aufgabenstellung . . . 250
a) Aufgabenstellung für eine Plattenfabrik . . . 250
b) Aufgabenstellung für eine Rohrfabrik . . . 250

A. Plattenanlage . . . 251

1. Technologische Auslegung . . . 251
a) Erzeugungsprogramm der Plattenanlage . . . 251
b) Materialbedarf der Plattenanlage . . . 252
c) Maschinenwahl für eine Plattenanlage . . . 253
d) Technologische und mechanische Produktionsgrenzen . . . 263

2. Räumliche Auslegung . . . 265
a) Asbestlager . . . 265
b) Zementlager . . . 267
c) Wasserversorgung . . . 268
d) Vorabbindung . . . 268
e) Feuchtraum für Lufthärtung . . . 270
f) Formstückerzeugung . . . 272
g) Produktionshalle zur Erzeugung von Asbestzement-Platten ohne Autoklavhärtung . . . 272
h) Produktionshalle zur Erzeugung von Asbestzement-Platten mit Autoklavhärtung . . . 274

B. Hochdruckrohranlage . . . 275

1. Technologische Auslegung . . . 275
a) Erzeugungsprogramm . . . 275
b) Materialbedarf . . . 276
c) Maschinenwahl . . . 277
d) Produktionsgrenzen . . . 278

2. Räumliche Auslegung . . . 278
a) Rohmateriallager und Wasserversorgung . . . 279
b) Vorabbindung . . . 279
α) Vorabbindetisch . . . 280
β) Rollofen . . . 280
c) Härtung . . . 282
α) Wassertanks für Wasserhärtung — Wasserbecken . . . 283
β) Feuchtraum für Lufthärtung . . . 283
d) Rohrbearbeitung und -prüfung . . . 285
e) Formstückerzeugung . . . 289
f) Lagerung der Fertigwaren . . . 289
g) Produktionshalle zur Erzeugung von Druckrohren ohne Autoklavhärtung . 289
h) Produktionshalle zur Erzeugung von Druckrohren mit Autoklavhärtung . . 292

C. Technologie der Autoklavhärtung . . . 294

1. Autoklavanlage für Asbestzement-Platten . . . 294

2. Autoklavanlage für Asbestzement-Druckrohre . . . 298

3. Wärmebedarf der Autoklavanlage . . . 302
a) Wärmebedarf einer Autoklavanlage für Asbestzement-Platten . . . 302
b) Wärmebedarf einer Autoklavanlage für Asbestzement-Rohre . . . 305

Quellenverzeichnis . . . 318

Schlüssel zum Quellenverzeichnis . . . 322

Sachverzeichnis . . . 323

Berichtigungen

S. 47, Zeile 11 von oben lies: $(28 \cdot 4 + 16 \cdot 11)$ statt: $(28 \cdot 4 + 16 + 11)$.

S. 47, Zeile 5 von unten lies: $\frac{18 \cdot 100}{810}$ statt: $\frac{18 \cdot 10}{810}$.

S. 68, Zeile 13 von unten lies: austreibbare statt: austreibende.

S. 171, Tab. 21:

mittleres Hydratationsalter T_{h_m} in Minuten

lies:	35,73	39,64	45,11
statt:	92,23	92,34	93,81

Hydratationsalter T_h in Minuten

lies:	105,03	115,58	131,10
statt:	161,53	168,28	179,80

mittleres Hydratationsalter T_{h_m} in Minuten

lies:	197,95	204,90	223,06
statt:	254,45	257,60	271,76.

S. 182, Zeile 8 bis 11 von unten lies: Wenn somit Asbestzement-Platten nach Abb. 116 bei einer Temperatur von etwa 24° nach 10 Stunden Hydratationszeit genügend Festigkeit gewonnen haben, um entstapelt zu werden, dann benötigt man bei einer Temperatur von 40° eine Hydratationszeit von 7 Stunden, um den gleichen Reifezustand zu erreichen.

S. 184, Zeile 2 der Unterschrift zu Abb. 117 lies: Tab. 28 statt: Tab. 24.

S. 237, zu Gl. (30): G_P = Gewicht des Kuchens nach dem Pressen.

S. 262, Zeile 14 von oben lies: Dicke der fertigen statt: dicke, fertige.

S. 276, Zeile 1 von unten lies: Annahme statt: Ausnahme.

S. 284, in Tab. 49 lies: Nettolänge bei 3 gleichen Stapeln in m statt: pro m.

S. 284, in Tab. 50 lies: Gesamtzahl der Rohre von 22 Produktionstagen statt: von 13,5 Produktionstagen.

S. 284, in Tab. 50 lies: Nettolänge bei 3 gleichen Stapeln in m statt: pro m.

S. 292, Zeile 9 von oben lies: Hallenhöhe statt: Hallenlänge.

Klos, Asbestzement

I. Technologie

1. Einleitung

Mit der vorliegenden Arbeit soll die Fabrikation von Asbestzement-Platten und -Rohren aus der Sicht des projektierenden Ingenieurs behandelt werden, wobei aus diesem Blickwinkel auch die für die Betriebsführung wichtigsten Faktoren aufgezeigt werden.

Bis vor wenigen Jahren wurde Literatur über die Asbestzement-Fabrikation nur in ganz ungenügendem Maße veröffentlicht. Unbewiesene Gerüchte behaupten, daß manche Asbestzement-Erzeuger durch den Ankauf von Manuskripten die Veröffentlichung einschlägiger Fachliteratur verhinderten. Soweit Literatur herauskam, war sie vor allem für die Bauindustrie bestimmt und sollte die Anwendungsmöglichkeiten und Vorzüge des Baustoffes Asbestzement herausstellen. Die verwendeten Grundstoffe — Asbest, Zement und Wasser —, die Aufbereitung und Verarbeitung wurden nur so weit behandelt, als dies für die allgemeine Information des Baustoffkunden notwendig war. Vereinzelte Veröffentlichungen über spezielle Untersuchungen in verschiedenen Fachzeitschriften der Bauindustrie waren nicht geeignet, einen größeren Überblick zu geben. Beispielsweise behandelten Publikationen des John-Manville-Research-Center im allgemeinen die Eigenschaften und Verwendungsmöglichkeiten des Asbestes ohne besondere Berücksichtigung der Asbestzement-Industrie. Einige Impulse zu einer eingehenden Erforschung des Asbestzementes wurden in den letzten Jahren durch eine Reihe interessanter Untersuchungen des Staatlich-Wissenschaftlichen Forschungslaboratoriums der Asbestzement-Industrie der UdSSR gegeben.

Die große Bedeutung, die der Baustoff Asbestzement seit Ende des Zweiten Weltkrieges gewonnen hat, hat zu einer intensiven Investitionstätigkeit — sowohl auf dem Sektor der Platten- als auch der Rohrerzeugung — geführt. Dabei sind minder- und hochentwickelte Länder in gleichem Maße beteiligt, wo offensichtlich immer neue Anwendungsmöglichkeiten erschlossen bzw. bekannte weiter ausgebaut werden und der Markt mit dem Angebot ständig wächst.

Die konjunkturelle Situation bewirkt bei den bestehenden Asbestzement-Fabriken ein ständiges Streben nach Vergrößerung und Verbesserung der Produktion bei gleichzeitiger Kostensenkung. Die bestehenden Spezialmaschinenfabriken sind bemüht, durch ständige Verbesserungen und Weiterentwicklungen auf dem Maschinensektor diesem Bestreben Rechnung zu tragen. Gleichzeitig bringt es die konjunkturelle Situation mit sich, daß bis dahin branchenfremde Kapitalkreise in die Asbestzement-Industrie einsteigen und immer neue Maschinenerzeuger die Fabrikation von Asbest-zement-Maschinen aufnehmen. Der sich dadurch verschärfende Konkurrenzkampf führt dazu, daß — meist im guten Glauben — überhöhte Leistungsgarantien abgegeben werden, ohne daß alle Zusammenhänge, die für die Steigerung der Leistung maßgeblich sind, beachtet werden.

Die vorliegende Arbeit macht es sich zur Aufgabe, die wichtigsten Herstellungsverfahren auf den Abschnitten Stoffaufbereitung, Platten- bzw. Rohrerzeugung, Bearbeitung und Prüfung aufzuzeigen, wobei die für Qualität, Quantität und Kostenermittlung maßgeblichen Faktoren untersucht werden sollen. Dabei soll keineswegs der Anspruch einer vollständigen Behandlung erhoben werden; dies wäre auch wegen der durch die Geheimhaltungsbestrebungen der Erzeuger bedingten Schwierigkeiten gar nicht möglich.

Der Verfasser hofft aber vor allem, mit der vorliegenden Arbeit grundsätzliche Hinweise geben zu können, welche Faktoren beachtet werden müssen und damit dem Betriebsmann und projektierenden Ingenieur Richtlinien für eine selbständige Erarbeitung zu geben. Es wird das Bestreben sein, allgemeine Grundlagen nur so weit aufzunehmen, als sie für das Verständnis unbedingt erforderlich sind. Wenn trotzdem im ersten Teil des Buches verschiedene Abschnitte eingehend behandelt werden, die vielleicht auf den ersten Blick zu spezifiziert erscheinen mögen, so deshalb, weil damit dem Leser das Rüstzeug zu einer selbständigen Erarbeitung und Beurteilung an die Hand gegeben werden soll.

An Hand der geschichtlichen Entwicklung sollen die Wege und Irrwege, die bisher beschritten wurden, angedeutet werden. Viele Verbesserungen können noch gefunden werden, doch in jedem Fall dürfte es zweckmäßig sein, wenn sich der Erfinder zuvor orientiert, ob sein Gedankengang nicht bereits von anderen aufgezeigt wurde.

Das Kapitel „Physikalisch-chemische Grundlage" gibt einen kurzen Querschnitt durch die wichtigsten Begriffe, Bezeichnungen und Verfahren, die für das Verständnis der Herstellung oder Untersuchung von Asbestzement notwendig sind. Da Asbestzement zu einem überwiegenden Teil aus Zement besteht, ist die Zementchemie von ausschlaggebender Bedeutung. Nur wenn man einige Klarheit über die chemisch-physikalischen Vorgänge bei der Erzeugung und Herstellung des Zementes hat, wird man beim Auftreten irgendwelcher Schwierigkeiten geeignete Wege zur Überwindung derselben finden können.

Wie sehr das Zusammenwirken verschiedener Faktoren für Qualität und Quantität bei der Produktion von Asbestzement-Produkten ausschlaggebend ist, soll eine Zusammenstellung verschiedener Versuchsberichte im Kapitel „Gütefragen" zeigen.

2. Was ist Asbestzement?

Asbestzement ist ein Kunststein, der aus einer innigen und homogenen Mischung von Asbest und Zement besteht. Dabei übernehmen die im Zement eingebetteten Asbestfasern, ähnlich wie beim Stahlbeton der Stahl, die Rolle einer Armierung.

Dieser Kunststein weist ganz außerordentliche Eigenschaften auf. Während Portlandzement PZ 275, der überwiegend als Grundstoff für Asbestzement verwendet wird, eine Mindestdruckfestigkeit von 275 kp/cm² und eine Mindestbiegezugfestigkeit von 50 kp/cm² hat, werden für Asbestzement-Platten eine Biegezugfestigkeit bis 380 kp/cm², für Druckrohre eine Ringzugfestigkeit von 200 kp/cm² und eine Biegezugfestigkeit von 250 kp/cm² und für Abflußrohre eine Ringzugfestigkeit von 130 kp/cm² und eine Biegezugfestigkeit von 150 kp/cm² vorgeschrieben.

Chrysotilasbest, der hauptsächlich für Asbestzement verwendet wird, hat eine Substanzfestigkeit von 5600 bis 7500 kp/cm². Bei Blauasbest sind Werte bis zu 22.500 kp/cm² bekannt. Damit liegt die Festigkeit des Asbestes, die im übrigen je nach der chemischen und physikalischen Beschaffenheit stark unterschiedlich ist, in der Größenordnung von Spezialstahl.

Ganz außerordentlich ist auch die chemische Widerstandsfähigkeit des Asbestes und des Asbestzementes, wie noch später näher behandelt wird.

Die wichtigsten Anwendungsbereiche des Asbestzementes sind Platten für Dachdeckungen und Wandverkleidungen, Hochdruckrohre von NW 50 bis 1000 mm (neuerdings bis NW 1500) und für Betriebsdrücke bis 12½kp/cm² (Sondererzeugung bis 25 kp/cm²), Abflußrohre, die verschiedensten Formstücke für Dachdeckungen, Rohrleitungen und im Behälterbau, für Müllschächte, Blumenschalen, Wasserbassins u. dgl. m. Im weiteren Sinne rechnet man zur Asbestzement-Industrie auch die Industrie, die in bezug auf das Endprodukt ähnlich und in bezug auf das Herstellungsverfahren in wesentlichen Punkten gleich ist. Dazu zählt die Erzeugung einer Reihe von Produkten, bei denen der Asbest teilweise durch andere Fasern oder der Zement teilweise durch andere Bindemittel ersetzt werden oder Zuschlagstoffe durch Spezialverfahren, wie die Dampfbehandlung beim Morbelli-Verfahren, in den Abbindeprozeß einbezogen werden.

Außerdem gibt es noch verschiedene Verbundbaustoffe, wie beispielsweise Ferro-Eternit, bei dem in Asbestzement-Platten ein Drahtgewebe eingearbeitet ist, das einen weiten Anwendungsbereich derselben für alle geometrisch abwickelbaren Formen, wie sie besonders bei Klimaanlagen vorkommen, ermöglicht.

Für die Verwendung zur Erzeugung von Asbestzement bietet sich der Asbest nicht nur durch seine hervorragenden physikalischen und chemischen Eigenschaften an, sondern auch durch seine einzigartige Fähigkeit, in aufgeschlossenem Zustand Zement sowohl in trockener Mischung als auch in wässeriger Lösung festzuhalten.

Das wesentliche Merkmal dieses Kunststeines ist in der Definition des Begriffes Faserzement enthalten, wie sie von Ludwig Hatschek in der Patentanmeldung vom 30. 3. 1900 formuliert wurde. Ludwig Hatschek ist der Erfinder der derzeit wirtschaftlichsten Form der Asbestzement-Platten-Erzeugung auf der Rundsiebmaschine, aus der auch die Rundsiebmaschine zur Erzeugung von Druckrohren nach Mazza hervorgegangen ist.

„Der Faserzement ist ein Kunststein aus Fasern und Bindemittel und allenfalls zementfeinen Zusätzen, zu deren Herstellung zumindest so viele Fasern verwendet wurden, daß deren gleichmäßige Verteilung im Kunststein zufolge ihrer Tragfähigkeit für zementfeine Stoffe gewährleistet ist."

Dies weist darauf hin, daß es sich um ein Gemenge von Asbest und Zement handeln muß, das zumindest der Tragfähigkeit des Asbestes für Zement entspricht.

In der Definition wird gleichzeitig darauf hingewiesen, daß es wie Asbestzement verwendete Faserzemente mit anderen Fasern geben kann.

Die Tragfähigkeit einer Faser ist jedoch nur für zementfeines Material gegeben.

Der Zement kann daher teilweise durch zementfeine Zusätze ersetzt werden.

Das Zusammenwirken der Faser und des Zementes kann in einfachen Versuchen nachgewiesen werden. Mischt man aufgeschlossenen Asbest, den man in Wasser aufgeschlämmt hat, im technischen Verhältnis mit Zement, so wird die anfangs trübe Mischung klar, d. h. der Zement lagert sich an der Asbestfaser ab, die ihn trägt. Dieselbe Erscheinung kann man beobachten, wenn man an Stelle von Wasser Benzin oder Alkohol verwendet. Auch in diesen Flüssigkeiten reißt der Asbest die Zementkörnchen an sich. Mischt man aufgeschlossenen Asbest trocken mit dem Zement, so nimmt auch dabei der Asbest den Zement auf.

Verwendet man statt Asbest Zellulose, so nimmt diese den Zement ebenfalls in wässeriger Lösung an, in Alkohol nimmt Zellulose den Zement sehr wenig, in Benzin und in trockener Mischung gar nicht an.

Asbest nimmt nicht nur Zement, sondern neben diesem auch andere pulverisierte Stoffe wie Steinmehl und Mineralfarben auf. Mischt man nur Steinmehl, Mineralfarben u. dgl. in wässeriger Aufschlämmung und läßt den Zement weg, so klärt sich die Mischung schlecht oder gar nicht. Erhöht man die Alkalität der Mischung beispielsweise durch Zugabe von Natronlauge, so tritt wiederum völlige Klärung ein.

Eine weitere Untersuchung zeigt, daß die Aufnahme des Zementes durch den Asbest von der Mahlfeinheit des ersteren bestimmt wird. Der Rückstand auf dem 10.000-M-Sieb wird von der Asbestfaser kaum, der auf dem 16.900-M-Sieb schlecht und erst der Durchgang durch das letztgenannte Sieb wird leicht aufgenommen. Die gröberen Teile des Zementes werden in der Praxis vom Feinmehl zum Teil eingeschlossen und mit festgehalten.

Verwendet man an Stelle von Asbest Stahl- oder Glaswolle oder andere grobe Mineralwolle, so stellt man fest, daß diese Fasern weder Zement noch Steinmehl an sich reißen, gleichgültig ob man in Wasser oder in anderen Flüssigkeiten oder trocken vermischt. Nicht viel anders benimmt sich der Asbest, wenn er nicht nach den üblichen technischen Methoden, daher nicht bis zu watteartiger Beschaffenheit, aufgeschlossen ist.

Durch die mikroskopische Untersuchung wurde festgestellt, daß Asbest die bisher dünnste bekannte Faser ist. Er besteht aus Bändern mit einer Dicke von 30 Å (1 Å $= 10^{-7}$ mm). Dagegen haben die Fäden grober Mineralwolle oder Glasfasern eine Dicke von 5000 bis 30.000 Å.

Es ist ganz offensichtlich, daß die große Oberfläche des Asbestes für seine Tragfähigkeit für Zement und Steinmehl ausschlaggebend ist, woraus sich die Schlußfolgerung ergibt, daß die gleiche Tragfähigkeit von jeder anderen Faser zu erwarten ist, wenn die Faserdicke bzw. die Oberfläche sich der des Asbestes nähert.

Es erscheint zweckmäßig, an Hand der einschlägigen Normen auszugsweise aufzuzeigen, welche Anforderungen an das Produkt *Asbestzement* gestellt werden.

Für Asbestzement-Dachplatten und Asbestzement-Tafeln schreibt DIN 274 in den wichtigsten Punkten vor:

§ 2. *Begriff:*

Asbestzement-Dachplatten und Asbestzement-Tafeln bestehen aus Asbestfasern und Zement und können kieselsäurehaltige Zusätze enthalten. Asbestzement-Dachplatten und Asbestzement-Tafeln können Farbstoffe enthalten oder durch farbige Aufträge gefärbt sein. Sie werden je nach dem Verwendungszweck unter verschieden hohem Druck gepreßt.

§ 4. *Güteeigenschaften:*

Raumgewicht ermittelt an lufttrockenen Platten und Tafeln.

Asbestzement-Dachplatten .... 1,8 – 2,2 p/cm³
Gepreßte Asbestzement-Tafeln .... 1,7 – 2,1 p/cm³
Ungepreßte Asbestzement-Tafeln .... 1,5 – 2,0 p/cm³

Wasseraufnahmefähigkeit:

in Gewichtsprozenten des Trockengewichtes.

Asbestzement-Dachplatten: höchstens 18%
Gepreßte Asbestzement-Tafeln: höchstens 20%
Ungepreßte Asbestzement-Tafeln: höchstens 27%

Frost- und Hitzebeständigkeit:

Asbestzement-Dachplatten und Asbestzement-Tafeln dürfen unter der Einwirkung von Frost und Hitze weder Absplitterungen noch Risse zeigen.

Biegefestigkeit:

ermittelt an lufttrockenen, aus Platten und Tafeln entnommenen Versuchsstücken.

	Mindestbiegefestigkeit senkrecht zur Faser kp/cm²	Mindestbiegefestigkeit gleichlaufend zur Faser kp/cm²
Asbestzement-Dachplatten	380	290
Gepreßte Asbestzement-Tafeln bis 8 mm dick	300	220
Gepreßte Asbestzement-Tafeln über 8 mm dick	280	200
Ungepreßte Asbestzement-Tafeln bis 12 mm dick	200	150
Ungepreßte Asbestzement-Tafeln über 12 mm dick	170	150
Asbestzement-Welltafeln	170	—

Für Asbestzement-Druckrohr schreibt DIN 19800 in den wichtigsten Punkten vor:

1.1 *Herstellung:*

Diese Lieferbedingungen gelten für maschinell und unter Druck nahtlos geformte Asbestzement-Druckrohre, die aus einer innigen und maschinell verwirkten Mischung von Asbestfasern und Zement bestehen. Asbestzemten-Druckrohre werden für Nenndrücke von $2\frac{1}{2}$, 6, 10, $12\frac{1}{2}$ kp/cm² hergestellt.

2.3 *Maße und zulässige Abweichungen:*

... Die Wanddicken von Asbestzement-Druckrohren sind so bemessen, daß der zum Bruch führende Innendruck nicht kleiner ist als

bei Rohren bis	NW 100	der 4fache Nenndruck,
bei Rohren von	NW 125	
bis	NW 200	der 3,5fache Nenndruck,
bei Rohren von	NW 200	
bis	NW 400	der 3fache Nenndruck,
bei Rohren über	NW 400	nach Vereinbarung

3. *Festigkeiten:*

a) Ringzugfestigkeit > 200 kp/cm²
b) Scheiteldruckfestigkeit > 450 kp/cm²
c) Biegezugfestigkeit > 250 kp/cm²

4.13 *Prüfung auf Wasserdichtheit:*

Alle Rohre sind vor Aufbringen des etwaigen Rohrschutzes einem Innendruckversuch mit Wasser in der 2fachen Höhe des Nenndruckes zu unterziehen.

Während der Prüfung, bei der der Druck mindestens 30 Sekunden zu halten ist, dürfen sich keinerlei Undichtheiten oder Wasserflecken und Tropfen zeigen.

Für Asbestzement-Abflußrohre schreibt DIN 19830 unter anderem vor:

2.6 *Festigkeiten:*

2.6.1 Ringzugfestigkeit — mindestens 130 kp/cm²
2.6.2 Scheiteldruckfestigkeit — mindestens 350 kp/cm²
2.6.3 Biegezugfestigkeit — mindestens 150 kp/cm²

2.7 *Wasserdichtheit:*

Die Rohre und Formstücke dürfen bei der Prüfung auf Wasserdichtheit keine Tropfenbildung aufweisen.

4.8 *Prüfung auf Wasserdichtheit:*

Die Prüfstücke sind 15 Minuten lang einem Wasserinnendruck von 2 kp/cm² auszusetzen.

A. Historische Entwicklung

1. Asbest

Obwohl das einzigartige Fasermineral, das allgemein als Asbest bekannt ist, ein verhältnismäßiger Neuling in der industriellen Verwertung ist, zeigen geschichtliche Berichte, daß es der Menschheit schon an die 2000 Jahre bekannt war.

So wurden Berichte über die Verwendung dieser Faser schon in der frühen griechischen und ägyptischen Geschichte gefunden, und sogar in der frühesten chinesischen Zivilisation soll Asbestfaser bereits in Matten verwebt worden sein.

Die Griechen verwendeten nach Berichten von PLUTARCH im Jahre 46 n. Chr. die Faser für Lampendochte, die mit einer dauernden, unverlöschbaren Flamme brannten, woher sich der Name Asbestos, der die unvergängliche, unauslöschbare Flamme bedeutet, herleitet. Das ist der erste Bericht über die praktische Unverbrennbarkeit dieser Mineralfaser, was — obwohl nur teilweise wahr — als eine ihrer besonderen Eigenschaften betrachtet wurde. Wo und wann immer in früheren Zeiten von Asbest die Rede war, ging es nicht ohne Wunder ab. Und mancher von der Zeit geheiligte Aberglaube, zum Beispiel die Verwandtschaft des Asbestes mit dem Salamander, dem angeblich das Feuer ebenfalls nichts anzuhaben vermag, hielt sich durch viele Jahrhunderte.

Aus späterer Zeit stammen mehr Beispiele über die Nutzanwendung dieser Faser. Etwa aus dem Jahr 50 n. Chr. gibt es Berichte, in denen das Mineral erstmals „Amianthus“ genannt wurde — vom Griechischen „amiantos“, was soviel wie „unbefleckt“ oder „makellos“ bedeutet. Der Grund dafür erklärt sich aus der Tatsache, daß ein aus dieser Faser gemachtes Tuch, wenn man es dem Feuer aussetzte, weißer und reiner zurückgezogen wurde als vorher. Merkwürdigerweise erschienen diese Eigenschaften noch bemerkenswerter als das Phänomen der Unverbrennbarkeit des Materials selbst.

Nach den ersten Berichten, die uns aus der Alten Welt vorliegen, wurde Asbest in Griechenland bei Karystos an der Südküste von Euböa und in den italienischen Alpen in den Bergen von Arkadien gefunden. Die Textilartikel, die damals aus Asbest gemacht wurden, wurden hauptsächlich als Kuriosität betrachtet. Etwas später, im Jahre 79 n. Chr., berichtete PLINIUS DER ÄLTERE vom Asbesttuch, das als Umschlaglaken für königliche Begräbnisse erzeugt wurde. Dieses und die vorerwähnten Lampendochte waren vermutlich die ersten Verwendungsarten von Asbesttextilien. Es wurden auch Tücher für Kleidungszwecke erzeugt, doch liegt es auf der Hand, da das gewebte Material sehr selten war, daß es nur von königlichen oder adeligen Personen verwendet wurde, und darauf ist es wahrscheinlich auch zurückzuführen, daß Berichte über die Verwendung von Asbest in Europa fast 800 Jahre vermißt werden. Zumindest wurden keinerlei schriftliche Hinweise über die Verwendung des Minerals in irgendeiner Form vom Jahre 800 n. Chr. bis zum Jahre 1676 gefunden.

Bekannt ist auch die Geschichte, wonach Karl der Große einst die Gesandtschaft eines kriegslüsternen Nachbarstaates — nach anderen Quellen die des abbazidischen Kalifen Harun al Raschid — zu einem Bankett ge-

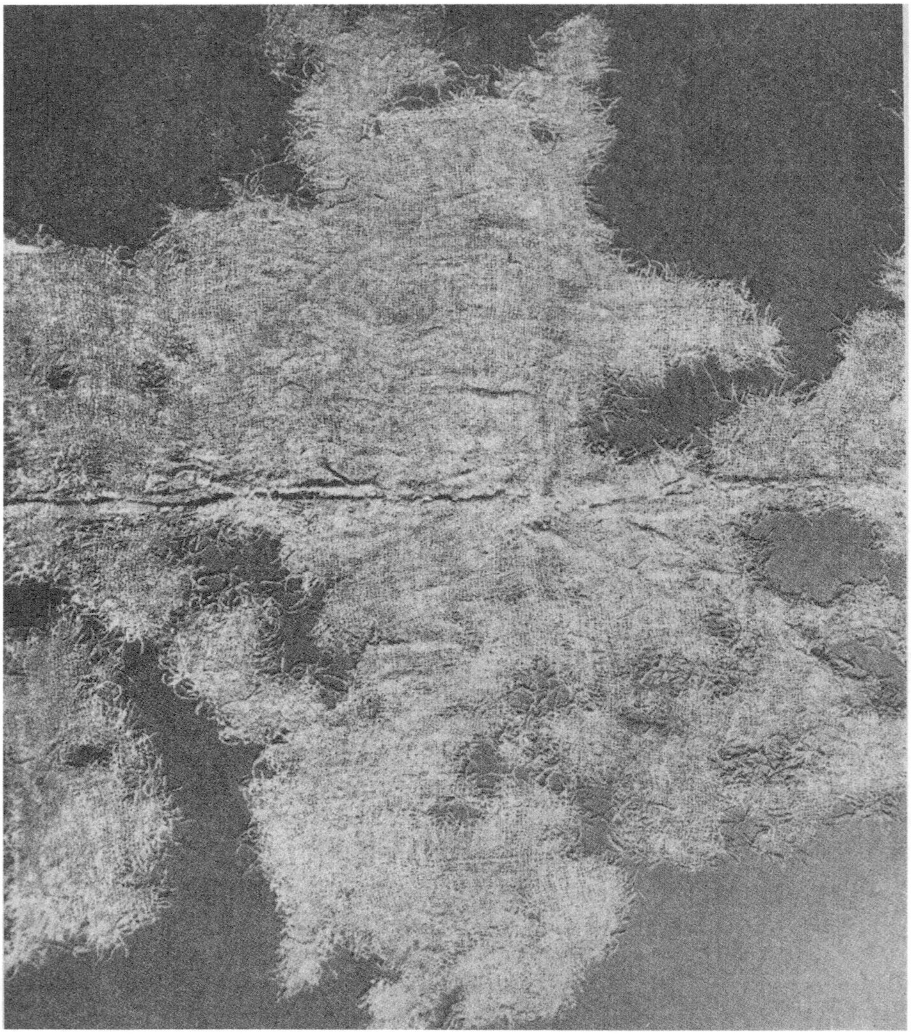

Abb. 1. Asbestgewebe aus einer römischen Grabstätte; aus Internat. Asbestzementrevue ac 22

laden und nachher das Tischtuch ins Feuer geworfen habe, aus dem es unbeschädigt und gereinigt hervorging. Der Bluff sollte den Gegnern weismachen, daß der Kaiser mit übernatürlichen Kräften ausgestattet und es daher nicht ratsam sei, sich auf einen Krieg mit ihm einzulassen.

1271 unternahm der Venezianer Marco Polo seine berühmte Reise in den Fernen Osten, die ihn durch Sibirien, die Mongolei, China, bis Japan, Ceylon und weiter führte. Als guter Beobachter mit ausgeprägtem Sinn für das Praktische hinterließ er uns unter anderem interessante Berichte über gewebte Tücher, auf die er im Tschintschintalas, vermutlich einer Landschaft am Fuße des Altaigebirges, stieß, die dem Feuer widerstanden. Man erzählte ihm, daß dieses Material aus Salamanderhäuten erzeugt worden sei, aber seine Nachforschungen ergaben, daß das Tuch tatsächlich aus Fasern gemacht wurde, die von asbesthaltigen Steinen gewonnen wurden. Er führte seine Untersuchungen weiter und studierte die Methoden der Gewinnung und Aufbereitung der Asbestfasern. Die Verarbeitung beschreibt er wie folgt: „Die Substanz besteht aus Fasern nicht unähnlich der Wolle. Sie werden der Sonne ausgesetzt und getrocknet, dann in einem ehernen Mörser zerstoßen und so lange gewaschen, bis sich alle erdigen Teile losgelöst haben; dann spinnt man sie zu Fäden und webt sie zu Tuch. Um nun das Gewebe weiß zu machen, legt man es ins Feuer und läßt es ungefähr eine Stunde lang drinnen — dann zieht man es heraus, unversehrt von den Flammen und weiß gebleicht wie Schnee. In derselben Weise wird es, wenn es fleckig geworden ist, später wieder gereinigt..." Dieser Bericht zeigt, daß die Faser durch Zerkleinerung der Steine in Mühlen, also durch ein Mahlverfahren, gewonnen wurde. Frühere Methoden zur Lösung der Faser aus dem umgebenden Felsen bestand vermutlich im Aufklopfen oder Zerkleinern der Steine von Hand aus.

Etwa im 16. Jahrhundert taucht Asbest wieder in der Literatur auf. Aus dem Jahre 1676 liegt ein Bericht über Asbest in Europa vor, und zwar stellte ein chinesischer Kaufmann ein Taschentuch, das aus Asbest gemacht war, in der Royal Society in London aus. Das Material wurde Salamanderwolle oder „Linum asbesti" genannt.

Ungefähr zu Beginn des 17. Jahrhunderts schrieb William Lithgow über den „Stone Amiante" in Zypern, aus dem eine Art Leinenstoff gemacht wurde, der nicht brennt und rein weiß herausgezogen wird, wenn man ihn ins Feuer wirft.

Später, im 18. Jahrhundert, wurde berichtet, daß ein gewisser Prof. Bruchmann, um unzerstörbare Dokumente zu besitzen, seine Arbeiten auf Papier drucken ließ, das aus Asbest gewonnen war. Um das Jahr 1720, als die ersten Lagerstätten am Ural gefunden wurden, erschien Rußland als Erzeuger von Asbestgeweben.

Bis zu diesem Zeitpunkt zeigen die Berichte lediglich die Gewinnung der langen Spinnfaser auf, die zur Erzeugung von Geweben, hauptsächlich als Kuriositäten, geeignet war. Tatsächlich fand kein wesentlicher Fortschritt in der Entwicklung des Minerals bis ungefähr 100 Jahre später statt. Die Weltausstellung in Paris im Jahre 1878 zeigte dann den industriellen Fortschritt bei der Erzeugung von Produkten aus Asbest im vorangehenden Vierteljahrhundert.

Schon am Anfang des 19. Jahrhunderts waren Asbestvorkommen in Kanada bekannt, aber erst mit der Entdeckung der Vorkommen bei St. Joseph im Jahre 1860 und der Asbestlager bei Thetford und Coleraine, die 1877 ausgebaut wurden, begann jene Entwicklung, aus der die großen und bekanntesten Asbestminen der Welt entstanden. Diese Entwicklung führte dahin, daß das Mineral Asbest in den folgenden Jahren als wertvolles und unentbehrliches kaufmännisches Produkt in vielen Industriezweigen Eingang fand. Der erfolgreiche Ausbau der kanadischen Industrie führte auch zu einer raschen Entwicklung der Asbestvorkommen in Rußland, Italien und Zypern. Die wachsende Nachfrage nach Asbestfasern veranlaßte eine intensive Suche nach dem Mineral auch in anderen Teilen der Welt, so daß am Beginn des 20. Jahrhunderts Chrysotilasbestlager sowohl in Südrhodesien als auch in den Vereinigten Staaten von Amerika und in Südafrika gefunden wurden, wo gleichzeitig andere Asbestsorten in der Kap-Provinz und im Transvaal geschürft wurden.

Schon 1803 wurde in der Kap-Provinz eine neue Asbestsorte gefunden, für die 1831 der Name Crocidolite vorgeschlagen wurde, was soviel wie „wolliger Stein" bedeutet. Eine andere neue Type wurde gemeinsam mit Crocidolite in einer ähnlichen Felsformation im Transvaal gefunden und wurde Amosite genannt.

Nach diesen Entdeckungen folgte in den nächsten 50 Jahren eine ständig wachsende Nachfrage nach allen Arten von Asbest in vielen Industriezweigen — im Frieden und auch für militärische Zwecke während der zwei Weltkriege.

Die rapide Entwicklung bezeugte die Aufschließung vieler neuer Asbestfelder in Australien, Indien, Swaziland, China, Finnland, Nordamerika und Neufundland. Heute sind die Sowjetunion, Kanada, Südrhodesien und Südafrika die wichtigsten Gewinnungsländer für alle Arten dieses Minerals.

2. Zement

In alten Zeiten wurde Mörtel gewöhnlich aus gebranntem Kalk und Sand hergestellt. Da dieser Mörtel nicht wasserbeständig ist, verwendete man hydraulische Zuschläge, deren hydraulische Eigenschaften durch den Kalk erregt werden, oder man verwendete direkt hydraulischen Kalk. Es war den Römern und auch den Griechen bekannt, daß natürliche Puzzolane, besonders die Trachyttuffe auf der griechischen Insel Santorin (Santorin-Erde), an den Hängen des Vesuvs und in seiner Umgebung (Puzzuoli) und in der Eifel (Traß) den Kalkmörtel wesentlich verbessern. Vor fast 2000 Jahren bauten römische Ingenieure ihre Wasserleitungen bereits aus Ortbeton. Die römischen Aristokraten in Köln erhielten so frisches Quellwasser direkt aus der Eifel. Eine nahezu 100 Kilometer lange Betonwasserleitung brachte das Frischwasser mit einer Geschwindigkeit von etwa 3 m/sec etwa 200 Jahre lang in die römische Großstadt am Rhein. In Ägypten wurde ein mit Aragonit verunreinigter Alabastergips gebrannt und verarbeitet. So wurde bei einer Analyse des Mörtels der Cheopspyramide ein Gipsmörtel gefunden, wie er auch heute noch Anwendung findet. Mit dem Niedergang der alten Kulturen ging auch das Wissen um den hydraulischen Kalk verloren und wurde erst im 18. Jahrhundert wiedergewonnen.

Um 1750 begann die systematische Herstellung ungesinterter hydraulischer Kalke, wobei das Schwergewicht der Entwicklung in den damaligen Industrieländern England und Frankreich lag. In England entdeckte SMEATON nach längerem Probieren, daß Kalk mit Ton zusammen den besten Wassermörtel gibt. 1796 ließ sich J. PARKER ein Verfahren zur Herstellung hochhydraulischer Bindemittel durch Brennen eines Mergels mit höherem Tongehalt patentieren. Er nannte das neue Bindemittel „Romanzement", weil es in bezug auf die Festigkeit den Mörteln der alten römischen Bauten glich. Dieser Romanzement, der heute richtig als „Romankalk" bezeichnet wird, wurde 1810 erstmals fabrikmäßig hergestellt.

Etwa um 1780 entdeckte SAUSSURE in Frankreich, daß Kieselsäure in Kalkstein dem gebrannten Kalk hydraulische Eigenschaften verleiht. VICAT veröffentlichte 1818 in Paris Berichte über Versuche, durch die er festgestellt hatte, daß neben der Kieselsäure auch das Vorhandensein von Tonerde zu den wesentlichsten Merkmalen der hydraulischen Kalke zählt. Die Verschiedenheit der natürlichen Rohstoffe brachte es mit sich, daß in England die Entwicklung mehr in Richtung auf den Zement hin drängte, während in Frankreich eine größere Neigung zum hydraulischen Kalk anzutreffen war und auch heute noch der hydraulische Kalk in Frankreich einen großen Raum einnimmt.

Ein weiterer entscheidender Schritt wurde mit der Entdeckung des sogenannten „Naturzementes" getan. 1850 fand SAYLOR in Pennsylvanien einen Kalkmergel, der alle zur Zementherstellung erforderlichen Ausgangsstoffe enthielt und der nach Brennen in Schachtöfen und Feinmahlen ein zementähnliches Bindemittel ergab. Bei zufällig richtigem Mengenverhältnis dieser Ausgangsstoffe können Naturzemente von gleich guter Qualität sein wie Portlandzement. Im allgemeinen liegt jedoch ihre Güte zwischen der des hydraulischen Kalkes und der des Portlandzementes.

Bereits 1819 hat F. J. JOHN die wissenschaftlichen Grundlagen des Zementbrennens geschaffen. Er wies darauf hin, daß hydraulische Kalke auch durch Brennen einer künstlichen Mischung von Kalk und Ton hergestellt werden können. Der englische Maurer J. ASPDIN wendete als erster diese Methode an, indem er Kalkschlamm und geschlämmten Ton zusammenbrachte und verrührte. Nach Trocknen in der Sonne oder künstlicher Trocknung brannte er die Mischung in der üblichen Weise bis zur Austreibung der Kohlensäure und erhielt nach Mahlen des Brenngutes ein Material, welches er in Anlehnung an den in seiner Heimat als beliebtes Baumaterial bekannten Portlandstone „Portlandzement" nannte. Aber erst als man erkannte, daß sich durch Sinterung der rohen Masse, also durch Brennen mit einer noch höheren Temperatur, chemische Reaktionen ergeben, die für die Eigenschaften des Zementes bestimmend sind, wurde der entscheidende Schritt zum heutigen Portlandzement getan. Die Aufdeckung dieser Zusammenhänge gelang I. C. JOHNSON etwa um 1845, und damit waren die Grundlagen für eine rasche Ausweitung der Zementindustrie gegeben.

Es ist interessant, in der Entwicklung des Zementes eine gewisse Ähnlichkeit mit der Entwicklung des Asbestzementes festzustellen. Viele Millionen Tonnen dieses Bindemittels konnten fabriziert werden, bevor es der Wissenschaft gelang, die Konstitution desselben zu erforschen. Und auch Asbestzement wurde schon viele Jahre und Jahrzehnte erzeugt, ehe einige Klarheit in die physikalisch-chemischen Grundlagen kam.

Die große Wendung in der Erforschung des Zementproblems trat erst ein, als die Forschung das Gebiet der reinen Chemie verließ und die Hilfsmittel der Nachbargebiete, vor allen Dingen die Methoden der Mineralogie und der physikalischen Chemie, ihrem Forschungsziel nutzbar machte. Diese Wendung wurde durch den großen französischen Chemiker H. LE CHATELIER herbeigeführt, der sich seit dem Jahre 1882 dem Zementproblem zuwandte und dessen Betrachtungsweise — wenn auch seine Theorien in manchen Punkten revidiert werden mußten — bahnbrechend für die moderne Zementforschung wurde.

Wenn auch heute noch keine restlose Klarheit über alle Fragen der Zementchemie besteht, so hat man doch schon die Wege erkannt, die für die weitere Forschung notwendig sind. Man weiß heute, daß sich die Festkörperchemie und die Festkörperphysik grundsätzlich von der Chemie etwa der Gase und Flüssigkeiten unterscheiden und daß in der Festkörperchemie Eigenschaften wie der „aktive Zustand", der als der Unterschied im Energiegehalt des realen kristallinen Stoffes gegenüber dem ideal ausgebildeten kristallinen Stoff aufzufassen ist, und das „Erinnerungsvermögen" von Bedeutung sind.

3. Asbestzement

Wer der erste Erzeuger von Asbestzement war, läßt sich heute wohl nicht mehr einwandfrei feststellen. In Amerika soll bereits im Jahre 1879 ein Patent auf diesem Gebiet erteilt worden sein.

In Österreich wurde im Jahre 1881 ein Privilegium auf die Herstellung sogenannter Superator-Platten erteilt. Bei diesen Platten wurde ein Eisendrahtnetz in einen Kunststein, der zu einem Drittel aus Asbest und zu zwei Dritteln aus Zinkoxyd bestand, eingebettet.

Während vorher Asbest noch wenig bekannt war und hauptsächlich versponnen und zur Erzeugung von Asbestgeweben oder zur Herstellung von Isolierpappe verwendet wurde, zeigt die Patentliteratur aus der Jahrhundertwende das große allgemeine Interesse an der Verwendung des Asbestes für die Herstellung eines neuen Baumaterials.

In der geschichtlichen Entwicklung kann man als eigentliche Geburtsstunde des Asbestzementes den Entschluß LUDWIG HATSCHEKS ansehen, den Asbestzement mit großem Wasserüberschuß auf der Pappenmaschine zu verarbeiten, da von diesem Augenblick die großtechnische Verbreitung des Asbestzementes einsetzte. Dieser Schritt war der Abschluß einer Entwicklung, die gegen Ende des 19. Jahrhunderts in der Alten und Neuen Welt einsetzte und bis dahin wenig erfolgversprechend schien.

HATSCHEK erzeugte ursprünglich Asbestwaren. Im Jahre 1896 ging er einen Schritt weiter, indem er durch Verarbeiten von pulverisiertem Pech oder Asphalt mit Asbest nach Mischung im Holländer thermoplastische Pappe erzeugte. Später wurden Zinkoxyd oder Magnesiumoxyd mit Asbest auf der Pappenmaschine verformt und im letzten Arbeitsstadium mit den entsprechenden Chloriden oder (und) Wasserglas in Verbindung gebracht. Die fertigen Platten wurden mit Bitumen imprägniert. Diese Platten waren überaus haltbar, so daß heute noch Dächer, die mit ihnen gedeckt wurden, bestehen.

Den entscheidenden Schritt tat LUDWIG HATSCHEK aber, als er begann, Portlandzement zu verwenden. Zunächst schienen diese Versuche nicht erfolgversprechend, weil der dicke Asbestzement-Brei die Pappenmaschine und den Transportfilz in kürzester Zeit so verschmutzte, daß der Betrieb zur gründlichen Reinigung von Maschine und Filz eingestellt werden mußte. Erst durch die Verwandlung des Asbestzementbreies zu einer dünnflüssigen Brühe stellt sich der endgültige Erfolg ein.

a) Verfahren zur Plattenerzeugung

Unter dem Titel „Verfahren zur Herstellung von Kunststeinplatten aus Faserstoffen und hydraulischen Bindemitteln" meldet HATSCHEK sein erstes Patent am 30. 3. 1900 an, das ihm unter Nr. 5970 am 15. 6. 1901 erteilt wurde.

Diejenigen, die das Verfahren HATSCHEKS nachahmen wollten, ohne die Patente zu verletzen, konnten nur so vorgehen, daß sie eines oder mehrere Verfahrensmerkmale verwischten oder ersetzten. Am ehesten schien der zuletzt genannte entscheidende Schritt HATSCHEKS abänderungsfähig.

So wurde sein „Naß-Verfahren" von den Gegnern angegriffen. Unter Hinweis auf die schädigende Wirkung der großen Wasserzugabe auf den Zement erhielten sie eigene Patente für sogenannte „halbtrockene" Verfahren. Inzwischen hat die Geschichte im Patentstreit ihr Urteil gesprochen. Die meisten ehemaligen Konkurrenten LUDWIG HATSCHEKS haben sich auf das *Hatschek-Verfahren* umgestellt, und auch für die Rohrerzeugung ist überwiegend die Rundsiebmaschine, die aus der Hatschek-Plattenmaschine entwickelt wurde, in Verwendung.

Von den Verfahren, die in der Folge entwickelt wurden, stellt ein Teil nur Umgehungsversuche der Hatschekschen Patente dar, andere jedoch zeigten gänzlich neue Gedanken. Es ist nicht uninteressant, sich einen Überblick über die Entwicklung der Erzeugungsverfahren zu verschaffen, da auch heute immer wieder „neue Verfahren" entwickelt werden, die oft in ähnlicher Form schon ausgeführt und zum großen Teil von der Praxis überholt werden.

Bereits 1901 wurden den Erfindern OSTERHELD und POLSTERER ein Verfahren geschützt, nach dem die Faser allein auf die Pappenmaschine gelangt und der Stoffbahn staubförmiger Zement nach der Gautschwalze zugeführt wird. 1905 umging VIKTOR SCHMIDT diese Umgehung, indem er den Zement vor der Gautschwalze auf den auf dem Siebzylinder befindlichen Stoff aufschüttelte.

Noch im gleichen Jahr erhielt KARL FRANK ein Patent, wonach der Zement nicht in trockenem, sondern in feuchtem Zustand aufgeschüttelt wurde.

1906 erhielt VIKTOR SCHMIDT ein Patent auf ein Verfahren, das sich von HATSCHEKS Verfahren nur dadurch unterschied, daß wohl ein Teil des Zementes im Holländer zur Faser gemischt wurde, ein bestimmter Rest aber erst auf die Stoffbahn nach der Gautschwalze aufgeschüttelt wurde.

R. v. KEFER veränderte 1909 das vorstehende Verfahren dadurch, daß das Bindemittel durch Saugen gegen die Stoffbahn mit der Faser vereinigt wurde. Dieses Verfahren wurde 1936 von der Waagtaler-Syenit A.G. zum Färben von Asbestzement-Platten verwertet.

1910 meldete GEORG COHN ein Verfahren an, wonach das flüssige Asbestzement-Gemisch an den Siebzylinder angesaugt wurde, wobei durch entsprechende Abdeckung die Saugwirkung unter der Gautschwalze ausgeschaltet wurde.

Andere Erfinder übernahmen wohl die Prinzipien des Hatschek-Verfahrens, arbeiteten jedoch immer mit weitgehend abgeänderter Form der Pappenmaschine. So werden nach einem Patent LUDWIG LUKAćs aus dem Jahre 1905 der Asbest und der Zement mit getrennten Trommeln aus gesonderten Rührbehältern aufgenommen und auf ein endloses Band in der Weise aufgetragen, daß Asbestschichten und Zementschichten in beliebiger Anzahl aufeinanderfolgen.

Nach dem Patent von Dr. GOTTLIEB PEISELER aus dem Jahre 1912 werden die Stoffschichten aus schlitzförmigen an- bzw. ineinanderliegenden Ausflußöffnungen in breiigem Zustand zusammengeführt und gemeinsam entwässert und gepreßt.

Eine dritte Gruppe von Patenten versucht dem Hatschek-Verfahren durch Änderung der stofflichen Zusammensetzung des zu verformenden Gemisches ein anderes Gesicht zu geben. Auch die zusätzliche Aufschließung des Asbestes mit Dampf vor der Einbringung in den Holländer bei sonstiger Beibehaltung des Hatschek-Verfahrens, wie sie von EUGEN KLEWITZ vorgeschlagen wurde, wurde 1908 als neues Verfahren anerkannt.

Eine Reihe grundsätzlicher Änderungen wurde versucht, die sich aber nur zum Teil durchsetzen konnten. So wollte OSKAR TENNER 1930 auf einen wesentlichen Teil der Pappenmaschine, die Formatwalze, verzichten und die notwendige Anzahl von Schichten, die aus mehreren Zylindergruppen stammen, durch Aufeinandergautschen vereinigen.

Bei dem Hatschek-Verfahren wird eine gewisse Ausrichtung der Fasern in der Stoffbahn erzielt, durch die man in der fertigen Platte in der Längsrichtung eine höhere Biegefestigkeit erreicht als in der Querrichtung.

Dieser Umstand wurde verschiedentlich angegriffen, und eine Reihe von Erfindern, darunter die Eternitwerke L. Hatschek selbst, beschäftigte sich mit Verfahren, durch die eine gleichmäßige Festigkeit in beiden Richtungen erreicht werden sollte.

Dazu gehört ein Patent von ERNST KÖNIG aus dem Jahre 1930, der den Faserzementflor in Zickzackform auf ein quer zur Stoffbahn laufendes Band ablegen wollte.

Die Eternitwerke Hatschek ließen sich 1937 ein Verfahren schützen, nach dem mehrere dünne, übereinander liegende Rohpappen mit verschiedener Faserrichtung verpreßt werden.

Es muß aber gesagt werden, daß die höhere Biegezugfestigkeit in Längsrichtung gerade bei der Verlegung als Dachplatten als Vorteil angesehen werden muß, da dadurch ein größerer Pfettenabstand ermöglicht wird.

Obwohl das Hatschek-Verfahren die Faserzementerzeugung in überwiegendem Maße beherrscht, haben auch einige Gußverfahren Bedeutung erlangt.

Eines der ersten Naßverfahren dürfte jenes von SIMMONS & BOCKS aus dem Jahre 1899 sein, die einen dicken Zementbrei mit einem Drahtnetz vereinigten, also noch ohne großen Wasserüberschuß arbeiteten.

Bei den späteren Naßverfahren, bei denen mit Wasserüberschuß gearbeitet wurde, kamen zunächst die Gußverfahren auf, die an die Büttenpapiererzeugung erinnerten.

CARL POHL erhielt 1902 ein Patent auf ein Verfahren, bei welchem Kunststeinplatten unter Verwendung von einer oder mehreren Lagen eines auf der Krempel hergestellten Faserstoffvlieses erzeugt wurden.

Bereits 1910 meldete FRANZ MUSIL VON MOLLENBRUCK ein Gußverfahren an, bei dem eine trichterförmige Füllvorrichtung mit gelochtem Boden verwendet wurde.

In einer Anmeldung von L. PULVERMANN aus dem Jahre 1911 ist von der Aufbereitung des Stoffes in einem Rührwerk die Rede, während man bis dahin beim Hatschek-Verfahren nur mit Holländer gearbeitet haben dürfte.

Eine Reihe von Preßverfahren verwendete Formrahmen, in die der Brei eingegossen und dann ohne oder mit Zuhilfenahme eines abdichtenden Preßtuches und teilweise nach freiem Absitzen zu Platten gepreßt wurde. Um die Plattendicke zu vergleichmäßigen, wurden verschiedene Verfahren entwickelt, wie das von ADOLF LANGER aus dem Jahre 1914, bei denen die Gießformen während des Aufschüttens der flüssigen Masse bewegt wurden.

Obwohl die maschinelle Einrichtung für Gußverfahren im allgemeinen wesentlich weniger aufwändig ist als die für die Erzeugung mit dem Hatschek-Verfahren, haben die Gußverfahren nur wenig Bedeutung erlangt, weil sie sowohl in qualitativer wie in quantitativer Hinsicht weniger befriedigen.

Während — wie bereits erwähnt — beim Hatschek-Verfahren die Fasern in Ebenen senkrecht zu den Biegeebenen und dabei vorzugsweise in Produktionsrichtung liegen, sind die Fasern bei den im Gußverfahren hergestellten Platten in keiner Vorzugsrichtung geordnet. Dadurch sind die Biegefestigkeiten geringer.

Trotzdem muß hier auch auf einen Nachteil des Hatschek-Verfahrens hingewiesen werden, das manche Gußverfahren vermeiden. Bei der Herstellung von Wellplatten werden zunächst ebene Platten erzeugt, die nachträglich verformt werden. Welches Wellverfahren immer dabei angewendet wird, es muß die ebene Platte beim Wellen so verformt werden, daß in den Bogenstücken jeweils die äußeren Randschichten gedehnt und die inneren zusammengepreßt werden. Dadurch kommt es oft in den äußeren Randschichten zu Rißbildungen, die manchmal mit freiem Auge nicht sichtbar sind, aber die Frostbeständigkeit einer Platte vermindern können.

Wird nun bei einem Gußverfahren die Platte bereits auf der Wellform erzeugt, so fällt diese nachträgliche Verformung weg, und damit wird die Gefahr der Rißbildung praktisch ausgeschaltet. Es sei hier auf das Verfahren der Brüder SALVANESCHI hingewiesen, die einen dickflüssigen Asbestzement-Brei auf eine unter dem Trichter durchlaufende Wellform aufschütten und mit Vibrationsleisten verdichten.

Außer den Gußverfahren können auch die Trocken- und Feuchtverfahren in die Zeit vor Hatschek zurückgeführt werden.

Einer der ersten, die dieses Gebiet bearbeiteten, war der bereits erwähnte Erfinder Carl Pohl, nach dessen Verfahren aus dem Jahre 1905 das trockene Material zugleich mit dem erforderlichen zerstäubten Wasser auf eine trockene Unterlage gestreut wurde.

1910 meldete er eine Verfahrensänderung an, wonach die trockene Faserzementmischung auf eine bewegte, angefeuchtete Unterlage gestreut werden sollte.

Emil Ahrens meldete 1910 ein Verfahren an, bei welchem das trocken gemischte Preßgut nach schwacher Anfeuchtung und Mischung vor dem Pressen zwecks Auflockerung und gleichmäßiger Durchfeuchtung durch eine Siebtrommel oder ein Rüttelsieb geleitet wird. Diese Methode wird auch heute noch in Verbindung mit der Pappenmaschine zur Herstellung der Korn-Eternit-Platten verwendet.

Charles L. Norton entwickelte 1912 ein Verfahren, nach dem zunächst eine Schicht aus Fasern und Bindemittel in trockenem Zustand verdichtet, dann eine dem Bindemittel angepaßte flüssige Menge zugesetzt und schließlich die nasse Schicht weiter verformt wird.

Johann Szabo schlug 1911 ein Verfahren vor, das im wesentlichen gleich dem vorgenannten von L. Norton ist, wobei nach einer weiteren Ausführungsform mehrere Schichten gleichzeitig gepreßt werden, die zwischen die Metalleinlagen gelegt werden.

Ebenfalls 1911 meldete G. H. Liebau ein kontinuierliches Trockenverfahren an, bei dem die auf einem endlosen Band aufgebrachten Schichten von gelockerten Fasern, Zement und Sand unter sich drehenden Bürsten durchgeführt werden, welche das aufgebrachte Material als gleichmäßige Schicht ausbreiten, die danach mit der erforderlichen Wassermenge besprengt und anschließend gepreßt wird. Durch eine Anprallwand hinter der Bürste sollte ein zu weites Streuen der aufgewirbelten Faser-Zement-Sand-Schicht verhindert werden.

1913 schlug A. Hermann vor, das Pressen durch Durchführen der bandförmigen Masse zwischen zwei in der Längsrichtung beweglichen Bahnen unter stetig ansteigendem Druck bei Verhinderung des seitlichen Ausweichens durchzuführen, wodurch eine Verdichtung der Masse möglichst ohne Streckung erzielt werden sollte.

1915 schlug J. Klaesi vor, das trockene oder halbtrockene Stoffgut, als Vlies zwischen zwei Transportbändern liegend, zum Abbinden zu befeuchten, wobei zur Befeuchtung des Stoffgutes ein umlaufender, mit Flüssigkeit gespeister Siebzylinder dienen sollte.

Nach dem Verfahren von Alessandro Magnani aus dem Jahre 1936 werden Rohre oder Platten aus „gegebenenfalls mit Faserstoff gemischtem Brei“ dadurch hergestellt, daß der Mörtel zwischen zwei mit durchlässigen Wandungen versehenen Walzen geformt wird. Der im Behälter befindliche Mörtelbrei wird von der darin teilweise eingetauchten umlaufenden Walze aufgenommen und unmittelbar an die andere Walze, die Aufwickelwalze, abgegeben. Das Innere beider Walzen steht unter Saugwirkung, so daß der Stoff gegen die Walzen gesaugt und gleichzeitig entwässert wird. Der Spalt zwischen beiden Walzen wächst mit der durchschnittlichen Dickenzunahme der Platte.

b) Verfahren zur Rohrerzeugung

Die *Asbestzement-Rohr-Erzeugung* ist ebenfalls aus der Plattenerzeugung herausgegangen, da ja auf der Hatschek-Pappenmaschine die Masse ebenfalls auf der Formatwalze in Rohrform aufgewickelt wird und die Platten durch Aufschneiden eines Rohres mit großem Durchmesser gewonnen werden. Tatsächlich befassen sich die ältesten patentrechtlich geschützten Verfahren mit der Asbestzement-Rohr-Erzeugung auf der Pappenmaschine.

Schon 1912 meldete G. Bermig ein Verfahren an, bei dem die Formatwalze der Pappenmaschine mit einem leicht ablösbaren, auswechselbaren Überzug versehen wird, auf dem sich das Asbestzement-Rohr aufwickelt und der es nach dem Loslösen von der Formatwalze vor dem Zusammenfallen schützt.

Hatschek wollte das Problem des Kernwechselns und der Stillstandsverminderung dadurch lösen, daß er mehrere hintereinandergelagerte Kerne anordnete, von denen jeweils nur einer am Filz auflag und wickelte, während die anderen ruhten oder den nötigen Behandlungen unterzogen wurden.

Wegen der Schwierigkeit, dieses Verfahren mit den zur Herstellung von Druckrohren nötigen Preßvorrichtungen zu vereinigen, gab Hatschek diesen Weg wieder auf. Dazu kam, daß 1913, ungefähr zur gleichen Zeit, der Italiener Adolfo Mazza bei der Firma Eternit S.A. in Casale mit seinem Mitarbeiter Mattei die entscheidenden Schritte zur Erzeugung von Rohren machen konnte. Das Patent DRP 288601 enthält den ersten Entwicklungsfortschritt, der die Mazza-Matteische Rohrmaschine von der Hatschekschen Pappenmaschine unterscheidet. Der Aufwicklungskern wird nämlich in Scharnieren gelagert, die ein seitliches Ausschwenken ermöglichen. Dadurch wird das Loslösen des gebildeten Rohres erleichtert und die Stillstandszeit der Maschine herabgesetzt, weil abwechselnd mit zwei Kernen gearbeitet werden kann, von denen einer eingeschwenkt aufwickelt, während vom anderen ausgeschwenkten das Rohr abgezogen wird. Jeder der beiden Kerne ist auf einer Seite des Maschinengerüstes in Drehgelenken gelagert.

Bei der Herstellung von Asbestzement-Rohren zeigte es sich sehr bald, daß zur Erzeugung von wasserundurchlässigen Druckrohren das Gewicht des Formkernes nicht zur Verdichtung der Masse ausreicht. Ein weiterer Übelstand zeigt sich darin, daß sich das Asbestzement-Rohr während des Aufwickelns unter dem Einfluß des Gewichtes des Kerns dehnt und streckt, wodurch das Rohr unrund wurde und sich vom Formkern löste, wodurch zunächst die Erzeugung starkwandiger Rohre unmöglich war.

In einem weiteren Patent aus dem Jahre 1921 wurde dann zur Verbesserung der Rohrmaschine eine Reihe von Änderungen vorgeschlagen: ein zusätzliches Preßwalzenpaar zur Nachtrocknung des Filzes nach dem Sauger, die Verwendung des Oberfilzes, der die oberen Preßwalzen umläuft und wasserableitend wirkt, das Aufwickeln des Asbestvlieses am Formkern unter Einwirkung mehrerer um den Kern angeordneter Preßwalzen, die das Vlies weiter entwässern und komprimieren, wobei durch den Oberfilz, der die Preßwalzen umspannt und einen Teil der Oberfläche des Rohres umgibt, dieses am Formkern angehalten und dem Loslösen des Formkernes entgegengewirkt wird. Da jedoch auch alle diese Maßnahmen bei lange dauernder Preßwirkung das Loslösen des Rohres vom Kern nicht verhindern könnten, wird in einem weiteren italienischen Patent aus dem Jahre 1923 vorgeschlagen, den Druck der Preßwalzen auf das sich aufwickelnde Rohr mit zunehmender Wandstärke zu vermindern.

Diese drei obenerwähnten Patente bilden die Grundlage der Mazza-Matteischen Rohrmaschine. Die Mazza-Matteischen Patente haben als erste die wirtschaftliche Herstellung von Asbestzement-Rohren ermöglicht. Als Mängel dieser Maschine in technischer Hinsicht können vor allem die Unmöglichkeit, monolithische Muffenrohre herzustellen, und die schwierige Filzführung und rasche Abnützung der Filze gesehen werden. Wirtschaftlich ist der hohe Anschaffungspreis der Maschine ein Nachteil, der vor allem in der Anfangszeit einer raschen Verbreitung dieser sehr leistungsfähigen Maschine entgegenstand.

Die Unmöglichkeit, Muffenrohre direkt auf der Mazza-Maschine herzustellen, hat dazu geführt, daß eine Reihe von Verfahren ausgearbeitet wurde, die sich auf die Herstellung von Muffenrohren aus glatten Rohren bzw. auf die Verbindung solcher Rohre mit eisernen Rohren oder Fittings beziehen.

Ein Verfahren, glatte, noch plastische Rohre maschinell mit Muffen zu versehen, beschreibt ein italienisches Patent vom 23. 10. 1933. Danach wird auf das noch unabgebundene Rohr mittels einer kleinen Rohrmaschine ein Asbestzement-Vlies aufgewickelt, das das Rohr am Ende verstärkt und mit ihm zu einem Körper abbindet, aus dem die Muffe mechanisch ausgearbeitet werden kann.

Zur Herstellung von vom Rohrschaft unabhängigen Muffen werden nach dem österreichischen Patent 132264 aus dem Jahre 1932 kurze Rohrstücke, die aus Platten gewickelt oder auf Rohrmaschinen hergestellt werden, in Hohlformen zwischen einem Mantel oder einem Kern axialem Druck ausgesetzt. Diese Muffen zeichnen sich durch besondere Festigkeit aus und werden in vielen Ländern für Niederdruckrohre verwendet. Durch geeignete Formgebung der Hohlform können auch profilierte Muffen mit Borden, Ringen usw. hergestellt werden (DRP 598594). Mit dem Rohrschaft werden die Muffen entweder durch Verkittung oder durch Gewinde verbunden oder durch Kombination beider Verfahren. Ein italienisches Patent aus dem Jahre 1933 beschreibt diese Art der Vereinigung bei noch plastischen Teilen bei Anwendung von Druck, der entweder auf die Muffe von außen oder auf den Rohrschaft von innen aus wirken kann.

Nach einem anderen Verfahren (DRP 581825) sollten Muffenrohre auf einer Pappenmaschine dadurch hergestellt werden, daß ein kleiner Siebzylinder auf der Muffenseite des Filzes ein zusätzliches Vlies aufbringt, das im fertigen Rohr eine verstärkte Muffe ergeben soll.

Die erste Kupplungsart bei Druckleitungen war die Gibeault-Kupplung, die besonders in leichtem Boden dem Rohrstrang eine feste, jedoch elastische Beschaffenheit gibt und auch heute noch vielerorts verwendet wird. Allerdings verwendet man heute vor allem Kupplungen, die aus Asbestzement-Druckrohren gedreht werden, wobei für die Abdichtungen die verschiedensten Ausführungsformen — zum Großteil patentrechtlich geschützt — vorliegen.

Der hohe Anschaffungspreis der Mazza-Matteischen Rohrmaschine regte die Maschinenfabrikanten zu Versuchen zum Bau einer kleineren und billigeren — wenn auch weniger leistungsfähigen — Rohrmaschine an. Fast gleichzeitig mit dem Mazza-Verfahren begann eine andere Verfahrensart in Erscheinung zu treten, wobei Rohre mit Hilfe der Pappenmaschine durch schraubenförmiges Aufwickeln einer Stoffbahn auf in der Längsrichtung verschiebbarem Wickeldorn erzeugt wurden. Vielleicht der erste auf diesem Gebiet war der Schweizer Erfinder Jean Bär, der 1914 ein solches Verfahren anmeldete. Offenbar war das Verfahren für eine großtechnische Auswertung noch nicht genügend ausgereift, und erst im Jahre 1927 gelang es den Italienern, der S.A. Stabilimenti di Dalmine, diesen Gedanken technisch zu realisieren. In dieselbe Zeit wie das Erscheinen der Dalmine-Patente fällt die Anwendung weiterer Verfahren nach dem Spiralwickelverfahren, zum Beispiel das von Nikolajenko & Krause, Bell & Cie., Dr. Gaspary & Co., über deren Schicksal jedoch nichts Näheres bekannt wurde. Die Dalmine-Maschine erweckte allseits größtes Interesse und eine Zeitlang dachte man, daß damit die wirtschaftlichste Lösung zur Herstellung von Asbestzement-Rohren gefunden sei. Allerdings zeigten sich sehr bald immer wieder neue Schwierigkeiten, die zu einer ganzen Serie von Zusatzpatenten zur Verbesserung der Dalmine-Maschine führten. Durch immer neue, sich als notwendig erweisende Verbesserungen entwickelte sich die ursprünglich einfach gedachte Maschine zu einer recht komplizierten Apparatur und verschwand damit wiederum vom Markte.

Eine weitere Art, Rohre aus Faserzementplatten zu erzeugen, entwickelte Carl Herzog 1926, vermutlich aus der Handformung von Rohren. Bei der Rohrherstellung von Hand aus legte man frische Faserzementplatten um einen Kern, verkittete die Überlappungen mit Zementmilch und ließ erhärten. Dabei konnten Muffen monolithisch angebracht werden. Da auf diese Weise hauptsächlich Ablauf-, Rauch- und ähnliche drucklose Rohre erzeugt wurden, spielte die Faserrichtung keine wesentliche Rolle. Immerhin wurden aus solchen handgemachten Muffenrohren auch Druckleitungen für geringere Drücke verlegt, die heute noch in Ordnung sind. Nach dem erwähnten Verfahren von Herzog werden dünne Rohplatten zunächst in einer Wickelmaschine ziemlich naß gewickelt, wobei gegebenenfalls mehrere Platten mit längs- und quergerichteter Faser kombiniert werden können. Das drucklos geformte Rohr wird in einer wasserdurchlässigen Hülle zwischen Preßwalzen unter hohem Druck verdichtet, wobei sich die noch weichen Schichten verbinden.

Eine Reihe von Patenten befaßt sich mit der Herstellung von Rohren aus frischen Rohplatten. Daneben suchten in der Rohrerzeugung ebenfalls jene Verfahren Boden zu gewinnen, die sich bei der Erzeugung ebener Platten neben den Hatschekschen Verfahren entwickeln konnten: die Guß-, Feucht- und Trockenverfahren. Von den Gußverfahren sind die Schleuderverfahren am frühesten bekannt geworden. So datiert schon aus dem Jahre 1924 ein Verfahren von VIANINI, bei dem allerdings eine gewisse Entmischung von Fasern und Zement beim Schleudern gerügt wurde. Ein Verfahren zur Herstellung von Schleuderrohren mit tangential zur Rohrwandung gerichteten Fasern beschreibt eine Anmeldung der Vereinigten Stahlwerke Düsseldorf aus dem Jahre 1933. Weitere Naßschleuderverfahren wurden beispielweise von der Hallberger Hütte 1932 und Ing. GIOVANNI GUERCI 1940 entwickelt.

Andere Gußverfahren arbeiten ohne Schleudern, zum Beispiel das von Dr. H. HAYDEN aus dem Jahre 1930, nach welchem der Asbestzement-Brei auf einem in einer hohlen Druckvorrichtung beweglichen und aus ihr herausragenden Siebzylinder aufgebracht wird, dessen Inneres unter Vakuum gesetzt wird.

Besondere Bedeutung — vor allem für die Herstellung von Niederdruckrohren — gewannen die Rohrmaschinen von ALESSANDRO MAGNANI, von dem eine Fülle von Patenten auf dem Asbestzement-Sektor stammt. Nach seinem ursprünglichen Verfahren aus dem Jahre 1931 wird das wenig verdünnte Asbestzement-Gemisch auf eine rotierende Formwalze gegossen, deren Mantel wasserdurchlässig und deren Inneres absaugbar ist. Das überschüssige Wasser wird durch den durchlässigen Kern nach dem Kerninneren abgesaugt. Das so gegossene Rohr wird in einer separaten Preßvorrichtung verdichtet. Diese Preßvorrichtung besteht aus einer Druckkammer, in der das Rohr mit einer elastischen Gummihülle umgeben ist. Zwischen den eisernen Mantel der Druckkammer und die Gummiinnenwand wird Wasser gepumpt. Dieses preßt den Gummiteil der Druckkammer gegen das Rohr, das samt absaugbarem Formkern in die Kammer eingeführt wird. Das Rohr wird durch den auf der Gummihülle lastenden hydraulischen Druck komprimiert und das dabei austretende Wasser in den Formkern hineingesaugt. Ein Loslösen vom Formkern wie bei den mit Druckwalzen arbeitenden Maschinen kann dabei nicht stattfinden. Die bei diesem Verfahren angewandten Drücke können daher eine bedeutende Höhe erreichen, was sich bei der Verfestigung der Masse sehr günstig auswirkt. Natürlich liegen die Fasern beim Gießen der Rohre nicht in der für den Innendruck optimalen Richtung, doch ist die ungeordnete Lagerung der Fasern — besonders bei Rohren mit kleinen Durchmessern, die vor allem auf Biegung beansprucht werden, während die Ringzugbeanspruchung untergeordnet ist — von Vorteil. Der Hauptvorteil dieses Verfahrens von MAGNANI ist die Möglichkeit, monolithische Muffenrohre herzustellen.

In einem anderen Verfahren hat MAGNANI vorgeschlagen, ein trockenes Asbestzement-Gemisch durch Riffelwalzen auf eine Absaugformwalze aufzutragen und nachträglich zu befeuchten. Auch dieses Verfahren gestattet die Erzeugung von Muffenrohren.

Die dritte Ausführungsform einer Rohrmaschine sollte nach MAGNANI auch für die Herstellung von Hochdruckrohren geeignet sein. Danach wird ein

Asbestzement-Brei über Misch- und Dosierwalzen in ungefähr gleichmäßiger Filmdicke auf ein Filzband aufgeschüttet, über einen Vakuumsauger geführt, der das Vlies entwässert, und in einer Preßpartie auf einen Formkern aufgewickelt und verdichtet. Diese Maschine hat eine gewisse Ähnlichkeit mit der Mazza-Maschine, verwendet jedoch nicht die Schwenkvorrichtung der Mazza-Maschine. In technologischer Hinsicht unterscheidet sich das Verfahren auch dadurch, daß die Fasern wohl bevorzugt in Ringflächen gelagert sind, daß jedoch keine verstärkte Ausrichtung in der Ringzugrichtung stattfindet.

Von Interesse ist auch das von den Durit-Werken entwickelte Verfahren, bei dem ebenfalls mit einem Produktionsfilz gearbeitet wurde, der jedoch über eine rotierende Saugwalze geführt wird und mit derselben in den im Stoffkasten befindlichen Asbestzement-Brei eintaucht. Auch bei dieser Maschine war die Pressenpartie ähnlich wie bei der Mazza-Maschine ausgebildet.

Auch nach dem Trocken- bzw. Feuchtverfahren wurden erfolgversprechende Versuche angestellt. U. Isman meldete 1930 ein Verfahren an, wonach ein trockenes oder feuchtes Asbestzement-Gemisch in eine dem zukünftigen Rohr oder Formstück entsprechende Stampfform eingefüllt und in ihr verdichtet wird, wobei erst nach der Verformung die nötige Menge von Wasser zugeführt wird. Ein Verfahren zur Herstellung von Rohren oder Formstücken, bei dem der Asbestzement-Brei in die Formen unter Druck eingepreßt wird und welches somit auch zur Herstellung von monolithischen Muffenrohren geeignet ist, entwickelte Bonetti bei der Firma Caolita. Als Beispiel für Trockenverfahren sei das von Ing. d'Amato in den USA entwickelte angeführt, das große Ähnlichkeit mit dem kontinuierlichen Trockenverfahren von Liebau zur Herstellung von Asbestzement-Platten hat. Der Asbestzement wird trocken gemischt und mit einer Verteilvorrichtung gleichmäßig auf ein Filzband aufgestreut. Unmittelbar vor der Pressenpartie wird gerade so viel Wasser auf das trockene Vlies gesprüht, als der gewünschten Feuchtigkeit des fertigen Rohres entspricht.

c) Aufbereitungsverfahren

Die Entwicklung der Aufbereitungsverfahren spiegelt im wesentlichen den jeweiligen Wissensstand um die Asbestzement-Technologie, vor allem aber die Änderungen im Abbindeverhalten des Zementes wider. Wie die Plattenmaschine nach dem Hatschekschen Verfahren aus der Pappenerzeugung hervorging, so entwickelten sich auch die Aufbereitungen aus den entsprechenden Maschinenanlagen zur Papiererzeugung. Schon Hatschek verwendete Kollergang und Holländer. Wie bereits erwähnt, schlug L. Pulvermann 1911 die Verwendung eines Rührwerkes vor, und in der Folge wurden die Aufbereitungen mit einer Rührbütte komplettiert. Die ersten Aufbereitungsverfahren waren somit Naßverfahren, was bei der damals noch langsamen Verarbeitung vor allem dadurch ermöglicht wurde, daß die damaligen Zemente viel gröber und daher reaktionsträger waren als die heutigen. Im Laufe der Zeit wurden die Zemente feiner und empfindlicher, doch wurde diese gesteigerte Empfindlichkeit kaum bemerkt, da bald aus äußeren Gründen die Rückwasserverwendung eingeführt wurde.

Diese besteht darin, daß das gesamte Maschinenabwasser nicht weg-, sondern in den Betrieb zurückgeführt wird, so daß ein Kreislauf entsteht, in welchem nur das wirklich verbrauchte Wasser durch Frischwasser ersetzt wird. Ein solches Fabrikationswasser ist reich an gelöstem Kalk, Gips und eventuell an Alkalien und anderen weniger wichtigen Stoffen. In solchem Wasser wird auch ein feinerer Zement langsamer zu hydratisieren beginnen als im Frischwasser. Es gibt aber Feinzemente, die gegen jede Schwankung im Gelösten des Wassers empfindlich sind und nur in konzentriertem Rückwasser verarbeitet werden sollen.

Die schnellbindenden Zemente haben auch zwei andere Entwicklungen bestärkt. Einmal wurde die sogenannte Trockenaufbereitung entwickelt, bei der der Asbest und Zement trocken vermischt werden und erst unmittelbar vor der Einleitung in die Platten- oder Rohrmaschine das Anmachwasser zugesetzt wird. Zum anderen bestärkte die Schwierigkeit bei den rasch bindenden Zementen jene Erfinder, die die sogenannten Trockenverfahren entwickelten, bei denen ohne Wasserüberschuß und durch Aufbringen des erforderlichen Wassers unmittelbar vor der Verarbeitungszone gearbeitet wird.

Die Verarbeitbarkeit des Zementes ist besonders bei einer nachfolgenden Wellung wichtig. Durch eine engere Zusammenarbeit der Asbestzement-Hersteller und der Zementfabrikanten einerseits und durch den bereits erwähnten geschlossenen Rückwasserkreislauf wurde allmählich die Erstarrung so weit hinausgeschoben, daß eine gewisse Vorhaltezeit zur Einleitung der Gelbildung erwünscht erschien. Damit wurden die Naßaufbereitungen wieder möglich. Da man inzwischen erkannt hatte, daß die Festigkeit des Asbestzementes durch eine weitgehende Aufschließung der Asbestfasern verbessert werden kann, wurden verschiedene Maschinen entwickelt, die den Asbest hydraulisch aufschließen und mit dem Zement vermischen sollten. Diese Maschinen, wie Fibrella, Turbopulver, Hydopulper u. dgl., arbeiten mit sehr hohem Leistungsverbrauch.

d) Abbindung und Härtung

Die Festigkeit erhält der Asbestzement durch die Hydratation des Zementes, welche beginnt, sobald der Zement mit Wasser zusammengebracht wird. Man unterscheidet dabei zwei Perioden, und zwar die erste bis zum Beginn der Erstarrung, die im wesentlichen identisch ist mit der Verarbeitbarkeitszeit, und die zweite bis zur Erreichung der in den Normen vorgeschriebenen Festigkeit. Die Hydratation selbst ist ein praktisch nie zum Abschluß gelangender Prozeß, so daß die Festigkeit über die Normenfestigkeit hinaus sich asymptotisch einem Grenzwert nähert.

Um die Hydratation des Zementes zu ermöglichen, muß die Anwesenheit von genügend Wasser gewährleistet sein. Bei den verschiedenen Abbindeverfahren ist es daher vor allem wichtig, eine ausreichende Luftfeuchtigkeit sicherzustellen oder die Rohre und Platten im Wasserbad zu härten, um ein frühzeitiges Austrocknen des Asbestzementes zu verhindern. Durch Temperaturerhöhung kann die Hydratation beschleunigt werden. Sonderverfahren wie die Autoklavenhärtung, bei welcher an Stelle der normalen Hydratation eine chemische Reaktion gesetzt wird, ermöglichen die Erreichung der Normenfestigkeit bereits nach wenigen Stunden. Im einzelnen sind die Verfahren zur Abbindung und Härtung im Abschnitt „Erzeugung“ behandelt.

B. Physikalisch-chemische Grundlagen

1. Aufbau der Materie

Man unterscheidet drei Aggregatzustände: gasförmig, flüssig, fest, deren grundsätzliche Merkmale im folgenden behandelt werden.

a) Gase

In den Gasen sind die einzelnen Teilchen durch weite Zwischenräume voneinander getrennt, und der Abstand der Teilchen voneinander ist etwa 30- bis 40mal größer als der Durchmesser eines einzelnen Teilchens. Die Feinbauteilchen (Moleküle oder Atome) befinden sich in lebhafter, geradliniger Bewegung, bis sie nach kurzer Wegstrecke aufeinanderstoßen oder an die Gefäßwand anprallen und nach den Gesetzen des Stoßes aus ihrer Bahn abgelenkt werden. Werden zwei oder mehr verschiedene Gase miteinander in Berührung gebracht, so kann man die Diffusion derselben beobachten, d. h. daß sie sich innerhalb weniger Minuten zu einer gleichförmigen Mischung wechselweise durchdringen.

Volumen, Druck und Temperatur eines Gases stehen in gegenseitiger Abhängigkeit, die in den Gesetzen von Boyle-Mariotte und Gay-Lussac erfaßt ist. Diese Gesetzmäßigkeit kann man mit der Formel

$$\frac{p \cdot V}{T} = R \text{ oder } p\,V = R\,T \tag{1}$$

ausdrücken. Die Zahl R nennt man die Gaskonstante.

Das in dieser Gleichung ausgedrückte Volumgesetz ist allerdings ein Näherungsgesetz, das in aller Strenge nur für ideale Gase gelten würde, bei denen die Moleküle der Gase aus ausdehnungslosen Punkten beständen und keine Anziehungs- und Abstoßkräfte aufeinander ausüben würden.

Wenn ein Gas durch Steigerung des Druckes mehr und mehr verdichtet wird, so tritt schließlich Verflüssigung ein. Für jedes Gas gibt es eine „kritische Temperatur“, oberhalb derer auch bei noch so hohen Drücken keine Verflüssigung mehr eintritt. Man nennt den bei dieser Temperatur erforderlichen Druck den „kritischen Druck“ und das Volumen des Gases bei der kritischen Temperatur und beim kritischen Druck das „kritische Volumen“.

b) Flüssigkeiten

Bei den Flüssigkeiten sind die Moleküle so nahe aneinandergerückt und die zwischen ihnen wirkenden Anziehungskräfte so groß, daß ihnen gegenüber die Bewegungsenergie der Moleküle zurücktritt. Darum ist jeder Flüssigkeit eine bestimmte Raumausfüllung zugeordnet.

Es ist zwar auch bei den Flüssigkeiten das Volumen vom Druck und von der Temperatur abhängig, doch sind die Wirkungen von Änderungen des Druckes und der Temperatur sehr viel geringer als bei den Gasen. Die zwischen den Molekülen wirksamen Kräfte reichen bei Flüssigkeiten noch nicht aus, um eine ähnliche Ordnung herbeizuführen wie bei den Kristallen.

Infolge des Naheaneinanderrückens der Moleküle setzen Flüssigkeiten der Verschiebung der Moleküle gegeneinander einen gewissen Widerstand entgegen, den man als „innere Reibung“, „Viskosität“ oder „Zähigkeit“ bezeichnet. Die innere Reibung der Flüssigkeiten ist sehr verschieden und kann bei zähen Schmelzen mehr als zehnmal so groß sein als bei leichtflüssigeren Flüssigkeiten. Mit steigender Temperatur verringert sich die Viskosität.

Wenn ein Flüssigkeitstropfen frei schwebend sich selbst überlassen bleibt, so nimmt er Kugelgestalt an. Das Wirken der Kräfte, die in den Flüssigkeiten wirksam sind und die Herstellung einer möglichst kleinen Oberfläche anstreben, bezeichnet man als Oberflächenspannung.

Die Oberflächenspannung sinkt mit steigender Temperatur und erreicht bei der kritischen Temperatur, bei welcher die Grenzfläche zwischen Flüssigkeit und Gasraum verschwindet, den Nullwert. Die im Inneren der Flüssigkeit befindlichen Moleküle befinden sich in sehr verschiedenem Bewegungszustand, und die schnellsten unter ihnen besitzen so hohe kinetische Energie, daß sie durch die gespannte Flüssigkeitsoberfläche hindurchschießen.

Dieser Vorgang, den man als Verdampfung bezeichnet, kommt erst zum Stillstand, wenn der abgegebene Dampf eine bestimmte Konzentration erreicht hat und also nun seinerseits einen entsprechenden Druck gegen die Flüssigkeit ausübt. Es ist dabei gleichgültig, ob der umgebende Raum leer ist oder ob sich andere Gase oder Dämpfe in ihm befinden. Sowohl der im Berührungsraum sich einstellende Druck des Flüssigkeitsdampfes als auch das Verdampfungsbestreben der Flüssigkeit selbst wird „Dampfdruck“ der Flüssigkeit genannt. Der Dampfdruck aller Flüssigkeiten steigt mit der Temperatur stark an. Er hat für Wasser die in Tab. 1 eingetragenen Werte.

Tabelle 1. *Temperaturabhängigkeit des Dampfdruckes von Wasser*

Temperatur (°C)	0	20	40	60	80	100	120	140	160	180	200
Dampfdruck Atmosphären	0,006	0,023	0,073	0,197	0,466	1,0	1,96	3,6	6,1	9,9	15,3

Eine der Luft ausgesetzte Flüssigkeit gibt bei jeder Temperatur so lange Dampf an die Luft ab, bis der der Temperatur entsprechende Dampfdruck erreicht ist.

Gegen die Oberfläche der Flüssigkeit drückt außer dem eigenen Dampf der Druck der Luft. Der Anteil des Dampfes am Gesamtdruck wird als „Partialdruck“ bezeichnet. Die Summe aller Partialdrucke ist gleich dem Gesamtdruck.

Bei fortschreitender Erhitzung wird der Anteil des Dampfdruckes am Gesamtdruck immer höher, bis er bei einer bestimmten Temperatur den

Atmosphärendruck erreicht. Damit erlangt der sich entwickelnde Dampf die Fähigkeit, den auf der Flüssigkeit lastenden Atmosphärendruck beiseite zu schieben, die Dampfentwicklung wird stürmisch, und die Flüssigkeit beginnt zu sieden. Die Temperatur, bei der das Sieden eintritt, bezeichnet man als Siedepunkt. Durch Verminderung des Druckes kann man den Siedepunkt herabdrücken. Umgekehrt steigt der Siedepunkt einer Flüssigkeit bei steigendem Druck, zum Beispiel im Autoklav, entsprechend an.

Der Übergang der Flüssigkeit in Dampf ist mit starker Volumzunahme verbunden, die zusammen mit der Erhöhung der inneren Energie des Stoffes zu einer Energieaufnahme führt, die man als „latente Verdampfungswärme" bezeichnet. Sie beträgt für 1 g Wasser 539 cal. Es ist somit der Energiegehalt von 1 g Wasserdampf von 100° C um 539 cal größer als der Energiegehalt von 1 g Wasser bei der gleichen Temperatur.

Diese Energiemenge muß der verdampfenden Flüssigkeit von außen zugeführt werden, wenn keine Änderung der Temperatur stattfinden soll. Zwingt man die Flüssigkeit durch Absaugen des sich bildenden Dampfes zur Abgabe immer neuer Dampfmengen, ohne daß eine Energiezufuhr von außen stattfindet, so muß sich die Flüssigkeit entsprechend abkühlen. Bei fortschreitender Abkühlung geht die Flüssigkeit schließlich in den festen Zustand über. Dieser Übergang kann allmählich oder bei einer bestimmten Temperatur sprunghaft erfolgen. Im letzteren Fall bezeichnet man diesen Temperaturpunkt als den Gefrierpunkt. Auch der Gefrierpunkt ist in engen Grenzen vom Druck abhängig.

Der Erstarrungsvorgang ist von einer Energieabgabe begleitet. Die bei der Erstarrung von 1 g Flüssigkeit frei werdende Energiemenge bezeichnet man als „latente Schmelzwärme". Diese beträgt bei 1 g Eis 80 cal. Diese Energiemenge wird also beim Schmelzen des Eises aufgenommen und beim Gefrieren des Wassers abgegeben.

c) Feste Stoffe

Feste Stoffe füllen nicht nur wie die Flüssigkeiten einen bestimmten Raum aus, sondern besitzen auch eine bestimmte Gestalt, deren Veränderung sie beträchtlichen Widerstand entgegensetzen. Ein fester Körper setzt dem Versuch, ihn durch Anwendung von Zug zu dehnen und damit sein Volumen zu vergrößern, und ebenso dem Bemühen, ihn auf kleineren Raum zusammenzudrücken, starken Widerstand entgegen. Die molekulare Anziehungskraft, der „Kohäsionsdruck" und die molekulare Abstoßkraft, der „Repulsionsdruck", halten sich im unbelasteten Körper als „innerer Druck" das Gleichgewicht.

Die geschilderten Druckkräfte bedingen die Ordnung der Moleküle, die sich bei der Erstarrung einer Schmelzmasse vollzieht. Die Vollkommenheit dieser Ordnung, insbesondere die Entstehung wohlausgebildeter Kristalle, ist dabei von mancherlei Umständen abhängig, unter denen die Kühlgeschwindigkeit und die innere Reibung besonders wichtig sind. Der Übergang in den kristallinen Zustand erfordert um so mehr Zeit, je größer die innere Reibung der Flüssigkeit ist. Bei genügend großer Reibung wird die Kristallisationsgeschwindigkeit praktisch unendlich klein, so daß es zur glasigen Erstarrung kommt. Bei entsprechend angepaßten Bedingungen kann man viele Stoffe sowohl kristallin wie glasig erstarren lassen.

Der kristalline und der glasige Zustand sind demnach keine Eigenschaften, sondern Erscheinungsformen eines festen Stoffes. Der regelmäßigen räumlichen Umgrenzung der Kristalle entspricht eine ebensolche Regelmäßigkeit des inneren Aufbaues.

Man führt die Symmetrie der Kristalle auf eine periodisch wiederkehrende Ordnung ihrer Atome zurück, indem man sich den Raum nach Punktsystemen, sogenannten „Raumgittern", aufgeteilt denkt.

Die Raumgitteranordnung seiner Teilchen bildet das wesentliche Kennzeichen eines Kristalls, ganz unabhängig davon, ob eine äußere kristallographische Umgrenzung zu erkennen ist oder nicht.

Die Erscheinung der Polymorphie und der Isomorphie finden im Gitterbau ihre Erklärung. Wenn ein und derselbe Stoff in verschiedenen Kristallsystemen — also mit verschiedenem Gitterbau — kristallisieren kann, so bezeichnen wir das als Polymorphie. Bei solchen polymorphen Stoffen ist das Auftreten der einen oder anderen Form stets an eine bestimmte Temperatur gebunden, und es gibt also eine Grenztemperatur, bei deren Überschreiten nach oben oder nach unten sich jeweils die eine Form in die andere umwandelt.

Als Isomorphie bezeichnet man die Erscheinung, daß Stoffe ähnlicher chemischer Zusammensetzung in gleichen oder doch in nahe miteinander verwandten Formen kristallisieren. Eine kennzeichnende Eigentümlichkeit isomorpher Stoffe ist ihre Fähigkeit, „Mischkristalle" miteinander zu bilden. Je nach dem Konzentrationsverhältnis der beiden Stoffe in der Lösung scheiden sich solche Mischkristalle in wechselnden Mischungsverhältnissen aus.

Da die Mischkristalle das Ergebnis einer vollständigen wechselseitigen Durchdringung zweier Stoffe sind, so bezeichnet man sie auch als „feste Lösungen". Gerade bei den Silikaten spielt diese Art der festen Lösung eine erhebliche Rolle. Man kennt eine ganze Anzahl von Silikaten und Aluminsilikaten, bei welchen das stöchiometrische Verhältnis zwischen der Kieselsäure und den übrigen Bestandteilen nicht stimmt, welche vielmehr „zuviel" Kieselsäure enthalten. Dieses Zuviel an Kieselsäure erklärten wir uns so, daß in das weitmaschige Gitter der Grundsubstanz sich zusätzliche Kieselsäuremoleküle eingelagert haben.

Steht ein Kristallgitter derart zu einem anderen in Beziehung, daß ein Bauteil in einer bestimmten gesetzmäßigen Wiederholung vollständig gegen einen anderen Bauteil ausgetauscht ist, so spricht man von einer „Morphotropie".

Auch bei den Kristallen ist — so wie bei den Gasen und bei den Flüssigkeiten — der Wärmeinhalt durch den Bewegungszustand ihrer Moleküle bestimmt. Die Gitterpunkte dürfen demnach nur als die Gleichgewichtslagen angesehen werden, um welche die Feinbauteilchen Schwingungen und gegebenenfalls auch Drehbewegungen ausführen. Mit steigender Temperatur werden diese Bewegungen immer lebhafter und schließlich so lebhaft, daß zunächst einzelne Teilchen nicht mehr an ihren Platz zurückkehren, mit anderen Teilchen die Plätze wechseln und schließlich der ganze Gitterbau zusammenbricht. Die Substanz schmilzt.

Die chemische Aktivität ist in den Oberflächen eines Kristalls größer als im Inneren, weil die in den Grenzflächen befindlichen Feinbauteile auch chemisch nicht abgesättigt sind. Da die Gitterdichte in Oberflächenpartien, die nicht derselben Form angehören, verschieden ist, so ist auch die chemische Aktivität in solchen Flächen verschieden. Hierauf ist die Erscheinung der „Rekristallisation" zurückzuführen. Sie äußert sich darin, daß aus einem Kristallgefüge gewisse Kristalle verschwinden und ganz besonders die großen Kristalle auf Kosten der kleinen anwachsen.

Da der Platzwechsel von Feinbauteilchen von einer gewissen Intensität ihrer Schwingungsbewegungen abhängig ist, ist auch der Vorgang der Rekristallisation an ein bestimmtes Temperaturgebiet gebunden, das häufig weit unter dem Schmelzpunkt liegt.

Schmelzmassen, die unter normalen Verhältnissen beim Abkühlen kristallin erstarren, lassen sich in der Regel ein wenig unter ihrem Erstarrungspunkt abkühlen, bevor die Kristallisation beginnt. Das Temperaturgebiet, innerhalb dessen eine solche Unterkühlung möglich ist, wird als „metastabiles" Gebiet bezeichnet. Zum Zustandekommen eines Kristallisationsvorganges muß die Voraussetzung für den Eintritt einer Keimbildung gegeben sein. Sowohl bei der Keimbildung als auch beim Weiterwachsen der Keime zum Kristall müssen sich Bewegungsvorgänge in der Schmelze abspielen. Höhere Temperatur steigert einerseits die Beweglichkeit der Feinbauteilchen und vermindert anderseits die innere Reibung. Es gibt eine optimale Kristallisationstemperatur, bei der die innere Reibung ausreichend niedrige Werte, der Drang zur Kristallisation jedoch eine gewisse Stärke erreicht. Wird diese bei schneller Abkühlung zu schnell durchschritten, so besitzen die Feinbauteilchen nicht mehr die nötige Beweglichkeit und die nötige Zeit, um sich zum Kristallgitter zu ordnen, und wir gelangen zum Glas als zu einer unterkühlten Schmelze mit äußerst großer innerer Reibung. Umgekehrt kann man durch recht langsame Abkühlung die Kristallbildung fördern.

Das Glas ist gewissermaßen eine Zwischenstufe zwischen Schmelze und Kristall. Jeder Kristallisationsvorgang ist, da bei ihm die Feinbauteilchen aus einem Zustand geringerer Ordnung in einen solchen höherer Ordnung übergehen, mit einer Abnahme der freien Energie verbunden.

Die freie Energie der Gläser ist stets höher als die der Kristalle gleicher chemischer Zusammensetzung.

Für die Zementchemie ist von besonderer Wichtigkeit, daß die Gläser gegenüber den Kristallen gleicher Zusammensetzung bemerkenswerte Unterschiede, auch in ihrem chemischen Verhalten, zeigen. Dank ihres höheren Energieinhaltes sind die Gläser reaktionsfähiger als die Kristalle, was sich häufig in einer leichteren Löslichkeit in Säuren und einer größeren Angreifbarkeit durch Wasser äußert. Im übrigen sind die chemischen Eigenschaften der Gläser auch von der thermischen Vorbehandlung abhängig. Auch hierin kommt zum Ausdruck, daß der jeweilige Endzustand des erkalteten Glases das Ergebnis des Wechselspiels zwischen den in der erkaltenden Glasmasse wirksamen Kräften ist.

2. Disperse Systeme

Wenn zwei oder mehr Stoffe sich gegenseitig durchdringen oder sich in Mischungen miteinander verbinden, so nennt man das Ganze „ein disperses System". Stoffe oder Stoffgemische ohne innere Grenzfläche bezeichnet man als „homogene Systeme", Stoffe oder Stoffgemische mit innerer Grenzfläche als „heterogene Systeme" und die durch Grenzflächen voneinander geschiedenen Stoffe als „Phasen".

Homogene Systeme nennt man auch „einphasig", heterogene Systeme „mehrphasig". Einphasige Systeme, bei denen ein Stoff bis zum vollständigen Verschwinden in einem anderen Stoff zerteilt ist, heißen „Lösungen".

Die Trägersubstanz bezeichnet man als „Dispersionsmittel", die im Dispersionsmittel zerteilte Substanz als „disperse Phase". Beispielsweise ist bei einer Wolke die Luft die Trägersubstanz, in der die Wassertröpfchen verteilt sind.

Das physikalisch-chemisch wichtigste Einteilungsprinzip ergibt sich aus dem Grad der Zerteilung der am Aufbau disperser Systeme beteiligter Stoffe.

In einer „groben Dispersion" sind die einzelnen am Aufbau des Systems beteiligten Bestandteile als solche noch ohne weiteres zu erkennen, und die Eigenschaften des ganzen Systems ergeben sich im wesentlichen aus der Summation der Eigenschaften seiner Bestandteile. Bei fortschreitender Zerteilung wird die Berührungsfläche zwischen den Phasen, die innere Oberfläche, so groß, daß die in den Oberflächen wirksamen Kräfte für die Eigenschaften des ganzen Systems bestimmend werden. Die Grenze, bei der diese Wandlung eintritt, liegt bei einer Teilchengröße der dispersen Phase von etwa 0,1 μ ($=10^{-5}$ cm). Eine Vorstellung von dem erreichten Grade der Zerteilung gewinnt man, wenn man die Oberflächenvergrößerung berechnet, die ein Würfel von 1 cm Kantenlänge bei der Aufteilung in 10^{15} Würfel von 0,1 μ Kantenlänge erfährt. Während der Ausgangswürfel eine Oberfläche von 6 cm^2 besaß, ergibt sich die Gesamtoberfläche der 10^{15} Teilwürfel zu 6×10^5 cm^2. Die Oberfläche ist also auf das Hunderttausendfache ihres Ausgangswertes angewachsen, und mit diesem Anwachsen der inneren Oberfläche ist eine so weitgehende Änderung in den physikalisch-chemischen Eigenschaften des Systems eingetreten, daß man in diesem Zerteilungsgrad einen besonderen Formzustand der Materie erblickt, den man als „kolloid" bezeichnet.

Bei weiterer Zerteilung bis zu einer Teilchengröße von ca. 1 mμ ($=10^{-7}$ cm) tritt abermals eine weitreichende Änderung der Eigenschaften des ganzen Systems ein. Die innere Oberfläche von 1 cm^3 Ausgangssubstanz ist jetzt auf 6×10^7 cm^2 angewachsen, und die einzelnen Teilchen haben die Größenordnung der Moleküle erreicht. In einem zunächst heterogenen dispersen System läßt sich das Vorhandensein einer inneren Oberfläche jetzt nicht mehr feststellen; das heterogene System mit kolloiden Eigenschaften geht in das homogene System der echten Lösung über. Den hierbei erreichten Zerteilungsgrad bezeichnet man als „molekulardispers". Zusammenfassend ergeben sich somit nach der Größe der Teilchendurchmesser der dispersen Phase folgende Stufen disperser Systeme:

Grobe Dispersionen	> 0,1 μ
Kolloide	0,1 μ — 1 mμ
Molekulardispersionen	< 1 mμ

Da Gase ihrer Natur nach immer molekulardispers sind, so können zwischen Gasen allein grobe Dispersionen und kolloide Systeme nicht zustande kommen. Die Kombination der Aggregatzustände gasförmig—gasförmig scheidet daher bei groben und kolloiden Dispersionen aus.

Grobe Dispersionen entstehen entweder durch Vergröberung feinerer Strukturen oder durch Zerkleinerungsvorgänge an unzerteilten Stoffen. Vorgänge der ersten Art beobachten wir zum Beispiel bei der Kondensation von Dämpfen und Gasen zu Flüssigkeitstropfen und bei der Bildung von Niederschlägen durch chemische Reaktionen. Demgegenüber sind für die Zementchemie die Zerkleinerungsvorgänge von wesentlich größerer Wichtigkeit. Das Ziel jeder Zerkleinerung ist die Schaffung neuer Oberfläche; die Zunahme der inneren Oberfläche gibt uns einen Maßstab für den jeweils erreichten Zerkleinerungsgrad. Zwischen der Zerreißkraft Z, dem Elastizitätsmodul E, der spezifischen Oberflächenenergie σ und der molekularen Wirkungsreichweite r besteht ein zahlenmäßiger Zusammenhang. Da bei allen festen Stoffen die Werte der hier in Frage kommenden Größen nicht allzuweit auseinanderliegen, so lassen sich der Größenordnung nach die folgenden allgemeinen Angaben für die Mehrzahl der festen Stoffe machen:

Elastizitätsmodul	$E \approx 10^5$	bis 10^6 kp/cm²
Spez. Oberflächenenergie	$\sigma \approx 10^{-4}$	bis 10^{-3} cmkp/cm²
Molekulare Wirkungsreichweite	$r \approx 5 \cdot 10^{-8}$	bis 10^{-7} cm
Theoret. Zerreißspannung	$Z \approx 10^4$	bis 10^5 kp/cm²

Die technischen Zerreißspannungen sind meistens 100- bis 1000mal kleiner als die theoretisch errechneten Werte. Dies hat seinen Grund darin, daß der Berechnung die Annahme eines völlig homogenen störungsfreien Körpergefüges zugrunde liegt, es aber in Wirklichkeit solche Körper nicht gibt, da alle festen Stoffe mit zahlreichen Kerbstellen durchsetzt sind. Die Kerbstellen und ihre Umgebung bilden Gebiete stark verminderter Festigkeit, und der Bruch beginnt naturgemäß am Punkte des geringsten Widerstandes und breitet sich dann von Kerbstelle zu Kerbstelle strahlenförmig aus.

Auch der Wärmezustand des Körpers hat einen Einfluß auf seine Bruchfestigkeit, da durch Wärmeaufnahme der Bewegungszustand der Feinbauteilchen und damit auch die elastischen Eigenschaften des Stoffes verändert werden. Weiters ist die Bruchfestigkeit eines bestimmten Stoffes von dem ihn umgebenden Medium abhängig, da sich die Oberflächenenergie mit dem umgebenden Medium ändert.

Die als „molekulardisperse Systeme" gekennzeichneten Lösungen erhält man, wenn der Verteilungsgrad weiter und weiter zunimmt und schließlich bis zu molekularen Dimensionen fortschreitet.

Die Grenzfläche zwischen Dispersionsmittel und disperser Phase verschwindet, und aus dem mehrphasigen heterogenen System wird das einphasige homogene System.

Natürlich ist im Bereich der molekularen Dimensionen auch eine echte Lösung nicht homogen im strengsten Sinne des Wortes, da Moleküle der einen mit solchen der anderen Stoffart abwechseln. Man bezeichnet jedoch ein System dann als homogen und einphasig, wenn im gewöhnlichen Licht Grenzflächen nicht mehr zu erkennen sind.

Solange eine beschränkte Menge eines Stoffes in einem Lösungsmittel gelöst ist, bezeichnen wir das disperse Mittel als Lösungsmittel und die disperse Phase als gelöste Substanz.

Wenn — wie bei allen Gasen und manchen Flüssigkeiten — eine unbegrenzte gegenseitige Mischbarkeit besteht, so pflegt man nicht von Lösungen, sondern von Mischungen oder Gemischen zu sprechen.

Die Konzentration einer Lösung kann durch den Prozentgehalt der gelösten Substanzmenge in bezug auf das reine Lösungsmittel oder durch die Menge der gelösten Substanz in Liter bezeichnet werden. Im letzteren Fall ist darauf zu achten, ob sich die Angabe auf 1 Liter des Lösungsmittels oder auf 1 Liter der Lösung bezieht.

Schließlich kann die Konzentration einer Lösung auch durch den „Mollenbruch", das ist das Verhältnis der Zahl der gelösten Mole zur Gesamtzahl der vorhandenen Mole, definiert werden. Nach dem Aggregatzustand des Lösungsmittels unterscheidet man flüssige und feste Lösungen.

Wie der Lösungsvorgang dadurch zustande kommt, daß das Lösungsmittel die zu lösende Substanz durch Molekularattraktion in sich hineinzieht, so üben umgekehrt die in der Lösung befindlichen Moleküle auch wieder eine Anziehung auf die Moleküle des Lösungsmittels aus. Diesen Vorgang bezeichnet man allgemein als „Solvatation" und bei wässerigen Lösungen als „Hydratation".

Durch die Vereinigung zweier Stoffe in einer Lösung oder Mischung erfahren die Eigenschaften der beteiligten Stoffe Veränderungen. „Additive Eigenschaften" bleiben in Mischungen und Lösungen der Stoffe so weit erhalten, daß die durch sie bedingten Eigenschaften der Lösung und Flüssigkeitsmischungen sich annähernd aus den Einzelwerten der Bestandteile durch einfache Summation ergeben. „Kolligative Eigenschaften" sind von der Besonderheit des Stoffes unabhängig und also allen Stoffen gemeinsam.

Zu den additiven Eigenschaften gehören im allgemeinen die Volumenbeziehungen sowie die optischen und gewisse thermische Eigenschaften. Das Volumen einer Mischung oder Lösung läßt sich aus dem Einzelvolumen der Bestandteile berechnen, wobei die Abweichungen etwa 2% nicht überschreiten. Auch die spezifische Wärme wird zu den additiven Eigenschaften gerechnet, obwohl die nach der Mischungsregel berechneten spezifischen Wärmen von Mischungen und Lösungen Abweichungen bis zu 10% zeigen.

Der Lösungsvorgang ist fast immer mit einem Wärmeeffekt verbunden. In der Regel tritt bei der Auflösung Abkühlung ein, doch gibt es auch eine erhebliche Anzahl von Stoffen, die sich unter Erwärmung lösen.

Im Gegensatz zu den Flüssigkeitsgemischen sind die eigentlichen Lösungen dadurch gekennzeichnet, daß das Lösungsmittel gegenüber der gelösten Substanz nur eine beschränkte Aufnahmefähigkeit besitzt.

Die Lösungsfähigkeit eines Lösungsmittels gegenüber einem bestimmten Stoff steigt fast immer mit der Temperatur. Die Löslichkeit eines festen Stoffes gegenüber einem bestimmten Lösungsmittel hängt auch ein wenig von seiner Korngröße ab und nimmt bei feinerem Korn etwas zu. Hierauf ist es zurückzuführen, daß feinkörnige Niederschläge unter einer gesättigten Lösung bei längerem Stehen gröber werden.

Wenn eine Lösung durch Temperaturänderung oder Verdampfung so konzentriert wird, daß der Sättigungspunkt überschritten wird, so muß sich der gelöste Stoff aus der Lösung ausscheiden, was bei festen Stoffen meistens durch Auskristallisieren geschieht.

Für das Zustandekommen der Kristallisation und für die Geschwindigkeit, mit der die Kristallisation vor sich geht, gelten die gleichen Zusammenhänge zwischen Keimbildung und Wachstumsgeschwindigkeit der Kristalle, die auch für den Kristallisationsvorgang aus Schmelzen bestimmend sind. Auch die Temperatur spielt eine entscheidende Rolle, da bei gleicher Übersättigung die Keimbildung um so schneller erfolgt, je höher die Temperatur ist, was für die Erhärtungstheorie der hydraulischen Bindemittel von erheblicher Bedeutung ist.

Die Definition der Kolloide als disperse Systeme mit einer Teilchengröße zwischen 0,1 μ und 1 mμ ist nicht ganz exakt, weil es nach beiden Seiten Übergänge gibt.

Genauer ist die Einordnung der kolloiden Systeme auf Grund gewisser typischer physikalischer Eigenschaften. Eine verhältnismäßig gute Abgrenzung ergibt sich aus der Sedimentationsfähigkeit. Im Gegensatz zu den Kolloiden sedimentieren grobe Dispersionen unter der Einwirkung der Schwerkraft verhältnismäßig schnell, und im Gegensatz zu den Molekulardispersionen läßt sich bei Kolloiden das Vorhandensein von Grenzflächen zwischen den an ihrem Aufbau beteiligten Phasen noch mit optischen Hilfsmitteln feststellen.

Zahlreiche Stoffe des täglichen Lebens sind Kolloide, wie Butter, Blut, Faserstoffe, Kautschuk, Leim und Seifenlösungen. Bei allen Kolloiden handelt es sich immer um mindestens zwei Stoffe, die sich bis fast zur völligen Auflösung des einen im anderen durchdringen und einen einheitlichen Stoff vortäuschen.

Als Folge dieser innigen Durchdringung ergibt sich eine als „innere Oberfläche“ oder „Phasengrenzfläche“ bezeichnete Berührungsfläche, welche für 1 cm^3 kolloider Substanz in der Größenordnung zwischen 6×10^5 und 6×10^7 cm^2 liegt.

Kolloide sind somit disperse Systeme mit großer Phasengrenzfläche. Das Dispersionsmittel sowie die disperse Phase können gasförmig, flüssig oder fest sein. Es ist dabei belanglos, ob auftretende feste Phasen amorph oder kristallin sind. Infolge der Schwierigkeit, an festen Stoffen in kolloider Verteilung etwa vorhandene Kristallstrukturen nachzuweisen, hat man frühere kolloide Systeme ganz allgemein für amorph gehalten und mitunter die Begriffe „kolloid“ und „amorph“ sogar einander gleichgesetzt.

Der Begriff amorph hat jedoch mit der kolloiden Verteilung der Materie nichts zu tun. In kolloiden Systemen mit ihren großen inneren Grenzflächen ist die Grenzflächenentwicklung für viele Eigenschaften bestimmend und bildet geradezu den Ausgangspunkt für das Verständnis der kolloid-chemischen Erscheinungen.

Außer der Oberflächenspannung sind die Absorption und die elektrischen Erscheinungen an Grenzflächen die wichtigsten Oberflächenerscheinungen.

Wie die Oberflächenspannung der Flüssigkeiten die Herstellung einer möglichst kleinen Oberfläche anstrebt, so gilt das gleiche auch von der Oberflächenspannung fester Stoffe. So liegt die letzte Ursache für die Vergröberung und also auch für die verschiedene Löslichkeit der verschiedenen Korngrößen bei der Grenzflächenspannung.

Der grobkörnige Niederschlag hat die kleinere Grenzfläche gegenüber dem feinkörnigen Niederschlag. Konzentrationsänderungen an Grenzflächen beobachtet man nicht nur bei Lösungen, sondern auch an anderen Phasengrenzflächen und bezeichnet sie allgemein als ,,Adsorptionserscheinungen''. Verbleibt der adsorbierte Stoff nicht an oder in der Grenzfläche, sondern wandert er in das Innere des adsorbierenden Stoffes, so wird aus der Adsorption die Absorption.

Für das Verständnis der kolloid-chemischen Vorgänge sind auch die elektrischen Erscheinungen von erheblicher Bedeutung, die unter anderem zu den Erscheinungen der Kataphorese und der Elektroosmose führen.

Die weitaus wichtigsten kolloiden Systeme sind diejenigen mit flüssigem Dispersionsmittel und mit fester oder flüssiger disperser Phase. Sie bilden die eigentlichen kolloiden Lösungen. Für die Herstellung kolloider Lösungen ergeben sich zwei Wege: fortschreitende Zerteilung grober Dispersionen und Zusammenballung molekularer Dispersionen.

Manche feste Stoffe bilden bei der Berührung mit einem Lösungsmittel von selbst kolloide Lösungen. Das bekannteste Beispiel ist die Auflösung des Leimes im Wasser.

Für die künstliche Zerteilung fester Stoffe und grober Dispersionen zu kolloiden Abmessungen kommen physikalische und chemische Verfahren zur Anwendung. Zu den physikalischen Verfahren gehört die mechanische Zerkleinerung. Es ist jedoch auch durch intensivste mechanische Mahlarbeit eine vollständige Überführung einer groben Dispersion in ein kolloides System nicht zu erreichen.

Vorgänge, bei denen feste Stoffe durch chemische Verfahren kolloid in Lösung gebracht werden, bezeichnet man als ,,Peptisationsvorgänge''. Manchmal wird die Peptisierung durch Fremdstoffe hervorgerufen. Dabei bedarf es oft nur äußerst geringer Konzentrationen, um einen solchen Peptisationsvorgang auszulösen. So genügt ein Teil Natriumhydroxyd als Peptisator, um 200 Teile gelatinöser Kieselsäure in 10.000 Teilen Wasser in Lösung zu führen.

Wird statt eines festen ein flüssiger Stoff in einer anderen Flüssigkeit dispergiert, so entsteht eine Emulsion, und wenn die Zerteilung bis zu kolloiden Dimensionen fortschreitet, ein Emulsionskolloid. Der Vorgang der Emulgierung erfordert stets die Mitwirkung von Fremdkörpern, sogenannten Emulgatoren. Die bekanntesten Emulgatoren sind die Seifen, unter deren Wirkung sich Öle und Fette in Wasser kolloid lösen.

Die Zwischenstellung der kolloiden Systeme zwischen den groben Dispersionen und den molekulardispersen Systemen bringt es mit sich, daß es nicht nur Übergänge nach beiden Seiten gibt, sondern daß kolloide Systeme sich auch verhältnismäßig leicht in Systeme größerer oder geringerer Dispersität umwandeln. Der Übergang kolloider Systeme in den grobdispersen Zustand gehört zu den häufigsten Erscheinungen der Kolloidchemie.

Eine der wichtigsten Eigenschaften kolloider Systeme ist ihre innere Reibung. Emulsionskolloide können oft in hohen Konzentrationen erhalten werden, wobei Systeme mit großer innerer Reibung entstehen, die geradezu die Eigenschaften fester Stoffe annehmen. Man kann hier an ein und demselben kolloiden System drei Zustandsformen unterscheiden: den flüssigen, den gallertartigen und den festen. Die flüssige „Gel" und die feste als „Xerogel". Der Übergang vom Sol zum Gel tritt unter geeigneten Bedingungen auch bei manchen nicht allzu instabilen lyophoben Kolloiden ein. Manche Sole gehen von selbst in den Gelzustandüber, in dem ihre innere Reibung stetig zunimmt. Stellt man zum Beispiel eine nicht zu verdünnte kolloide Lösung von Kieselsäure etwa durch Zusatz von Salzsäure zu einer Wasserglaslösung her, so erhält man im ersten Stadium der Reaktion eine molekulardisperse Lösung der Kieselsäure, welche indessen schnell in den Solzustand übergeht und die dann allmählich immer zähflüssiger wird, bis sie schließlich zum Kieselsäuregel erstarrt.

Während in den Solen die disperse Phase im Dispersionsmittel in Gestalt einzelner diskreter Partikelchen verteilt ist, findet beim Übergang zum Gel eine Aggregation der Teilchen zu Strukturen statt, welche in einfachen Fällen aus zu Ketten angeordneten Molekülen bestehen. Solche Ketten können sich ihrerseits zu einem Netzwerk verflechten, und ein solches kann zuletzt die Struktur eines Kontinuums nach Art von Zellen und Waben annehmen, so daß dann sowohl das Dispersionsmittel als auch die disperse Phase nicht mehr aus diskreten Teilchen, sondern aus zusammenhängender Materie bestehen. Schließlich ist es bei einem solchen System nicht mehr möglich, anzugeben, welches das Dispersionsmittel und welches die disperse Phase ist.

Mitunter vertauschen Dispersionsmittel und disperse Phasen geradezu ihre Rolle, wenn nämlich primär gebildete Waben und Zellen der anfänglichen dispersen Phase sich schließen, so daß nun das Dispersionsmittel in den Zellen und Waben der ursprünglichen dispersen Phase eingeschlossen ist und damit aus der dispersen Phase das Dispersionsmittel und aus dem Dispersionsmittel die disperse Phase geworden ist. Das Verhalten und die Eigenschaften der Gele drängen zu dem Schluß, daß wir es bei ihnen mit derartigen Netz- und Wabenstrukturen zu tun haben.

Aus dieser Struktur der Gele erklären sich die meisten ihrer charakteristischen Eigenschaften, so vor allem ihr Verhalten bei der Entwässerung. Der Dampfdruck wasserreicher Gele mit einem Wassergehalt von 80 bis 90% und darüber ist von dem des Wassers nicht wesentlich verschieden, so daß beim Austrocknen eines Gels das Wasser anfangs nahezu wie reines Wasser verdampft. Bei dieser ersten Entwässerung erfährt das Gel eine Schrumpfung, deren Größe annähernd der Menge des entweichenden Wassers entspricht. Hat das Gelgerüst die Eigenschaften eines festen Skelettes, so tritt bei weiterer Entwässerung eine wesentliche weitere Schrumpfung nicht mehr ein. Das Entweichen des Wassers führt dann zur Entstehung von Poren innerhalb des Gels. Derartige Gele bezeichnet man als unelastisch. Bei elastischen Gelen besteht die disperse Phase des Gels aus einer weichen, plastischen Masse. Mit fortschreitender Entwässerung zieht sich das Gel weiter und weiter zusammen und bildet schließlich eine trockene ungeformte Masse. Bei einem unelastischen Gel macht sich das Fortschreiten der Entwässerung über das Schrumpfungsstadium hinaus dadurch bemerkbar, daß infolge der Entstehung von Poren und Hohlräumen die bis dahin klare und fast durchsichtige Gelmasse trübe und undurchsichtig wird. In diesem zweiten Stadium der Entwässerung bleibt der Dampfdruck konstant. Bei weiterer Entwässerung entweicht das in den feinen Kapillaren der Gelstruktur — nicht zu verwechseln mit den eben besprochenen Poren und Hohlräumen — eingeschlossene Wasser. Hierbei wird das früher trüb gewordene Gel wieder hell und glasig, weil jetzt im Gel nicht mehr einzelne Poren und Gasblasen vorhanden sind, sondern die ganze Gelmasse bis hinab zu submikroskopischen Dimensionen gleichmäßig mit Luft gefüllt ist. Das Gel ist jetzt bis herab zu jenen Wassermengen entwässert, die als Adsorptionswasser von den zarten Wänden des Gelskeletts noch festgehalten werden. Dieses Wasser wird in der vierten Stufe der Entwässerung abgegeben, wobei letzte adsorbierte Wassermengen infolge des sinkenden Dampfdruckes nur durch intensiv wirkende Maßnahmen, wie Ausglühen, entfernt werden können. Bei Stoffen, die Wasser chemisch gebunden enthalten, kann noch eine fünfte Stufe folgen, bei der dieses chemisch gebundene Wasser ausgetrieben wird.

Die Entwässerung unelastischer Gele ist im ganzen irreversibel, wenn auch einzelne Abschnitte reversibel sein mögen. Ein elastisches Gel geht bei der Entwässerung ganz stetig aus dem gelatinösen in den hornartig festen Zustand über, wobei auch hier infolge des sinkenden Dampfdruckes das letzte Wasser sehr fest gehalten wird. Bei der Entwässerung elastischer Gele haben wir es mit einem reversiblen Vorgang zu tun. Aus elastischen Gelen kann man das Wasser statt auf dem Wege der Verdampfung auch durch Druck, durch Auspressen, entfernen. Umgekehrt nimmt ein weit entwässertes elastisches Gel Wasser, mit dem es in Berührung kommt, mit großer Begier auf, und die hiermit verbundene Aufquellung des Gels kann starke Druckwirkung hervorrufen. So kann quellendes Holz Felsen zersprengen. Der Vorgang der Quellung vollzieht sich unter Wärmeentwicklung. Die bei der Quellung frei werdende Quellungswärme ist um so größer, je wasserärmer das quellende Gel noch ist, und macht sich daher besonders in den ersten Stadien der Quellung bemerkbar.

3. Gleichgewichtslehre und Reaktionsgeschwindigkeit

Wenn man zwei Stoffe zusammenbringt, die sich in einer Reaktion vereinigen, scheint es oft so, als ob nur Reaktionen im Sinne dieser Vereinigung stattfinden. Tatsächlich ist es so, daß beim Zusammenbringen zweier Elemente die Reaktionen der Vereinigung und des Zerfalles immer gleichzeitig verlaufen und nur die Geschwindigkeit der beiden Reaktionen unterschiedlich sein kann.

Wann die eine und wann die andere dieser beiden Reaktionen eintritt, hängt vom Mengenverhältnis der reagierenden Bestandteile ab. Alle chemischen Reaktionen sind umkehrbar, und es gibt überhaupt keine Reaktion, bei der die reagierenden Stoffe restlos aufgebraucht werden. Jede chemische Reaktion kommt dann zum Stillstand, wenn sich bestimmte, für die Reaktion charakteristische Mengenverhältnisse zwischen den reagierenden Bestandteilen und den dabei entstehenden Stoffen eingestellt haben.

Wenn die Bedingungen im System so sind, daß beide Reaktionen gleich schnell verlaufen, dann ist äußerlich überhaupt keine Reaktion zu bemerken, und das System befindet sich im Gleichgewicht. Manche Reaktionen verlaufen in unmeßbar kurzer Zeit bis zum Gleichgewicht, während wieder andere Reaktionen mit äußerster Langsamkeit vor sich gehen und eine so geringe Geschwindigkeit besitzen können, daß sie sich der Beobachtung überhaupt entziehen.

Man spricht bei Systemen, die, obwohl sie sich oft sehr weit entfernt vom Gleichgewicht befinden, nur darum keine Reaktion erkennen lassen, weil der Vorgang für die Beobachtung zu langsam verläuft, von „falschen Gleichgewichten".

Langsam reagierende chemische Systeme lassen sich in ihrem Reaktionsverlauf häufig durch die Gegenwart fremder Stoffe beschleunigen, die man als Katalysatoren bezeichnet. Alle Katalysatoren können aber immer nur die Einstellung des Gleichgewichtes beschleunigen, niemals das Gleichgewicht selbst verschieben.

Den falschen Gleichgewichten ähnlich, aber durchaus verschieden, sind gewisse Überschreitungserscheinungen, die man als metastabile Gleichgewichte bezeichnet.

Im allgemeinen wächst die Geschwindigkeit chemischer Reaktionen mit steigender Temperatur. Im freien Gasraum oder in Lösungen erhöht sich die Reaktionsgeschwindigkeit bei einer Temperaturerhöhung um 10° C auf ungefähr das 2,5fache.

Bei Reaktionen, die sich an festen Oberflächen abspielen, ist die Geschwindigkeitszunahme etwas geringer. Wie ARRHENIUS (1889) fand, gilt für die Änderung der Reaktionsgeschwindigkeitskonstante K mit der absoluten Temperatur T die Beziehung:

$$\frac{\mathrm{d}\ln K}{\mathrm{d}T} = \frac{q}{R\,T^2} \tag{2}$$

Den Wert q, dessen Größe man nach dieser Formel berechnen kann, nennt man Aktivierungswärme. Man deutet diese Beziehung in folgender Weise. Von der Gesamtzahl aller Zusammenstöße zwischen reagierenden Molekeln führt im allgemeinen nur ein kleiner Bruchteil zu einer Umsetzung. Die Zahl dieser erfolgreichen Stöße hängt von der Zahl der Molekeln ab, die eine kritische Mindestenergie haben. ARRHENIUS nannte sie aktive Molekeln. Die Zahl dieser Molekeln steigt proportional der absoluten Temperatur an und ist unter sonst gleichen Verhältnissen um so größer, je kleiner die Aktivierungswärme ist.

Auf der Beschleunigung der Reaktionsgeschwindigkeit mit steigender Temperatur und nicht — oder noch viel weniger — auf der Drucksteigerung beruht die Anwendung des Autoklavs im Laboratorium und in der Technik.

Wenn ein wässeriges System in einem Autoklav bei einem Druck von 8 Atmosphären und einer Temperatur von rund 180° C reagiert, so beträgt die Temperatursteigerung gegenüber der normalen Raumtemperatur rund 160° oder $16 \times 10°$. Rechnet man mit einer Vergrößerung der Reaktionsgeschwindigkeit bei diesem Temperatursprung auf das $2{,}5^{16}$fache, was auf Beschleunigung auf das ca. $2{,}5 \cdot 10^6$fache herauskommt. Demnach erhält man bei 180° C in 3,5 Stunden etwa den gleichen Reaktionsfortschritt wie bei 20° C in 1000 Jahren.

Demgegenüber ist die Drucksteigerung von völlig untergeordneter Bedeutung. In der Mörtelkunde bietet die Herstellung der Kalksandsteine ein lehrreiches Beispiel für diese ungeheure Steigerung der Reaktionsgeschwindigkeit durch Temperaturerhöhung. Selbst in den ältesten Mörteln aus Kalk und Sand, die aus dem frühen Altertum stammen, läßt sich eine nennenswerte Reaktion zwischen Kalk und Kieselsäure nicht feststellen. Im Gegensatz hierzu bildet sich bei der Behandlung im Autoklav bei etwa 180° C ein Calciumsilikathydrat, das die Sandkörner so fest miteinander verkittet, daß aus dem weichen Mörtel der feste Kalksandstein entsteht.

Bei den meisten freiwillig verlaufenden Reaktionen wird Wärme entwickelt. Wenn nun die frei werdenden Wärmemengen nicht abgeleitet werden, so tritt eine Selbsterwärmung des reagierenden Systems und damit eine Reaktionsbeschleunigung ein. Ist die Reaktionsgeschwindigkeit nicht allzu groß, so kann sich zwischen der Wärmeerzeugung im chemischen Vorgang und der Wärmeableitung nach außen ein Wärmegleichgewicht einstellen, bei dem die abgeleitete Wärmemenge gleich der erzeugten Wärmemenge ist. In diesem Fall bleibt die Temperatur nach Erreichen einer bestimmten Höhe konstant, die Reaktionsgeschwindigkeit stellt sich entsprechend ein und klingt nach der ihr eigenen Gesetzmäßigkeit ab.

Da sich Reaktionen in heterogenen Systemen an den Grenzflächen der das System bildenden Phasen abspielen, so muß die Reaktionsgeschwindigkeit um so größer sein, je größer die Berührungsfläche zwischen den Phasen ist.

Die Geschwindigkeit wird daher durch alle die Berührung zwischen den reagierenden Phasen erhöhenden Maßnahmen gesteigert. Bei flüssigen Phasen kann die Vergrößerung der Berührungsfläche durch Zerstäuben oder Vernebeln herbeigeführt werden. Bei festen Phasen erreicht man die Erhöhung der Reaktionsgeschwindigkeit durch zunehmende mechanische Zerkleinerung. In homogenen Systemen wird die Reaktionsgeschwindigkeit durch die Konzentration der reagierenden Bestandteile bestimmt. Wir dürfen annehmen, daß auch in heterogenen Systemen die Reaktionsgeschwindigkeit zunächst von den Konzentrationsverhältnissen an der Grenzfläche der Phasen abhängt. Da aber der unmittelbare Reaktionsverlauf auf die Grenzflächenzone, d. h. auf einen Raum von molekularen Dimensionen, beschränkt ist, so wird hier sehr schnell eine Verarmung an den reagierenden Bestandteilen und eine Anhäufung an den Reaktionsprodukten eintreten. So muß die Reaktion sehr bald zum Stillstand kommen, wenn nicht für eine Heranschaffung unverbrauchter Reaktionsteilnehmer und für Fortschaffung der Reaktionsprodukte gesorgt ist. Dieser Materialtransport kann nur durch Diffusion bewirkt werden, und damit wird auch die Diffusion zu einem bestimmenden Faktor für die Reaktionsgeschwindigkeit in heterogenen Systemen. Diffusionsvorgänge in Flüssigkeiten verlaufen im Vergleich zu jenen in Gasen verhältnismäßig langsam, und ihr voller Ablauf kann Stunden und Tage erfordern. Die Diffusionsgeschwindigkeit, mit der ein gelöster Stoff sich im Lösungsmittel ausbreitet, ist dem Konzentrationsgefälle proportional. Je weiter ein Konzentrationsausgleich fortgeschritten, je geringer das Konzentrationsgefälle bereits geworden ist, desto langsamer verläuft der weitere Konzentrationsausgleich.

Haben wir es an der Grenzfläche zweier Phasen mit einer sehr langsam verlaufenden Reaktion zu tun, so kann auch die langsam verlaufende Diffusion der an der Reaktion beteiligten Stoffe noch ausreichen, um den nötigen Konzentrationsausgleich so schnell herbeizuführen, daß im Reaktionsraum an der Grenzfläche praktisch die gleichen Konzentrationsverhältnisse herrschen wie im Gesamtraum der beteiligten Phasen. Es gelten dann für die Reaktionsgeschwindigkeit die gleichen Gesetze wie für Reaktionen in homogenen Systemen.

Bei weniger langsam oder gar schnell verlaufenden Reaktionen wird die natürliche Diffusion nicht ausreichen, um die Reaktionsprodukte an der Grenzfläche fortzuschaffen und neue Mengen der Reaktionspartner mit genügender Geschwindigkeit heranzuführen. Bei derartigen Reaktionen wird die Reaktionsgeschwindigkeit durch alle Faktoren gesteigert werden, die den Konzentrationsausgleich beschleunigen. Dazu gehören vor allem Konvektion und Rührung. Durch Temperatursteigerung wird die Reaktionsgeschwindigkeit auch in heterogenen Systemen erhöht. Da indessen der Ablauf von Reaktionen in heterogenen Systemen nicht rein chemischer Natur ist, sondern physikalische Vorgänge wie Diffusion und Konvektion die Reaktionsgeschwindigkeit mitbestimmen, so ist die Reaktionsbeschleunigung durch Temperatursteigerung weniger fühlbar als in homogenen Systemen.

Während die Reaktionsgeschwindigkeit in homogenen Systemen durch einen Temperaturunterschied um 10° mehr als verdoppelt wird, wird die Reaktionsgeschwindigkeit in heterogenen Systemen — soweit sie durch die Diffusionsgeschwindigkeit bestimmt ist — durch eine Temperatursteigerung um 10° nur auf das 1,2- bis 1,3fache erhöht.

Hervorragende Bedeutung in der Chemie der Zemente und anderer chemischer Stoffe haben Reaktionen, bei denen zwei feste Stoffe durch eine additive Reaktion zu einem neuen Stoff zusammentreten. So kann beispielsweise der wichtigste Bestandteil des Portlandzementes — das Tricalciumsilikat — in reinem Zustand nur durch die unmittelbare Vereinigung von Kalk und Kieselsäure in festem Zustand erhalten werden.

Ein Beispiel einer Reaktion in festem Zustand bietet uns die Trockenfrittung, eine Erscheinung, die sich darin äußert, daß manche pulverförmigen

Stoffe beim Erhitzen zu einer zusammenhängenden Masse von manchmal beträchtlicher Festigkeit zusammenbacken. Es sei hier vor allem auf die sogenannten Sintermetalle verwiesen.

Erfolgt dieser Vorgang bei einer Temperatur weit unterhalb des Schmelzpunktes der zusammenfrittenden Substanz, in dem die Substanz noch keinen meßbaren Dampfdruck besitzt, so muß es sich ähnlich wie bei der Rekristallisation um einen Vorgang im festen Aggregatzustand handeln. In einer pulverförmigen Masse wie auch in einer feinkristallinen Substanz berühren sich zahlreiche Kornoberflächen, die verschiedene chemische Aktivität besitzen und daher nicht miteinander im Gleichgewicht sind.

Wird nun ein solches Gebilde erhitzt, so wird von einer bestimmten Temperatur an der Schwingungszustand der Feinbauteilchen so lebhaft werden, daß zuerst vereinzelt und bei weiterer Temperatursteigerung in wachsendem Ausmaß Feinbauteilchen ihre Plätze wechseln, wobei sie von unstabilen Zuständen in stabilere übergehen.

Hierbei werden entweder größere Kristalle auf Kosten der kleineren anwachsen (Kornvergröberung), oder es werden sich in der Berührungssphäre instabiler Kristallflächen neue Kristalle bilden, die dann miteinander und mit den reagierenden Bestandteilen verwachsen und so das Zusammenfritten des Ganzen herbeiführen.

4. Thermochemie

Alle chemischen Reaktionen sind von Wärmevorgängen begleitet. Vorgänge, die Wärme entbinden, bezeichnet man als „exotherm".

In den chemischen Reaktionsgleichungen wird die Wärmetönung dadurch zum Ausdruck gebracht, daß die abgenommenen oder aufgenommenen Wärmemengen den reagierenden Stoffen als additives Glied angefügt werden.

Die folgenden Reaktionsgleichungen sind Beispiele für eine exotherme und eine endotherme Reaktion

$$S + O_2 - 71.800 \text{ cal} \rightarrow SO_2$$
$$C + H_2O + 27.000 \text{ cal} \rightarrow CO + H_2$$

Die bei einem Vorgang auftretende Wärmetönung bildet stets die Summe aus der Änderung der inneren Energie des reagierenden Systems und der damit verbundenen äußeren Arbeit.

Beide Teilbeträge können sowohl positiv wie negativ sein. Ihre Resultante bildet den Gegenstand der Beobachtung bei der Messung der Wärmetönung. Da es sich bei der äußeren Arbeit fast immer um Volumarbeit handelt, deren Größe als das Produkt aus der Volumänderung und dem Druck leicht zu ermitteln ist, kann man alsdann die Änderung der inneren Energie als Differenz aus der Wärmetönung und der Volumarbeit berechnen.

Der Anteil der Arbeit am Gesamtenergieaufwand ist im allgemeinen gering und kann in vielen Fällen vernachlässigt werden.

Wie der Übergang von einem Aggregatzustand in den anderen, so ist auch der Übergang einer allotropen Modifikation eines Stoffes in eine andere stets mit einer Wärmetönung verbunden.

Zwei allotrope Modifikationen eines polymorphen Stoffes unterscheiden sich daher ebenso durch ihren Energieinhalt wie zwei verschiedene Aggregatzustände ein und desselben Stoffes.

Auch der Lösungsvorgang ist mit einer Wärmetönung verbunden. Während die Auflösung eines festen Stoffes unter Erwärmung oder unter Abkühlung erfolgt, tritt beim Inlösunggehen von Flüssigkeiten und Gasen ganz allgemein Wärmeabgabe ein.

Bei der Auflösung von Gasen tritt starke, bei der von Flüssigkeiten geringere Wärmeabgabe ein.

Dieser Unterschied im Verhalten der Stoffe ist daraus erklärlich, daß der Lösungsvorgang bei festen Stoffen und bei Gasen nicht nur in einer Änderung der Verteilung, sondern auch in einer solchen des Aggregatzustandes besteht.

Die bei der Verflüssigung von Gasen und Dämpfen in Freiheit gesetzten bzw. beim Schmelzvorgang gebundenen Wärmemengen treten zusätzlich zu den durch den reinen Mischungsvorgang bedingten Wärmetönungen.

Daraus resultieren die hohen Lösungswärmen der Gase und die starke Abkühlung beim Inlösunggehen fester Stoffe.

Die Ausdehnung eines idealen Gases führt, wenn sie nicht mit einer äußeren Arbeitsleistung verbunden ist, zu keiner Änderung des Energieinhaltes. Ebenso tritt auch bei der weiteren Verdünnung verdünnter Lösungen kein Wärmevorgang auf, sofern nicht durch die Verdünnung besondere chemische Vorgänge ausgelöst werden. Das gleiche thermische Verhalten verdünnter Gase bei der Expansion und verdünnter Lösungen bei der Verdünnung entspricht dem Parallelismus zwischen den Gasgesetzen und den osmotischen Gesetzen. Wärmeeffekte, die beim Verdünnen oder Vermischen von Elektrolytlösungen auftreten, sind daher immer ein Zeichen für das Auftreten von Dissoziationsänderungen. Beim Vermischen zweier vollständig dissoziierter Lösungen ändert sich nichts in den Dissoziationsverhältnissen, und darum treten auch keine Wärmeeffekte auf. Bei der Neutralisation starker Säuren mit starken Basen — wenn beide Reaktionsteilnehmer praktisch vollständig dissoziiert sind — besteht der Neutralisationsvorgang lediglich in einer Vereinigung der Wasserstoffionen der Säure mit den Hydroxylionen der Säure zu nichtdissoziierten Wassermolekülen. Die Neutralisationswärme beliebig starker Säuren und Basen hat daher unabhängig von der besonderen Art der Reaktionspartner für äquivalente Mengen immer den gleichen Wert, entsprechend der Gleichung:

$$[H]^+ + [OH]^- - 13.700 \text{ cal} \rightarrow H_2O$$

Zeigt die Neutralisationswärme abnehmende Werte, so war mindestens einer der Reaktionsteilnehmer nicht vollständig dissoziiert.

Die Wärmetönung einer chemischen Reaktion ist nach dem ersten Hauptsatz unabhängig von dem Weg, auf dem sich der Prozeß abspielt. Beispielsweise ist es für die zu gewinnende Wärmemenge gleichgültig, ob eine gegebene Menge Kohle erst zu Kohlenoxyd und dieses dann zu Kohlendioxyd oder ob die Kohle unmittelbar zu Kohlendioxyd verbrennt.

$$\begin{array}{l} 2\,C + O_2 - 59.300\ \text{cal} \rightarrow 2\,CO \\ 2\,CO + O_2 - 136.000\ \text{cal} \rightarrow 2\,CO_2 \\ \hline 2\,C + 2\,O_2 - 195.300\ \text{cal} \rightarrow 2\,CO_2 \end{array}$$

Wie man sieht, kann man mit thermochemischen Gleichungen nach den einfachen Regeln der Algebra rechnen. Das Gesetz der konstanten Wärmesummen von Hess besagt: Die Summe der Reaktionswärmemenge beliebiger chemischer Reaktionen ist konstant, solange es sich um die gleichen Ausgangs- und Endprodukte handelt. Die obigen Reaktionsgleichungen sind insofern unvollständig, als sie keine Aussage über die Form machen, in der sich die Reaktionsteilnehmer befinden. Für eine ganz exakte Darstellung hätte man zu schreiben:

$$2\,C\ (\text{amorph}) + O_2\ (\text{Gas}) - 59.300\ \text{cal} \rightarrow 2\,CO\ (\text{Gas})$$

Das Hesssche Gesetz der konstanten Wärmesummen erweist sich besonders in solchen Fällen als nützlich, in denen die Wärmetönung einer Reaktion nicht unmittelbar gemessen werden kann — entweder weil die Reaktion zu langsam abläuft oder weil sie sich in einem für die Messung schwer zugänglichen Temperaturgebiet abspielt. In solchen Fällen liefern die Bildungswärmen der beteiligten Stoffe ein bequemes Hilfsmittel für die Rechnung. Man versteht darunter diejenige Wärmemenge, die bei der Bildung eines Stoffes aus seinen Elementen in Freiheit gesetzt oder verbraucht wird. Kennt man die Bildungswärme aller an einem chemischen Vorgang beteiligten Stoffe, so ergibt sich die Wärmetönung einer Reaktion als Differenz aus der Summe der Bildungswärmen der verbrauchten und der Summe der Bildungswärmen der erzeugten Stoffe.

Ein anderes Hilfsmittel zur Bestimmung von Reaktionswärmen, welches besonders gerne in der Silikatforschung angewendet wird, besteht in der Verwendung der Lösungswärmen. Mit ihrer Hilfe können vor allem die Wärmetönungen langsam verlaufender Umwandlungsvorgänge ermittelt werden. Beispielsweise ist es unmöglich, die Wärmemengen, die bei der Entglasung von Gläsern frei werden, unmittelbar zu messen. Es bietet aber keine Schwierigkeiten, ein Glas und sein entglastes Umwandlungsprodukt in einem geeigneten Säuregemisch so schnell zu lösen, daß die Lösungswärme in Kalorimeter exakt gemessen werden kann. Hat man so die Lösungswärmen der zu vergleichenden Substanzen ermittelt, so ergibt sich ihre Umwandlungswärme als Differenz der Lösungswärmen. Dieser Zusammenhang ist verständlich, wenn man bedenkt, daß die entglaste Substanz um den Betrag der Entglasungswärme energieärmer ist als das Glas, aus dem sie durch den Entglasungsvorgang entstanden ist. Dieses „Weniger“ an Energie in der entglasten Substanz fehlt beim Lösungsvorgang gegenüber dem „Mehr“ im nichtentglasten Glas, und darum ist die Lösungswärme der entglasten Substanz gerade um diesen Betrag geringer als die des nichtentglasten Glases.

a) Chemische Reaktionen

Die Wärmetönung chemischer Reaktionen steht in einem einfachen Zusammenhang mit der spezifischen Wärme der am Umsatz beteiligten Stoffe, wie das die folgende Überlegung zeigt. Es möge sich eine endotherme Reaktion bei der Temperatur T_1 isotherm abspielen und hierbei die Wärmemenge $+q_1$ aufgenommen werden; darauf werde die Temperatur auf T_2 erhöht, wozu es einer Wärmezufuhr von $c_2 \cdot (T_2 - T_1)$ Kalorien bedarf, wenn c_2 die spezifische Wärme der Reaktionsprodukte bezeichnet. Jetzt lassen wir die Reaktion bei der Temperatur T_2 isotherm in entgegengesetzter Richtung verlaufen, wobei die Wärmemenge $-q_2$ abgegeben wird; darauf kühlen wir das System auf die Temperatur T_1 ab, wozu es eines Wärmeentzuges von $-c_1 \cdot (T_2 - T_1)$ Kalorien bedarf, wenn c_1 die spezifische Wärme der zurückgewonnenen Ausgangsstoffe darstellt. Da das System nach diesem Kreisprozeß in seinen Ausgangszustand zurückgekehrt ist, so muß nach dem ersten Hauptsatz die Summe aller Energieänderungen gleich Null sein, und wir erhalten:

$$q_1 + c_2 (T_2 - T_1) - q_2 - c_1 (T_2 - T_1) = 0,$$

$$c_1 - c_2 = \frac{q_1 - q_2}{T_2 - T_1} \qquad (3)$$

Diese Gleichung ist der mathematische Ausdruck für das Kirchhoffsche Gesetz der Temperaturabhängigkeit der Wärmetönung; der auf der rechten Seite stehende Bruch stellt die Änderung der Reaktionswärme pro Temperaturgrad, also den Temperaturkoeffizienten der Reaktionswärme, dar, und somit besagt das Gesetz, daß der Temperaturkoeffizient der Reaktionswärme gleich der Differenz zwischen den spezifischen Wärmen der Ausgangsstoffe und der Reaktionsprodukte ist.

Als Beispiel für die praktische Anwendung des Kirchhoffschen Gesetzes stellen wir uns die Aufgabe, die Dissoziationswärme χ des Calciumkarbonates bei 897° C aus der Dissoziationswärme q_1 bei 20° C zu berechnen, und zwar mit Hilfe der spezifischen Wärmen des Calciumkarbonates und seiner Zersetzungsprodukte. Die spezifische Wärme c_1 des Calciumkarbonates ist bekannt, die der Reaktionsprodukte (c_2) ergibt sich nach der Mischungsregel aus den mittleren spezifischen Wärmen des Calciumoxydes (0,213) und des Kohlendioxydes (0,255):

$$c_2 = \frac{56 \cdot 0{,}213 + 44 \cdot 0{,}255}{100} = 0{,}232$$

Für unsere Rechnung haben wir demgemäß folgende Zahlenwerte zu benutzen:

$t_1 = 20°$ C;	$T_1 = 293{,}2°$ K;	$q_1 = +425$ cal;	$c_1 = 0{,}266$
$t_2 = 897°$ C;	$T_2 = 1170{,}2°$ K;	$q_2 = \chi$;	$c_2 = 0{,}232$

Durch Einsetzen in Gl. (3) erhalten wir:

$$0{,}266 - 0{,}232 = \frac{425 - \chi}{1170{,}2 - 293{,}2}$$

$$\chi = +395 \text{ cal}$$

Kennt man die Lage des Gleichgewichtes bei zwei Temperaturen T_1 und T_2, dann kann man die Wärmetönung q einer Reaktion auch aus folgender Gleichung berechnen:

$$q = -R\,(\ln K_2 - \ln K_1) \cdot \frac{T_1 \cdot T_2}{T_2 - T_1} \tag{4}$$

Diese Gleichung gestattet die Berechnung der Wärmetönung aus der Lage der Gleichgewichte unter den verschiedenen Verhältnissen, mag es sich nun um Schmelz-, Verdampfungs- oder Lösungsvorgänge handeln oder mögen beliebige chemische Reaktionen vorliegen. Im folgenden soll dies an einem Beispiel gezeigt werden:

Bei den Erhärtungsvorgängen der hydraulischen Bindemittel spielt die Löslichkeit des natürlichen Gipssteines ($CaSO_4 \cdot 2\,H_2O$) eine bedeutende Rolle. Nun hat der Gips die merkwürdige Eigenschaft, daß seine Löslichkeit mit steigender Temperatur zunächst zu- und dann wieder abnimmt. Kennt man je zwei Gleichgewichtslagen zwischen dem Gips und seinen gesättigten Lösungen in den beiden Temperaturgebieten, so muß sich aus ihnen mit Hilfe von Gl. (4) die Lösungswärme des einen und des anderen Lösungsvorganges berechnen lassen.

Im Verhältnis einer gesättigten Lösung zu ihrem Bodenkörper wird die Lage des Gleichgewichtes durch die Lösungskonzentration a definiert; wir haben also als Gleichgewichtskonstante K einfach die Sättigungskonzentration c bei einer bestimmten Temperatur einzusetzen. Für unsere Rechnung benutzen wir folgende durch Temperatur und Konzentration bestimmten Gleichgewichtslagen:

im Gebiete der steigenden Löslichkeit:

$t_1 = 18°$ C;	$T_1 = 291{,}2°$ K;	$c_1 = 2{,}666$ g/Liter
$t_2 = 24°$ C;	$T_2 = 297{,}2°$ K;	$c_2 = 2{,}735$ g/Liter

im Gebiete der abnehmenden Löslichkeit:

$t_3 = 53°$ C;	$T_3 = 326{,}2°$ K;	$c_3 = 2{,}743$ g/Liter
$t_4 = 72°$ C;	$T_4 = 345{,}2°$ K;	$c_4 = 2{,}632$ g/Liter

Durch Einsetzen der Zahlenwerte in Gl. (4), wobei für die Gaskonstante ihr kalorischer Wert $R = 1{,}986$ zu benutzen ist, finden wir für die Lösungswärme

im Gebiete der steigenden Löslichkeit:

$$q = \frac{1{,}986 \cdot (\ln 2{,}666 - \ln 2{,}735) \cdot 291{,}2 \cdot 297{,}2}{297{,}2 - 291{,}2} = -732\ \text{cal}$$

im Gebiete der abnehmenden Löslichkeit:

$$q = \frac{1{,}986 \cdot (\ln 2{,}743 - \ln 2{,}632) \cdot 326{,}2 \cdot 345{,}2}{345{,}2 - 346{,}2} = +486\ \text{cal}$$

Die Lösungswärmen sind also ziemlich gering und in der Größenordnung nicht allzu verschieden, haben aber entgegengesetzte Vorzeichen. Steigt die Löslichkeit mit der Temperatur, so bedarf der Lösungsvorgang der Wärmezufuhr, während im Gebiet abnehmender Löslichkeit der Lösungsvorgang mit Wärmeabgabe verbunden ist.

Ebenso wie aus der Lage des Gleichgewichtes bei zwei verschiedenen Temperaturen die Wärmetönung einer Reaktion berechnet werden kann, so kann umgekehrt aus der Wärmetönung auch auf die Verschiebung des Gleichgewichtes mit der Temperatur geschlossen werden. Ist q positiv und hat man es somit mit einem endothermen Vorgang zu tun, so muß der Wert der Gleichgewichtskonstante mit steigender Temperatur abnehmen. Es muß somit derjenige Vorgang eintreten, der mit Wärmeverbrauch verbunden ist. Dementsprechend muß bei exothermen Reaktionen bei Wärmezufuhr eine Verschiebung des Gleichgewichtes in der entgegengesetzten Richtung eintreten, so daß sich in jedem Fall das Gleichgewicht beim Erwärmen so verschiebt, daß Wärme verbraucht wird.

b) Chemische Energie

Aus der Anwendung des zweiten Hauptsatzes der Thermodynamik auf die Wärmevorgänge bei chemischen Reaktionen ergibt sich, daß ebenso wie die Wärme auch die chemische Energie im allgemeinen nicht vollständig in Arbeit umgewandelt werden kann. Darin offenbart sich eine enge Verwandtschaft zwischen Wärme und chemischer Energie, wofür die Ursache in der Bedeutung der Bewegungsvorgänge der Atome und Moleküle für beide Energieformen liegt.

Im Gebiete der tiefen Temperaturen überwiegen die exothermen Vorgänge, die meist im Aufbau chemischer Verbindungen bestehen, während das Gebiet der hohen Temperaturen, bei denen der Zerfall und die Aufspaltung chemischer Verbindungen vorwiegen, das eigentliche Gebiet der endothermen Vorgänge ist. Dazwischen liegt der breite Bereich der mittleren Temperaturen, in dem wir bald endothermen, bald exothermen Reaktionen begegnen.

Wenn wir scheinbar häufiger auf exotherme als auf endotherme Reaktionen stoßen, so hängt das mit der Reaktionsgeschwindigkeit zusammen. Exotherme Vorgänge werden durch die bei ihrem Ablauf frei werdende Wärme beschleunigt, während bei endothermen Vorgängen der Wärmeverbrauch zu einer Abkühlung und damit zu einer Reaktionshemmung führt. Daher sind unter sonst gleichen Bedingungen die Chancen für das Zustandekommen einer hinreichend großen Reaktionsgeschwindigkeit bei exothermen Reaktionen günstiger als bei endothermen.

Abschließend kann gesagt werden, daß die Wärmetönung einer Reaktion zwar häufig gewisse Fingerzeige für den zu erwartenden Reaktionsablauf liefert, daß sie jedoch keineswegs als leitendes Prinzip für die Beurteilung der Reaktionsfähigkeit eines chemischen Systems dienen kann. Statt dessen bildet die Änderung der freien Energie, die in der maximalen Arbeit, die ein Vorgang leisten kann, ihren Ausdruck findet, das Maß der Affinität zwischen den reagierenden Bestandteilen und die treibende Kraft, durch die jedes chemische System seinem Gleichgewicht zustrebt.

C. Grundstoffe

1. Asbest

Unter Asbest wird jedes faserig kristallisierte Mineral verstanden, das bei geeigneter Aufbereitung technisch verwendbare Fasern ergibt. Diese Fasern haben mit pflanzlichen, tierischen oder synthetischen Fasern nur

Abb. 2. Bergmännische Gewinnung von Asbest in einer Mine der Cape Asbestos Co. Ltd. Photo Cape Asbestos Co. Ltd.

die faserige Struktur gemein. Sie sind und bleiben jedoch trotz ihrer Verarbeitung immer Stein. Ein weiterer wesentlicher Unterschied des Asbestes gegenüber allen Fasern vegetarischer oder tierischer Herkunft ist, daß diese mineralische Faser nicht brennbar ist.

Im Naturzustand ist Asbest ein Gestein, welches so fest und dicht ist wie Granit. Es wird in Flözen oder Schichten zwischen größeren Lagen von

Gestein von fast identischer Zusammensetzung gefunden. (Abb. 2.) Das Asbestgestein läßt sich zu Fasern zermahlen, wobei das Begleitgestein zu Pulver wird. Der große Wert von Asbest besteht in seiner faserigen Struktur. Wenn man die Oberfläche des Asbestgesteines reibt, können sehr feine Fasern gewonnen werden. Jede Faser, die weggezogen wird, besteht aus weiteren Fasern, die weiter untergeteilt werden können. (Abb. 3.) Die Faserdurchmesser liegen in der Größenordnung von $2 \cdot 10^{-5}$ mm, wobei der durchschnittliche Durchmesser bei der in den Fabriken verwendeten Faser etwa 10mal so groß ist.

Abb. 3. Amosit-Asbestader in einer südafrikanischen Mine (Penge Mine)
Photo Cape Asbestos Co. Ltd.

a) Entstehung

Die Asbeste sind in Adern oder Nestern zumeist quer zur Ader kristallisiert in einem Muttergestein eingelagert, welches dieselbe chemische Zusammensetzung wie der Asbest hat, aber nicht kristallisiert ist. Das ursprüngliche Gestein, aus welchem das Muttergestein des Asbestes entstanden ist, ist vulkanischen Ursprungs. Es handelt sich hauptsächlich um Olivin, ein Gemenge mit mehr oder weniger Magnesiumsilikaten. Aus diesem Olivin bildete sich unter hohem Druck und Einfluß heißen Wassers das eigentliche Muttergestein des Asbestes, zum Beispiel bei Chrysotylasbestlagern der Serpentin.

Die Entstehung aller Asbeste ist im wesentlichen gleich und soll hier im folgenden am Beispiel des Chrysotilasbestes geschildert werden.

Bei der Umwandlung von Olivin zu Serpentin hat das Gestein im Laufe von vielen 10.000 Jahren durch Hebung, Verlagerung und Volumänderung Risse erhalten, in denen heißes Wasser unter hohem Druck das Gestein lösen und den Asbest auskristallisieren lassen konnte. Infolge der Ungleichzeitigkeit des Einsetzens dieser Umwandlung und infolge der bei der Serpentinisierung stattfindenden Volumvergrößerung um etwa ein Drittel (spezifisches Gewicht von Olivin 3,3 bis 4, spezifisches Gewicht von Serpentin

2,3 bis 2,5) wurde das aus Olivin bestehende Gebirge von starken inneren Spannungen durchzogen. Dadurch bildeten sich Risse und Zerklüftungen, die mit Asbest ausgefüllt wurden. Das Arbeiten der inneren Spannungen sieht man heute noch an den Verwerfungslinien in den Asbestadern, was gleichzeitig darauf hinweist, daß die Bildung der Risse und das Auskristallisieren des Asbestes zeitlich nicht getrennt waren. Das Wasser in der aufgequollenen, teilweise gallertigen Serpentinmasse verdunstete später oder floß ab, wodurch weitere Risse und Spalten entstanden, in denen sich Asbest abscheiden konnte.

Der Asbest wuchs von den Seiten- oder Aderwandungen aus, weil hier Kristallisationskeime vorhanden waren. Bei engen Rissen wurde eine einfaserige, bei breiten Rissen eine zweifaserige Ader gebildet.

Serpentin bildet schmale Zonen längs der Asbestadern, deren Breite verschieden und etwa 6,6mal der Breite der Asbestadern ist.

b) Mineralogie

Jedes natürliche Mineral, das zu Fasern verarbeitet werden kann, kann als Asbest bezeichnet werden, doch gibt es eine Anzahl verschiedener Sorten, die mineralogisch ganz verschieden sind, obwohl sie aus praktischen Gründen in zwei Hauptgruppen, die Amphibolasbeste und die Gruppe der Chrysotilasbeste, eingeteilt werden können.

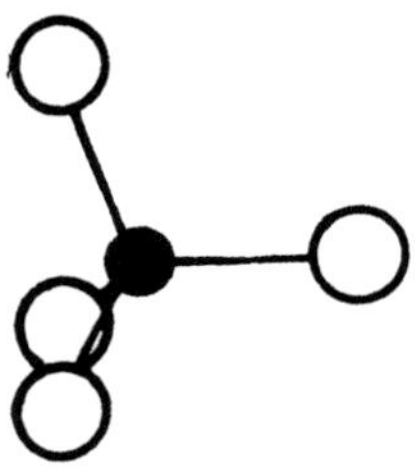

Abb. 4
einzeln

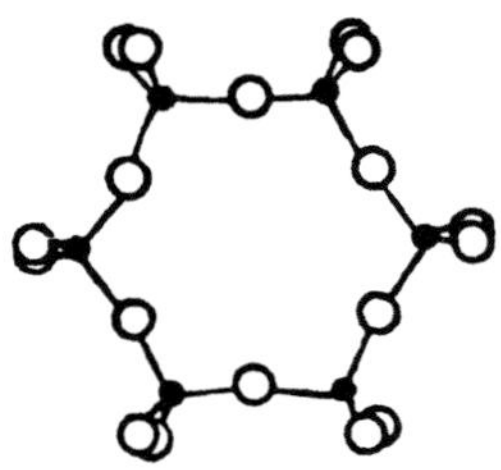

Abb. 5
Silikattetraeder
in ringförmigen Gruppen

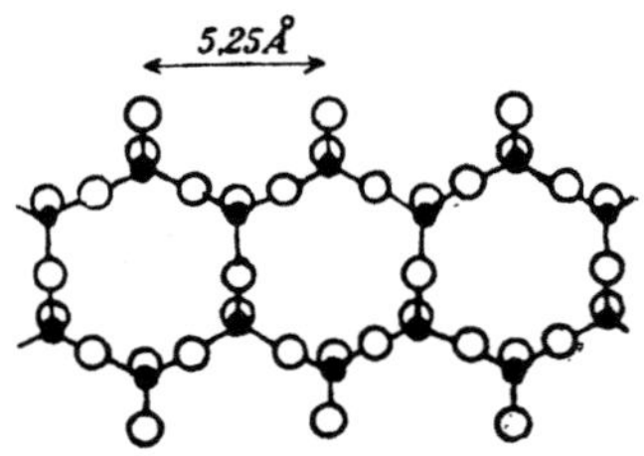

Abb. 6
in Ringen

In allen Fällen ist Asbest ein Magnesiumsilikat, das noch Kalk und Alkalien enthält und bei dem das Magnesium gegen II- oder IIIwertiges Eisen ausgetauscht werden kann. Die mineralogischen Unterschiede ergeben sich aus der Verschiedenheit des Muttergesteines.

Die Unterschiede der einzelnen Asbestsorten in den technisch wichtigen Eigenschaften wie Festigkeit, Biegsamkeit, Härte, chemische Beständigkeit, Hitzebeständigkeit, Feuerbeständigkeit, Filtrierfähigkeit und Spinnbarkeit leiten sich aus dem mineralogischen Aufbau ab.

Die Asbestkristalle bestehen wie alle Silikate aus Tetraedern (Abb. 4). Jedes Tetraeder hat an seinen vier Eckpunkten ein großes Sauerstoffion und in seiner Mitte ein kleines Siliziumion. Bei den Asbesten sind die Silikattetraeder zu ringförmigen Gruppen (Abb. 5) verbunden und diese in einfachen (Abb. 6) und doppelten Ringen. Jedes der einseitig gebundenen

Sauerstoffionen hat eine freie Valenz. Der Gitteraufbau wird durch die Formel $(Si_4O_{11})^{-6}$ bzw. $(Si_4O_{11})_2^{-6}$ beschrieben. Die in diesem Ionengitter eingelagerten basischen Teile der Verbindungen weiten es je nach ihrer Ionengröße mehr oder weniger aus und beeinflussen so die chemischen Eigenschaften der Kristalle.

Chrysotilasbest hat die Strukturformel $Mg_6(OH)_6 \cdot (Si_4O_{11}) \cdot H_2O$. Aus dieser Formel ist ersichtlich, daß von dem beim Glühen abgehenden Wasser des Chrysotils nur ein Viertel eigentliches Kristallwasser weggeht (bis 493° C), während drei Viertel Verbindungswasser darstellen, das sich erst beim Zerfall des Hydroxyds bildet. [Molekulargewicht des Chrysotils $24 \cdot 6+(16+1) \cdot 6+(28 \cdot 4+16+11)+1 \cdot 2+16=552$; Wasseranteil $\frac{4 \cdot 18 \cdot 100}{552}=13{,}04\%$.]

Die Amphibol- oder Hornblendegruppe der Mineralien enthält viele Sorten, von denen fünf faserförmig sind. Von Bedeutung für die Asbest-

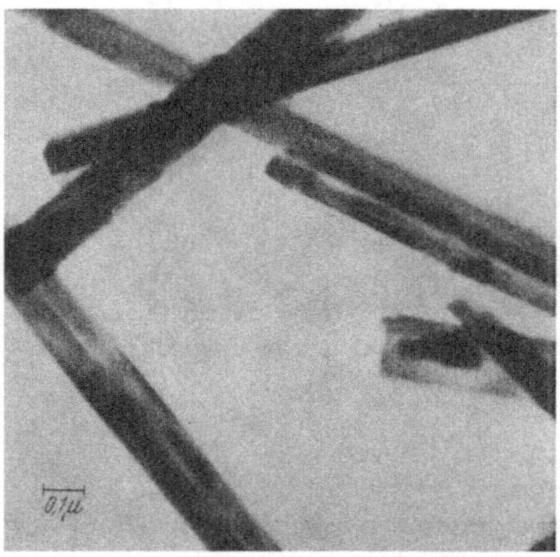

Abb. 7. Amphibolasbestfasern bei 40.000-facher Vergrößerung

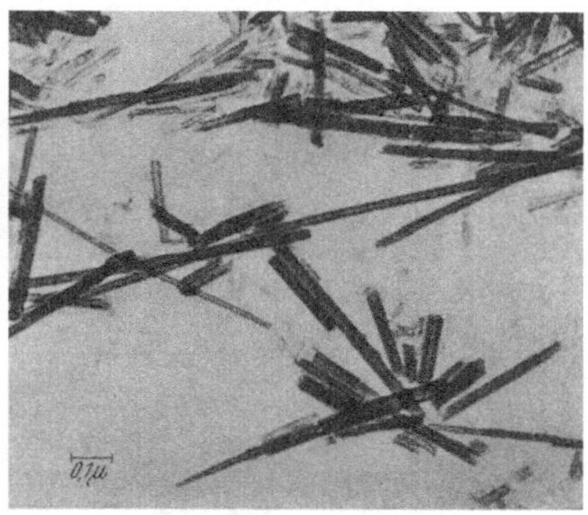

Abb. 8. Chrysotilasbestfasern bei 40.000-facher Vergrößerung

Photos Cape Asbestos Co. Ltd.

zement-Industrie sind Crocidolit oder Blauasbest und Amosit. Daneben gibt es noch Tremolit (Calcium-Magnesium-Silikat), Actinolit (Calcium-Magnesium-Eisen-Silikat) und Anthophyllit (Magnesium-Silikat).

Die Strukturformel der Hornblende lautet: $Ca_2Mg_5\,(OH)_2 \cdot (Si_4O_{11})_2$, woraus deutlich hervorgeht, daß es sich beim Glühverlust um Verbindungswasser handelt. Da das Molekulargewicht nach der Formel 810 ist $[40 \cdot 2+24 \cdot 5+(16+1) \cdot 2+(28 \cdot 4+16 \cdot 11) \cdot 2]$, so ergibt dies $\frac{18 \cdot 10}{810}=2{,}25\%$ Wassergehalt, was mit den Tatsachen sehr gut übereinstimmt. Das Wasser der Asbeste ist also im wesentlichen im Basenhydroxyd enthalten.

Zwischen den Fasern von Chrysotilasbest einerseits und Amphibolasbest anderseits besteht ein grundsätzlicher Unterschied. Die feinsten

Chrysotilfasern sind hohl, während die entsprechenden Amphibolfasern massiv sind. Daraus erklärt sich, daß die Fasern von Amosit und Blauasbest hart und fedrig, von Chrysotilasbest weich, biegsam und absorptionsfähig sind. In den Abbildungen 7 und 8 sind *Chrysotilasbest*- und

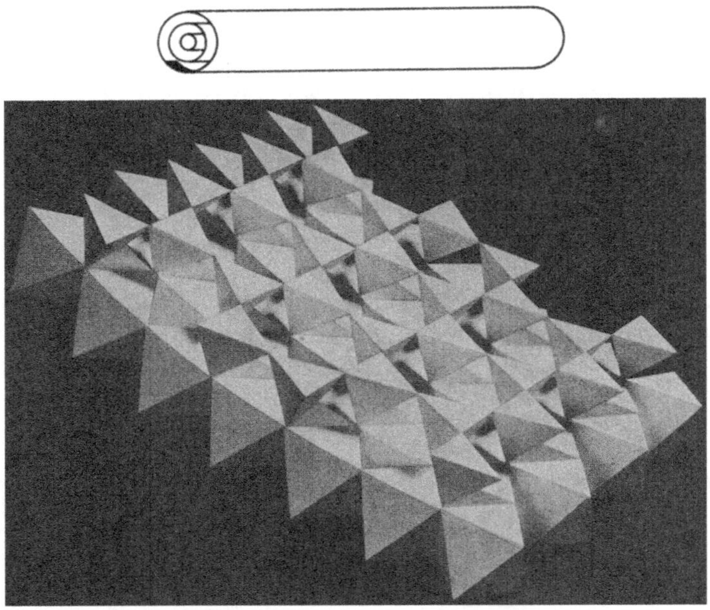

Abb. 9. Schematische Darstellung der röhrchenförmigen Struktur von Chrysolitasbest

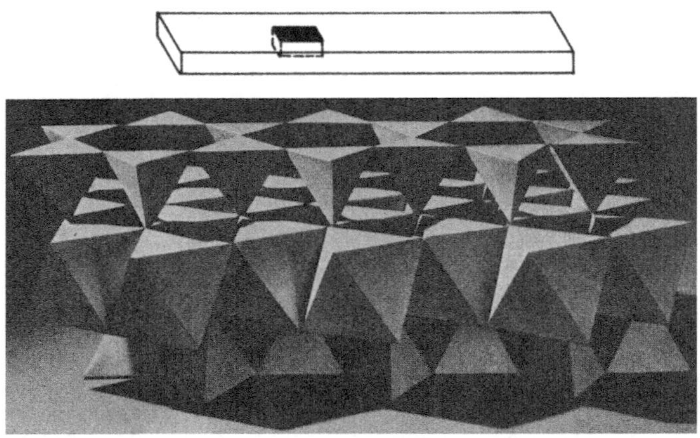

Abb. 10. Schematische Darstellung der streifenförmigen Struktur von Amphibolasbest

Amphibolasbest-Fasern bei 40.000facher Vergrößerung durch ein Elektronenmikroskop dargestellt. Die geprüften Amphibolfasern haben einen Durchmesser von etwa 0,1 μ, während der Chrysotilasbest einen Durchmesser von 0,02 μ hat. Die röhrchenförmige Struktur des Chrysotilasbestes ist schematisch in Abb. 9, die streifenförmige Struktur des Amphibolasbestes in Abb. 10 dargestellt.

c) Asbestarten

Die Hornblendeasbeste können sehr verschieden zusammengesetzt sein und je nach der Zusammensetzung im rhombischen oder monoklinen System kristallisieren. Im monoklinen Tremolit tritt entweder neben Magnesium Kalk auf, oder das Magnesium ist wie im Amosit noch weiter zurückgedrängt und durch Eisenoxyd (Fe_2O_3) oder Eisenoxydul (FeO), Tonerde (Al_2O_3) und Alkalien ersetzt, wobei auch der Kalk verschwindet. Im Blauasbest wird die blaue Farbe durch den Gehalt an Eisenoxydul hervorgerufen. Sonst ist seine Zusammensetzung der des Amosites sehr ähnlich.

Blauasbest wird nur an sehr wenigen Stellen gefunden und kommt hauptsächlich in Südafrika, in geringeren Mengen in Australien und Bolivien vor. Amosit gibt es nur in Südafrika.

Die Hornblendeasbeste sind meist hart und spröde, lassen sich trotz genügender Faserlänge schwer oder gar nicht verspinnen, greifen die Werkzeuge stark an und haben einen sehr niedrigen Wassergehalt, sind aber verhältnismäßig säurebeständig.

Der Unterschied zwischen Hornblende- und Chrysotilasbest tritt nach der chemischen Analyse, dem Glühverlust, dem Röntgenbild nach DEBYE-SCHERRER und nach dem Färbversuch mit einer Jodlösung in Glyzerin einwandfrei zutage. Die einzelnen Hornblendeasbeste haben alle einen niederen Glühverlust und färben sich in Jodlösungen nicht an, da sie kein freies Kristallwasser, sondern nur Verbindungswasser besitzen. Die beiden Hornblendeasbeste Amosit und Blauasbest haben fast dieselben Röntgenbilder. Ihre Unterscheidung ist durch chemische Analysen möglich, der Fachmann erkennt sie meist schon an der Farbe und der verschiedenen Sprödigkeit. Die Hornblendeasbeste sind nie so reinweiß wie der Serpentinasbest, es gibt aber auch Serpentinasbest von dunkler Farbe.

Der Chrysotil-, Serpentin- oder Weißasbest hat an den meisten Fundstellen keinen oder nur sehr geringen Kalkgehalt. Er besteht aus ca. 43,5% MgO, 43,5% SiO_2 und 13% H_2O. Seine Härte ist etwa 3 bis 4 nach MOHR und sein spezifisches Gewicht 2,3 bis 2,5 p/cm³. Seine Festigkeit ist etwa die Hälfte bis ein Drittel von der des Blauasbestes. Sein Wassergehalt wiegt immer über 10%. Der Schmelzpunkt des Chrysotilasbestes ist mit 1550° C höher als der der Hornblendeasbeste, so daß er auch temperaturbeständiger als diese ist. Der nicht nur wegen seines häufigeren Vorkommens, sondern auch wegen seiner wertvollen Eigenschaften in der Technik hauptsächlich verwendete Chrysotilasbest ist ein ziemlich reines Magnesiumsilikat. Die Fasern sind meist kürzer als 40 mm. Die Farbe geht von einem reinen Weiß oder Hellgrau über in ein gelbliches Weiß oder rötliches Weiß bis zu Graugrün. Die Cruden, unaufgeschlossene dickere Faserbündel, erscheinen stärker gefärbt als die aufgeschlossenen Fasern. Die einzelnen Fundstellen haben ihre besonderen Farben.

Die Chrysotilfaser ist zumeist weich, sogar seidenähnlich, kann aber bei manchen Sorten auch härter und spröder sein. Die mechanische Behandlung durch Zerfasern auf Schlagkreuzmühlen und auf Krempeln verträgt der Chrysotilasbest besser als die Hornblendeasbeste.

Der Chrysotilasbest ist nicht beständig gegen Mineralsäure, verträgt etwas besser organische Säuren und ist sehr laugenbeständig. Bei Erhitzung bis 400° C steigt seine Festigkeit sogar noch etwas an, und erst bei höherer Erhitzung, wenn auch das Verbindungswasser weggeht, fällt die Festigkeit stark ab. Über 700° C kann kein Asbest mit Erfolg verwendet werden.

Von den Hornblendeasbesten kristallisieren Anthophyllit und Amosit rhombisch, Crocidolit und Tremolit monoklin. Das Muttergestein dieser Asbeste ist teilweise auch Olivin oder Pyroxen und Augit. Die eisenärmeren und kalkreichen Hornblendeasbeste haben einen höheren Schmelzpunkt, ähnlich dem des Chrysotils, während die eisenreicheren, alkalihaltigen einen niederen Schmelzpunkt (1150° C) haben.

Amosit ist ein Eisenoxydulsilikat mit einem spezifischen Gewicht von 3,0 bis 3,3 p/cm³ und wird hauptsächlich in Transvaal gefunden. Seine Zusammensetzung ist etwa 50% Kieselsäure, 7% Aluminiumoxyd, 30% Eisenoxydul, 6% Eisenoxyd, 4% Magnesium und 2 bis 3% Wasser. Neben Magnesium können noch kleine Mengen Alkalien vorhanden sein. Seine Farbe schwankt von Grauweiß bis Dunkelbraun. Da es sich nicht um Querfasern, sondern um längs zu den Adern verlaufende Fasern handelt, ist die Faserlänge zumeist sehr groß (300 bis 400 mm). Die Sprödigkeit der Amositfasern macht das Verspinnen schwer. Die chemische Widerstandsfähigkeit ist sehr groß und erreicht fast die des Blauasbestes. Seine Festigkeit ist geringer als die des Chrysotilasbestes. Besonders erfolgreich kann man Amositasbest für Filterzwecke und nasse Verarbeitungsverfahren verwenden. Blauasbest hat eine ungefähre Zusammensetzung von 51% Kieselsäure, 36% Eisenoxydul, 3% Magnesium, 6% Alkalien und 3 bis 4% Wasser. Seine blaue Farbe rührt von dem Gehalt an Eisenoxydul her. Die Härte ist 5,5 bis 6 nach Mohr, das spezifische Gewicht 3,4 p/cm³. Er wird häufig als Crude gehandelt, die der Verarbeiter selbst aufschließen muß. Er ist der festeste, aber auch der härteste Asbest und greift die Werkzeuge stark an. Die Sprödigkeit ist geringer als die von Amosit, seine Faserlänge aber kürzer, da er als Querfaser kristallisiert. Infolge seiner Sprödigkeit ist er beim Aufschließen sehr empfindlich. Seine gegenüber dem Chrysotilasbest ursprünglich höhere Festigkeit geht bei Erhitzen schon bei 200° C so stark zurück, daß er bei 400° bis 500° C etwa noch ebenso fest wie Chrysotilasbest ist; kommt er aber bei Temperaturen von über 200° C mit Dampf zusammen, dann fällt seine Festigkeit noch rascher, so daß er bei 400° C weniger fest als Chrysotil ist. Der Blauasbest ist der gegen Säure widerstandsfähigste Asbest, seine Laugenbeständigkeit ist allerdings geringer als die des Chrysotils. Tremolit ist ein Kalk-Magnesium-Silikat, welches vor allem in Oberitalien gewonnen wird. Er besteht im wesentlichen aus 29% Magnesium, 13,5% Kalk und 57,5% Kieselsäure. Seine Härte ist 5,5 bis 6 nach Mohr, sein spezifisches Gewicht 2,9 bis 3,1 p/cm³. Er ist hellgrau mit einem grünlichen oder bräunlichen Farbton. Seine Widerstandsfähigkeit gegen Säure ist besonders im Vergleich zu der des Chrysotilasbestes verhältnismäßig groß. Tremolite sind weniger fest als Chrysotilasbest und vertragen auch die Verarbeitung in Schlagmühlen oder Krempeln weniger gut. Sie sind sehr geeignet für Filterzwecke in der chemischen Industrie. Beim vollständigen

Aufschließen der Fasern erhält man sehr lockere Massen, die sich vorzüglich zur Wärmeisolierung eignen.

Zum Vergleich sind in der folgenden Tab. 2 die chemischen Zusammensetzungen einiger Chrysotil- und Amphibolasbeste nach Angaben von FRANK zusammengestellt.

Tabelle 2

Chrysotilasbest						
%	Kanada		Rußland		Rhodesien	Cypern
	Thetford	Danville	Ural	Sibirien		
Kieselsäure ...	39—43	41,8—42,8	42,5—43,5	41,5—42,0	40—43	40,6
Tonerde	1,5—3,5	—	Spuren—0,5	—	0,6—1—1,7	1,0
Eisenoxyd	0,2—2,5	2,2—3,7	0—0,15	6—7	Spuren—4,5	4,9
Magnesium ...	40—41,5	39,5—42	41,8—42,6	35,1—36	38,3—39,6	39,0
Wasser	14—14,5	14—14,5	14,3—15,3	16—16,5	11,7—14	14,5
Eisenoxydul ..	—	—	—	—	—	—
Alkalien	—	—	—	—	—	—

Amphibolasbest					
%	Blauasbest	Amosit	Tremolit		Anthophyllit
	Kapland	Transvaal	Finnland	Italien	USA
Kieselsäure ...	51,1	50,24	62,02	55,1	57,6
Tonerde	—	—	2,08	3,4	0,9
Eisenoxyd	—	7,8	—	—	—
Magnesium ...	2,3	3,96	27,20	29,5	31,2
Wasser	3,9	3,0	5,04	5,0	4,5
Eisenoxydul ..	35,8	32,0	3,54	4,6	5,8
Alkalien	6,9	2,12	0,71 CaO	2,4 CaO	—

d) Technische Eigenschaften

Während alle organischen und synthetischen Fasern bei der mechanischen Beanspruchung auf Zug eine gewisse plastische Dehnung bis zum Bruch hergeben können, ist die einzelne Asbestfaser praktisch unplastisch und nur elastisch. Wenn Asbest dabei so biegsam ist, daß er als Stein versponnen werden kann, so rührt dies daher, daß die einzelne Faser sehr viel feiner ist als jede tierische, pflanzliche oder synthetische Faser. Zum Vergleich sind in der folgenden Tab. 3 für verschiedene Faserarten die Faserdurchmesser

Tabelle 3

Fasertyp	Faserdurchmesser in mm	Faserzahl auf 1 mm linear	Faseroberfläche cm^2/p
Nylon	0,0075	132	3100
Acetatkunstseide	—	—	3800
Baumwolle	0,01	100	7200
Seide	—	—	7600
Wolle	0,02—0,0275	36—50	9600
Viskosekunstseide	—	—	9800
Chrysotilasbest	0,000018—0,000029	34.000—56.000	130.000—220.000
Menschliches Haar	0,0395	25	—
Nessel (Ramie)	0,0246	40	—
Glas	0,0065	153	—
Schlackenwolle	0,00355—0,0071	141—282	—

die Anzahl der Fasern auf 1 mm und die Faseroberfläche in cm²/p (gemessen an N_2-Adsorption) nach Angaben von BADOLLET zusammengestellt.

Die Chrysotilfaser übertrifft somit jede andere Faser an spezifischer Oberfläche um ein Vielfaches.

Tabelle 4

Asbestsorten	Chrysotil $D =$ 2,5 p/cm³	Anthophyllit $D =$ 3,2 p/cm³	Amosit $D =$ 3,3 p/cm³	Blauasbest $D =$ 3,4 p/cm³	Tremolit $D =$ 3,1 p/cm³
Substanzfestigkeit in kp/mm²	56—75	2,8	11—63	75—225	0,75—5,6
Substanzfestigkeit in km Reißlänge	22,4—30	0,87	3,3—19	22—66	0,24—1,8
Garnfestigkeit in m Reißlänge bei technischen Packungen	2500	—	2000	3500	—
desgleichen von feinsten Garnen	5000	—	—	9600	—

Die Festigkeit der verschiedenen Asbeste ist außerordentlich hoch. Die Substanzfestigkeit und Garnfestigkeit von verschiedenen Asbestsorten sind in Tab. 4 aufgezeigt.

Eine Zusammenstellung verschiedener Festigkeitswerte von natürlichen und künstlichen Faserstoffen sowie teilweise auch das Verhältnis von Naß- zu Trockenfestigkeit zum Vergleich mit Asbest ist in Tab. 5 enthalten. Auch diese Werte sind dem Buch Asbest von KARL FRANK entnommen.

Tabelle 5

Faser	Wahres spez. Gewicht p/cm³	Spez. Bruch-festigkeit kp/mm²	Reißlänge km	Relative Naßfestigkeit in % der Trocken-festigkeit
Baumwolle, nordamerikanisch	1,47—1,55	36—57	24—38	110—130
Flachs, geschwungen	1,50	60—90	40—60	130—140
Hanf, geschwungen	1,48	78	52	130—140
Jute, aufgeschlossen	1,44—1,48	27—36	19—25	—
Ramie, aufgeschlossen	1,51—1,52	78	52	—
Manilahanf, aufgeschlossen	1,40	45—53	32—38	—
Merinowolle	1,33	28	21	80—90
Landwolle	1,32	29	22	80—90
Tussaseide, entbastet	1,27	32—41	24—32	75—85
Viskose-Kunstseide	1,42—1,53	16—28	11—19	45—55
Kupfer-Kunstseide	1,54	20—28	13—18	50—65
Acetat-Kunstseide	1,33—1,35	15—19	11—17	55—65
Nitrat-Kunstseide	1,56	19—23	12—15	35—45
Viskose-Zellwolle	1,42—1,53	16—33	11—23	45—60
Kupfer-Zellwolle	1,54	19—29	12—19	65—75
Acetat-Zellwolle	1,33—1,35	16—19	12—14	60—70
Viskose-Zellwolle, hochnaßfest	1,50	40	27	70
Kasein-Faser	1,29	8—9	6—7	50
Polyvinylchlorid-Faser (PeCe)	1,40—1,44	23—24	16—17	—
Polyvinylchlorid-Acetat-Faser (Vinyon)	1,35	23—49	25—36	—
Polyvenyllidenchlorid-Faser(Saran,Velon)	1,65—1,72	27—39	16—23	—
Polyacrylnitril-Faser (Orlon)	1,17—1,22	46—49	38—41	—
Polyamid-Faser (Nylon, Perlon)	1,15—1,21	48—80	40—68	—
Chrysotilasbest-Crude	2,50	56—75	22,4—30	100
Blauasbest-Crude	3,40	75—225	22—66	100
Aluminiumdraht, hartgezogen	2,70	17—23	6—8	—
Eisendraht, hartgezogen	7,86	70	9	—
Stahldraht, hartgezogen	7,70	110	14	—
Kupferdraht, hartgezogen	8,93	38—45	4—5	—

Aus nebenstehender Tabelle sieht man, daß der Chrysotilasbest in der spezifischen Festigkeit, außer von hartgezogenem Stahldraht, nur von Flachs, Hanf, Ramie und den Polyamidfasern Nylon und Perlon sowie natürlich von Blauasbest übertroffen wird; in der Reißlänge kommt er etwa der Baumwolle, dem Manilahanf, der Tussaseide, der Vinyonfaser und der Orlonfaser gleich, übertrifft aber sämtliche Kunstseiden beträchtlich. Der Blauasbest dagegen ist nach der spez. Festigkeit die festeste Faser überhaupt und wird nach der Reißlänge nur von den Polyamidfasern Nylon und Perlon übertroffen und vielleicht noch von Flachs erreicht.

Auffallend ist allerdings, daß die damit hergestellten Garne bei weitem nicht die Ausnützung der Substanzfestigkeit zeigen wie bei den anderen Faserstoffen. Rechnet man bei dem Chrysotil- und dem Blauasbest mit den angegebenen Höchstwerten der Substanzfestigkeit, so erreicht man im Garn beim Chrysotilasbest etwa 17%, beim Blauasbest etwa 15% der Substanzfestigkeit, während man bei Baumwoll- und Flachsgarnen mit Leichtigkeit 70% und mehr der Substanzfestigkeit erreichen kann. Das hängt mit der verhältnismäßigen Glätte, speziell beim Chrysotilasbest, zusammen.

Die auf Grund äußerst schwieriger Versuche ermittelten Elastizitätsmoduli und die bleibenden Dehnungen von Chrysotilasbest und von Blauasbest sind für verschiedene Belastungsstufen in Tab. 6 angegeben.

Tabelle 6

Belastungsstufe in kp/mm²	Elastizitätsmodul und bleibende Dehnung bei Chrysotilasbest: elast. Modul in kp/mm²	Chrysotilasbest: bleib. Dehnung in %	Blauasbest: elast. Modul in kp/mm²	Blauasbest: bleib. Dehnung in %
2—22	6440	0,0013	10.580	—
2—42	3520	0,018	10.750	—
2—62	2860	0,027	12.500	—
2—82	—	—	12.800	—

Das elastische Verhalten von Chrysotil- und Blauasbest ist somit grundverschieden. Bei Chrysotilasbest sinkt der Elastizitätsmodul bei höherer Belastung (ähnlich wie bei Gußeisen), bei Blauasbest dagegen steigt er an. Bei Chrysotilasbest tritt eine, wenn auch sehr kleine bleibende Dehnung auf, während beim Blauasbest auch bei höchsten Beanspruchungen keine bleibende Dehnung festgestellt werden konnte. In dieser Eigenschaft liegt wohl auch die Ursache für die größere Widerstandsfähigkeit des Chrysotilasbestes gegen Zermürbung.

Zur Bestimmung der spezifischen Ausreißfestigkeit von Blauasbest wurden von Karl Frank Versuche durchgeführt, bei denen Asbestfasern in Zementmörtel eingekittet und nach vier Tagen aus dem Zementmörtel herausgezogen wurden. Die Proben hatten einen Querschnitt von 2,83 mm × 0,45 mm² und waren 15 mm tief eingekittet. Die Last, unter der sich die Asbestfasern vom Zementmörtel lösten, betrug in einem Fall 11 kp, im anderen Fall 26 kp. Hierbei lösten sich aber nur die inneren Fasern von den äußeren ab, während die äußeren Fasern immer noch am Zement hängenblieben. Hätten sich die inneren von den äußeren Fasern nicht getrennt, dann wäre die spezifische Ausreißfestigkeit mindestens

$$\frac{\text{Ausreißfestigkeit}}{\text{zementbedeckte Faseroberfläche}} = \frac{11}{101{,}5} \text{ bzw. } \frac{26}{101{,}5} = 0{,}108 \text{ bzw. } 0{,}286\ \text{kp/mm}^2$$

Die tatsächliche spezifische Mindestausreißfestigkeit ohne gegenseitige Faserablösung liegt zweifellos noch über diesen Werten.

Die obigen Ausführungen zeigen, daß der Asbest im Asbestzement seine Aufgabe nur dann erfüllen kann, wenn er möglichst weit aufgeschlossen ist, damit seine Oberfläche genügend Haftkraft am Zement hat. Entsprechend dem Verhältnis der Elastizitätskoeffizienten kann bei einer Beanspruchung von 2 bis 22 kp/mm² der Chrysotil ca. 2mal, Blauasbest ca. 4mal höhere Zugbeanspruchung aufnehmen als der Beton, wobei die Zugbeanspruchung natürlich durch die Ausreißfestigkeit begrenzt ist. Letztere ist um so höher, je länger die Fasern sind und je besser der Asbest aufgeschlossen ist.

Bezüglich der Wärmeausdehnung von Asbest und Zement gibt Karl Frank an, daß bei eigenen Messungen zwischen 20 und 400° C bei Chrysotilasbest ein Ausdehnungskoeffizient von $\alpha = 2{,}2 \times 10^{-6}$ gefunden wurde. Bei Messungen zwischen 26,6° C und 73° C erhielt er ein α von $1{,}59 \times 10^{-5}$. Dieser Unterschied wird vermutlich dadurch verursacht, daß durch den Wasserverlust bis 400° C ein Schwund auftritt, der die Wärmeausdehnung zum größten Teil aufzehrt. Reiner Zement ohne Füllstoff hat nach Keller zwischen 20 und 95° C ein α von $1{,}26 \times 10^{-5}$. Auch beim Zement tritt beim Erhitzen auf 400° C neben der Wärmeausdehnung ein Schwund durch Wasserverlust ein. Die geringe Differenz in den Wärmeausdehnungskoeffizienten von Asbest und Zement macht es verständlich, daß sich Asbestzement auf 400° C erhitzen und dann im Wasser abschrecken läßt, ohne ersichtlichen Schaden zu erleiden.

Für die Eignung der Asbestfaser für die industrielle Verwendung ist der Rauheitsgrad ein bedeutender Faktor. Im Rohzustand sind die Fasern in großer Menge in Bündeln vorhanden, die nicht aufgeschlossen und stärker als 0,8 mm sind. Solche Bündel sind steif und lassen sich nicht ohne Bruch rechtwinkelig biegen. Im geöffneten Zustand können die aufgelockerten Fasern ohne Bruch rechtwinkelig gebogen werden. Während eines Arbeitsganges, bei dem die dünnen Fasern getrennt und rechtwinkelig gebogen werden, neigen sie dazu, durch Bruch an Länge zu verlieren.

Der Rauheitsgrad einer gegebenen Faser kann unter anderem durch folgende Methoden vergleichsweise ermittelt werden:

1. Öffnung der Fasern mit einem genormten Gerät und Messung des Längenverlustes und der Zunahme an Feinmaterial.
2. Messung der Zerreißfestigkeit an schmalen Crudebündeln.
3. Ermittlung der Filtereigenschaften vor und nach der Aufschließung.

Die Ergebnisse dieser Prüfung werden als prozentuale Veränderungen mit bewährten Stoffen verglichen. Eine Rauhfaser behält ihre Eigenschaft, verhältnismäßig schnell zu filtrieren, ohne Rücksicht auf die Verarbeitung, während die Porosität einer sogenannten leichten Faser proportional zum Öffnungsgrad abnimmt. Diese Eigenschaft macht die Rauhfaser dem Hersteller für viele Zwecke wertvoll, wenn die Festigkeit der Faser nicht zu gering ist. Hier muß jedoch besonders darauf geachtet werden, daß die Faser bei der Bearbeitung nicht in zu hohem Maße zerstört wird.

e) Klassifizierung

Bei der Beurteilung des technischen Wertes der einzelnen Asbestsorte wird vor allem ihre Verwendbarkeit zum Beispiel als Spinnfaser, als Faser für Hochdruckdichtungsplatten, für Asbestzement-Druckrohre, Asbestzement-Platten, Asbestpappe, Filtermaterial, für Wärmeisolierung, für Fußbodenbelag und für Kunstharzpreßmassen in Betracht gezogen. Zwischen der chemischen Analyse einer Faser und ihren technischen Eigenschaften gibt es nicht immer einen klaren Zusammenhang. Auch der Handelswert einer Faser gibt keine Aussage über Feuer- oder Säurefestigkeit oder Isolationsfestigkeit gegen Wärme und Elektrizität.

Abb. 11. Quebec-Asbestprüfmaschine. Photo Asbestos Corporation Ltd., Kanada

Der im Bergbau gewonnene Asbest wird in zwei Gruppen eingeteilt, „Crudeasbest" und „Mühlenasbest". Crudeasbest besteht im wesentlichen aus handsortiertem Material in seiner ursprünglichen und unzerfaserten Form. Mühlenasbest besteht aus allen Sorten, die durch mechanische Bearbeitung des Asbeststeines gewonnen werden.

Eine offizielle Normung der Asbestfasern wurde bisher nur in Form einer Klassifizierung nach der Faserlänge nach der Quebec-Methode eingeführt, die 1931 von einem Ausschuß der Asbestminen in Kanada ausgearbeitet wurde. Obwohl die Klassifizierung nach der Siebtestmethode eine nur sehr bedingte Aussage über die technische Verwendbarkeit der Fasern macht und diese nur durch eine Reihe spezieller Vergleichsteste beurteilt werden kann, hat sich diese Klassifizierung im Handel allgemein durchgesetzt. In

Tabelle 7. *Klassifizierung nach der kanadischen Einteilung*

Gruppe 1
Crude 1, Faserlänge von mehr als $^3/_4''$ = ca. 19 mm Länge

Gruppe 2
Crude 2, Faserlänge von $^3/_8''$ bis $^3/_4''$ = ca. 9,5 mm bis 19 mm Länge
Crude Run of Mine, unsortierte Crude
Crude Sundry, andere nichtgenannte Crude

Verwendung (Gruppen 1–3): Fäden, Gewebe für hitzebeständige Schutzbekleidung, Diaphragmen, Kabelisolierungen, Dichtungen, Packungen, Bremsbänder, Kupplungsbeläge, für hochwertige It-Platten, Asbestzement-Druckrohre, Filtrierfasern, Magnesium-Wärmeisolierungen

Mindesttest Rückstand in Unzen	Sieb 1	Sieb 2	Sieb 3	Pfanne	
Gruppe 3 Spinnfaser					Fäden, Gewebe für hitzebeständige Schutzbekleidung, Diaphragmen, Kabelisolierungen, Dichtungen, Packungen, Bremsbänder, Kupplungsbeläge, für hochwertige It-Platten, Asbestzement-Druckrohre, Filtrierfasern, Magnesium-Wärmeisolierungen
3-D	10,5	3,9	1,6	0	
3-F	7	7	1,5	0,5	
3-K	4	7	4	1	
3-R	2	8	4	2	
3-T	1	9	4	2	
3-Z	0	8	6	2	
Gruppe 4 Schieferfaser					It-Platten, Asbestzement-Platten (eben und gewellt), Asbestzement-Rohre und -Formstücke, Asbestzement-Dachschindeln, Packungen, Dichtungen, Asbestpapier, gespritzte Feuer- und Schallisolierungen für Schiffswände usw., Kunststoffpreßmassen, Asphalt-Isolierungen, Kitte
4-D	0	7	6	3	
4-H	0	5	8	3	
4-K	0	4	9	3	
4-M	0	4	8	4	
4-R	0	3	9	4	
4-T	0	2	10	4	
4-Z	0	1,5	9,5	5	
Gruppe 5 lange Pappenfaser					Asbestzement-Platten (eben und gewellt), Asbestzement-Rohre und -Formstücke, Asbestzement-Schindeln, Asbestpappe und -papier, fasergepreßte Brems- und Kupplungsbeläge, Kunststoffpreßmassen, Asphaltisolierungen, Kitte
5-D	0	0,5	10,5	5	
5-K	0	0	12	4	
5-M	0	0	11	5	
5-R	0	0	10	6	
Gruppe 6 Pappenfaser					
6-D	0	0	7	9	
Gruppe 7 kleine Pappenfaser, Shorts					Asbestpappe und -papier, fasergepreßte Brems- und Kupplungsbeläge, Kunststoffpreßmassen, Asphaltisolierungen, Kitte, Umhüllungen für Schweißstäbe, Asphalt-Fußbodenplatten
7-D	0	0	5	11	
7-F	0	0	4	12	
7-H	0	0	3	13	
7-K	0	0	2	14	
7-M	0	0	1	15	
7-R	0	0	0	16	
7-T	0	0	0	16	

der Sowjetunion wurde eine Siebtestklassifizierung in Anlehnung an die kanadische Methode genormt. Einen Wertigkeitsvergleich der einzelnen Asbestsorten im Sinne der im Kapitel „Wertigkeit und Festigkeit" (Seite 173) behandelten Asbestzement-Wertigkeit erlaubt diese Einteilung nie.

Bei der Siebtestmethode wird die Klassifizierung auf der Quebec-Asbestprüfmaschine durchgeführt. (Abb. 11.)

In Tab. 7 sind die Bezeichnungen der wichtigsten Asbestsorten, die zugehörigen Mindestteste und die hauptsächlichen Verwendungszwecke nach der kanadischen Norm, in Tab. 8 nach der russischen Norm, angegeben.

Tabelle 8. *Klassifizierung nach der russischen Einteilung*

Faserart	Marke	Gruppe	Rückstand in Prozenten und Unzen							
			Sieb 1		Sieb 2		Sieb 3		Pfanne	
			%	Unzen	%	Unzen	%	Unzen	%	Unzen
hart	Sch-1-50	1	50	8,0	26	4,3	21,0	3,3	3,0	0,4
	Sch-1-38	1	38	6,0	34	5,5	24,0	3,9	4,0	0,6
	Sch-2-20	2	20	3,3	47	7,5	28,0	4,4	5,0	0,8
halbhart	PRSch-2-30	2	30	4,8	50	8,0	15,0	2,4	5,0	0,8
	PRSch-2-15	2	15	2,5	60	9,6	19,0	3,0	6,0	0,9
	P-2-30	2	30	4,8	53	8,4	13,0	2,2	4,0	0,6
	P-2-15	2	15	2,4	65	10,4	15,0	2,4	5,0	0,8
	P-3-70	3	0	0	70	11,2	20,0	3,2	10,0	1,6
	P-3-60	3	0	0	60	9,6	30,0	4,8	10,0	1,6
	P-4-35	4	0	0	35	5,6	45,0	7,2	20,0	3,2
	P-4-20	4	0	0	20	3,2	58,0	9,3	22,0	3,5
	P-4-5	4	0	0	5	0,8	70,0	11,2	25,0	4,5
halbhart	P-5-65	5	0	0	0	0	65,0	10,4	35,0	5,6
	P-5-50	5	0	0	0	0	50,0	8,0	50,0	8,0
	P-6-40	6	0	0	0	0	40,0	6,4	60,0	9,6
weich	M-5-60	5	0	0	0	0	60,0	9,6	40,0	6,4
	M-6-40	6	0	0	0	0	40,0	6,4	60,0	9,6
	M-6-30	6	0	0	0	0	30,0	4,8	70,0	11,2
	K-6-30	6	0	0	0	0	30,0	4,8	70,0	11,2
weich	K-6-20	6	0	0	0	0	20,0	3,2	80,0	12,8
	K-6-5	6	0	0	0	0	5,0	0,8	95,0	15,2
	7-450	7	—	—	—	—	—	—	—	—
	7-520	7	—	—	—	—	—	—	—	—

Bei der russischen Klassifizierung bedeutet:

Sch = harte Fasern
PRSch = gemischte Fasern zwischen hart und halbhart
P = halbharte Fasern
M = weiche Fasern
K = weiche Kammerfasern

Nach der russischen Bezeichnung bedeutet der erste Buchstabe die Art der Faser (hart, halbhart, weich), die erste Ziffer die Asbestgruppe und die zweite Ziffer den garantierten Mindestrückstand in Prozenten am Basissieb der Prüfmaschine. Als Basissieb wird für die Gruppen 0, 1 und 2 das Sieb 1, für die Gruppen 3 und 4 das Sieb 2 und für die Gruppen 5 und 6 das Sieb 3 der Prüfmaschine gewertet.

f) Asbestosis

Wird trockener Asbest in nicht vollständig luftdicht abgeschlossenen Apparaten verarbeitet, so tritt Asbeststaub auf, der bei andauernder Einwirkung für den Menschen schädlich sein und bei jahrelanger Tätigkeit in ungeschützter, staubreicher Atmosphäre (frühestens nach 7 bis 10 Jahren) zur Erkrankung an Asbestosis führen kann. Asbestosis ist eine besondere Art der Silikose. Die Asbestnadeln dringen in den Körper durch die Haut oder die Atmungsorgane ein. In der Haut bilden sie bis zu erbsengroße, schmerzhafte Warzen, die nach Auflösung und Resorption der Asbestnadeln wieder verschwinden. Dabei handelt es sich nicht um krebsartige Bildungen. Gefährlicher ist der Weg durch die Atmung in die Lunge. Die in die Lunge gelangenden Asbestnadeln bleiben in den Lymphbahnen hängen und dringen in geringen Mengen in die Lymphknoten ein. Bei günstigem physiologischem Verlauf werden alle eingeatmeten Asbestnadeln wieder vollkommen beseitigt und die entsprechenden Asbestosiskörperchen verschwinden, ohne daß es zur Ausbildung einer Fibrose, das heißt zum Krankheitsbild der Asbestosis, kommt. Bei längeren Einwirkungen kommt es in der Lunge zu einer bindegewebigen Wucherung, die mit der Menge der eingeatmeten Kieselsäure und der Zeit der Einwirkung wächst.

Bei dem leichtlöslichen Chrysotilasbest kommt es viel schneller zur Resorption und damit bei genügender Menge und Dauer zu der gefährlichen Fibrose. Beim Hornblendeasbest überwiegt dagegen die langsamere Eliminierung mit den Asbestosiskörperchen. Das klinische Bild beginnt im allgemeinen langsam und mit unspezifischen Krankheitserscheinungen. Die Behandlung ist rein symptomatisch und besteht in der Schonung und Stärkung des Herzens, in der Erleichterung des Auswurfs sowie in der Dämpfung des Hustenreizes. Eine Rückbildung der einmal eingetretenen Fibrose ist unmöglich, es ist jedoch nicht ausgeschlossen, daß die Fibrose zu einem Stillstand kommt, was einer scheinbaren Ausheilung der Asbestosis gleichkommt.

Da die Asbestosis nur beschränkt geheilt werden kann, ist die Vorbeugung äußerst wichtig. Die Entwicklung von Asbeststaub muß durch entsprechende Abdichtung der Maschinen und Transportwege mit geeigneten Absauganlagen verhindert werden. Dort, wo eine Abdichtung oder Entstaubung nicht oder nur mangelhaft gewährleistet werden kann, muß der Arbeiter durch Handschuhe und geeigneten Nasen- und Mundschutz vor dem Eindringen von Asbeststaub geschützt werden. Es sei hier noch besonders darauf hingewiesen, daß Asbeststaub mit einer Feinheit der Teilchen von 0,001 mm, daher unter der Sichtbarkeitsgrenze, eine der gefährlichsten Staubarten sein dürfte. Eine nur visuelle Beurteilung der Staubfreiheit eines Raumes ist somit nicht ausreichend; es muß vielmehr der Staubgehalt der Luft in Asbestzement-Fabriken durch diffizile Prüfmethoden kontrolliert werden.

g) Asbestgewinnung

Wie bereits erwähnt, kommt Asbest in schmalen Adern vor, die in Gesteinsschichten vulkanischen Ursprungs eingebettet sind. Bei der Gewinnung von Asbesten werden bis zu 97% Gestein mitgefördert, welches vom Asbestgestein abgesondert werden muß. Besonders in Kanada und auch im Ural gibt es eine Reihe von Asbestgruben, welche im Tagbau produzieren. Der erste Schritt ist die bergmännische Gewinnung des asbesthaltigen Gesteins. Nach dem Bohren und Sprengen wird das Gestein zum Brechwerk gebracht, wo es meist durch einen Backenbrecher zerkleinert wird. Eine weitere Zerkleinerung findet in einem zweiten Brechwerk statt, welches zumeist mit einem rotierenden Mahlkonus arbeitet. Das aus der Mine kommende asbesthaltige Gestein ist gewöhnlich feucht und muß vollkommen getrocknet werden, bevor eine Trennung des Asbestes vom Muttergestein stattfinden kann. Vertikale Trockentürme werden für das grobe Gestein und horizontale Trockner für das feinere Material verwendet. Das getrocknete Gestein wird zu einem Trockensilo gefördert und dort eingelagert. Vom Lagersilo wird das Gestein bei Bedarf zur Mühle gebracht, wo ein Teil der freien Fasern ausgezogen und das verbleibende Material zu Vibrationssieben gebracht wird, die das feinere Material trennen. Das Gestein wird nochmals gebrochen, um Asbestfasern vom Stein zu trennen. Die sich ergebende Mischung von Steinbruchstücken und Asbestfasern wird dann über ein geneigtes Rüttelsieb geleitet. Die kleineren Gesteinskörper und die kürzeren Asbestfasern fallen durch die Sieböffnungen und werden zur weiteren Verarbeitung abtransportiert. Die größeren Steinstücke und die längeren Fasern bleiben am Sieb und werden durch die Rüttelbewegung des Siebes an die Oberfläche gebracht. Wenn sich die freien Asbestfasern dem Ende des Rüttelsiebes nähern, werden sie durch eine Luftsauganlage abgehoben und durch große Luftleitungen zu den Sammlern gebracht. Das am Sieb verbleibende Material, das hauptsächlich aus Asbest besteht, der in Steintrümmern gebunden ist, wird zur weiteren Verarbeitung in Zerfaserer gebracht, die den Rest der Fasern lösen. Danach werden die Asbestfasern in die handelsüblichen Sorten getrennt, gereinigt und in 100-lbs-Jute- oder -Papiersäcken zur Verschiffung verpackt. Auch gepreßter Asbest wird von einigen Minen geliefert. In den letzten Jahren hat sich auch die Verpackung des Asbestes in Plastiksäcken verschiedentlich eingebürgert.

Die Aufschließung von rohem Blauasbest, welcher im Untertagbau gewonnen wurde, ist schematisch in Abb. 12 dargestellt. Aus der Grube wird das asbestführende Gestein durch den Schacht (1) zum Fördergerüst (2) gefördert und von dem Kübel (3) in den Bunker (4) entleert. Aus dem Bunker (4) gelangen das Gestein und der Asbest zu dem Schüttelrost (5) und werden auf dem Gesteinleseband (6) sortiert. Der Asbest fällt in die Gesteinbunker (7), während die Abfälle (W) an den Schutthaufen gefördert werden. Der Asbest wird durch den Backenbrecher (8) und von da in den Trockengestein-Speicherbunker (9) und in die Zufuhranlage (10) befördert. Von dem Schüttelrost (5) werden die unteren Lagen über das Waschsieb (11) befördert, wobei die Abfälle (W) nach dem Schlammwall gelangen und der Rest über das Abfallsortierband (12) befördert wird. Die Abfälle (W) werden zum Schutthaufen befördert und der Asbest zu dem Gesteinbunker (13) durch die Zufuhranlage (14) über das Eimerwerk (15) und durch den senkrechten Trockenofen (16) hinabgeleitet.

Dann wird der Asbest zu der Zufuhranlage (17) oder über die Umleitung der Trockenanlage befördert. Von da kommt der Asbest in den Trockengestein-Speicherbunker (18) und in die dritte Zufuhranlage (19). Der Inhalt der Zufuhranlagen (10) und (19) wird auf das Abfallsortierband (20) geleitet. Die Abfälle (W) kommen auf den Schutthaufen und der Asbest auf das Sieb (21). Die feinen Brocken fallen durch das Sieb, und die größeren Brocken werden zu dem Backenbrecher (22) befördert. Der ganze Asbest kommt zu

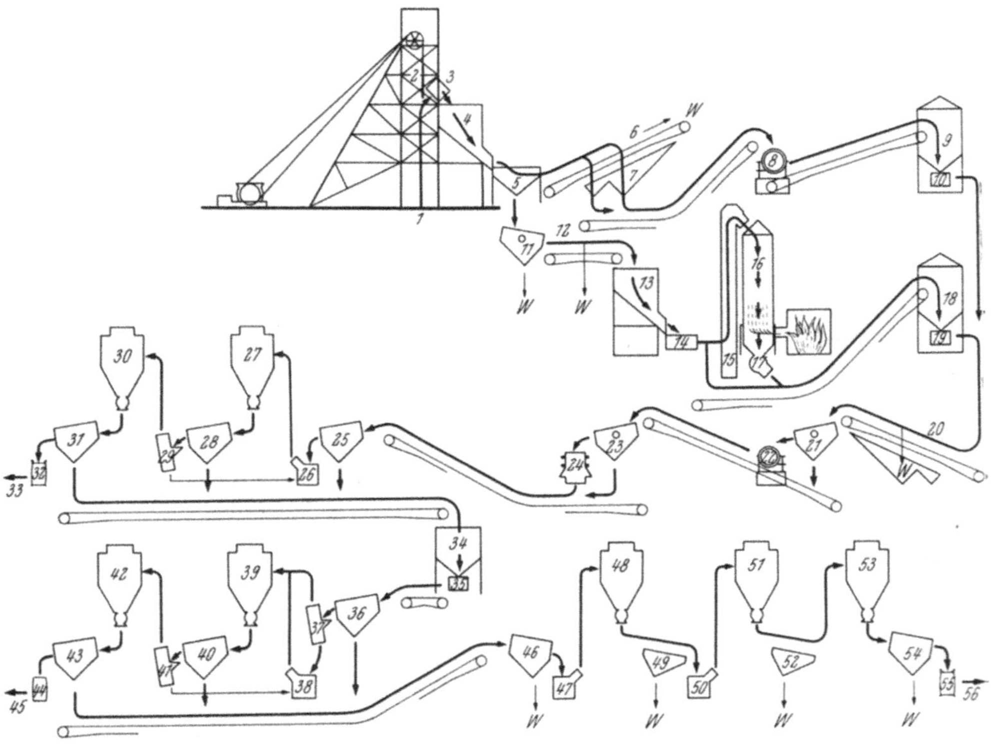

Abb. 12. Aufschließung von rohem Blauasbestgestein an der Grube. Schematische Darstellung von Cape Asbestos Co. Ltd.

dem Sieb (23). Während die feinen Brocken durch das Sieb fallen, gelangen die Überreste in den Kegelbrecher (24). Der ganze Asbest wird zu der Langfaseranlage befördert.

Langfaseranlage

Von der Vorreinigungsanlage wird der Asbest auf Trommeln (25) gebracht und dann durch die Zerfaserungsanlage (26) in den Zyklon (27) geleitet. Dann kommt er auf die Trommeln (28) und durch die Windsichter (29), wobei die unteren Lagen zu dem Zerfaserungsgerät (26) zurückgeleitet werden und von den Sichtern (29) in den Zyklon (30) gelangen. Der Asbest kommt von da zu den Endreinigungstrommeln (31), wo er in Säcke (32) eingefüllt wird. Dann wird er gewogen und nach Inspektion und Überprüfung der Qualität in die Speicherschuppen der Grube gesandt. Dann wird er mit Lastkraftwagen zu der Endbahnstation (33) befördert.

Anlage für mittellange Fasern

Die unteren Lagen von der Langfaseranlage (25) bzw. (31) werden in die Speicherbunker für mittellange Fasern (34) geleitet und kommen dann in die Zufuhranlage (35), zu den Trommeln (36), zu den Windsichtern (37) und schließlich in die Zerfaserungsanlage (38). Dann wird der Asbest zu dem Zyklon (39) und auf die Trommeln (40) und von da zu den Windsichtern (41) befördert. Die unteren Lagen gelangen zu der Zerfaserungsanlage (38) zurück, und der Rest geht zu dem Zyklon (42). Dann kommt der Asbest zu den Trommeln (43), wird in Säcke (44) gefüllt und gewogen. Nach der Inspektion und Überprüfung der Qualität wird der Asbest in die Speicherschuppen der Grube gesandt und mit Lastkraftwagen zu der Endbahnstation (45) befördert.

Anlage für kurze Fasern

Die unteren Lagen von der Anlage für mittellange Fasern (36), (40) und (43) werden in die Anlage für kurze Fasern zu den Trommeln (46) befördert. Die Abfälle gelangen auf den Schutthaufen, während der Rest in die Zerfaserungsanlage (47), zu dem Zyklon (48), über das Sieb (49), durch die Zerfaserungsanlage (50) und dann zu dem Zyklon (51) befördert wird. Dann wird er weiter über das Sieb (52) zu dem Zyklon (53), zu den Endreinigungstrommeln (54) und schließlich in die Säcke (55) geleitet. Dann wird der Asbest gewogen und nach Inspektion und Überprüfung der Qualität zu den Speicherschuppen der Grube und von da mit Lastkraftwagen zu der Endbahnstation (56) befördert.

2. Zement

Einen Hinweis auf die überaus vielfältigen Verbindungen, die in der Zementchemie auftreten, mag das in Abb. 13 dargestellte Phasengleichgewichtsdiagramm des Systems $CaO \cdot SiO_2 \cdot Al_2O_3$ nach RANKIN und WRIGHT geben:

Die Hauptstoffe dieser Aufbauverbindungen sind nachstehend angeführt:

Calciumoxyd	CaO	Molekulargewicht	56,07
Calciumhydroxyd	$Ca(OH)_2$	Molekulargewicht	60,06
Kieselsäure	SiO_2	Molekulargewicht	101,94
Eisenoxyd	Fe_2O_3	Molekulargewicht	159,68

Für die Eignung eines Zementes für die Asbestzement-Erzeugung ist nicht nur seine chemische Analyse, sondern auch der Anteil der einzelnen Verbindungen maßgeblich.

a) Der Brennprozeß

Die technischen Eigenschaften eines Zementes werden nach den Erkenntnissen der Festkörperchemie nicht nur von seiner chemischen Zusammensetzung, sondern auch von seinem aktiven Zustand und seinem Erinnerungsvermögen bestimmt. Es ist daher notwendig, sich ein wenig auch mit der Frage der Herstellung des Zementes zu befassen. Die fundamentale Frage ist zunächst die Auswahl der Rohstoffe, aus deren Vereinigung im Feuer der Klinker hervorgeht. Der ursprüngliche Weg zur Bestimmung des richtigen Verhältnisses war der Weg des empirischen Probierens mit Hilfe von „Probebränden". Auf diesem Weg erkannte man bald, daß das Erhärtungsvermögen der Portlandzemente mit steigendem Kalkgehalt zunimmt, daß aber bei Überschreiten einer oberen Grenze der Zement treibt, d. h. nach dem Erhärten sich dehnt, mürbe und rissig wird und schließlich zerfällt. Man muß also im Kalkgehalt möglichst hoch gehen und dabei doch unterhalb der Treibgrenze bleiben.

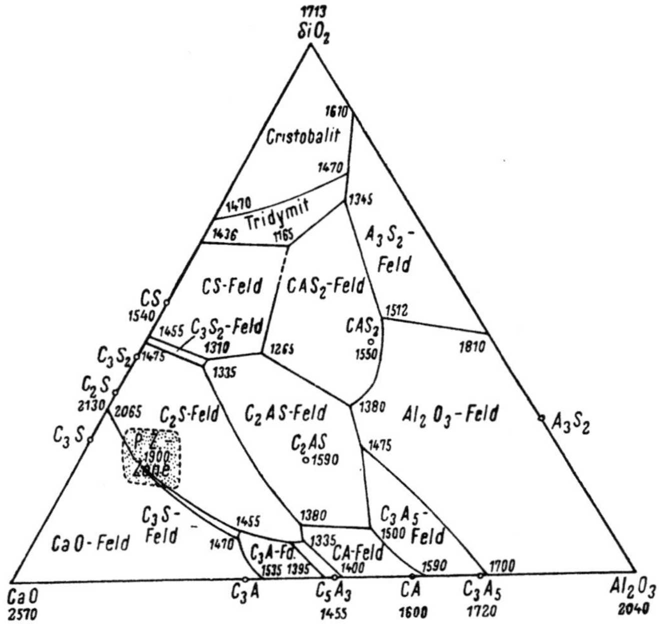

Abb. 13. Phasengleichgewichtsdiagramm des Systems $CaO.SiO_2.Al_2O_3$ nach RANKIN und WRIGHT

Der Brennprozeß, aus dem die gesinterten hydraulischen Bindemittel hervorgehen, ist dadurch gekennzeichnet, daß wir es beim Brennen der gesinterten Bindemittel mit künstlich aufbereiteten Mischungen verschiedener, aufeinander abgestimmter Rohstoffe zu tun haben, die bis zum beginnenden Schmelzen der Masse erhitzt werden. So wie Zusammensetzung, Art der Herstellung, Nachlagerung und dergleichen des Zementes für das hydraulische Verhalten bestimmend sind, so werden auch die Reaktionen zwischen den festen Phasen beim Brennen des Zementes schon im Temperaturgebiet weit unterhalb der Sinterung allein durch die thermische Vorbehandlung der Reaktionskomponenten beeinflußt. Es ist leicht vorauszusehen, daß auch die Art der Aufbereitung, insbesondere der Grad der Feinmahlung, auf den Ablauf der Reaktion schon im Gebiet unterhalb der Sinterung, noch mehr aber bei der beginnenden Schmelzung ähnlich starke Einflüsse ausüben wird. Beim Brennen des Portlandzementes entsteht zunächst in den niederen Temperaturen vor Eintritt der Sinterung der sogenannte Leichtbrand, der eine nahe Verwandtschaft zum gebrannten Scherben etwa eines Romankalkes oder auch eines hochhydraulischen Kalkes von entsprechender Zusammensetzung hat. Erst durch die Sinterung erfolgt der Übergang vom Leichtbrand zum Klinker. Dabei handelt es sich chemisch gesehen um die Umwandlung der schon in den niederen Temperaturbereichen gebildeten Verbindungen des Kalkes mit den Hydraulefaktoren in noch kalkreichere Verbindungen.

Die Entsäuerung des Calciumkarbonats, einer Zementrohmischung, beginnt unter Atmosphärendruck schon weit unter der Dissoziationstemperatur, so daß bei etwa 1200° der größte Teil des Kalkes bereits im Leichtbrand gebunden ist, schreitet dann zwischen 1250° und 1350°, also im Gebiete der beginnenden Schmelzung, ziemlich stürmisch voran und klingt zuletzt zwischen 1350° und 1500° langsam ab.

Die optimale Zusammensetzung der Rohmasse ist zweifellos dann gegeben, wenn die Rohmischung so viel Kalk enthält, daß derselbe unter den Bedingungen der Filterung gerade noch gebunden werden kann.

Das langsame Abklingen bei der Bindung der letzten Kalkmengen im Brennprozeß kann als Anzeichen dafür gewertet werden, daß hier die Grenze der möglichen Kalkbindung durch die Hydraulefaktoren gerade erreicht ist.

b) Die Bildung der Portlandzementklinker

Die Rohstoffe der Zementfabrikation sind Kalkstein und Ton, eventuell mit Zusätzen (Quarzsand, Hochofenschlacke), welche in innigem Gemisch zusammengebrannt werden und für deren Mischung bei Erhitzung die Gesetze der Reaktionen im festen Zustand und der Sintervorgänge unter Bildung eutektischer Zwischenmassen in Frage kommen. Die physikalisch-chemischen Erscheinungen der Reaktionen im festen Zustand in den Rohmehlen wurden zuerst durch die Forschungen von K. Endell über Sinterungsvorgänge erschlossen. Es wurde insbesondere auf die Wirksamkeit des sogenannten Oswaldschen Prinzips hingewiesen, nach welchem größere Kristallkörner in einem Aggregat auf Kosten der kleineren infolge intermediärer Verdampfung oder Lösung kleinster Teilchen zu wachsen beginnen. Das Zusammenbacken oder Sintern ist durch Bildung von sehr wenig Schmelzresten in einer vorzugsweise kristallinen Masse zu erklären, wie dies auch bei keramischen Prozessen typisch ist.

Die Konstitution der Klinker, das heißt der beim Brennen der Portlandzementrohmehle entstandenen verrundeten, gesinterten Massen, ist heute zu einer gewissen Lösung gereift, nachdem es gelungen ist, die verschiedenen Bestandteile der Zementklinker nach mikroskopisch-mineralogischen Gesichtspunkten näher zu charakterisieren. Schon um die Jahrhundertwende war von H. le Chatelier, A. E. Törnebohm, S. Keisermann und W. Michaelis und anderen in den Portlandzementen neben unbedeutenden Anteilen von Glas eine Reihe von Kristallarten festgestellt worden, die zunächst kurz als „Alit", „Belit", „Celit" und „Felit" bezeichnet wurden. Es dauerte jedoch noch sehr lange, um eine endgültige Aufklärung über die mineralogische und chemische Natur der verschiedenen Bestandteile zu gewinnen, wobei vor allem mikroskopisch-optische Untersuchungen genauere Unterscheidungen ermöglichten. Eine neuzeitliche, sehr vollständige tabellarische Übersicht über die physiographisch wichtigen optischen Konstanten usw. der Klinkermineralien gab H. E. SCHWIEIE [siehe Zement 25 (1935) Nr. 38]. Wesentlich für die Konstitution der Klinker sind auch die thermischen Bedingungen der Zementfabrikation, die von Fall zu Fall derart verschieden sind, daß beispielsweise LERCH alle Übergänge zwischen Klinkern mit fast dem theoretisch maximalen Glasgehalt bis zu solchen mit minimalen Glasresten fand, womit auch die Mannigfaltigkeit ihrer praktischen Eigenschaften innig zusammenhängen dürfte. (Vgl. W. LERCH und W. C. TAYLOR, Concrete Cem. Mill. Ed. (1937) 45, 199, 217.) Auch röntgenographische Methoden wurden auf die Untersuchung der Portlandzementklinker mit gutem Erfolg angewandt, was vor allem von W. BÜSSEN [Symposium on the Chemistry of Cements, Stockholm (1928), S. 141—168] eingehend behandelt wurde. Alitkristalle aus technischen Klinkern bestehen nahezu aus reinem $3\,CaO\,SiO_3$, wobei eine beschränkte Mischkristallbildung mit 4 bis 7% $3\,CaO\,Al_2O_3$ festgestellt wurde. Die Mischkristallbildung bei Entstehung des Tricalciumsilikats durch Reaktion in festem Zustand erfolgt in stark gestörtem, energetisch aktiviertem Gitter. Damit erklärt sich auch, weshalb im Portlandzementklinker $3\,CaO\,Al_2O_3$ als selbständige Kristallart nicht gefunden wurde. Tricalciumaluminat wirkt auf die Eigenschaften eines Zementes ungünstig, da es durch seine stürmische Hydratation die Schwindung steigert, die Wärmeentwicklung vermehrt und ebenso die Beständigkeit gegen korrosive SO_4-haltige Wässer vermindert. $4\,CaO\,Al_2O_3\,Fe_2O_3$ mildert die ungünstigen Eigenschaften eines $3\,CaO\,Al_2O_3$-haltigen Klinkers, da es einen Großteil der Tonerde von vornherein bindet, so daß sich ein erhöhter Eisenoxydgehalt technisch günstig auswirken kann.

Zur Kennzeichnung der Klinker- oder Zementzusammensetzung stehen zwei Verfahren zur Verfügung, und zwar die Berechnung der Klinkerphasen nach BOGUE und das Errechnen von Moduln, und zwar des Kalkstandards, des Silikatmoduls und des Tonerdemoduls.

Die Rechnung nach BOGUE liefert den Bestand an Klinkerphasen unter der Voraussetzung, daß die entstehenden Verbindungen die durch die Formeln wiedergegebene Zusammansetzung haben und daß die Klinkerschmelze im Gleichgewicht mit den festen Phasen kristallisiert. Im Kalkstandard wird der tatsächliche Kalkgehalt des Klinkers mit dem höchstmöglichen Kalkgehalt verglichen, der noch von den Komponenten SiO_2, Al_2O_3 und Fe_2O_3 gebunden werden kann.

Der Silikatmodul ist ein Maß für das Verhältnis der Silikate zu den Aluminaten und Aluminatferriten, während der Tonerdemodul Aufschluß über das Verhältnis des Aluminats zu den Aluminatferriten gibt.

Unter technischen Brenn- und Kühlbedingungen kristallisiert jedoch die Schmelze, ohne mit den festen Phasen im Gleichgewicht zu stehen. Aus diesem Grund ist der tatsächliche Tricalciumsilikatgehalt niedriger, als die Rechnung nach BOGUE angibt.

Da außerdem das Aluminatferrit eine Mischkristallphase ist und da alle Klinkerphasen fremde Komponenten in fester Lösung aufnehmen, ist nicht zu erwarten, daß die Klinkerzusammensetzung sehr genau errechnet werden kann.

Ein Vergleich mit den Ergebnissen quantitativer mikroskopischer Bestimmungen zeigte jedoch, daß die Rechnung die C_3S- und C_2S-Gehalte für technische Belange ausreichend genau wiedergibt. Die erheblich größeren Abweichungen bei den Aluminat- und Aluminatferritgehalten sind zum Teil auf die Schwierigkeiten bei der mikroskopischen Identifizierung zurückzuführen.

Grundsätzlich kann festgestellt werden, daß die Rechnung nach Bogue nur dann ein zuverlässiges Bild von der tatsächlichen Zusammensetzung geben würde, wenn erstens die Verbindungen des Klinkers so zusammengesetzt wären, wie sie die Rechnung wiedergibt, und wenn zweitens bei der Kühlung des Klinkers die Schmelze im Gleichgewicht mit den festen Phasen kristallisieren würde. Tatsächlich sind diese Bedingungen bei einem Klinker nie erfüllt.

Die nach Bogue errechnete potentielle Zusammensetzung des Klinkers liefert anschaulichere Werte als der Kalkstandard, der Silikatmodul und der Tonerdemodul und ist daher geeignet, die wesentlichen Merkmale eines Klinkers oder eines Zementes anschaulich in großen Zügen zu kennzeichnen, obwohl sie die wirkliche Phasenzusammensetzung nicht mit größerer Genauigkeit angibt.

c) Die Erhärtungstheorien

Wie alle Theorien ist auch die Erhärtungstheorie des Zementes nur der Versuch einer theoretischen Deutung, der teilweise durch praktische Versuche untermauert wurde und teilweise hypothetischen Charakter hatte und hat. Wie jede wissenschaftliche Entwicklung hat auch die Zementchemie Perioden eines schnellen Fortschrittes, die mit Perioden der Stagnation oder gar einer rückgreifenden Entwicklung abwechselten. Für die Erhärtungsvorgänge des Zementes gab Le Chatelier im Jahre 1887 eine Deutung, die wir heute als die „Kristalltheorie“ bezeichnen und mit der wenig später die „Kolloidtheorie“ in Konkurrenz trat.

Ausgehend von den Vorgängen bei der Erhärtung des Gipsmörtels nahm Le Chatelier an, daß auch bei der Erhärtung der hydraulischen Bindemittel zunächst die Mineralbestandteile in Lösung gehen und sich in der Lösung hydratisieren und daß die hierbei entstehenden hydratischen Verbindungen, die eine geringere Löslichkeit als die Ausgangsstoffe besitzen, aus der Lösung auskristallisieren müssen. Damit werden die Voraussetzungen für das Inlösunggehen neuer Mengen des unhydratisierten Bindemittels geschaffen, und dieser ineinandergreifende Prozeß von Inlösunggehen, Hydratation und Kristallisation setzt sich bis zur vollständigen Umwandlung des Ausgangsmaterials in die entsprechenden Hydrate fort. Infolge der Schwerlöslichkeit der Neubildungen kommt es nach Le Chatelier in der flüssigen Phase zu hohen Übersättigungen, was zur Folge hat, daß sich die Neubildungen in Gestalt nadelförmiger, langgestreckter Kristalle ausscheiden. Das führt zu einer engen Verfilzung im Gebilde und schafft damit die Voraussetzung für den Erhärtungsvorgang. Im späteren Meinungsstreit über die

Erhärtungstheorie hat LE CHATELIER die Möglichkeit eingeräumt, daß bei der Ausscheidung der hydratischen Reaktionsprodukte zuerst sehr disperse Systeme entstehen, doch hielt er daran fest, daß es sich stets um kristalline Neubildungen handle, die nach den Gesetzen der Kornvergröberung feinkristalliner Niederschläge in Berührung mit ihrer Lösung allmählich immer grobkristalliner werden müssen. Diese Kornvergröberung trage noch zur Steigerung der Festigkeit der durch die anfängliche Kristallverfilzung entstehenden Gebilde bei.

Demgegenüber hatte MICHAELIS den Vorgang der hydraulischen Erhärtung als kolloid-chemischen Prozeß erklärt, wie er etwa bei der Erhärtung des Tischlerleimes auftritt. Aber auch MICHAELIS hat zugegeben, daß die Entstehung der kolloidalen Gebilde, auf die er die hydraulische Erhärtung zurückführte, von der Entstehung kristalliner Neubildungen begleitet sei, denen er jedoch keine entscheidende Bedeutung für das Zustandekommen des Erhärtungsvorganges beimaß. Nach der Theorie von MICHAELIS verfestigen sich die zuerst weichen Gelmassen der Calciumsilikathydrate in dem Maße, wie ihnen Wasser durch das Fortschreiten des Hydratationsvorganges gegen das Innere des zuerst nur an der Oberfläche hydratisierten Zementkornes entzogen wird. In diesem Vorgang der „inneren Absaugung" sah MICHAELIS die Erklärung für das Erhärten der Zementmörtel auch unter Wasser.

Auch über den Ablauf des Hydratationsprozesses gingen die Vorstellungen von LE CHATELIER und MICHAELIS sehr auseinander. Während LE CHATELIER, wie bereits erwähnt, im Hydratationsprozeß ein Zusammenspiel von Inlösunggehen, Hydratation und Kristallisation sah, erklärte sich MICHAELIS die eigentliche hydraulische Erhärtung im wesentlichen mit der Bildung von Calciumsilikathydratgelen. Die kalkreichen silikatischen Klinkermineralien schicken bei der Berührung mit dem Anmachwasser zunächst Kalk in Lösung, so daß ein an Kalk verarmtes Kristallskelett verbleibt, welches unter der Einwirkung des primär gebildeten Kalkwassers zum Gel aufquillt. Die Fortschritte in der wissenschaftlichen Entwicklung der Zementchemie haben später zu einem Brückenschlag zwischen diesen beiden rivalisierenden Theorien geführt, in dem vor allem die Elektronenmikroskopie aufgezeigt hat, daß der Erhärtungsprozeß zwar als Ganzes gesehen ein kolloid-chemischer Vorgang ist, daß die disperse Phase aber kristalline Natur hat.

Auch über die Hydratation der einzelnen Klinkerkomponenten sind irrige Anschauungen dadurch entstanden, daß man die Hydratation der einzelnen Klinkermineralien besonders untersucht hat und dann das gleiche Verhalten der einzelnen Komponenten bei der Hydratation des Zementkornes angenommen hat. Nach dieser heute überholten Theorie sollten die Aluminate das Abbinden und die Silikate die Nacherhärtung des Portlandzementes herbeiführen. Demgegenüber hat die moderne Forschung gezeigt, daß das Zementkorn immer als Ganzes hydratisiert und daß alle seine Komponenten stets im gleichen Verhältnis hydratisiert sind. Dies ergibt sich nicht nur aus theoretischen Überlegungen über die Konzentrationsgleichgewichte, sondern aus Dampfdruckmessungen sowie der gemessenen Proportionalität zwischen der Wasserbindung und der Wärmetönung während der Hydratation.

Bezüglich der bei der Hydratation entstehenden Reaktionsprodukte stimmen die Ansichten aller Fachleute in den letzten Jahren darin überein,

Abb. 14. Calciumsilikathydrat aus der Hydrolyse von Tricalciumsilikat. Elektronenoptische Aufnahme von Grudemo

Abb. 15. Calciumsilikathydrat aus der Reaktion zwischen Calciumhydroxyd und Kieselgel. Elektronenoptische Aufnahme von Grudemo

daß mindestens in den ersten Erhärtungsstadien die Entstehung von Gelmassen die Voraussetzung der Erhärtung bildet und daß so ziemlich alle im Mörtelbett sich abspielenden Prozesse an der Entstehung dieser Gelmassen beteiligt sind, daß aber überwiegende Bedeutung den Silikathydratgelen zukommt. Über die Schwierigkeiten, denen sich die wissenschaftliche Forschung gegenübersieht, mögen drei Bilder Aufschluß geben, die bei der Londoner Tagung im Jahre 1952 gezeigt wurden, worüber H. KÜHL berichtet[1]. Diese Bilder zeigen die mikrokristalline Beschaffenheit der Calcium-

[1] H. KÜHL: Zement — Kalk — Gips Nr. 47, Nr. 12 (1958).

silikathydratgele, wobei Abb. 14 und 15 deutlich zeigen, wie sich die entstehenden Kristalle zu einem Netzwerk verflechten, während wir es bei Bild 16 mit rundlichen Gebilden zu tun haben, die sich bei der Hydratation von Tricalciumsilikat in einem wässerigen System in einer Kugelmühle gebildet haben.

Es ist klar, daß sich die Erhärtungstheorie auch eingehend mit dem Verhalten des Wassers während der Hydratation befassen muß. Powers und Braunyard haben zunächst einmal bei dem im erhärteten Zement enthaltenen Wasser das „austreibbare" und „nicht austreibbare"[1] Wasser

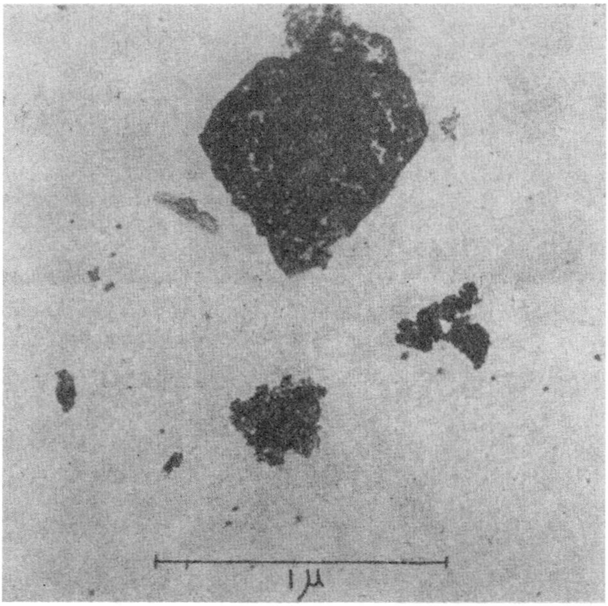

Abb. 16. Calciumsilikathydrat durch Hydration von Tricalciumsilikat in einer Kugelmühle. Elektronenoptische Aufnahme von Swerdlow und Heckmann

unterschieden. Bei dem als nicht austreibbar bezeichneten Wasser handelt es sich im wesentlichen um das chemisch gebundene Wasser, während das austreibende Wasser die Gelform ausfüllt und dem Gel seine typischen Eigenschaften verleiht. Powers und Braunyard haben berechnet, daß 1 g Zement, das im unhydratisierten Zustand eine Feinheit von einigen Tausend Blaine hat, ein Gel mit einer Oberfläche von 2 bis 2,5 Millionen Blaine liefert; die feineren Poren im Zementgel haben einen Durchmesser von 20 bis 40 Å, die Zellwände eine Dicke von 100 Å. Obwohl sich die feinen, im Gel befindlichen Wasserfilme von der Dichte gewöhnlichen Wassers nicht wesentlich unterscheiden, müssen diesen Wasserfilmen pseudofeste Eigenschaften zugeschrieben werden, da sie die Eigenschaft haben, die Gelteilchen zu verknüpfen und so die Verfestigung des erhärtenden Systems herbeizuführen.

[1] Als nicht austreibbar gilt das Wasser, das beim Trocknen über Magnesiumperchlorat oder über Trockeneis nicht mehr abgegeben wird.

Eine sehr interessante Deutung von der Ursache der Erhärtung des Zementes hat F. Keil auf einer Diskussionstagung im April 1958 gegeben[1]. Er ist dabei von der „Festwassertheorie" als allgemeinen Vorstellung für Erhärtungsvorgänge und von der Theorie der „Dampfhärtung vor Ort" für die Zementerhärtung ausgegangen. Die Festwassertheorie erklärt die irreversible, das heißt nicht umkehrbare Verfestigung sowohl der im Wasser gelösten Kieselsäure als auch der Kalksilikate in den hydraulischen Bindemitteln damit, daß die feinstverteilte Kieselsäure durch fest werdendes Wasser dauerhaft miteinander verknüpft wird. Die Kieselsäure ist in den Lösungen durch zwischengelagertes flüssiges Wasser, in den Kalksilikaten durch zwischen gelagerten Kalk feinst verteilt. Das zwischengelagerte oder eindringende Wasser, welches zunächst flüssig, verdampfbar und verdunstbar ist, geht in „festes" Wasser über, das entweder als dünner Film die Oberfläche der feinsten Festteile überzieht und sie so (physikalisch) miteinander verklebt oder zu chemischen Bindungen zwischen Kieselsäure und Wasser mit oder ohne Einschluß von Kalk führt.

Die Wasserverbindung und damit auch die Festigkeit wird irreversibel im kolloid-chemischen Sinn, wenn das Wasser nicht mehr durch Trocknen, sondern erst durch Glühen austreibbar ist, das heißt wenn es nicht nur auf der Oberfläche klebt und durch hinzutretendes Wasser wieder verflüssigt werden kann, sondern in, auf und zwischen den Teilchen fest verankert ist. Die zusammenhaltende Wirkung dieser nicht mehr verdampfbaren Mikrowasserschichten oder -lagen wird verständlich, wenn man sich die Ausgangsteilchen fein genug vorstellt. Die Zementfestigkeit ist dann so zu erklären, daß die Zementkörner nicht die meßbare äußere Oberfläche von 2500 bis 5000 cm^2/g, sondern eine tatsächlich wirksame innere Oberfläche von einigen Millionen cm^2/g besitzen, da die Kieselsäure durch die Einlagerung von Kalkteilchen im Zementklinker bis auf diese Oberflächenwerte chemisch zerkleinert ist. (Diese Festwassertheorie gilt für alle erstarrten Gele.)

In der Natur fällt aus kieselsäurehaltigen Lösungen zunächst meist wasserhaltige Kieselsäure aus. Daraus entsteht durch Austrocknung und Alterung der noch wasserhaltige amorphe Opal, der mit weniger als 10% in den aus feinen SiO_2-Kristallen bestehenden Chalzedon überzugehen bestrebt ist.

Die Verfestigung von Kieselsäure gelingt besonders schnell auf hydrothermalem Weg, wenn die Kieselsäure in Form von Quarz in Gegenwart von Kalk mit Dampf gehärtet wird. Unter Temperatur und Dampfdruck verstärkt das SiO_2 des Quarzsandes oder des Silikates seine Bindungskräfte und strebt auf dem Wege über Kalksilikate zur dauerhaften Kieselsäure-Wasser-Bindung hin, bei der der Kalk zumindest eine fördernde Rolle spielt.

Als zweite Theorie für die freiwillige Erhärtung des Zementes tritt die „Dampfhärtung vor Ort" hinzu. Wir stellen uns wiederum den Zement als feinst aufgeteiltes Maschenwerk von Kieselsäure vor, welches durch Zwischenlagerung von CaO sozusagen chemisch zerkleinert und mit Kalk dicht besetzt ist. Wenn nun Wasser beim Eindringen in das Klinkerkorn auf CaO trifft, wird ein hydrothermaler Vorgang ausgelöst, und durch die dabei entstehen-

[1] F. Keil: Zement — Kalk — Gips Nr. 5 (14. Jan. 1961).

den hohen Temperaturen in Gegenwart von Wasserdampf tritt so wie im Autoklav bei der Dampfhärtung eine Bindung von Kieselsäure und Wasser unter Einschluß von Teilen des reaktionsvermittelnden Kalkes ein.

Zum Verständnis sei als Beispiel angeführt, daß ein Gramm Zement bei seiner Hydratation rund 100 cal Wärme abgibt und dabei sich selbst (spez. Wärme ca. 0,25 cal/°) und dazu 0,4 g Wasser (spez. Wärme 1 cal/°) um über 150° erwärmt.

F. Keil führt zur Unterstützung dieser Vorstellung die Tatsache an, daß die chemische Zusammensetzung der bei der Zementerhärtung entstehenden Kalksilikathydrate in weitem Bereich schwanken kann und das Tricalciumsilikat sogar weniger Kalk bindet als das kalkärmere Dicalciumsilikat.

Weiter führt er als Beweis dafür, daß die silikatische Erhärtung zur Bindung von Quarz hinstrebt, an, daß gelegentlich in alten erhärteten Puzzolanmörteln kleine Quarzkristalle gefunden werden.

Als weiteres Argument im Sinne der „Dampfhärtung vor Ort" wird die Tatsache angeführt, daß Portlandzement bei Dampfhärtung erst dann die höchste Festigkeit erreicht, wenn ihm 40% Quarzsand zugesetzt werden. Das zeige, daß der größte Teil des Kalkes im Alit und Belit wahrscheinlich kein echter, zumindest nicht der wesentliche Reaktionsteilnehmer, sondern in der Hauptsache nur ein wärmeliefernder Reaktionsvermittler sei. Im allgemeinen gilt die Regel, daß kalkarme Zemente zwar langsamer erhärten, aber zu höheren Endfestigkeiten führen, wenn auch erst nach längerer Zeit. Die Festigkeit stammt wahrscheinlich in erster Linie von der Kieselsäure-Kieselsäure- oder Kieselsäure-Wasser-Bindung.

Zusammenfassend besteht nach F. Keil das Wesen der hydraulischen Erhärtung somit darin, daß feinstverteiltes Oxyd, vorzugsweise Kieselsäure, durch fest werdendes Wasser dauerhaft miteinander verknüpft wird und sich dieser Vorgang bei der Erhärtung der Zemente deshalb freiwillig und schnell vollzieht, weil der zwischengelagerte Kalk die Kieselsäure im festen Zustand fein aufteilt und bei Zutritt von Wasser örtlich die Bedingungen der Dampfdruckhärtung nach Michaelis schafft.

α) Zur Frage der physikochemischen Verhaltensweise von Wasser des hydratisierenden Zementes in Beton[1]

Beton setzt sich stets zusammen aus den Einzelkomponenten: Zuschlagstoff, Zement, Wasser, Luft. Die Güte von Mörtel und Beton wird durch die Anteile der oben beschriebenen vier Komponenten beeinflußt. Deshalb werden in der Praxis der Anteil von Zement pro Betonvolumen, das Verhältnis von Wasser bezogen auf den Zement und schließlich das Luftporenvolumen im Beton und die Luftporengröße angegeben. Mit zunehmendem Anmachwasser-Zusatz nimmt die Festigkeit ab, und auch das steigende Luftporenvolumen vermindert die Festigkeit. Von besonderem Einfluß ist die Größe der einzelnen Luftporen.

Zur meßtechnischen Angabe des Wassergehaltes im Beton dient der Wasserzementfaktor, der durch das Verhältnis Wasser zu Zement in Ge-

[1] W. Grün, H. R. Grün: Zement — Kalk — Gips Nr. 11 (1961).

wichtsteilen definiert wird. Der über die für die Zementhydratation erforderliche Wassermenge hinausgehende Wassergehalt vermindert die Druckfestigkeit vom Beton, denn der erhöhte Wassergehalt bildet in diesem wassergefüllte Lunker und Poren. Auch die Luft spielt für die Festigkeit des Betons eine maßgebliche Rolle. Zu einem Teil kommt die Luft während des Mischvorganges in den Beton hinein und zum anderen befindet sie sich im Trockenstoff schon vor dem Einbringen des Wassers. Es ist daher verständlich, daß die Art des Mischvorganges nicht nur für die Menge der Luft, sondern insbesondere auch für die Verteilung der Luft maßgeblich ist. Die Luftblasen unterbrechen das Kapillargefüge des Zementsteines. Zur physikochemischen Bindung in den Gelen verbraucht der Zement etwa 25% Wasser, bezogen auf sein Eigengewicht. Dieses Wasser ist infolge der Massenanziehung molekular an den hydratisierten Zement in den Gelen festgebunden. Das darüber hinaus zur Verarbeitung des Betons unumgänglich erforderliche Wasser befindet sich außerhalb der Gele in Kapillarporen und hinterläßt, teilweise verdunstend, ein Kapillarporensystem mit Durchmessern von mehreren Mikron. Die durch die Mischsysteme verteilten Luftporen haben Durchmesser von wenigen Zehntelmillimetern. Beim Gefrieren kann das aus den Kapillarporen des Überschußwassers sich ausdehnende Wasser in die Luftporen günstiger Lage entweichen. Deshalb ist für die Frostbeständigkeit von Beton die feinste Verteilung der Luftporen im Kapillargefüge des Zementsteines von außerordentlicher Bedeutung.

Nach W. und H. R. Grün beruht die Zementerhärtung auf dem Übergang der wasserreichen Phase des Frischmörtels zur wasserärmeren Phase des abgebundenen Mörtels, wobei jedoch der Erhärtungsvorgang nicht — wie Michaelis ihn deutete — durch Entwässerung der Gel- oder Solschicht, sondern anders erklärt werden muß:

Um das Zementkorn bildet sich eine Schicht mit einem hohen Gehalt an Kapillarporenvolumen, welches reaktionsdämpfend und somit vermindernd auf das Wachstum der Gelschicht wirkt. Dieses Volumen ist immer größer als 28%. Die Reaktionsdämpfung wird durch die permeable Membran der Gelschicht hervorgerufen, die einen Diffusionswiderstand dem Konzentrationspotentialgefälle entgegenbringt. Zwischen Zementkorn und Gelschicht befindet sich eine Grenzschicht, die gelöste Zementsubstanz enthält. Diese Schicht wirkt infolge ihrer Dünnheit wie übersättigt, so daß ein Diffusionsvorgang zum Anmachwasser des Zementes einsetzt. Calciumhydroxyd und Calciumsilikat diffundieren von der Grenzschicht zum Wasser hin, während Wasser in den Festkörper hineindiffundiert. Da der Diffusionswiderstand des Gels für Calciumhydroxyd wesentlich geringer ist als für Calciumsilikat, wird die Erhärtungsgeschwindigkeit von der Menge des Calciumsilikates bestimmt, das die Gelschicht durchwandern muß.

Aus der Gleichgewichtsbedingung, daß das Wachstumsvolumen der Gelschicht zum Zentrum des Zementkornes nicht größer ist als das verbrauchte Substanzvolumen, wurde errechnet, daß die C_3S-Diffusion etwa dreimal so schnell wie die C_2S-Diffusion erfolgt, daß indes der wenig Festigkeit bewirkende Calciumhydroxydgehalt nach der C_3S-Erhärtung mehr als doppelt so hoch ist, verglichen mit der C_2S-Erhärtung. Damit wäre eine Erklärung für die hohe Anfangsfestigkeit und die nachfolgende verhältnismäßig geringe Festigkeitsentwicklung C_3S-reicher Zemente gegeben.

Die Tatsache, daß Beton und Mörtel nach dem Anmachen in den ersten Stunden plastisch bleiben, um dann verhältnismäßig rasch abzubinden, erklären W. und H. R. Grün damit, daß zum Zeitpunkt des Abbindeanfangs der Lösungsdruck die Gelschicht aufbricht und damit den Diffusionswiderstand kurzschließt, daß aber für die nunmehr wachsenden Gelschichten dieser Druck zu einem erneuten Bruch nicht ausreicht.

Die eigentliche Ursache der Erhärtung sehen W. und H. R. Grün in dem bemerkenswerten Umstand, daß der erhärtende Mörtel, der infolge der porösen Struktur der Gelmasse in seinem Gesamtvolumen eigentlich zunehmen müßte, gerade das gegenteilige Verhalten zeigt. Dies wird damit erklärt, daß die Zementpartikelchen bei der Abbindung ihre Gelsubstanz in der Richtung wachsen lassen, in der sich Anmachwasser befindet, da ja nur in diesen Richtungen der freien Lösung ein Lösungsdruck wirksam werden kann, während dort, wo der Wasserfilm um das Gel nur noch Moleculardicke hat, in bezug auf die Grenzschicht zwischen Zement und Gel kein Potentialgefälle mehr denkbar ist.

Grundsätzlich erwirkt der Abbindeprozeß die Entstehung einer porösen Gelmasse mit pseudofest gebundenem Wasser in diesen Poren. Der Verbund im Gefüge findet seine Erklärung durch die Massenanziehung, die auftritt, wenn sich feste Substanzen bis auf Molekülabstände einander nähern.

Die Klärung der Hydratationsvorgänge im erhärteten Zement hat insbesondere deshalb bis heute so große Schwierigkeiten gemacht, weil man versuchte, sie durch rein chemische Reaktionen zu deuten. Zwar finden zahlreiche chemische Reaktionen bei der Abbindung und Erhärtung tatsächlich statt, jedoch ist die Erhärtung des Konglomerates Zuschlagstoff — Zement—Wasser—Luft zu einem monolithischen Gestein ein Vorgang der Massenanziehung im molekularen Bereich.

Das Wasser kommt im Beton in drei Zustandsformen vor: als Hydratationswasser, als Adsorptionswasser und als Verarbeitungswasser.

In Abhängigkeit von Zementgehalt und Kornaufbau stellt sich ein Gleichgewicht in den drei Zustandsformen im Beton ein. Die für die Erhärtung des Gefüges erforderlichen Anteile an Hydratations- und Adsorptionswasser sind nach Erhärtung des Betons als fest bzw. als pseudofest zu bezeichnen. Der Hydratationswasseranteil vermehrt sich bei der Abbindung und braucht einen Teil des Verarbeitungswassers auf. Ein weiterer Teil geht durch die Vergrößerung der inneren Oberfläche in die Form pseudofesten Adsorptionswassers über, und der Rest verbleibt in Poren und Lunkern.

Aus dieser Betrachtung ist verständlich, daß der Wassergehalt nicht beliebig hoch gewählt werden kann.

Der erhärtete Beton soll ausgeprägt von der wasserreichen in die wasserarme Phase übergehen. Der zur Hydratation erforderliche Wasserzementfaktor beträgt 0,25 und erhöht sich mit der Zunahme des übrigen Wassers. Es ist daher zu empfehlen, Beton nach der Abbindung des Zementes feucht zu halten oder den Beton unter Wasser erhärten zu lassen. Da die mechanische Verdichtung eine hochwirksame Maßnahme zur Erreichung großer Luftfreiheit und Dichte des Gefüges ist, ist es notwendig, dem Frischbeton auch Verarbeitungswasser in angemessener Menge zuzugeben, um so einen Kompromiß zwischen der Forderung nach guter Verdichtbarkeit gegenüber geringerem Verarbeitungswassergehalt zu schließen.

Nach den vorstehenden Betrachtungen wird es anschaulich verständlich, daß die Druckfestigkeit des Betons unmittelbar eine Funktion des Anmachwassers ist. Nach GRAF ergab sich zwischen der Druckfestigkeit von Beton nach 28 Tagen B_{28}, der Zement-Prüfmörtelfestigkeit nach 28 Tagen (DIN 1164) N_{28} und dem Wasserzementfaktor W im Mittel folgender Zusammenhang:

$$B_{28} = \frac{N_{28}}{3\,W^2} \tag{5}$$

Nach diesen praktischen Versuchsergebnissen ist die Festigkeit des Betons umgekehrt proportional dem Quadrat des Wasserzementfaktors. Dies deckt sich mit der Erhärtungstheorie, die den Erhärtungsvorgang durch Massenanziehung erklärt, da die Anziehungskraft proportional der Masse und umgekehrt proportional dem Quadrat der Entfernungen dieser Massen ist. Der gegenseitige Abstand der Zementpartikeln nimmt in gleichem Maße zu wie die Wassermenge bei konstantem Zementgehalt.

Die Biegezugfestigkeit nach 28 Tagen beträgt erfahrungsgemäß bei Zementmörtel mit einer Körnung von 0 bis 3 mm ein Siebentel, für Beton mit einer Körnung von 0 bis 30 mm ein Viertel der Druckfestigkeit.

β) Das von Zement gebundene Wasser

Eine interessante Bestimmungsmethode über das von Zement gebundene Wasser gibt R. HAYDEN in Zement — Kalk — Gips (3/56) an. Danach ist es möglich, die Hydratation von Klinkermehl und Zement in jedem beliebigen Erhärtungsstadium mit Hilfe von Alkohol von 96 Vol.% und mehr abzubrechen, das heißt, mit diesem das nichtgebundene Wasser zu entfernen und hierauf die Menge des gebundenen Wassers eindeutig zu bestimmen. Es genügt jedoch nicht bloßes Stehenlassen von in Hydratation begriffenem Zement im Alkohol, da der Alkohol bei Raumtemperaturen nur sehr langsam in die mit Wasser gefüllten Poren eindringen und sich mit dem dort befindlichen Wasser vermischen kann. Die Probe des in Hydratation befindlichen Zementes wird in 96% Alkohol gekocht. Die Kochzeit hängt dabei vom Alter des erhärteten Zementes ab und wird bis zu 6 Stunden erhöht.

Bei der Untersuchung verschiedener Zemente, bei denen die spez. Oberfläche 2580 bis 3987 und der Wasserzementfaktor von 0,25 bis 0,27 schwankte, wurden im Mittel folgende Mengen an gebundenem Wasser gefunden:

Bei Abbindeende	0,43 bis 0,74%,
nach 3 Tagen	7,16 bis 9,47%,
nach 28 Tagen	10,28 bis 12,13%.

Dementsprechend wurde ermittelt, daß folgende Mengen CaO im Zement zu $Ca(OH)_2$ hydratisiert waren:

Bei Abbindeende	1,15 bis 1,24%,
nach 3 Tagen	9,49 bis 12,69%,
nach 28 Tagen	13,53 bis 17,98%.

Die Ermittlungen von R. HAYDEN ergaben, daß beim Abbinden (mit grober Annäherung) immer dieselbe Wassermenge an CaO gebunden wurde; die Gesamtmenge des gebundenen Wassers mit steigender Zementfeinheit stieg.

Man erkannte weiter, daß die Wasseraufnahme und die Höhe der Kalkabspaltung nach dem Abbinden von der spez. Oberfläche des aus dem gleichen Klinker stammenden Zementes deutlich beeinflußt wurde.

d) Die Wärmetönung der Abbindereaktionen

Die bedeutenden positiven Wärmetönungen, die mit der Hydratation der zur Erhärtung befähigten Bestandteile des Portlandzementes verbunden sind, wurden wegen ihrer technischen Wichtigkeit schon früh thermometrisch gemessen. Die Analysen solcher Kurven ergab bezeichnende Unterschiede zwischen reinen Zementen und solchen, denen Gips zur Abbinderegelung zugesetzt war. Im gipsfreien Zement steigt die Temperatur sprungartig sofort an, um dann wieder abzuklingen, worauf der eigentliche Hydratationseffekt über längere Zeit zu einem zweiten Maximum ansteigt. Im gipshaltigen Zement ist dieser erste Effekt wesentlich gemildert und verlangsamt. Zusätze von Salzen beeinflussen die Wärmetönung bei der Reaktion sehr wesentlich beschleunigend oder verzögernd, je nach der spezifischen Wirkung. Die erste Reaktion ist ein Maß für die CaO-Abspaltung aus Tricalciumsilikat, die zweite für die Hydratation der Komponente des Klinkers. Im Maße des Ausklingens dieses Haupteffektes kann man auch die langsam verlaufende Hydratation an der exothermen Wärmetönung erkennen. Auf indirektem isothermem Weg lassen sich die Abbindewärmen der Zemente durch Messung von Lösungswärmen bestimmen.

e) Geschwindigkeit der Hydratation, Regelung der Abbindezeit

Bei der Betrachtung der Hydratation des Zementes darf nicht außer acht gelassen werden, daß die Eigenschaften des entstehenden Produktes, vor allem seine Festigkeit, sich nicht etwa additiv aus den Abbindereaktionen der einzelnen Komponenten ergeben, sondern ausgesprochen von Wechselreaktionen der sich hydratisierenden Mineralbestandteile bedingt sind [siehe R. H. BOGUE und W. LERCH, Ind. Eng. Chem. 26 (1934) 837 ff.]. So sind Tricalciumaluminat und Tricalciumsilikat allein im Endprodukt der Hydratation von geringer Festigkeit und technischer Brauchbarkeit, im Gemenge aber — wie es im Klinker vorliegt — ergänzen sie einander in ihrer Hydratation im günstigen Sinne. Freilich sind dabei besondere Vorsichtsmaßnahmen notwendig, um die Hydratationsgeschwindigkeit zu beherrschen und sie sich so auswirken zu lassen, daß Produkte bestmöglicher Festigkeit entstehen. Als besonders wirksamer Zusatz zur Regelung der Hydratationsgeschwindigkeit hat sich Gips erwiesen. Die Ursache der schnellen Reaktion des Zementes mit Wasser bei Abwesenheit von Gips ist vor allem in der Entstehung freien Kalkhydrates bei der sofort einsetzenden Hydrolyse von Tricalciumsilikat zu suchen. Dieser freie Kalk setzt sich augenblicklich mit dem ebenfalls sogleich in Hydratation begriffenen Tricalciumaluminat zu

$4\,CaO \cdot Al_2O_3 \cdot 13\,H_2O$ um. Die massenhafte Bildung dieses Aluminathydrats und die starke Kalkbildung in ihm sind die Ursache des augenblicklich einsetzenden Schnellbindens unter starker Wärmeentwicklung. Die erreichte Festigkeit ist aber relativ gering. Wird nun Gips oder $CaSO_4 \cdot \frac{1}{2}\,H_2O$ dem Zement beim Anmachen zugesetzt, so fällt das in Wechselwirkung mit Tricalciumaluminat augenblicklich entstehende Calciumaluminatsulfat aus und bindet einen großen Teil des die Abbindereaktion beschleunigenden Tricalciumaluminats, so daß erst nach Verbrauch des Sulfats in normaler Weise die Hydratation der Kalksilikate und -aluminate einsetzen kann und hohe Festigkeit bei allmählichem Verlauf der Erhärtung erreicht wird. Auch eine Wasserdampfbehandlung des Klinkers während des Mahlvorganges kann eine Verzögerung der Abbindereaktion dadurch bewirken, daß sich das Zementkorn sofort mit einer Hülle der Hydratationsprodukte umgibt, die hemmend auf den Zutritt des Wassers wirkt.

3. Das Anmachwasser

Wie bereits erwähnt, soll das als Anmachwasser verwendete Frischwasser mittelhart bis hart sein und somit 10 bis 20° dG haben. Steht beispielsweise weiches Frischwasser mit 5° dG zur Verfügung, dann müßten pro Liter Wasser 5 bis 15 mg bzw. pro Kubikmeter 5 bis 15 g CaO zugesetzt werden.

Eine Asbestzement-Anlage mit einer Tagesproduktion von 120 t benötigt pro Stunde zur Abdeckung des mit der Produktion abgehenden Wassers rund 1,25 m^3 Frischwasser. Handelt es sich dabei, wie oben erwähnt, um weiches Wasser, das hart gemacht werden soll, so müßten pro Stunde 6,25 bis 18,75 g CaO zugesetzt werden. Im gleichen Zeitraum würden etwa 3,19 t Zement und 0,56 t Asbest der Produktion zugeführt werden.

In der kontinuierlichen Produktion nimmt man an, daß die angeführte Menge CaO aus dem Zement gelöst wird. Dabei handelt es sich um 2.10^{-6} bis 6.10^{-6} der zugeführten Zementmenge.

In der Stoffaufbereitung sind verschiedene Wasserführungs- und Wasserfilterungssysteme üblich, bei denen — bezogen auf eine 120-t-Tagesproduktion — der Gesamtwasserinhalt zwischen 30 und 90 m^3 schwanken mag. Für einen mittleren Gesamtinhalt des Wasserkreislaufes von ca. 60 m^3 müßten pro Stunde knapp 2% durch Frischwasser ersetzt werden.

Selbstverständlich ist es notwendig, das Frischwasser an einer Stelle zuzuführen, von der es erst nach gleichmäßiger Vermischung mit dem gesamten Wasserkreislauf der Produktion zugeführt wird. Sind zwei Wasserfilter vorhanden, dann erfolgt die Frischwasserzuleitung am zweckmäßigsten am Zulauf vom ersten zum zweiten Wasserfilter.

Während die laufende Frischwasserzufuhr im ganzen gesehen für die Wasserhärte wenig Bedeutung hat, liegen die Verhältnisse anders, wenn etwa bei Produktionsbeginn der ganze Wasserkreislauf mit Frischwasser aufgefüllt wurde. Bei einem Gesamtinhalt von ca. 60 m^3 müßten dann zur Erhöhung der Wasserhärte 300 bis 900 g CaO gelöst werden. In der Praxis werden Kalkmengen einer wesentlich höheren Größenordnung zugesetzt.

Hier sind Kalkzusätze in enthärtetes Wasser bis zu 5 kg pro Kubikmeter Wasser beim Anfahren üblich.

Würde, wie angenommen wird, bei Verwendung von weichem Frischwasser, das ganze zur Erhöhung seiner Härte benötigte CaO aus dem Zement gelöst werden, so müßten aus 3190 kg Frischzement 376 bis 2128 g CaO gelöst werden. Das wären etwa $120 \cdot 10^{-6}$ bis $360 \cdot 10^{-6}$ der zugeführten Zementmenge. Dieses Verhältnis ist etwa 60mal so hoch als in der laufenden Produktion, und diesem Umstand werden häufig die bei Produktionsbeginn auftretenden Störungen zugeschrieben. Nach Ansicht des Verfassers sind aber für diese Produktionsstörungen viel stärker die Unterschiede im Umlaufalter des Zementes maßgebend, auf die im Abschnitt „Gütefragen“, Kapitel „Hydratationsalter“ (Seite 167 ff.), eingegangen wird.

α) Wasserhärte

Natürliche Wasser sind stets verdünnte Lösungen von Stoffen, die sie aus der Atmosphäre, auf der Erdoberfläche oder im Untergrund aufgenommen haben. Die hauptsächlichen Verbindungen sind lösliche Hydrogenkarbonate, Chloride und Sulfate, wobei es sich vornehmlich um Verbindungen der Kohlensäure bzw. von Salz- und Schwefelsäure mit Calcium und Magnesium handelt. Natürlich können auch Lösungen anderer Metalle, wie zum Beispiel von Eisen und Mangan, im Wasser vorhanden sein. Unter Karbonathärte versteht man die im Wasser enthaltenen löslichen Verbindungen mit den Erdalkalimetallen, vorwiegend Calcium und Magnesium. Diese Hydrogenkarbonate genannten Verbindungen werden bei Erhitzen des Wassers in unlösliche Karbonate überführt und fallen aus. Daher nennt man die Karbonathärte auch vorübergehende oder temporäre Härte.

Mit Nichtkarbonathärte bezeichnet man im Wasser gelöste Verbindungen, die nicht der Kohlensäure entstammen, nämlich die Sulfate und Chloride der Erdalkalimetalle. Da diese Verbindungen beim Kochen nicht ausfallen, wird die Nichtkarbonathärte auch als bleibende oder permanente Härte bezeichnet.

Die Summe aus Karbonat- und Nichtkarbonathärte bildet die Gesamthärte, die in Härtegraden gemessen wird. In der Chemie ist die Verwendung von deutschen, französischen, englischen und amerikanischen Härtegraden üblich, die in bezug auf die Menge an gelösten Härtebildnern wie folgt definiert werden:

Ein deutscher Härtegrad sind	10 mg CaO/l = 7,19 mg MgO/l Wasser,
ein französischer Härtegrad sind	10 mg $CaCO_3$/l Wasser,
ein englischer Härtegrad sind	10 mg $CaCO_3$ in 0,7 l Wasser,
ein amerikanischer Härtegrad sind	10 mg $CaCO_3$ in 0,585 l Wasser.

Für die deutschen Härtegrade sind folgende Kurzzeichen üblich:

Gesamthärte	° dG
Karbonathärte	° dK
Nichtkarbonathärte	° dNK oder ° dP

Wasser mit einer Härte von 0 bis 5° dG wird als sehr weich, mit 5 bis 10° dG als weich, mit 10 bis 20° dG als mittelhart, mit 20 bis 30° dG als hart und mit über 30° dG als sehr hart bezeichnet.

Als Anmachwasser verwendetes Frischwasser soll womöglich mittelhart bis hart sein und somit mehr als 10° dG haben. Bei weicherem Wasser ist der Zusatz von Kalk zweckmäßig, um ein Auslösen von CaO aus dem Zement zu vermeiden.

Tabelle 9. *Umrechnung der verschiedenen Härtegrade nach DIN 19640*

	Erdalkali-Ionen mval/l	Deutscher Grad °d	Engl. Grad °e	Franz. Grad °f	ppm[1] $CaCO_3$
1 mval/l Erdalkali-Ionen	1	2,80	3,51	5,00	50,0
1 deutscher Grad	0,357	1	1,25	1,78	17,8
1 englischer Grad	0,285	0,798	1	1,43	14,3
1 französischer Grad	0,200	0,560	0,702	1	10,0
1 ppm $CaCO_3$	0,0200	0,0560	0,0702	0,100	1

β) Säuregrad des Wassers — p_H-Wert

Für die Verwendbarkeit eines Wassers bei der Erzeugung von Asbestzement ist sowohl sein Säuregrad als auch seine Wasserhärte ausschlaggebend. Infolge der elektrolytischen Dissoziation zerfallen alle Lösungen in ihre Ionen. Die Stärke einer Säure hängt von der Menge der von ihr gelieferten Wasserstoffionen ab, so wie die Stärke einer Base von der entsprechenden Hydroxylionenkonzentration bestimmt wird. Das Verhältnis zwischen dem in einer Lösung vorhandenen Wasserstoff und den Hydroxylionen wird durch den p_H-Wert der Lösungen ausgedrückt. Auch das reinste Wasser hat noch eine gewisse — wenn auch sehr geringe — Leitfähigkeit. Es müssen daher auch in ihm Ionen vorhanden sein, und tatsächlich zerfällt auch reines Wasser zu einem kleinen Teil in Wasserstoff und Hydroxyl nach der Gleichung:

$$H_2O \leftrightarrows [H]^+ + [OH]^-$$

Da die Konzentration des Wassers in verdünnten wässerigen Lösungen praktisch unverändert bleibt, ist das Produkt der beiden Molkonzentrationen oder das Ionenprodukt des Wassers eine Konstante, die bei 22° C den Wert 10^{-14} hat.

Bei Kenntnis der $[OH]^-$-Konzentration einer Lösung kann man also deren $[H]^+$ berechnen. Zum Beispiel: Für eine 0,1 *n*-Alkalilösung ist:

$$[H]^+ = \frac{10^{-14}}{[OH]^-} = \frac{10^{-14}}{10^{-1}} = 10^{-13}$$

In einer neutralen Lösung ist $[H]^+ = [OH]^- = 10^{-7}$. Durch Angabe der $[H]^+$ kann man also sowohl die Acidität von Säuren wie die Alkalität von Basen angeben. Um hierbei nicht mit negativen Zehnerpotenzen rechnen zu müssen, bezeichnet SÖRENSEN den negativen Logarithmus der Wasserstoffionenkonzentration als Wasserstoffexponenten, für den sich die Bezeichnung p_H allgemein eingeführt hat, also:

$$p_H = -\log [H]^+ \tag{6}$$

[1] Bei den Umrechnungsfaktoren dieser Spalte ist vorausgesetzt, daß 1 l Wasser eine Masse von 1 kg enthält.

Ist beispielsweise $[H]^+=10^{-1}$, so ist $p_H=\log 10^{-1}=1$. Um aus einer beliebigen $[H]^+$ den Wasserstoffexponenten zu berechnen, benutzt man die Formel:

$$[H]^+=a\cdot 10^{-b} \qquad p_H=-\log a+b$$

Zum Beispiel:

$$[H]^+=2\cdot 10^{-3} \qquad p_H=2{,}7$$

H-Konzentration							10^{-7}				OH-Konzentration			
1	10^{-1}	10^{-2}	10^{-3}	10^{-4}	10^{-5}	10^{-6}		10^{-6}	10^{-5}	10^{-4}	10^{-3}	10^{-2}	10^{-1}	1
0	1	2	3	4	5	6	7	8	9	10	11	12	13	14
stark sauer				schwach sauer			↓ neutral	schwach alkal.			stark alkal.			

$p_H \rightarrow$

Abb. 17. Vergleich der p_H-Werte mit der H- und OH-Konzentration.

Die Beziehung zwischen den Wasserstoffexponenten und der Stärke einer Säure bzw. Base erkennt man aus Abb. 17.

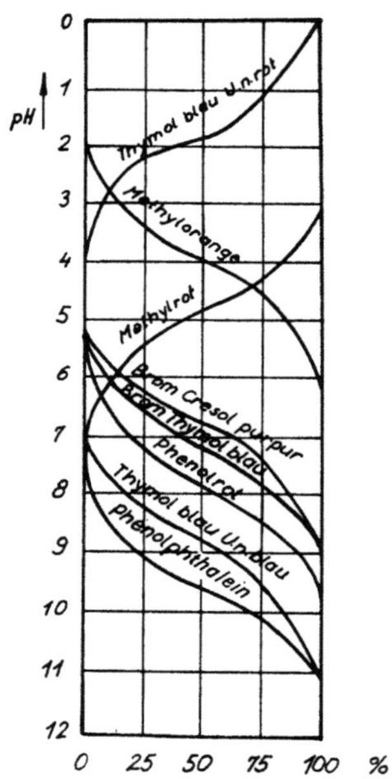

Abb. 18. Abhängigkeit der Dissoziation einiger Indikatoren vom p_H-Wert der Lösung. Von E. H. Riesenfeld.

Zusammenfassend kann man folgendes sagen: Bei 22° C ist
in sauren Wässern $p_H>7$
in neutralen Wässern $p_H=7$
in alkalischen Wässern $p_H<7$

Hat also etwa ein Wasser den p_H-Wert 6, so sind in einem Mol dieses Wassers 10^{-6} Mol (10^{-6} g) Wasserstoffionen und 10^{-8} Mol ($17\cdot 10^{-8}$ g) Hydroxylionen enthalten. Die Normallösung einer einbasischen Säure enthält unter der Annahme vollständiger Dissoziation 1 Mol Wasserstoffionen im Liter, sie hat also den p_H-Wert 0; entsprechend beträgt der p_H-Wert einer normalen Lauge 14.

Zur Bestimmung der Wasserstoffexponenten einer Lösung kann man entweder deren Wasserstoffionenkonzentration durch Bestimmung der elektromotorischen Kraft ermitteln, oder aber man kann einen Indikator zugeben. Indikatoren sind schwache Säuren oder Basen, die in undissoziierter und in dissoziierter Form verschieden gefärbt sind. Indikatoren schlagen nicht genau im Neutralitätsgebiet, also bei $p_H=7$, sondern in der Nähe der Neutralität um. Das erkennt man ohne weiteres aus Abb. 18, in der die Abhängigkeit des Dissoziationsgrades verschiedener Indikatoren vom Wasserstoffexponenten der Lösung eingezeichnet ist. Beträgt die Dissoziation des Indikators weniger als 20%, so hat die Lösung die Färbung der nichtdissoziierten Moleküle, beträgt sie über 80%, so tritt die Färbung des Indikatorions hervor. Im mittleren Gebiet weist der Indikator Mischfarben auf. Die Dissoziation der sauren Indikatoren steigt mit steigenden Wasserstoffexponenten an. Dieses Verhalten zeigen Phenolphthalein und die meisten anderen der in Abb. 18 eingetragenen Indikatoren. Methylrot ist das Beispiel eines basischen Indikators, bei dem im Gegensatz hierzu die Dissoziation mit fallendem Wasserstoffexponenten ansteigt. Durch geeignete Wahl des Indikators kann man aus seiner Färbung mit großer Schärfe den Wasserstoffexponenten bestimmen. Hierzu geeignete Indikatoren und deren Umschlaggebiete gibt Tab. 10.

Tabelle 10. *Umschlagsgebiete von Indikatoren*

Name	Proz. Indikator	Färbung		Umschlag p_H
		sauer	alkalisch	
Indikatorenreihe von Clark und Lubs:				
Thymolblau	0,04	rot	gelb	1,2—2,8
Bromphenolblau	0,04	gelb	blau	3,0—4,6
Methylrot	0,02	rot	gelb	4,4—6,0
Bromkresolpurpur	0,04	gelb	purpur	5,2—6,8
Bromthymolblau	0,04	gelb	blau	6,0—7,6
Phenolrot	0,02	gelb	rot	6,8—8,4
Kresolrot	0,02	gelb	blau	7,2—8,8
Thymolblau	0,04	gelb	blau	8,0—9,6
Kresolphthalein	0,02	farblos	rot	8,2—9,8
Andere gebräuchliche Indikatoren:				
Kongorot	0,02	blau	rot	3,8—4,4
Methyolrot	0,01	rot	gelb	4,6—5,4
Lackmus	0,04	rot	blau	6,0—8,0
Phenolphthalein	0,01	farblos	rot	8,3—10,0

Wo immer sich Wasserstoffionen und Hydroxylionen in einer wässerigen Lösung begegnen, müssen sie sich miteinander ins Gleichgewicht setzen, das heißt, fast vollständig zu nichtdissoziiertem Wasser zusammentreten; die Vereinigung von Wasserstoff- und Hydroxylionen ist das Wesentliche aller Neutralisationsvorgänge zwischen Säuren und Basen jeder Art. Wenn also etwa Kaliumhydroxyd und Salpetersäure sich in wässeriger Lösung zu Kaliumnitrat vereinigen, so ist das, was sich in Wirklichkeit abspielt, nicht die Nitratbildung, sondern die Wasserbildung nach dem Schema:

$$[K]^+ + [OH]^- + [H]^+ + [NO_3]^- = [K]^+ + [NO_3]^- + H_2O$$

Zwar entsteht auch eine ganz geringe Menge undissoziierten Kaliumnitrats, da auch die Kalium- und die Nitrat-Ionen sich miteinander ins Gleichgewicht setzen, aber dieser Vorgang tritt gegenüber der Wasserbildung zurück. Einer der bemerkenswertesten Folgen dieses immer gleichen Verlaufes aller Neutralisationsvorgänge ist die Tatsache, daß die Wärmetönung aller Neutralisationsvorgänge gleich ist, und zwar gleich der Bildungswärme des Wassers aus seinen Ionen.

Gewissermaßen die Umkehrung des Neutralisationsvorganges bildet der Vorgang der Hydrolyse, das heißt der Aufspaltung eines Neutralsalzes in freie Base und freie Säure.

Die Voraussetzung für das Zustandekommen eines hydrolytischen Vorganges ist immer dann gegeben, wenn ein Salz aus einer schwachen Base und einer starken Säure oder aus einer schwachen Säure und einer starken Base in Lösung geht.

4. Asbestzement

Wie bereits in der Einleitung Abschnitt 12 erwähnt, ist Asbestzement ein Kunststein, der aus einer innigen und homogenen Mischung von Asbest und Zement besteht. Da der Asbest gewissermaßen als Bewehrung für den Zementstein wirkt, wird das technische Mischungsverhältnis nach unten begrenzt von der Forderung nach ausreichender Festigkeitserhöhung und nach oben von der Tragfähigkeit des Asbestes für Zement.

Wird mehr Asbest eingesetzt, als dies der Tragfähigkeit des Asbestes entspricht, so erhält man an Stelle von Asbestzement Asbestpappe bzw. entsprechende Zwischenstufen. Das technische Mischungsverhältnis für Asbestzement liegt zwischen 10 und 20 Gewichtsprozent Asbest, bezogen auf die trockene Mischung.

Im allgemeinen wird der Asbestanteil aus verschiedenen Asbestsorten gemischt, und zwar je nach der gewünschten Festigkeit des Produktes. Hauptsächlich verwendet wird Chrysotilasbest, doch werden auch Blauasbest und geringe Mengen von Amositasbest verwendet. Blauasbest erhöht die Festigkeit des Asbestzementes, vermindert seine Elastizität und verbessert die Filtrationsfähigkeit des Stoffes bei der Produktion.

Der dritte Bestandteil des Asbestzementes ist Wasser, und im weiteren Sinne müßte auch die Luft als porenfüllendes Material berücksichtigt werden. Nach HÜNERBERG, „Das Asbestzementdruckrohr", sind im Asbestzement 26% des Zementgewichtes, das sind etwa 17% des Gesamtgewichtes, als für die Hydratation verbrauchtes Wasser enthalten.

Insgesamt sind im Asbestzement mindestens 23 bis 25% des Gesamtgewichtes (35 bis 40% des Zementgewichtes) Wasser enthalten. Bezogen auf das Gesamtgewicht, beträgt der Hydratationswasseranteil 17%, der Überschuß ist als Restfeuchtigkeit im Asbestzement enthalten.

Spezifisches Gewicht und Raumgewicht des Asbestzementes

Für Asbestzement-Druckrohre wurden das spezifische Gewicht und das Raumgewicht im Institut für Baukonstruktionen und Festigkeit an der TU Berlin bestimmt. Die Ermittlung des spezifischen Gewichtes erfolgte mit der Pyknometer-Methode unter Verwendung eines 50 cm^{-3}Pyknometers mit Toluol als Meßflüssigkeit. Das spezifische Gewicht errechnet sich dann aus:

$$\gamma = \frac{G_2 - G_1}{V_1 - \frac{G_3 - G_2}{\gamma_T}} \text{ (p/cm}^3\text{)} \qquad (7)$$

Hierin bedeuten:

G_1 = Gewicht des Pyknometers,

G_2 = Gewicht des Pyknometers mit Asbestzement-Spänen,

G_3 = Gewicht des Pyknometers mit Asbestzement-Spänen und Toluolfüllung

V_1 = Rauminhalt des Pyknometers,

γ_T = spezifisches Gewicht des Toluols bei der Prüftemperatur (22° C).

Im Mittel ergab sich ein spezifisches Gewicht von

$$\gamma = 2{,}452 \text{ (p/cm}^3\text{)}$$

Nach Bericht der eidgenössischen Materialprüfungsanstalt Nr. 148/1944 wird das spezifische Gewicht mit

$$\gamma = 2{,}405 \text{ (p/cm}^3\text{)}$$

angegeben.

Mehr praktische Bedeutung kommt dem Raumgewicht als dem Gewicht der Volumeinheit des Asbestzement-Druckrohres zu. Das Raumgewicht wurde nach der Wasserverdrängungsmethode ermittelt, wobei die Proben durch Kochen weitgehendst gesättigt waren. Das Trockengewicht ergab sich nach zwei- bis vierwöchigem Aufenthalt im Trockenschrank bei 110° C. Das Raumgewicht errechnet sich aus

$$\gamma_R = \frac{G_2 - G_1}{G_4 - G_3} \cdot \gamma_W \text{ (p/cm}^3\text{)} \tag{8}$$

Hierin bedeuten:

G_1 = Gewicht des Wägegefäßes,

G_2 = Gewicht des Wägegefäßes mit der getrockneten Probe,

G_3 = Gewicht des Behälters für das Nachfüllwasser,

G_4 = G_3 vermehrt um das von der Probe verdrängte Wasser,

γ_W = spezifisches Gewicht des Wassers bei Prüftemperatur.

Das Raumgewicht wurde im IBF im Mittel mit

$$\gamma_R = 1{,}885 \text{ p/cm}^3$$

ermittelt.

Die EMPA gibt $\gamma_R = 1{,}943$ p/cm³ an.

Der Unterschied zwischen Raumgewicht und spezifischem Gewicht muß offenbar mit den im Asbestzement eingeschlossenen Luftporen erklärt werden. Luftporen können auch bei der Bestimmung des spezifischen Gewichtes mit der Pyknometermethode nicht zur Gänze erfaßt werden, was sich darin zeigt, daß das experimentell ermittelte Gewicht etwa 4 bis 7% unter dem theoretisch ermittelten spezifischen Gewicht liegt. Das theoretische spezifische Gewicht kann man wie folgt erhalten: Spezifisches Gewicht der trockenen Asbestmischung

γ Chrysotil = 2,3 bis 2,5 p/cm³
γ Amosit = 3 bis 3,3 p/cm³
γ Blauasbest = 3,4 p/cm³

Bei einer Mischung nur aus Chrysotilasbesten (in der folgenden Tab. 11 A_1 bezeichnet) muß man mit einem

$$\gamma \text{ von } 2{,}4 \text{ p/cm}^3$$

rechnen.

Eine Asbestmischung mit 15% Blauasbest und 85% Chrysotilasbest (in der folgenden Tabelle mit A_2 bezeichnet) ergibt theoretisch ein spezifisches Gewicht von 2,55 p/cm³ und eine Asbestmischung mit 25% Blauasbest und 75% Chrysotilasbest (in der folgenden Tabelle mit A_3 bezeichnet) — wie sie etwa für Hochdruckrohre verwendet wird — ergibt ein spezifisches Gewicht von 2,65 p/cm³.

Auch das spezifische Gewicht des Zementes schwankt in gewissen Grenzen. Im Mittel rechnet man mit 3,15 p/cm³.

Tabelle 11. *Spezifische Gewichte der trockenen Asbestzementmischungen in p/cm³*

Mischungsverhältnis Asbest zu Zement	Asbestmischung		
	A_1	A_2	A_3
10 : 90	3,08	3,09	3,10
15 : 85	3,04	3,06	3,08
20 : 80	3,00	3,03	3,05

Bei einem mittleren Wassergehalt der fertigen Platte oder des fertigen Rohres von 25% des Gesamtgewichtes ergibt sich ein theoretisches spezifisches Gewicht bis 2,575 p/cm³.

Die Porosität kann man dann wie folgt ermitteln:

$$(1-x)\cdot\gamma+x\cdot\gamma_L=\gamma_R \tag{9}$$

hierin bedeutet:

x = Anteil des Porenvolumens am Gesamtvolumen,

γ = spezifisches Gewicht des Asbestzementes,

γ_L = spezifisches Gewicht der Luft,

γ_R = Raumgewicht des Asbestzementes.

Mit dem vorstehenden theoretischen spezifischen Gewicht errechnet man für ein Raumgewicht von 1,943 p/cm³ eine Porosität von 26,8 bis 24,5% und für ein Raumgewicht von 1,885 p/cm³ eine Porosität von 24,6 bis 22,3%.

Demgegenüber wurden in der EMPA eine absolute Porosität von 19,2% und von Pilny im IBF eine absolute Porosität von 23,2% ermittelt. Diese Werte stimmen relativ gut mit der errechneten Porosität überein, wenn man noch berücksichtigt, daß sicherlich auch beim Kochen der Proben, welches zur experimentellen Bestimmung der Raumgewichte vorgenommen wird, nicht alle Poren gesättigt werden können, da die Poren und Kanäle teilweise sehr fein sind und beim laminaren Aufbau des Produktes mit durchgehenden Poren nicht gerechnet werden kann.

D. Das Fertigprodukt[1]

1. Die Asbestzement-Platte

a) Die Asbestzement-Platte als Dachhaut

Die ursprünglichste Verwendung der Asbestzement-Platte bestand in ihrer Anwendung als Ersatz für die herkömmlichen Materialien für Dacheindeckungen. Die Betonung lag dabei hauptsächlich auf „Ersatz“. Sehr bald erkannte man jedoch, daß man mit der Asbestzement-Platte ein voll-

Abb. 19. Dachdeckung mit Asbestzement-Schieferplatten.
(Photo von Eternitwerk L. Hatschek, Vöcklabruck)

wertiges, neues Bauelement gefunden hatte. Die formale Gestaltung der Dachplatte lehnte sich anfänglich noch sehr stark an die bekannte Form der Dachschieferplatten an. Die Asbestzement-Platte wurde ebenso wie die Naturschieferplatte verlegt und hatte auch farblich Ähnlichkeit mit ihr. Diese Asbestzement-Platten werden auch heute noch erzeugt. Man verlegt sie auf eingeschalten Dächern, wodurch sich die Möglichkeit ergibt, architektonisch ansprechende Formen von Dachhäuten auszubilden (Abb. 19).

Mit fortschreitender technischer Entwicklung verstand man es, die Platten in verschiedenen Farben zu produzieren, das heißt, vollkommen durchgefärbte Platten herzustellen. Die zweite Möglichkeit der Farbgestaltung besteht darin, die naturgrauen Platten mit farb- und weitgehend wetter-

[1] Zusammengestellt von Ing. F. Ehn.

beständigen, zementechten Farben zu streichen. Es werden heute bereits spezielle Kunststofflacke angeboten, die sehr leuchtkräftig sind und bezüglich der Dauerhaftigkeit der Farbe den durchgefärbten Platten kaum nachstehen. Diese zweite Möglichkeit empfiehlt sich insbesondere dann, wenn aus architektonischen oder optischen Gründen andere Farben als die der durchgefärbten Platten gewünscht werden.

Die fortschreitende Entwicklung auf dem Gebiete des Serienwohnungs- und Industriebaues verlangte nach neuen, rationelleren Dachbauelementen, als es die kleinformatigen Asbestzement-Schiefertafeln darstellen. Außerdem galt es, den Nachteil der völligen Verplankung des Dachgerüstes vor Aufbringung der Asbestzement-Schiefertafeln zu beseitigen. Aus diesem Grunde schied auch die naheliegendste Möglichkeit, nämlich die Formatvergrößerung der ebenen Asbestzement-Platten, aus.

Es bot sich somit die *gewellte Asbestzement-Dachplatte* als geeignetes Bauelement an, welche die bekannten Vorzüge vom Material her wie gute Festigkeit und Zähigkeit, Feuer- und Frostbeständigkeit, absolute Resistenz gegen Witterungseinflüsse, geringes Gewicht, gute Bearbeitbarkeit mit guter mechanischer Festigkeit und gefälligem Aussehen verbindet. Die Wellung verleiht der Platte eine wesentlich höhere Festigkeit in Wellenrichtung als in Querrichtung und erlaubt gleichzeitig eine Lenkung des abfließenden Regenwassers.

Es ist zu beachten, daß die Pfettenabstände bei Verwendung von Profil 5 (lt. DIN 274) max. 1450 mm betragen dürfen.

Für Dacheindeckungen ist auch noch Profil 8 zulässig, welches eine dichtere und kleinere Wellung als Profil 5 auszuweisen hat und auf Grund formaler Wünsche der Architekten entstand.

Zur Erzielung einer größeren Wirtschaftlichkeit bei Wellasbestzement-Platten wird vielfach von Profil 5 auf Profil 6 und von Profil 8 auf Profil 9 übergegangen. Dies bedeutet nichts anderes, als daß man bei gleichen Wellenabständen größere Plattenbreiten erzeugt. Dies bringt zum Beispiel beim Übergang von Profil 5 auf Profil 6 eine um 20% vergrößerte Deckfläche um ca. 15% Materialmehrkosten.

Es ist selbstverständlich, daß zu einer kompletten Dacheindeckung außer den eigentlichen Dachplatten Anschlußelemente für Traufe, First, Schornstein, Dachfenster usw. gehören. Eine sehr instruktive Übersicht darüber bieten die einschlägigen Prospekte der verschiedenen Herstellerfirmen.

Dachplatten, Sonderformen

Für Flachdächer bzw. schwach geneigte Dächer für Industriebauten wurden von einigen Herstellern Dachelemente in isolierter und nichtisolierter Ausführung entwickelt.

Isolierte Hohldeckung

Die Ausführung der Dachelemente zeigt Abb. 20. Diese Elemente werden aneinandergereiht auf dem Dachgerüst verlegt. Die Oberseite wird mit

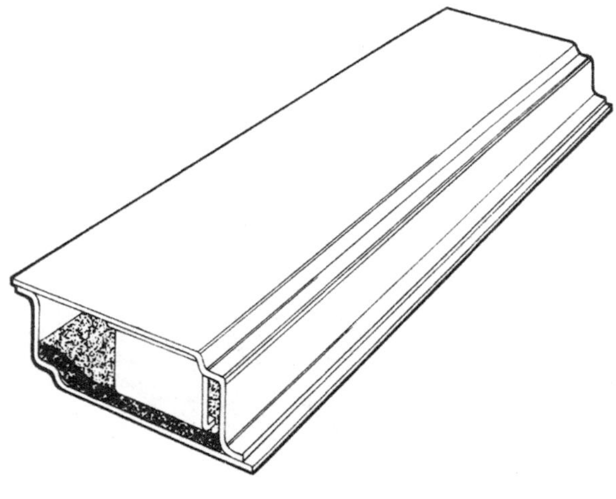

Dachpappe oder ähnlichem überzogen, die Unterseite bedarf keiner weiteren Verkleidung. Der Vorteil dieser Deckung liegt darin, daß man mit einem Arbeitsgang Dachaußenseite und isolierte Unterseite aufbringen kann.

Ein geringer Nachteil liegt darin, daß man zusätzlich mit Dachpappe decken muß. Zu diesen Deckelementen werden

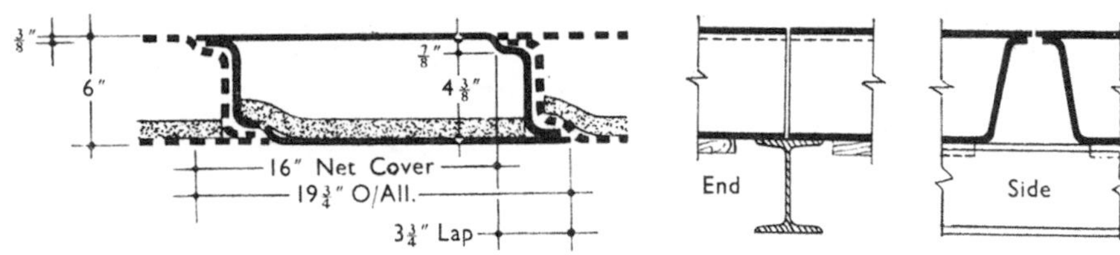

Abb. 20. Isolierte Hohldeckung von UAM Universal Asbestos Manufacturing Co. Ltd.

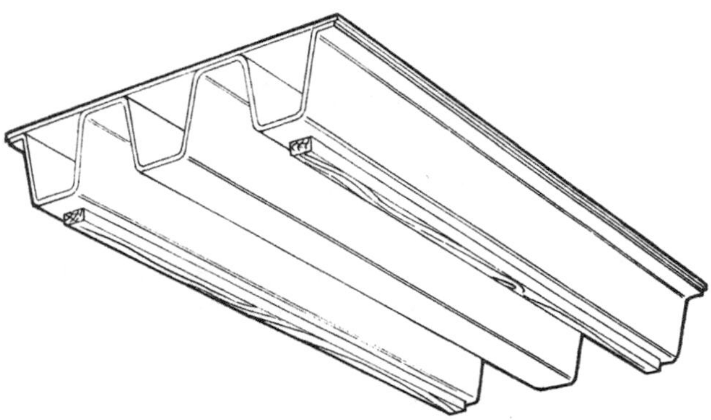

selbstverständlich alle erforderlichen Anschlußstücke für Traufe, Abfluß, Brüstungswände usw. geliefert.

Rippendeckung

Die Elemente dieser Deckung sind im Prinzip nichts anderes als eine Kombination von gewellten mit ebenen Asbestzement-Platten (Abb. 21). Die glatte Seite weist nach außen und wird

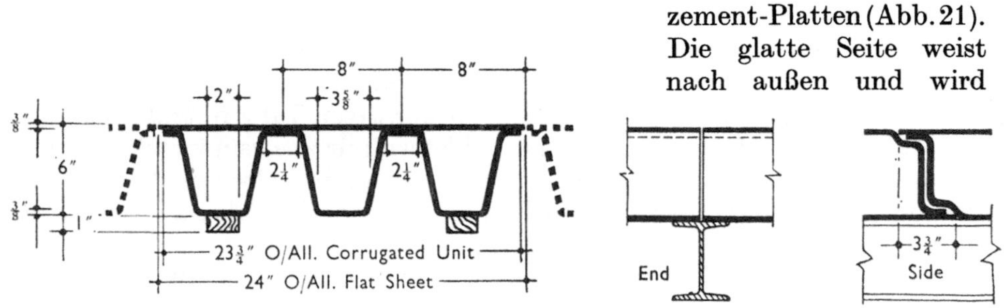

Abb. 21. Rippendeckung von UAM

ebenso wie die Hohldeckung mit Dachpappe überzogen. An der gerippten Unterseite sind Holzleisten für die Befestigung einer Sichtdecke vorgesehen.

Eine weitere Deckungsart zeigt Abb. 22. Wie ersichtlich, werden hier zwei Platten mit verschiedener Wellung verwendet. Dazwischen wird eine

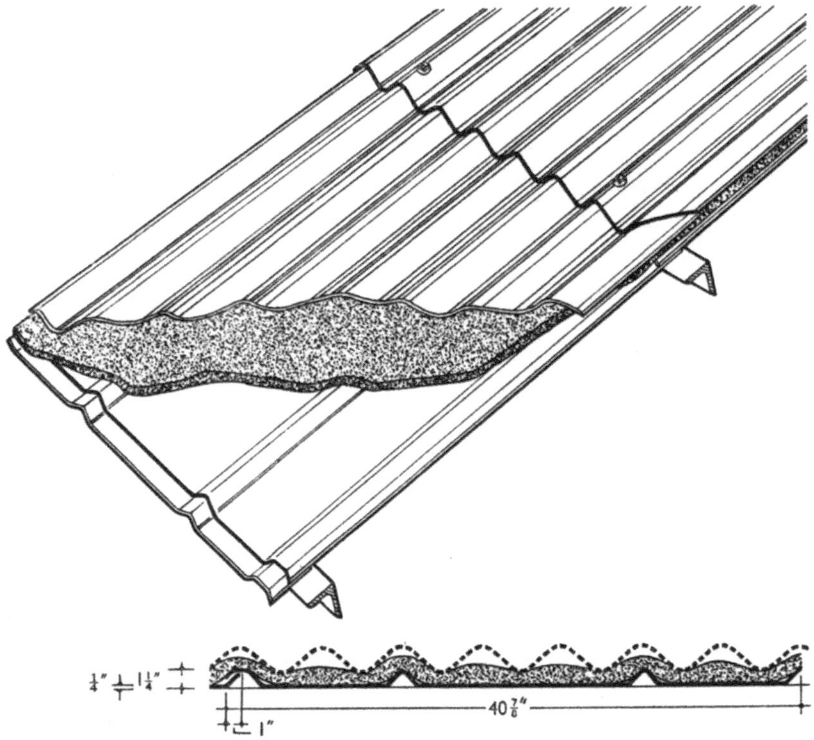

Abb. 22. Sandwich-Bauweise mit „Standard Six“-Platten von UAM

Isolierschichte eingelegt. Durch Variation des Isoliermaterials und der Dicke der Isolierschicht lassen sich verschiedene Wärmedämmungen erreichen.

b) Die Asbestzement-Platte als Wandverkleidung

Das über die historische Entwicklung der Asbestzement-Platten im vorigen Kapitel Gesagte gilt sinngemäß angewendet auch für die Wandplatte. Auch hier war der Trend von der kleinformatigen, naturgrauen Asbestzement-Platte zur großflächigen, dekorativen Tafel festzustellen.

Während man früher Asbestzement-Platten nur aus rein zweckbetonten Motiven an Wänden mit extremen Wetterlagen anwandte, werden Asbestzement-Platten mit veredelter Oberfläche heute vielfach als Stilelemente in der modernen Architektur verwendet.

Solche dekorativen Asbestzement-Platten werden heute aus Kunststoff beschichtet oder emailliert in den verschiedensten Farben angeboten. Neueste amerikanische Entwicklungsarbeiten zielen darauf hin, Asbestzement-Platten mit rostfreiem Stahl zu beschichten. Die Asbestzement-Platten haben dabei vor allem die Funktion, ein Ausbauchen des Stahlbleches unter Einwirkung von Sonnenbestrahlung zu verhindern. Die Asbestzement-Platte hat hier also die Tragfunktion auszuüben.

Für Industriebauten, deren Außenfassaden stark korrodierenden Einflüssen unterliegen (Rauch, Abgase, Staub usw.), verwendet man heutzutage vornehmlich gewellte Asbestzement-Platten zur Fassadengestaltung. In Verbindung mit Wellasbestzement-Dachplatten können sich dabei architektonisch sehr ansprechende Aspekte ergeben. Für Wandplatten werden im allgemeinen die Profile 6 und 9 verwendet, welche ja auch für Dachdeckungen zugelassen sind. Aus formalen Gründen wird für Balkon- und Fensterbrüstungen sowie für Innenwandverkleidung oftmals auch Profil 14 (14 Wellen auf Plattenbreite von 1050 mm) verwendet. Es sei darauf hingewiesen, daß dieses Profil 14 für die allgemeine Verwendung als Dach- oder Wandverkleidung nicht zugelassen ist.

c) Sonderanwendungen von Asbestzement-Platten

Abb. 23. Flugdachkonstruktion aus gebogenen Asbestzement-Wellplatten. (Aus Internat. Asbestzementrevue ac 11)

Wellplatten

In Ländern, in denen keine hohen Schneelasten zu erwarten sind, werden zur Überdeckung einfacher Industrie- und landwirtschaftlicher Bauten selbsttragende bombierte Asbestzement-Wellplatten verwendet (Abb. 23). Einfache Hallen werden sogar ganz aus Asbestzement-Wellplatten hergestellt (Abb. 24).

Mit Hilfe von Asbestzement-Wellstreifen erreicht man im Flugplatz- und Autobahnbelagsbau eine nahezu vollkommene Fugenausbildung zwischen den einzelnen Platten. Durch Verzahnung des Betons — vermittels eingelegter Wellasbestzement-Streifen und Verdübelung mit Stahl — erreicht man eine gleichmäßige Lastübertragung von einer Platte auf die andere und vermeidet „wilde“ Risse (Abb. 25).

Asbestzement-Platten haben sich weiters bei der Böschungsausbildung von Kanälen bewährt. Die übliche Lösung bei der Befestigung eines Kanalbettes besteht darin, Kanalsohle und Böschungswände mit Steinen auszukleiden. Nach der neuen Methode legt man die Kanalsohle mit einer Steinschotterschicht aus, auf die eine dichte Betonschicht aufgebracht wird. In der Betonsohle werden zwei Rillen ausgespart, in die die Asbestzement-Wellplatten gesteckt und dem Böschungswinkel gemäß geneigt und unterstützt werden. Danach wird auf die Platten Beton aufgespritzt und glatt verstrichen. Nach Abbinden des Betons wird das Erdreich hinter den so gebildeten Böschungswänden verdichtet und eine obere

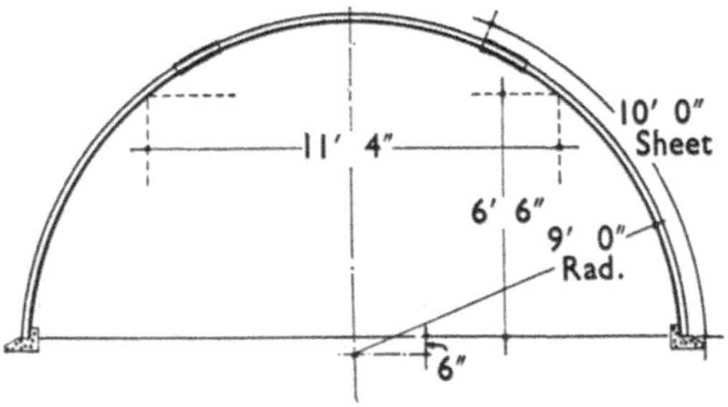

Abb. 24. Schuppen aus Asbestzement-Platten von UAM

Abb. 25. Dehnfugenausbildung mit Wellplattenstreifen. (Aus Internat. Asbestzementrevue ac 14)

Abschlußschwelle gebildet. Zu erwähnen wäre noch, daß der aufgespritzte Beton auf den Wellplatten ausgezeichnet haftet (Abb. 26).

In Australien werden Asbestzement-Wellplatten zur Überdachung von Wasserreservoirs gegen Verdunstung angewendet. Eines dieser Dächer besteht seit ca. 25 Jahren und hat die klimatisch extremen Bedingungen ohne wesentliche Reparaturen überstanden.

Ebene Platten

Beim Neubau des Hamburger Opernhauses wurden ebene Asbestzement-Platten mit Nußbaumfurnier für die Auskleidung des Zuschauerraumes verwendet. Dies im Hinblick auf die Repräsentationswünsche des Bauherrn einerseits und die Forderungen der Feuerschutzpolizei anderseits. Die Lösung, Furnier auf 10 mm starke, mit aufbereiteter Zellulose versetzte Asbestzement-Platten aufzuziehen, kann man in diesem Zusammenhang als absolut gelungen bezeichnen. Flammenversuche ergaben, daß selbst bei minutenlangem Bestreichen der Furniere mit einer Lötlampenflamme bloß eine Verkohlung, jedoch keine Entflammung eintrat.

Abb. 26. Asbestzement-Platten für Grabenböschungen. (Aus Internat. Asbestzementrevue ac 21)

Ebenso konnten die in diesem Zusammenhang auftretenden akustischen Probleme zufriedenstellend gelöst werden.

Ebene Asbestzement-Platten werden vielfach als Plakatwände verwendet oder eingerollt als Außenwände für Litfaßsäulen. Ein besonderer Vorteil ist dabei die Witterungsbeständigkeit des Materials und, bedingt durch das geringe Gewicht der Asbestzement-Platte, die einfache Montagemöglichkeit.

Ein weiteres Anwendungsgebiet für glatte, gewölbte Platten ergab sich im Getreidesilobau. Die einzelnen Wandelemente werden mit Hilfe vertikaler Deckleisten zu einem selbsttragenden zylindrischen Körper zusammengeschraubt. Es wird ein ebenfalls aus Asbestzement bestehendes Entlüftungs- und Entleerungssystem eingebaut.

Wie weit heutzutage Asbestzement-Platten für Innenräume mit stark strapazierten Wänden verwendet werden, zeigt die Auskleidung des Fahrgastraumes von Autobussen einer belgischen Verkehrsgesellschaft mit glasierten Asbestzement-Platten. Die Fußböden der Busse verkleidet man mit durchgefärbten Asbestzement-Platten mit hohem Asbestgehalt.

Asbestzement-Tafeln mit Drahtgittereinlage

Hierbei handelt es sich um eine holländische Erfindung, die von den Eternitwerken ausgewertet wird. Die ebenen Asbestzement-Tafeln mit der Metallgittereinlage dienen dazu, im Klimaanlagen- und Heizungsbau beliebige Formen von Luftführungskanälen und dazugehörige Formstücke herstellen zu können.

Man geht dabei wie folgt vor:

Man ermittelt das Netz des entsprechenden Rohrstückes und überträgt dieses mit geringem Übermaß auf die Ferro-Eternit-Platte und schneidet diese dementsprechend zu. Danach nibbelt man das Übermaß an Asbestzement weg, so daß die Drahtstücke aus der Schnittkante der Platte herausragen. Diese so bearbeitete Platte stellt eine Wandung des Rohrstückes dar. Auf diese Art stellt man alle Rohrwandungen her. Die Bildung zum fertigen Rohrstück geht so vor sich, daß man die aus jeder Wandung ragenden Drahtenden mit denen der nächsten Platte, dem Rohrquerschnitt entsprechend, verrödelt (zusammendreht). Man erhält damit zum Beispiel ein Vierkantrohr mit offenen Ecken. Diese nur durch die verrödelten Drähte gehaltenen Ecken werden dann mit einem dem Asbestzement verwandten Spezialkitt verstrichen (Abb. 27). Nach Aushärtung des Kittes ist das Rohrstück gebrauchsfertig.

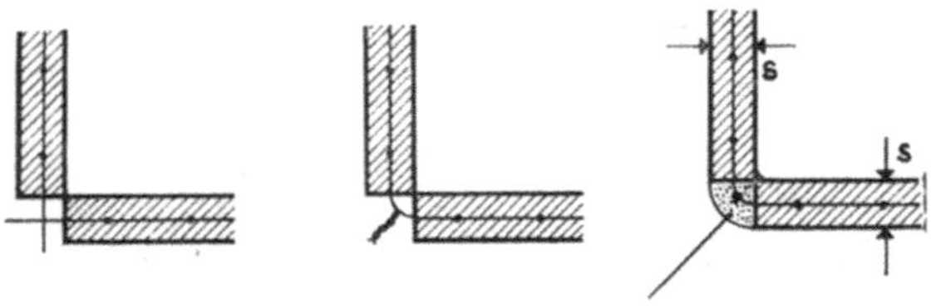

Abb. 27. Kantenausbildung bei „Ferro-Eternit" von Fa. Eternitwerke L. Hatschek

Man kann mit Hilfe der Ferro-Eternit-Platten auch Rohrkrümmer herstellen. Dabei wird die ebene Platte mehrfach geritzt, entlang den Ritzen gebrochen und dem Krümmungsradius angenähert. Die gebrochene Platte wird durch das Drahtnetz zusammengehalten. Nach Montage der gekrümmten Rohrwand werden die Bruchstellen ebenfalls mit dem Spezialkitt verstrichen und gedichtet (Abb. 28 und 29).

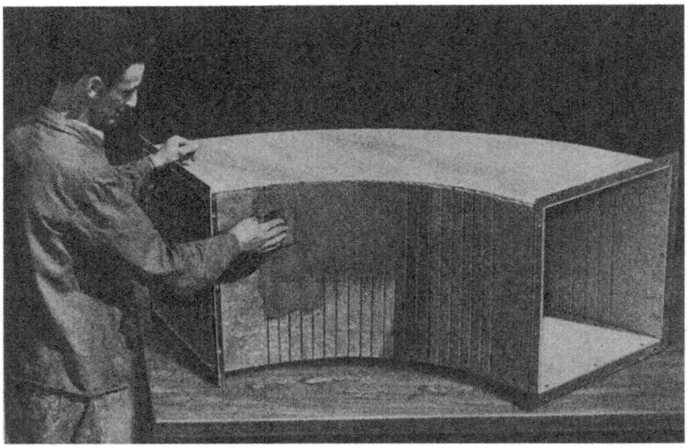

Abb. 28. Rohrkrümmer aus „Ferro-Eternit" von Fa. Eternitwerke L. Hatschek

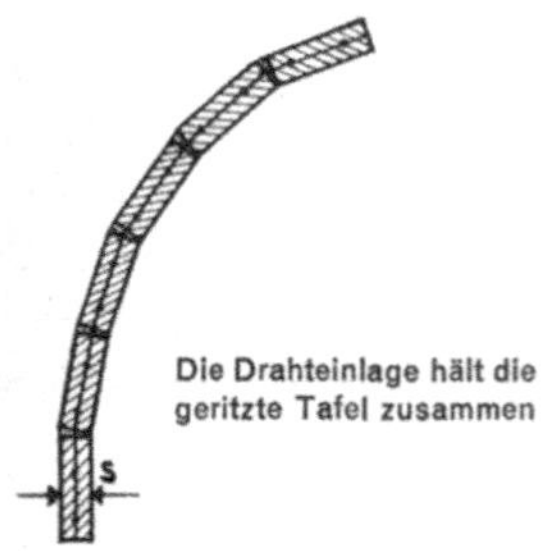

Abb. 29. Ausbildung gekrümmter Flächen aus „Ferro-Eternit" von Fa. Eternitwerke L. Hatschek

Der Vorteil dieser Platten mit Drahteinlage besteht darin, daß man nahezu jede, im Klima- und Lüftungsanlagenbau vorkommende Leitungsquerschnittform mit einem Minimum an Material- und Arbeitsaufwand herstellen kann, während bei der normalen Handformerei Kerne und Modelle zur Herstellung der Formstücke erforderlich sind.

Ein weiterer Vorteil der Platte besteht in einer Erhöhung der Festigkeit durch das Drahtnetz, was vor allem bei extrem großen Rohrquerschnitten mit großen Wandungsbreiten erwünscht ist.

d) Die Asbestzement-Platte für Fertigbauteile

Aus der Art der Herstellung von Asbestzement-Platten, bei der bekanntlich am Ende der Plattenmaschine eine plastische Platte anfällt, ergibt sich automatisch die Frage nach der Verwendung dieses Produktes für die Serienfertigung von Fertigbauteilen.

Bei den bisher entwickelten Serienbauteilen schlug man zwei Wege ein: den der auf einem Rastersystem basierenden Zusammenstellung von Flächenelementen und den der komplett installierten Raumzellen.

Bei Wandelementen nach dem Rastersystem wendet man vielfach eine Kombination von Asbestzement-Bauteilen mit andersgearteten Materialien an. So sind Kombinationen mit Holz, Gips und Beton in der Praxis häufig anzutreffen. Der vielversprechendste Weg scheint die sogenannte „Sandwichwand" zu sein. Bei diesem Bauelement kann man die Eigenschaften des Asbestzementes mit wärmedämmenden und tragenden Eigenschaften andersgearteter Materialien sehr gut verbinden.

Die Bauweise nach dem Rastersystem bietet die Möglichkeit, auf die individuellen Wünsche der Bauherren und Architekten einzugehen, ohne jedoch bauliche Spezialkonstruktionen anwenden zu müssen.

Das System der fertigen Raumzellen ist relativ starr, da man nur die Möglichkeit der Kombination weniger Raumzellentypen hat. Neuere Entwicklungen zielen darauf hin, komplette Raumzellen unter weitgehender Verwendung von Asbestzement herzustellen. Die Zellen bestehen aus einem tragenden Stahlrohrgerüst, die Wände sind aus Asbestzement-Platten mit Isolierfüllung ausgeführt. Die Verbindung der Raumzellen erfolgt durch Verschweißen der einzelnen aus den Wänden ragenden Enden der Tragwinkel.

Mit diesen Elementen soll es möglich sein, Bauten bis zu acht Geschossen Höhe zu erstellen. Das System ist besonders geeignet, binnen kürzester Zeit eine möglichst große Anzahl von Wohnmöglichkeiten zu schaffen.

Eine neue Plattenart, die sich besonders für Fertigteil-Bauwerke eignet, ist die Verbundplatte. Diese besteht aus zwei ebenen Asbestzement-Platten, zwischen denen sich eine Füllung aus Schaumstoff, Schaumbeton oder Holz befindet. Die Verbindung der Füllungsplatte mit den Deckschichtplatten erfolgt entweder durch Klebung oder der Füllstoff wird nach einem neuen Verfahren zwischen die beiden Deckschichtplatten eingespritzt. Der Schaumstoff ist im Entstehungszustand, also während des Aufschäumens, klebrig, bindet dann ab und verbindet sich dabei mit den Deckschichtplatten.

Nach diesem Verfahren ist es möglich, auch Installationen in die Fertigwand miteinzubauen. Es gibt bereits Wandelemente für Badezimmer, die alle Leitungen, Armaturen und sogar Spülwannen für WC beinhalten.

Mit verbesserten Brandschutzeigenschaften werden auch Füllschäume in selbstverlöschender Qualität angeboten.

Als Eigenschaften der Verbundplatte sind ihre Leichtigkeit und damit die Einfachheit der Verlegung in großflächigen Elementen hervorzuheben. Auch können diese Wandelemente schon im Herstellerwerk mit einem Kunststoffanstrich mit mattem oder glänzendem Effekt versehen werden. Auch Oberflächen, welche keramischen Fliesen gleichen, können erzielt werden. Dies wird vor allem durch moderne Speziallacke für Asbestzement ermöglicht, die hervorragende Alterungs- und Witterungsbeständigkeit und Farbstabilität sowie außerordentliche Chemikalienbeständigkeit aufweisen.

2. Das Asbestzement-Rohr

a) Das Druckrohr

Asbestzement-Druckrohre wurden hauptsächlich für Wasserleitungsanlagen entwickelt. Im Laufe der Zeit wurden jedoch viele weitere Anwendungsgebiete für das Asbestzement-Rohr erschlossen. Ein kleiner Überblick über diese Verwendungsmöglichkeiten wird in dem Kapitel „Anwendungsgebiete des Asbestzement-Druckrohres" vermittelt.

Die Güteeigenschaften des Werkstoffes machen das Asbestzement-Druckrohr zum idealen Baustein für Trink-, Nutz- und Abwasserleitungen.

Eigenschaften

Festigkeiten

Die Rohre werden nach dem jeweils im Herstellungsland geltenden Normen auf

Ringzugfestigkeit,
Scheiteldruckfestigkeit und
Biegezugfestigkeit
geprüft.

Untersuchungen haben gezeigt, daß die Festigkeit an erdverlegten Leitungen mit der Zeit zunimmt, ja sogar noch nach vielen Jahren bedeutend ansteigt.

Inkrustation und Fließwiderstand

Die normalerweise in Trink-, Nutz- und Abwässern gelösten Stoffe greifen die Oberfläche von Asbestzement-Druckrohren nicht an. Untersuchungen zeigten, daß selbst aggressive Wässer die innere Rohrwand nicht angreifen. Es tritt also bei Asbestzement-Rohren zum Unterschied von Metallrohren keine Verkrustung auf, somit auch keine Erhöhung des Fließwiderstandes. Die Durchflußmenge bleibt konstant. Asbestzement-Druckrohre bieten also auch in dieser Hinsicht bedeutende wirtschaftliche und betriebstechnische Vorteile gegenüber Metallrohren.

Korrosion

Da Asbestzement elektrisch nicht leitend ist, kann es bei Asbestzement-Druckrohren zu keiner, von elektrischen Bodenströmen hervorgerufenen elektrochemischen Korrosion kommen.

Auch die im Wasser enthaltene freie oder „aggressive" Kohlensäure greift Asbestzement-Rohre infolge deren hoher Dichte und der Glätte der Rohrinnenwände nicht an. Obendrein erweist sich die Tatsache, daß Asbestzement-Druckrohre mit zunehmendem Alter nicht nur an Festigkeit, sondern auch an chemischer Widerstandsfähigkeit zunehmen, als zusätzliche Sicherheit gegen Korrosion. Weitere zusätzliche Maßnahmen gegen Korrosion werden damit getroffen, daß man Asbestzement-Rohre aus sulfatresistentem Zement fertigt oder mit einem Schutzanstrich versieht.

Druckstöße

Untersuchungen, die die EMPA (Eidgenössische Materialprüf- und Versuchsanstalt für Industrie, Bauwesen und Gewerbe) auf Grund der Versuche der Druckstoßkommission durchführte, zeitigten sehr interessante Ergebnisse. Es stellte sich nämlich heraus, daß Asbestzement-Druckrohre gegen einen schlagartig einsetzenden Wasserinnenüberdruck („Wasserschlag") eine dem statischen Innendruckversuch gegenüber um ca. 30% erhöhte Festigkeit aufweisen.

Bakteriologisches Verhalten

Bakteriologische Untersuchungen von Asbestzement-Rohren zeigten, daß Asbestzement-Druckrohre gegen Bakterien undurchlässig sind und auch im verseuchten Grundwasser einen einwandfreien Transport des Trinkwassers gewährleisten. Werden die Rohrinnenwandungen mit Bakterien infiziert, begünstigt Asbestzement das Bakterienwachstum nicht mehr als jeder andere Rohrwerkstoff. Aus diesem Grund sind bei Asbestzement-Trinkwasserrohren keine längeren Spülzeiten notwendig als bei anderen Rohren. Asbestzement-Rohre sind heute im wesentlichen steril, eine Infektion durch Anmachwasser oder Wasserlagerung wird durch spezielle Maßnahmen der Herstellerfabriken verhindert. Auch die Rohrprüfung wird heute mit keimfreiem Druckwasser durchgeführt.

Ausführung

Die Rohre in Leitungsanlagen werden üblicherweise abgelängt mit glatten, gedrehten Enden gefertigt. Diese Bearbeitung ist nötig, um bei der Rohrverlegung mit Kupplungen eine einwandfreie Dichtheit des Rohrstranges zu gewährleisten.

Anwendungsgebiete der Asbestzement-Druckrohre

Trinkwasserversorgung

Aus der Trinkwasserversorgung ist das Asbestzement-Druckrohr heutzutage nicht mehr wegzudenken. Asbestzement verdrängt in steigendem Maße die anderen Rohrwerkstoffe; insbesondere bei der Legung von Großrohranlagen bieten das geringe Gewicht und die leichte Bearbeitbarkeit der Rohre große wirtschaftliche Vorteile. Auf Grund des geringen Gewichtes der Rohre ist relativ wenig Personal zur Legung und Manipulation erforderlich.

Abwasserleitung

Auf Grund der bereits erwähnten Resistenz gegen chemisch aggressive Wässer sind Asbestzement-Rohre für Abwasserleitungen bevorzugt verwendbar. Auch die leichte Bearbeitbarkeit und die einfache Montage sind weitere Gründe dafür, daß Asbestzement-Rohre die bisher üblichen Rohre im Abwasserleitungsbau allmählich verdrängen.

Eine interessante Lösung des Abwasserproblems wurde für die Stadt Braunschweig gefunden, wo man die Abwässer der Stadt nach vorheriger Klärung in großen Schlammbecken über ein Rohrleitungsnetz den umliegenden Feldern zuführt und dort verregnet. Auch in dieser Anlage haben sich Asbestzement-Druckrohre bestens bewährt.

Asbestzement-Rohre werden seit der Entwicklung zugfester Kupplungen auch für absolut dichte Gefälleleitungen verwendet.

Asbestzement-Druckrohre als Mantelrohre für Fernheizleitungen

Durch die steigende Industrialisierung und Konzentration von Wohnungen in Wohnblocks wird der Bau von Fernheizwerken immer aktueller. Das Problem bei der Verlegung von Heizrohren ist, mit möglichst wenig und billigem Isoliermaterial eine hohe Wärmedämmung der Rohre gegenüber dem Erdreich zu erreichen. Obendrein gilt es, einer mechanischen Beschädigung und einer Feuchtigkeitsberührung der Rohre vorzubeugen. Mit Hilfe von Asbestzement-Druckrohren als Ummantelung der eigentlichen Heizrohre kann man diese Erfordernisse optimal kombinieren.

Diese Leitungen werden aus vorfabrizierten und montierten Elementen hergestellt, welche man in die Künette verlegt und fertig zusammenbaut.

Asbestzement-Druckrohre für Großrohrpostanlagen

Es zeigt sich, daß sich Asbestzement-Druckrohre auch für die Anwendung in Großrohrpostanlagen eignen. Die glatte Rohrinnenwandung ist dem Betrieb der schweren Postbüchsen gewachsen, ja nach entsprechender Betriebszeit glättet sie sich weiter. Auch ist man herstellungsmäßig in der Lage, die erforderlichen engen Innendurchmessertoleranzen einzuhalten.

Asbestzement-Druckrohre als Heizungsleitungen

Die hohe Korrosionsresistenz mit der geringen Inkrustationsneigung, selbst bei kalkharten Warm- und Heißwässern, führte zur Verwendung der Asbestzement-Rohre für Heizungsleitungen. Besonders gut eignen sich Asbestzement-Druckrohre als Heizleitungen für Gewächshäuser. Durch die Heizleitungen fließt heißes Wasser mit 70 bis 90° C. Dabei speichern die Windungen der Asbestzement-Rohre die Wärme und geben sie nachher schonend und gleichmäßig ab. Dies ist für die Pflanzen besonders vorteilhaft. Im vollen Betrieb verhalten sich Asbestzement-Heizungsrohre genauso wie alle anderen Heizungsrohre.

Asbestzement-Druckrohre als Säulenverkleidung

Asbestzement-Druckrohre haben sich in der Bauindustrie als verlorene Schalung für Säulen bewährt. Die Herstellerfirmen liefern Säulenrohre mit naturbelassener, gedrehter oder polierter Oberfläche. Die letztgenannte Oberfläche ergibt einen marmorartigen Effekt.

Der Vollständigkeit halber sei hier noch angeführt, daß Asbestzement-Druckrohrleitungen auch zum *Transport von Feststoffen* in grober Form, wie zum Beispiel Gemüse, Zuckerrübenschnitzel, oder in feiner Form, wie Zement, Kalkmehl usw., mit Erfolg angewandt werden.

Anwendung von Asbestzement-Druckrohren für Erdölleitungen

Es hat sich gezeigt, daß ungeschützte Asbestzement-Druckrohre gegen Erdöl nicht resistent sind. Sie werden vom Erdöl vollkommen durchsetzt. Die Zeit, in der es zur Durchrinnung kommt, hängt von der Wandstärke des Rohres ab. HÜNERBERG erklärt diese Undichtheit der Rohre damit, daß die Zementgele nur beim Vorhandensein von Wasser zu quellen beginnen und damit die Selbstabdichtung herbeiführen können. Asbestzement-Rohre sind somit nur mit einem Innenanstrich, der gegen Erdöl resistent ist, für Erdölpipelines zu gebrauchen. In letzter Zeit werden intensive Entwicklungsarbeiten zur Findung geeigneter Innenauskleidungen auf Kunststoffbasis geleistet.

Erfahrungen mit erdverlegten Asbestzement-Druckrohren

Alle in den vorgenannten Abschnitten erwähnten guten Eigenschaften der Asbestzement-Druckrohre wurden durch Ausbauten von verlegten Rohrleitungen nach längeren Betriebszeiten oftmals bestätigt. Asbestzement-Druckrohre zeigten sich auch schwersten Verkehrslasten gewachsen, wenn sie einwandfrei gelegt werden. Es ist darauf zu achten, daß die Rohrunterseite auf der ganzen Länge aufliegt. Unter den Rohrenden ist ein kleiner Aushub zu machen, um die Kupplungsmontage zu ermöglichen. Nach erfolgter Kupplungsmontage werden die einzelnen Rohre, wie in Abb. 30 gezeigt, eingegraben. In diesem Zustand der Rohrleitung kann bereits das Abdrücken des Stranges erfolgen. Bei einwandfreiem Ergebnis kann danach der Rohrgraben fertig aufgefüllt werden.

Abb. 30. Erdverlegung von Druckrohren der Fa. Duritwerke Kern & Co.

Eine bemerkenswerte Erscheinung waren Rohrbrüche bei erdverlegten Leitungen (NW 75 bis 150 mm) in schweren Böden. Diese Brüche traten in größerer Zahl während Trockenperioden auf. Die typische Bruchform war glatt, zur Längsachse des Rohres senkrecht und ca. 1 m vor Rohrende. Untersuchungen ergaben, daß diese Brüche von klimabedingten Bodenspannungen herrührten. Auf Grund dieser Erkenntnisse entwickelte man daraufhin eine neue Rohrklasse mit ca. 2,5 m langen Rohrelementen und einem Prüfdruck von 15 atü. Man hofft, damit betriebssichere Rohrleitungen auch in schweren Böden in klimatisch ungünstigen Gebieten verlegen zu können.

b) Das Muffenrohr

Muffenrohre werden eigentlich nur noch für Hausinstallationen verwendet. Früher hatten Muffenrohre eine weitaus größere Bedeutung, vor allem, solange man keine geeigneten Überschiebemuffen-Verbindungen für Druckrohrleitungen zur Verfügung hatte.

Die heutzutage verwendeten Muffenrohre weisen alle bekannten Vorzüge der Asbestzement-Produkte auf. Die auf dem Markt befindlichen Muffenrohre mit dazugehörigen Formstücken sind für Hausentwässerungen überall zugelassen.

Die Verbindung der Muffenrohre ging ursprünglich so vor sich, daß man den Spalt zwischen der über das nächste Rohrende geschobenen Muffe und dem Rohr mit einem geteerten Hanfstrick abdichtete und danach den Spalt mit Muffenpaste verstrich. Diese arbeitsintensive Rohrverbindung wird in letzter Zeit immer mehr von neuen Gummidichtungen verdrängt.

Ein weiteres wichtiges Anwendungsgebiet für Muffenrohre ergab sich in ihrer Verwendung als erdverlegte Kabelkanäle. Wertvolles Kabelmaterial wird durch die Rohre einwandfrei vor Schmutz und Feuchtigkeit geschützt. Weiters ergibt sich durch die Verwendung von Asbestzement-Rohren die Möglichkeit, Kabel ohne Aufgrabungsarbeiten auszutauschen. Selbst schwere Kabel lassen sich durch die Rohre ziehen, da durch die glatten Rohrinnenwände die Reibung gering ist und Verletzungen des Kabelmantels vermieden werden.

c) Das Vierkantrohr

Rechteck- und Quadratrohre

Diese werden vor allem als Entlüftungs-, Abgas- und Rauchgasleitungen verwendet. Es werden Rohre mit oder ohne Muffen und die verschiedenartigsten Form- und Verbindungsstücke angeboten.

Bei Rauchrohrleitungen (Kaminschläuchen) ist man bestrebt, alle von den Rauchgasen beaufschlagten Flächen aus dem gleichen Material herzustellen, um Kondensationserscheinungen zu vermeiden. In diesem Bestreben erzeugt man seit neuestem alle Armaturen (Klappen, Schieber, Reinigungsdeckel, Kamintürln und Schornsteinaufsätze) aus Asbestzement. Diese vorgefertigten Rauchrohrleitungen sind ein wesentlicher Beitrag zur Rationalisierung des modernen Hochbaues.

Vierkantrohre werden weiters für Müllabwurfschächte in Großwohnanlagen und für Kleiderabwurfschächte in Krankenhäusern verwendet. Der besondere Vorteil der Vierkantrohre bei diesen Abwurfanlagen liegt darin, daß die glatten Innenwände und die wenigen, dünnen Fugen den Schmutzansatz und damit die Bakterienbildung hintanhalten.

d) Rohrverbindungen

Die Hauptanforderung, die man an die Rohrkupplungen stellt, sind:

1. Dichtheit
   a) gegen Überdruck
   b) gegen Unterdruck
2. Wartungsfreiheit
3. Einfache Montage
4. Einfache Reparaturmöglichkeit
5. Korrosionsbeständigkeit
6. Beweglichkeit

Muffenrohrverbindungen

Vor einiger Zeit wendete man noch hauptsächlich Muffenrohre in Leitungssträngen an. Mit dem Aufkommen der Überschiebkupplungen verlor jedoch die Muffenrohrverbindung zunehmend an Interesse. Heutzutage verwendet man sie eigentlich nur noch bei Abwasserleitungen und Hausinstallationen.

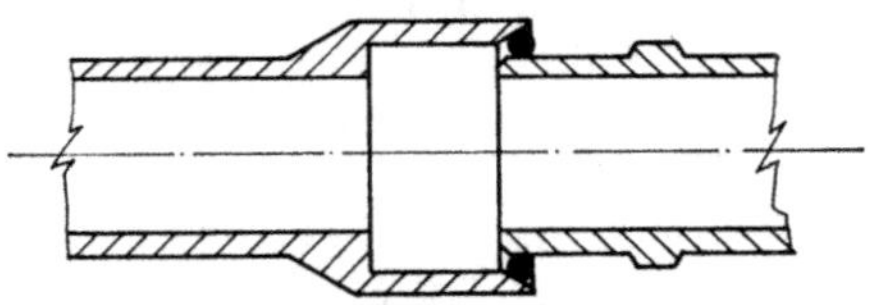

Abb. 31. Muffenrohrverbindung (Aus: „Das Asbestzementdruckrohr" von K. HÜNERBERG)

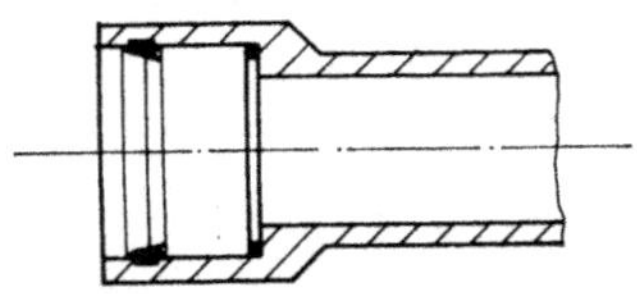

Abb. 32. Muffenrohrverbindung der Fa. Duritwerke Kern & Co.

Doch auch da fand man neue Wege, um das früher übliche Verstricken des Spalts mittels eines geteerten Hanfseiles zwischen Rohrende und Muffe zu vermeiden. Abb. 31 zeigt die Abdichtungsmöglichkeit des Spaltes mittels eines Gummiringes, der sich beim Einschieben des Rohrendes in die Muffe mitrollt und durch Verquetschen die Abdichtung herbeiführt. Eine noch günstigere Lösung bei Abwasserrohren nach Abb. 32 zeigt eine in eine Rille eingelassene Lippendichtung und am Grund der Muffe einen zusätzlichen Gummiring. Der Vorteil dieser Lösung gegenüber dem mitrollenden Gummiring liegt darin, daß der Gummi keiner hohen Pressung ausgesetzt ist und durch die flexible Lippe absolute Dichtheit erreicht wird.

Gibault-Kupplung

Diese wurde vom allgemeinen Rohrbau für Asbestzement-Rohre übernommen. Der Aufbau der Kupplung ist aus Abb. 33 ersichtlich. Es geht daraus hervor, daß die beiden Quetschflansche und das Mittelstück, ebenso wie die Zugschrauben aus artfremdem Material (Gußeisen bzw. Stahl) bestehen. Dies ist auch ein Grund dafür, daß die mit Gibault-Kupplungen verbundenen Rohrstränge einer höheren Wartung bedürfen als solche, die mit reinen Asbestzement-Kupplungen verbunden werden. Die Gibault-Kupplung ist

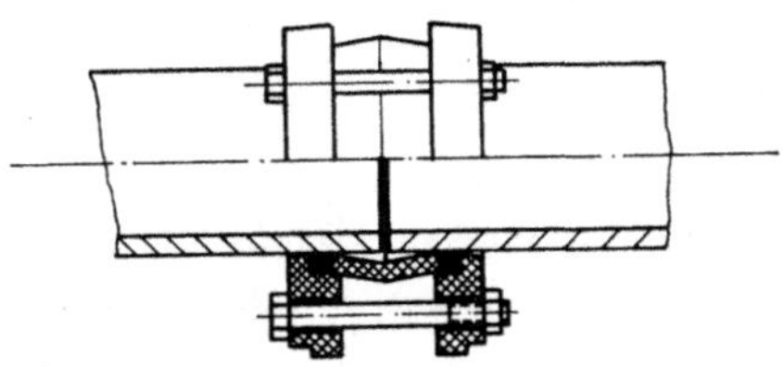

Abb. 33. Gibault-Kupplung

daher für aggressive Böden nicht und für sonstige erdverlegte Leitungen nur bedingt geeignet. Sie ist heute bei Asbestzement-Rohrsträngen kaum noch im Einsatz.

Teilweise aus technologischen Erkenntnissen, meist aber aus patentrechtlichen Erwägungen wurde eine Vielzahl von Kupplungen aus Asbestzement entwickelt. Einige davon sind in den folgenden Beispielen angeführt:

Überschiebe-Rohrverbindungen

Simplex-Kupplung

Die älteste und wohl auch einfachste Überschiebekupplung ist die sogenannte Simplex-Kupplung. Sie besteht aus einem Überschieberohrstück, das ebenfalls aus Asbestzement besteht, mit nach innen weisenden Borden. Durch entsprechendes Verschieben der Kupplung werden die Gummiringe innerhalb der beiden Borde gequetscht, wobei sie sich verformen und dadurch die Abdichtung herbeiführen. Da aus Montagegründen der eine Bord schwächer ist, muß auf dieser Seite nach erfolgter Montage Kitt aufgebracht (Abb. 34) bzw. ein Schraubring als Sicherung (Abb. 35) eingebracht

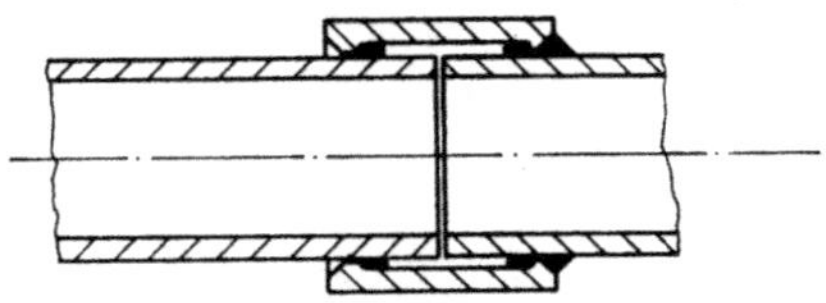

Abb. 34. Simplex-Kupplung

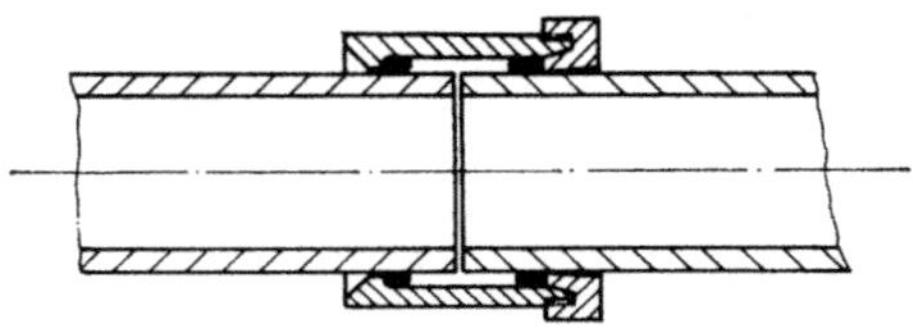

Abb. 35. Simplex-Kupplung mit Schraubring

werden, damit der Gummiring durch den Wasserdruck im Rohrinneren nicht herausgedrückt werden kann. Vor der endgültigen Absicherung der Muffe muß jedoch darauf geachtet werden, daß zwischen den Stirnseiten der Rohrenden ein Spalt von mindestens 5 mm vorhanden ist. Die Simplex-Kupplung erlaubt einen Auslenkungswinkel von maximal etwa 5° pro Rohr, der im einzelnen von der Nennweite abhängt. Diese Beweglichkeit gestattet das Verlegen von Bögen mit größeren Radien in Form von Polygonzügen.

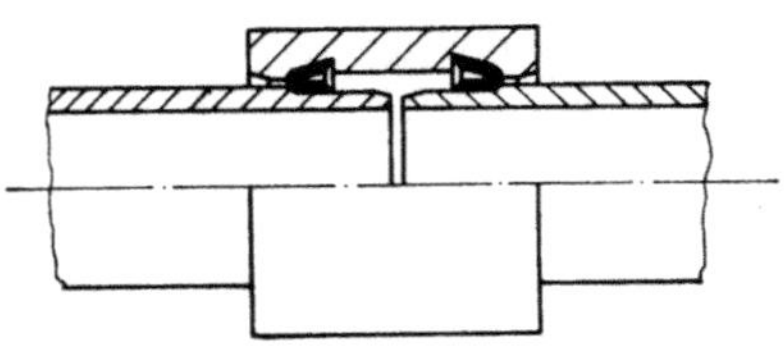

Abb. 36. Super-Simplex-Kupplung

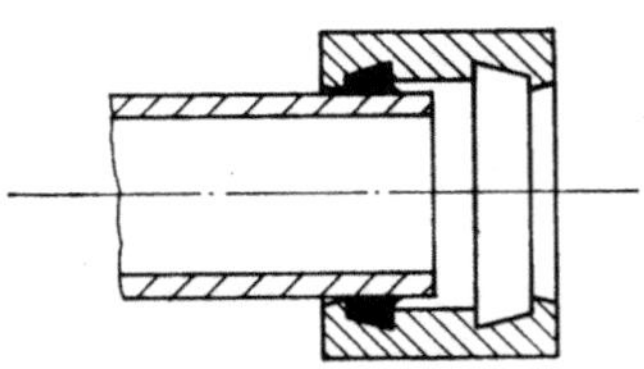

Abb. 37. Reka-Kupplung der Fa. Eternit-Werke L. Hatschek

Ein Nachteil der Simplex-Kupplung besteht darin, daß der Gummiring beim Aufschieben der Muffe gezwungen wird, in breitgedrücktem Zustand zu rollen. Ist nun die Oberfläche des Rohrendes durch Feuchtigkeit oder Verschmutzung schlüpfrig geworden, dann gleiten die Gummiringe über die Rohroberfläche. Das hat dann zur Folge, daß sie im Endzustand nicht in der richtigen Lage ruhen, sondern sich meistens etwas schräg gestellt haben, was zur Undichtheit der Verbindungen führt. Außerdem führt die hohe Pressung des Gummis nach einiger Betriebsdauer zu Ermüdungserscheinungen. Eine italienische Weiterentwicklung der Simplex-Kupplung führt zur sogenannten Super-Simplex-Kupplung (Abb. 36), bei der durch speziell geformte Gummiringe die hohe Pressung und dadurch eine frühzeitige Ermüdung vermieden wird. Die Simplex-Kupplung kann hohe Überdrücke aufnehmen und ist auch bei Unterdruck im Rohrinneren bzw. Überdruck von außen dicht.

Reka-Kupplung

Diese Kupplung, die von der Firma Eternit hergestellt wird, hat lippenförmige Gummidichtringe, die zusätzlich einen keilförmigen Querschnitt aufweisen (Abb. 37). Diese Kupplungen werden auch mit mittlerem Anschlagring geliefert. Der Vorteil dieser Kupplung liegt darin, daß bei Montage nur geringe Verformungsarbeit an den Gummidichtungen geleistet werden muß und daß der Gummiring nicht gequetscht wird. Die Montage wird zusätzlich durch ein Gleitmittel erleichtert. Bei Überdruck im Rohrinneren werden die Gummilippen gegen die Rohraußenwand gepreßt, der Gummiring dichtet infolge seiner keilförmigen Querschnittsausbildung noch stärker ab. Untersuchungen ergaben, daß sich die Reka-Kupplung auch bei Unterdruck im Rohrinneren bzw. Überdruck von außen bewährt hat. Bei Demontage muß ebenfalls Gleitmittel zwischen Gummi und Rohrwand gebracht werden.

Duco-Rapid-Kupplung

Diese wird von der Firma Durit-Werke Kern & Co. hergestellt und gewährt eine einfache, rasche und sichere Verbindung der Rohrenden (Abb. 38). Eine zusätzliche Montagehilfe stellt der mit der Kupplung mitge-

Abb. 38. Duco-Rapid-Kupplung der Fa. Duritwerke Kern & Co.

lieferte Anschlagring in der Kupplungsmitte dar. Dadurch wird eine gleichmäßige Überdeckung der beiden Rohrenden gewährleistet. Bei der Montage wird das Überschieben durch ein Gleitmittel ermöglicht. Bei Demontage muß ebenfalls das Gleitmittel zwischen Gummi und Rohr gebracht werden (mittels dünner Metallstreifen). Abb. 39 zeigt eine abgewandelte Form der Duco-Rapid-Kupplung, die in anglo-amerikanischen Ländern relativ häufig verwendete Ring-Tite-Kupplung. Wie aus der Abbildung ersichtlich, erfordert diese einen höheren Bearbeitungsaufwand an den Rohrenden, bietet jedoch dafür eine sichere Führung der Gummiringe.

Abb. 40 zeigt die Turnall-Kupplung, die im Aufbau noch einfacher als die Simplex-Kupplung ist, bei der sich jedoch die Montageschwierigkeiten durch die Verwendung von Doppelringen je Rohrende addieren. Durch diese unsichere Montage ist diese Kupplungstype nur für Niederdruckleitungen geeignet.

Schraub-Kupplung

Diese Kupplung, die vor allem in England angewendet wird, gewährt mittels der Einschraubteile einen sicheren Sitz der Gummiringe und erlaubt mittels der Konizität der Einschraubteile eine gewisse Auslenkung der Rohre, ebenso ist absolute Sicherheit gegen Über- und Unterdruck gewährleistet. Als Nachteil wäre eigentlich nur die starke Verquetschung der Gummiringe zu vermerken (Abb. 41).

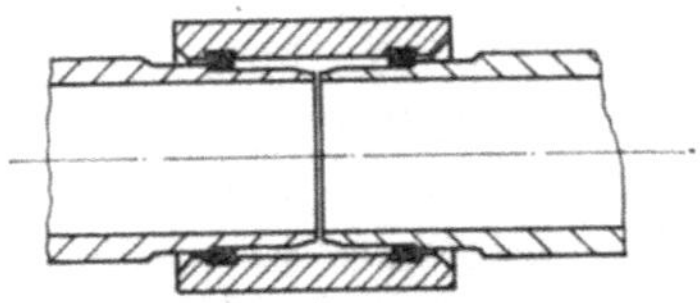

Abb. 39. Ring-Tite-Kupplung von Johns-Manville, USA

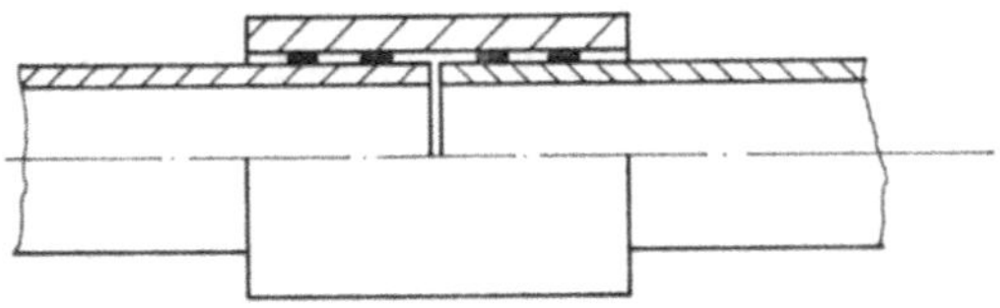

Abb. 40. Turnall-Kupplung. (Aus "The Asbestos-Cement-Pipe" von D. A. Baker, Civil Engineering and Public Works Review, London)

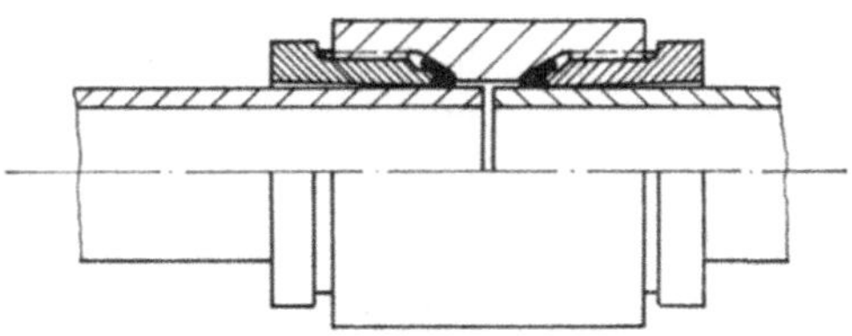

Abb. 41. Schraub-Kupplung. (Aus "The Asbestos-Cement-Pipe" von D. A. Baker)

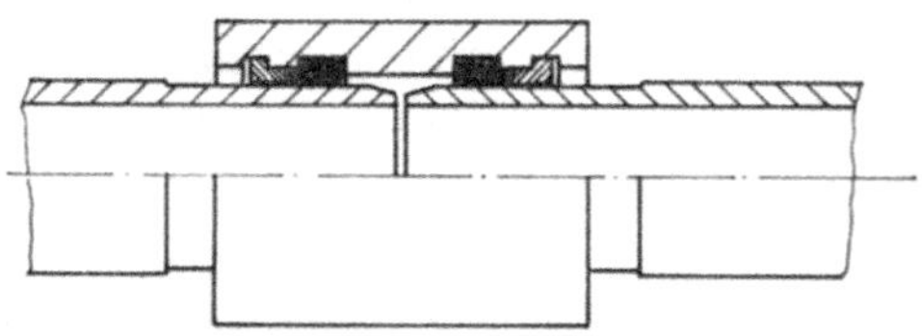

Abb. 42. Widnes-Kupplung. (Aus "The Asbestos-Cement-Pipe" von D. A. Baker)

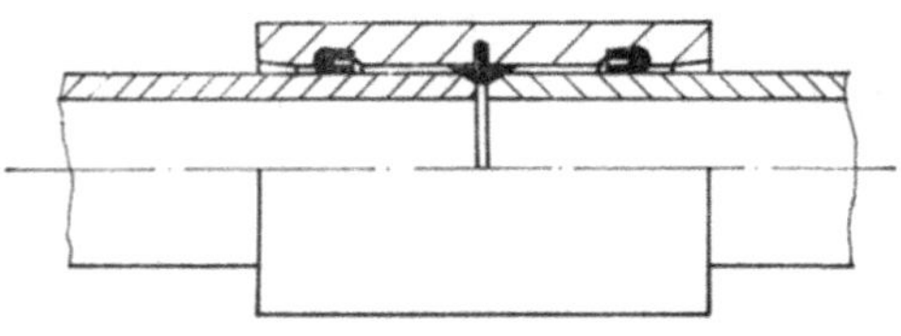

Abb. 43. Triplex-Kupplung. (Aus "The Asbestos-Cement-Pipe" von D. A. Baker)

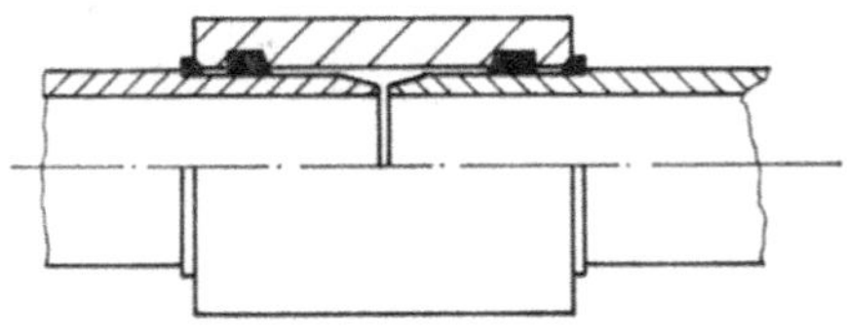

Abb. 44. Self-Tite-Kupplung. (Aus "The Asbestos-Cement-Pipe" von D. A. Baker)

Weitere Kupplungsformen sind in Abb. 42 bis Abb. 44 dargestellt.
Abb. 42 = Widnes-Kupplung
Abb. 43 = Triplex-Kupplung
Abb. 44 = Self-Tite-Kupplung

Infolge des hohen Entwicklungsstandes der Gummitechnik haben die meisten dieser Dichtungen eine für technische Maßstäbe fast unbegrenzte Lebensdauer und sind dicht gegen Über- und Unterdruck.

3. Andere Produkte aus Asbestzement

Angeregt durch die Kombination der vielen vorteilhaften Eigenschaften des Werkstoffes Asbestzement, versucht man diesen auch auf Gebieten

Abb. 45. Moderne Skulpturen aus Asbestzement.
(Aus Internat. Asbestzementrevue ac 5)

außerhalb des Bausektors anzuwenden. So sind zum Beispiel Blumengeschirre, Liegestühle und Gartenmöbel allgemein bekannt. Erwähnenswert wäre noch, daß Asbestzement als Material in der darstellenden Kunst angewendet wird. So zeigt Abb. 45 einige moderne Skulpturen.

Es ist zu erwarten, daß sich dem Werkstoff Asbestzement durch seine vielen hervorragenden Eigenschaften auch in Zukunft weitere neue Anwendungsgebiete erschließen werden.

E. Erzeugung

1. Stoffaufbereitung

Rohmaterialien für Asbestzement sind Asbest, Zement und Wasser. Darüber hinaus werden bei Sonderprodukten, die von Asbestzement abgeleitet werden, zur Erzielung bestimmter Eigenschaften wie geringeres Gewicht und höhere Elastizität oder bestimmte Färbung Zusatz- oder Zuschlagstoffe verwendet. Je nach den nachfolgenden Erzeugungs- und Verarbeitungsverfahren wird der Asbestzement in einer dickflüssigen oder einer pastösen Aufschlämmung bereitet.

Das Mischungsverhältnis von Asbest zu Zement sowie der Grad der Aufschlämmung hängen von der gewünschten Festigkeit des Endproduktes und vom Erzeugungsverfahren ab.

In der Regel werden mehrere Asbestsorten verschiedener Wertigkeit miteinander vermischt, wobei sowohl wirtschaftliche als auch technologische Überlegungen entscheidend sein können.

Zur bestmöglichen Ausnützung des Asbestes ist eine größtmögliche Oberfläche, das heißt eine weitgehende Öffnung der Fasern, notwendig. Es ist ein unvermeidliches Merkmal aller Aufschließungsverfahren, daß die Fasern mehr oder weniger gekürzt werden. Da aber zur Erzielung einer hohen Festigkeit des Asbestzementes möglichst lange Fasern erwünscht sind, muß bei der Aufschließung des Asbestes darauf geachtet werden, daß die Kürzung der Fasern in einem erträglichen Verhältnis bleibt.

Grundsätzlich unterscheidet man bei der Asbestöffnung Verfahren, bei denen der Asbest in trockenem oder halbfeuchtem Zustand aufgequetscht wird (Kollern), und Verfahren, bei denen der Asbest in trockenem Zustand aufgeschlagen wird (Desintegratoren, Mühlen, Willow, Perplex u. dgl.) sowie Verfahren, die eine Kombination von Quetschen und Schlagen darstellen (Stangenmühlen), und Verfahren, bei denen der Asbest mit oder ohne Zement in Wasser aufgeschlämmt und dann bei der Verwirbelung hydraulisch und mechanisch aufgeschlossen wird.

Für den Zement werden eine entsprechende chemische und mineralogische Zusammensetzung und Mahlfeinheit verlangt. Üblicherweise wird in der Aufbereitung ein Zementsilo vorgesehen, der den Bedarf eines Tages deckt und aus dem dann der Zement zur Wiegung abgezogen und zur Mischung mit dem Asbest gebracht wird. Ältere Aufbereitungen oder solche kleiner Werke, die nicht mit automatischen Wiegelagern arbeiten, bringen den Zement in Säcken zum Einsatz.

Da bei einer Hochleistungsproduktion die Fabrikation sehr empfindlich gegen jegliche Schwankungen gegen Rohmaterial ist und das Verhalten des Zementes von seinem aktiven Zustand beeinflußt wird, haben moderne Fabriken Wochensiloanlagen, in denen der Zement nach jeder neuen Anlieferung durchmischt wird, um eine Vergleichmäßigung zu gewährleisten.

Das Wasser ist ein wichtiger Bestandteil bei der Erzeugung von Asbestzement. Während das fertige Produkt unmittelbar nach Verlassen der Erzeugungsmaschine im Durchschnitt einen Trockenstoffanteil von 75%

(den man bei mehrstündiger Trocknung bei ca. 110° C erhält) und somit einen Gehalt von freiem Wasser von 25% hat, hat der Stoff vor Beschickung der Erzeugungsmaschine bei Verfahren, die mit dickflüssigen oder pastösen Stoffen arbeiten, einen Wasseranteil von 60 bis 70% und bei Verfahren, die mit dünnflüssigem Stoff arbeiten, einen Wasseranteil von etwa 88 bis 94%.

Bei Verfahren, die mit dickflüssigem Stoff arbeiten, handelt es sich zumeist um solche mit geringer Produktionsleistung. Eine Abflußrohrmaschine mit einer Tagesproduktion von 5 bis 10 t würde demnach etwa 1,25 bis 2,5 t Wasser für das Produkt verbrauchen, während der Stoff vor der Verarbeitung bis 8,75 bzw. 17,5 t Wasser enthält. Durch Absaugung und Ausquetschen werden also täglich bis zu 7,5 bzw. 15 t Wasser aus dem Produkt entfernt.

In der Regel verzichtet man auf die Rückgewinnung dieses Wassers und nur in wasserarmen Gegenden sollte auch dieses Abwasser der Produktion wieder zugeführt werden. Bei einer Anlage, die mit einem Verfahren mit dünnflüssigem Stoff arbeitet, beispielsweise bei einer normalen Plattenanlage mit Dreizylinder-Hatschek-Maschine, ist die Bedeutung des Produktionswassers in qualitativer als auch in quantitativer Hinsicht wesentlich größer.

Legt man beispielsweise eine Tagesproduktion von 120 t zugrunde, so werden mit dem Produkt täglich etwa 30 t Wasser verbraucht. Für unsere Überlegungen nehmen wir an, daß das Stoffgemisch im Siebzylinderkasten vor der Beaufschlagungder Siebzylinder einen Trockenstoffanteil von 10%, das ablaufende Stoffwasser nach Durchtritt durch die Siebzylinder einen Trockenstoffanteil von 3% hat.

Der tägliche Durchsatz an für die Erzeugung verbrauchtem Trockenstoff beträgt 90 t. Dieser Trockenstoff wäre bei 10%iger Konsistenz (Gewichtsanteil des Trockenstoffes) in 810 t Wasser aufgeschlämmt. Das tatsächlich für die Produktion verbrauchte Wasser beträgt daher ca. 4% des täglichen Wasserumlaufes.

Es ist verständlich, daß schon aus quantitativ wirtschaftlichen Erwägungen das überschüssige Produktionswasser rückgewonnen wird. Dazu kommt, daß Frischwasser, welches noch nicht mit CaO gesättigt ist, aus dem abbindenden Zement Kalk auslöst und damit die Festigkeit beeinträchtigt.

Es sind also auch technologische Erwägungen, die dazu führen, daß man mit einer kleinen, immer wieder umlaufenden Wassermenge arbeitet, bei der nur der Wasserverbrauch, der bei der Produktion entzogen wird, durch Frischwasser ersetzt wird.

Für den angenommenen Fall mit einer Produktionsleistung von 120 Tagestonnen arbeitete man bisher meist mit einem geschlossenen Wasserkreislauf, dessen Gesamtwasserinhalt ca. 60 bis 100 t betrug. Stündlich werden ca. 1,25 t Frischwasser zugeführt.

Das Produktionswasser soll eine Wasserhärte von mindestens 10 bis 20 deutsche Grade haben, und es ist zweckmäßig, wenn etwa nach Reinigung des Wassersystems das Umlaufwasser zur Gänze mit Frischwasser aufgefüllt wird, eine entsprechende Menge Kalk im Wasser aufzulösen, um diese Härte zu erreichen.

a) Stoffaufbereitung für Naßverfahren

Bei den Naßverfahren werden der Asbestzement und der Zement vor der Verarbeitung in Wasser aufgeschlämmt, wobei in jedem Fall ein fließfähiges Gemisch erzielt wird, welches bei Verfahren wie dem Magnani-Verfahren für Abflußrohre oder dem Salvaneschi-Verfahren zur Erzeugung von Platten dickflüssig, bei der Erzeugung von Rohren und Platten auf Rundsiebmaschinen dünnflüssig ist. Im Laufe der Zeit wurde bei den verschiedenen Firmen eine Vielzahl von Aufbereitungssystemen entwickelt, die sich jedoch in wesentlichen Punkten ähnlich sind. Einige typische Beispiele für die Trocken- und die Naßaufbereitung für die wirtschaftlich bedeutendsten Naßverfahren sind in den beiden folgenden Abschnitten behandelt.

α) Trockenaufbereitung

Bei der Trockenaufbereitung wird der Asbest in trockenem Zustand mit Kollergang oder Schlagmühle geöffnet und in trockenem Zustand mit dem

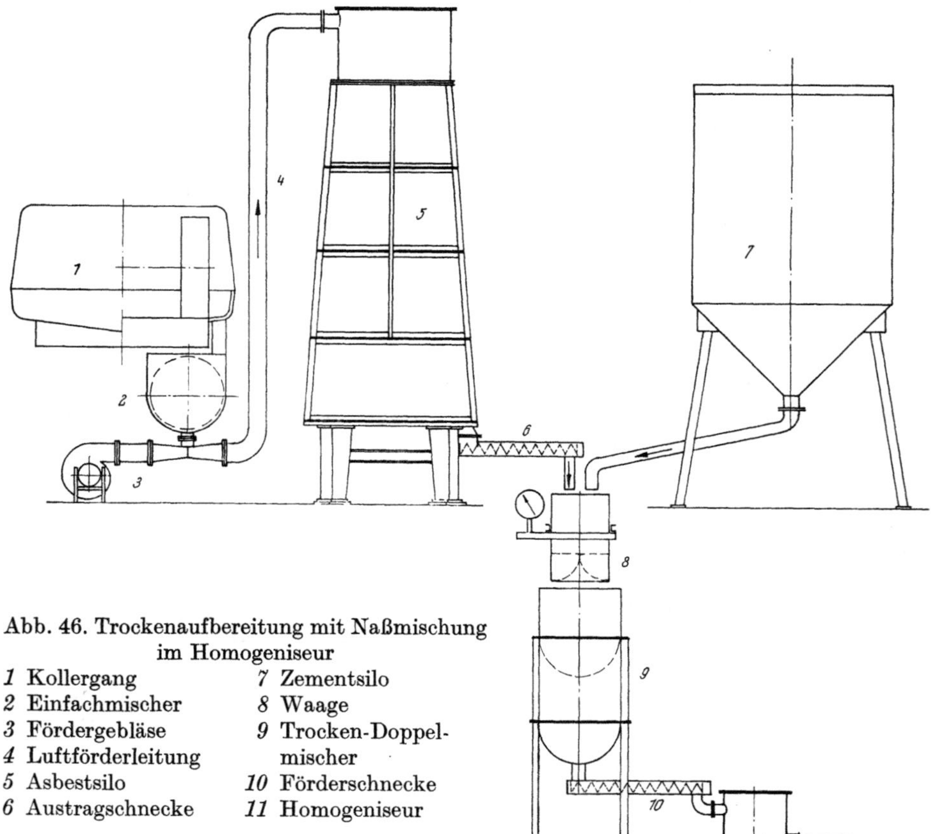

Abb. 46. Trockenaufbereitung mit Naßmischung im Homogeniseur

1 Kollergang
2 Einfachmischer
3 Fördergebläse
4 Luftförderleitung
5 Asbestsilo
6 Austragschnecke
7 Zementsilo
8 Waage
9 Trocken-Doppelmischer
10 Förderschnecke
11 Homogeniseur

Zement vermischt. Die Trockenmischung wird dadurch ermöglicht, daß bei geöffneten Asbestfasern bei weiterem Rühren eine Entmischung des Asbestzementes nicht erfolgt. Erst unmittelbar vor der Verarbeitung werden der trocken gemischte Asbest und Zement mit dem Produktionswasser verrührt.

Ein System einer Trokkenaufbereitung ist in Abb. 46 dargestellt. Die Anlage besteht aus einem Kollergang (Abb. 47 u. 48), einem Einfachmischer, einem Fördergebläse mit anschließender Luftförderleitung, einem Asbestsilo mit Austragschnecke, einer Zweikomponentenwaage, einem Trockendoppelmischer, in dem der Asbest mit dem Zement vermischt wird. An den Doppelmischer schließt eine Austragschnecke mit regelbarer Fördergeschwindigkeit, die den trockenen Asbestzement in einen Homogeniseur (Abb. 49) fördert, in dem die Vermischung mit dem Produktionswasser erfolgt.

Abb. 47. Kollergang für Asbest, Blick in die offene Schüssel. (Photo von F. L. Smidth, Kopenhagen)

Der Asbestaufschließung im Kollergang muß besondere Beachtung geschenkt werden, da bei unkorrekter Einstellung des Schabers zum Kollergangboden der Asbest hinter dem Schaber hergezogen und nicht durch die Kollersteine verarbeitet wird. Dies vermindert den Aufschließungsgrad und infolgedessen auch die Plastizität des Produktes, so daß beispielsweise bei der Erzeugung von Wellplatten während des Wellvorganges Rißbildung auftreten kann.

Vor der Einbringung in den Kollergang — oft auch ohne nachfolgende Kollerung — wird der Asbest mit einer Öffnungsmühle behandelt. Abb. 50 und 51 zeigen eine Durchlaufmühle mit gutem Fiberisationseffekt.

In der ursprünglichen Anordnung einer Trockenaufbereitung, wie sie in Amerika entwickelt wurde, wird der Asbestzement-Schlamm vom Homogeniseur direkt zu den Siebzylindern der Plattenmaschine oder der Rohrmaschine geleitet. In einer späteren Variante ist zwischen Homogeniseur und Produktionsmaschine ein Rührwerk oder eine Rührbütte vorgesehen, die eine Vorhaltung des Asbestzementes bewirken soll, so daß die Hydratation des Asbestzementes schon vor der Verarbeitung beginnt.

Der Doppelmischer stellt das Übergangsglied vom diskontinuierlichen zum kontinuierlichen Teil der Aufbereitung dar. In der Waage werden der

Abb. 48. Kollergang mit Staubhaube für Beschickung mittels Förderbands, mit pneumatisch betätigtem Entleerungsschieber und Naßkollereinrichtung. (Photo von Ph. Kurtz, Eisenwerk, Hasloch a. Main)

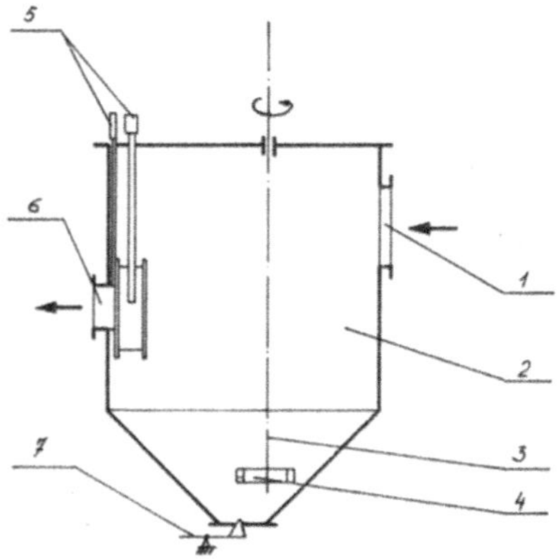

Abb. 49. Homogeniseur
1 Einlaß *5* Auslaßschieber
2 Mischbehälter *6* Auslaß
3 Rührerwelle *7* Bodenverschluß
4 Rührer

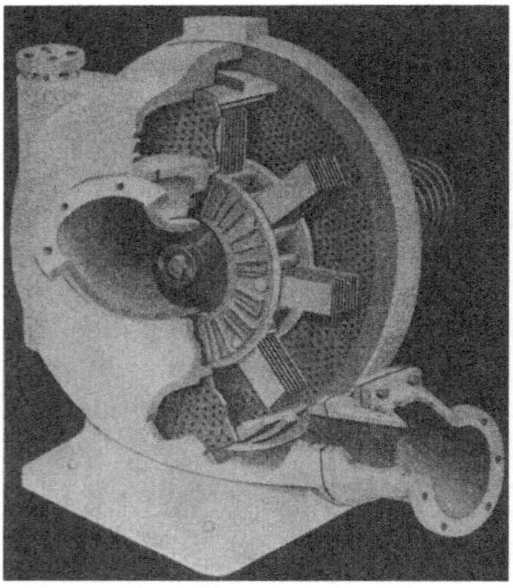

Abb. 50. Superplex-Kühlstrommühle mit Tellersieb, von Alpine AG, Augsburg

Abb. 51. Superplex-Kühlstrommühle in Spezialausführung zur Asbestöffnung mit Ringspaltblenden, von Alpine AG, Augsburg

Asbest und der Zement chargenweise in dem der gewünschten Mischung entsprechenden Verhältnis verwogen und aus der Waage in den oberen Behälter des Trockenmischers entleert. Hier erfolgt dann etwa 5 bis 10 Minuten lang die Vermischung der beiden Komponenten. Sobald der untere Behälter des Doppelmischers annähernd entleert ist, wird der Asbestzement aus dem oberen in den unteren Behälter entleert. Aus dem unteren Behälter erfolgt der kontinuierliche Austrag mit der Förderschnecke zum Homogeniseur. Der Wasserzulauf zum Homogeniseur sowie die Förderung des trockenen Asbestzementes zu demselben werden von Haus aus entsprechend der gewünschten Produktionsgeschwindigkeit und Konsistenz geregelt. Natürlich ist es auch möglich, die Anlage vollautomatisch zu erstellen.

β) Naßaufbereitung

Das wesentliche Merkmal der Naßaufbereitung besteht darin, daß der Asbest zunächst in Wasser geöffnet und aufgeschlämmt wird und erst

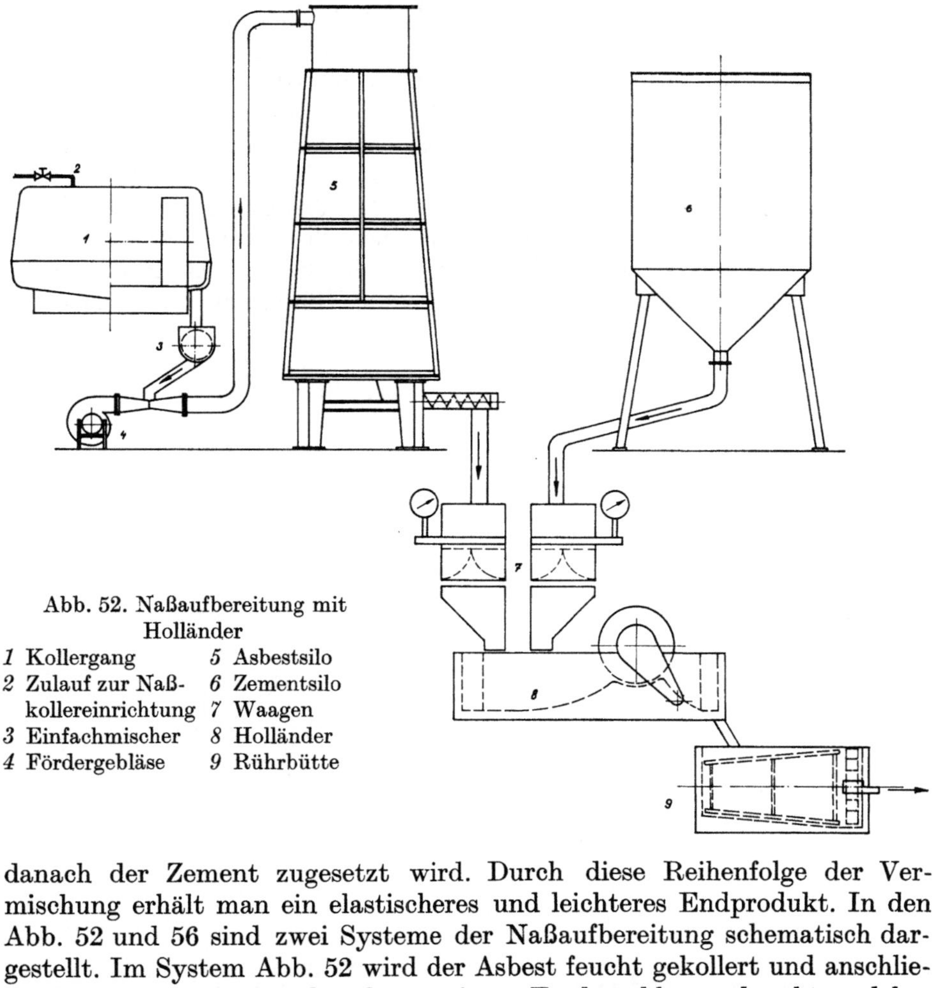

Abb. 52. Naßaufbereitung mit Holländer

1 Kollergang
2 Zulauf zur Naßkollereinrichtung
3 Einfachmischer
4 Fördergebläse
5 Asbestsilo
6 Zementsilo
7 Waagen
8 Holländer
9 Rührbütte

danach der Zement zugesetzt wird. Durch diese Reihenfolge der Vermischung erhält man ein elastischeres und leichteres Endprodukt. In den Abb. 52 und 56 sind zwei Systeme der Naßaufbereitung schematisch dargestellt. Im System Abb. 52 wird der Asbest feucht gekollert und anschließend mit einer Förderschnecke zu einem Fördergebläse gebracht, welches ihn in einen Asbestsilo bläst. Vom Asbestsilo kommt der Asbest in eine Waage und von dort in einen Holländer (Abb. 53). In einer zweiten, ebenfalls über dem Holländer befindlichen Waage wird die Zementcharge verwogen. In den Holländer wird das Produktionswasser chargenweise eingebracht und zunächst der Asbest allein und erst nach einer bestimmten Durchlaufzeit der Zement zugesetzt. Nach beendeter Öffnung und Mischung wird der Asbestzement-Schlamm in eine Rührbütte entleert, die das Übergangsglied zwischen diskontinuierlichem und kontinuierlichem Teil der Aufbereitung darstellt, und wird von dort zur Platten- oder Rohrmaschine gefördert.

Abb. 53. Holländer

Während der Holländer beispielsweise in der Papierindustrie vor allem zur mechanischen Zerkleinerung dient, ist seine Aufgabe bei der Verarbeitung von Asbestzement eine Aufschließung der Fasern unter größtmöglicher Schonung der Faserlänge. Es wird daher die Holländerwalze zum Grundwerk bei der Erzeugung von Asbestzement mit einem Spalt von etwa 4 bis 5 mm angestellt. Nach Ansicht des Verfassers beruht die Auflösungswirkung in den hydraulischen Stößen, die sich durch die Volumensvergrößerung und

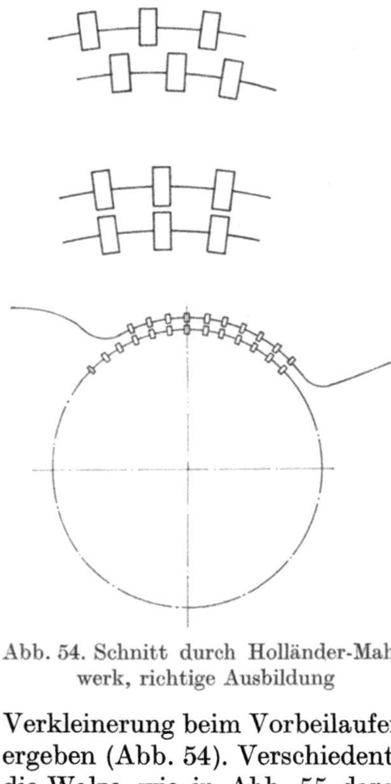

Abb. 54. Schnitt durch Holländer-Mahlwerk, richtige Ausbildung

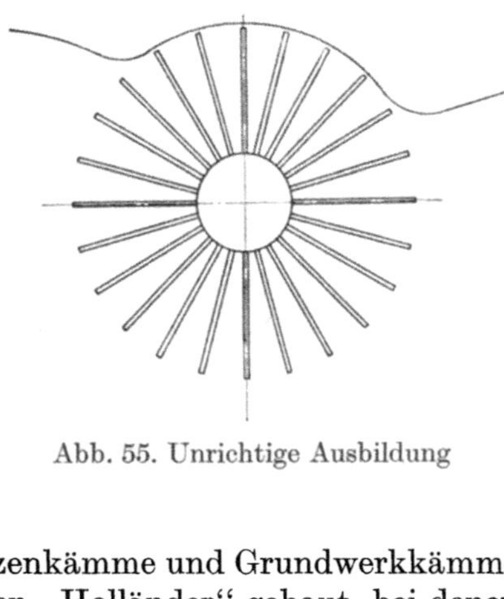

Abb. 55. Unrichtige Ausbildung

Verkleinerung beim Vorbeilaufen der Walzenkämme und Grundwerkkämme ergeben (Abb. 54). Verschiedentlich wurden „Holländer" gebaut, bei denen die Walze, wie in Abb. 55 dargestellt, ausgeführt wurde. Diese Holländer

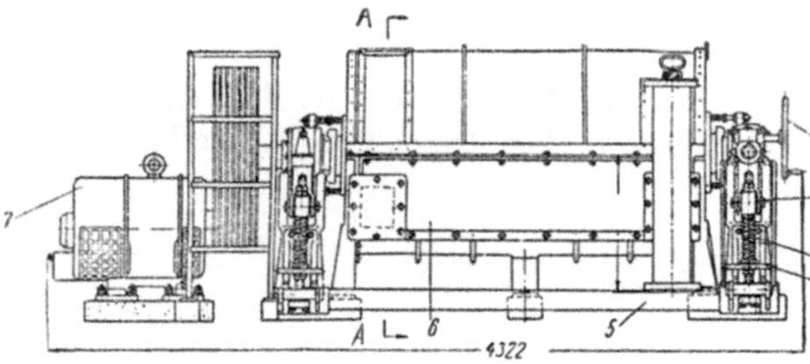

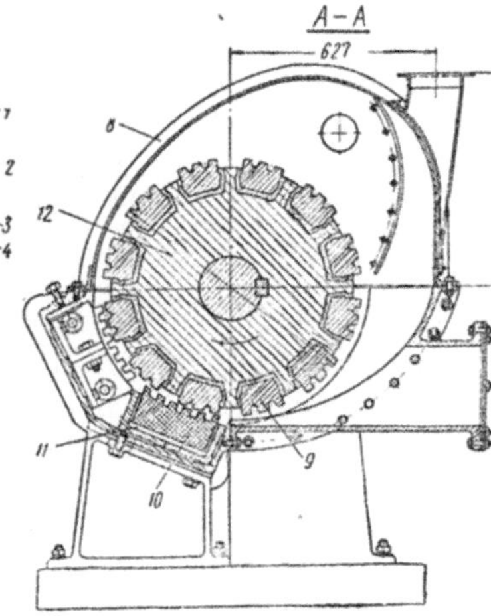

Abb. 56. Aufbereitungsmaschine SM 729.
(Aus Strojtelnij Material)

1, 2, 3, 4 Anstellmechanismus für den Rotor (Spalteinstellung)
5 Grundrahmen
6 Grundwerkskasten
7 Antriebsmotor
8 Gehäuseoberteil
9 Kammleisten
10 Grundwerkseinsatz
11 Dämpfungsplatte
12 Rotor

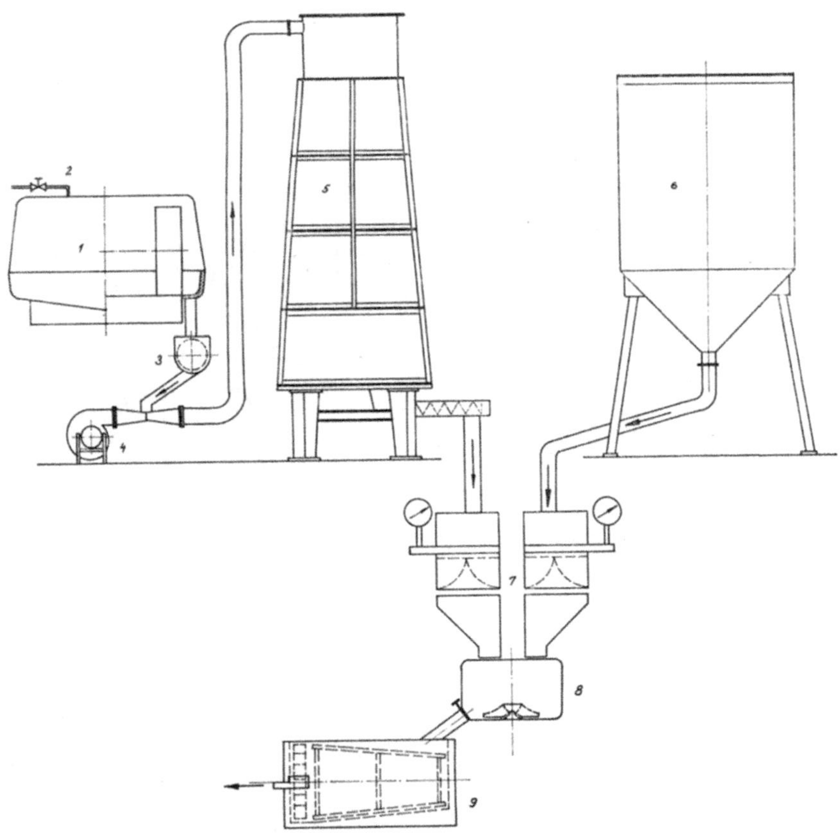

Abb. 57. Naßaufbereitung mit Turbopulper

1 Kollergang
2 Zulauf zur Naßkollereinrichtung
3 Einfachmischer
4 Fördergebläse
5 Asbestsilo
6 Zementsilo
7 Waage
8 Turbopulper
9 Rührbütte

arbeiten dann wohl als Mischer, doch geht der Holländereffekt dabei vollkommen verloren.

Die in Abb. 56 dargestellte Aufbereitungsmaschine SM 729, entwickelt vom wissenschaftlichen Forschungsinstitut für Maschinen in der Baustoff-

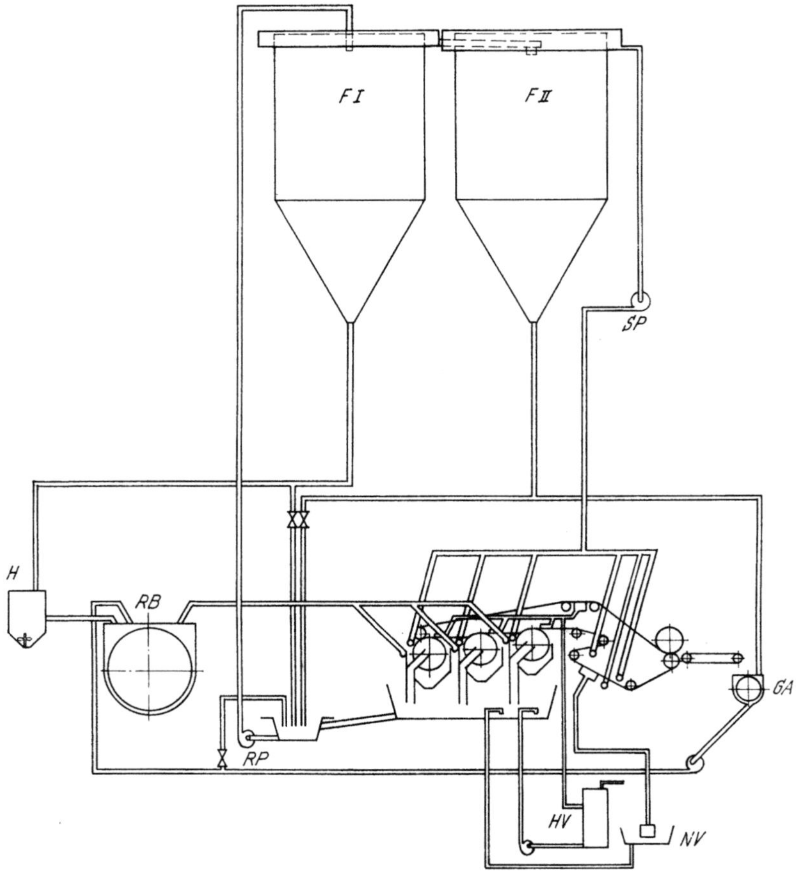

Abb. 58. System eines Wasserkreislaufes mit zwei großen Absetztrichtern

F I Filterwassertank I
F II Filterwassertank II
H Homogeniseur
RB Rührbütte
SP Spritzwasserpumpe
GA Grünabfallauflöser
HV Hochvakuumanlage
NV Niedervakuumanlage
RP Rückwasserpumpe

industrie in den SU, fußt auf dem Prinzip von Holländerwalze und Grundwerk, ohne den Umlauftrog des Holländers beizubehalten. Die Leistung der dargestellten Maschine beträgt 1,5 t/Stunde.

In der Naßaufbereitung nach Abb. 57 erfolgt die Vermischung des Asbestzementes in einem Turbopulper. Hier wird ebenfalls zuerst das Wasser eingebracht und anschließend einige Minuten — je nach Asbestsorte — der Asbest geöffnet. In der Schlußphase wird der Zement zugesetzt und mit dem Asbest vermischt. Aus dem Turbopulper wird der Asbestzement-Schlamm in die Rührbütte entleert.

In der Naßaufbereitung nach Abb. 152, S. 226, erfolgt die Naßmischung in einem Rührwerk, wobei die eigentliche Agitation durch eine Umpump-

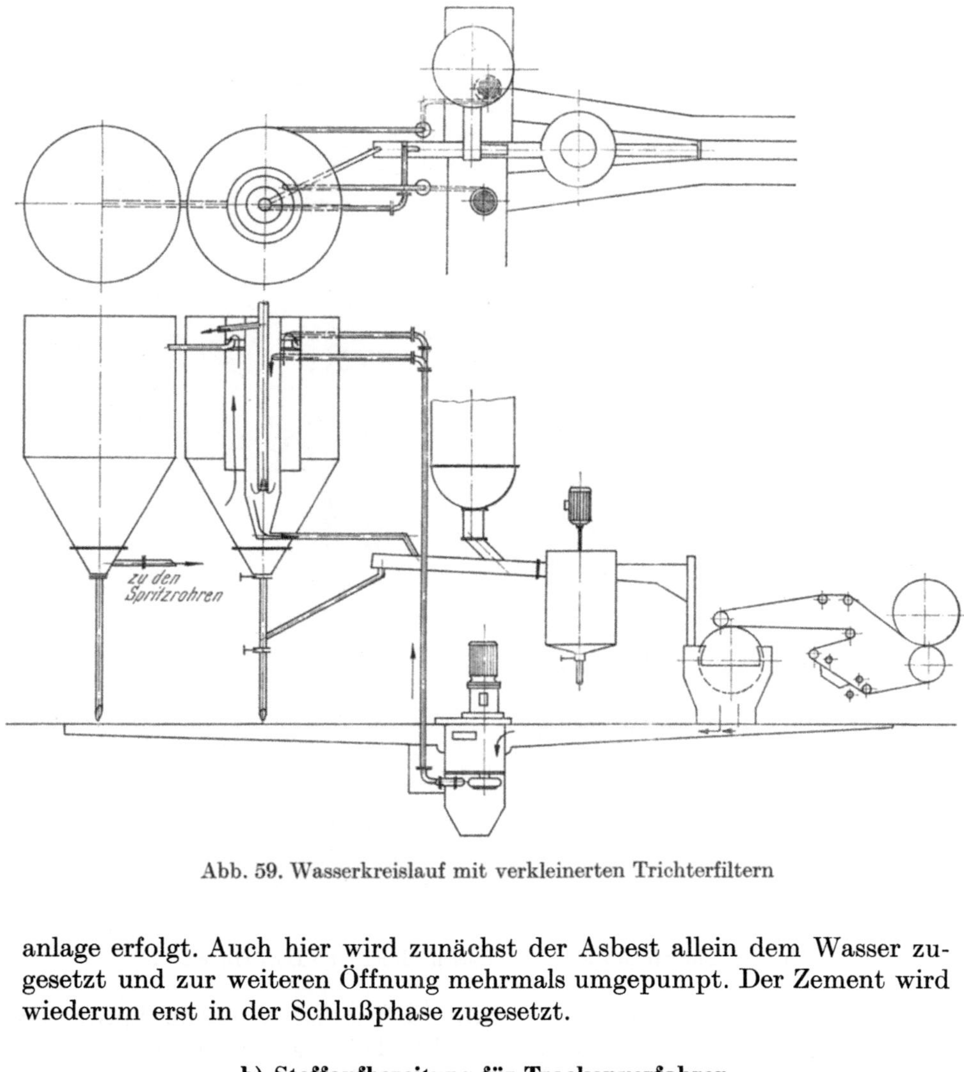

Abb. 59. Wasserkreislauf mit verkleinerten Trichterfiltern

anlage erfolgt. Auch hier wird zunächst der Asbest allein dem Wasser zugesetzt und zur weiteren Öffnung mehrmals umgepumpt. Der Zement wird wiederum erst in der Schlußphase zugesetzt.

b) Stoffaufbereitung für Trockenverfahren

Bei den Stoffaufbereitungen für Trockenverfahren wird der Asbest mit einem Kollergang bzw. einem Desintegrator, einer Perplexmühle oder einem Willow aufgeschlossen und in einem Trockenmischer mit dem Zement vermischt. Der trockene Asbestzement-Stoff wird dann meist mit Bürsten auf den Produktionsfilz abgeworfen. Grundsätzlich ist die trockene Mischung von Asbestzement im technischen Mischungsverhältnis ohne weiteres möglich, da ja Asbest auch in trockenem Zustand den Zement trägt.

c) Wasserfilterung

Wie bereits erwähnt, wird vor allem bei den wirtschaftlich bedeutendsten Naßverfahren, bei welchen mit großem Wasserüberschuß gearbeitet wird, das Produktionswasser im geschlossenen Kreislauf geführt und nur das mit der Produktion abgehende Wasser durch Zusatz von Frischwasser ersetzt.

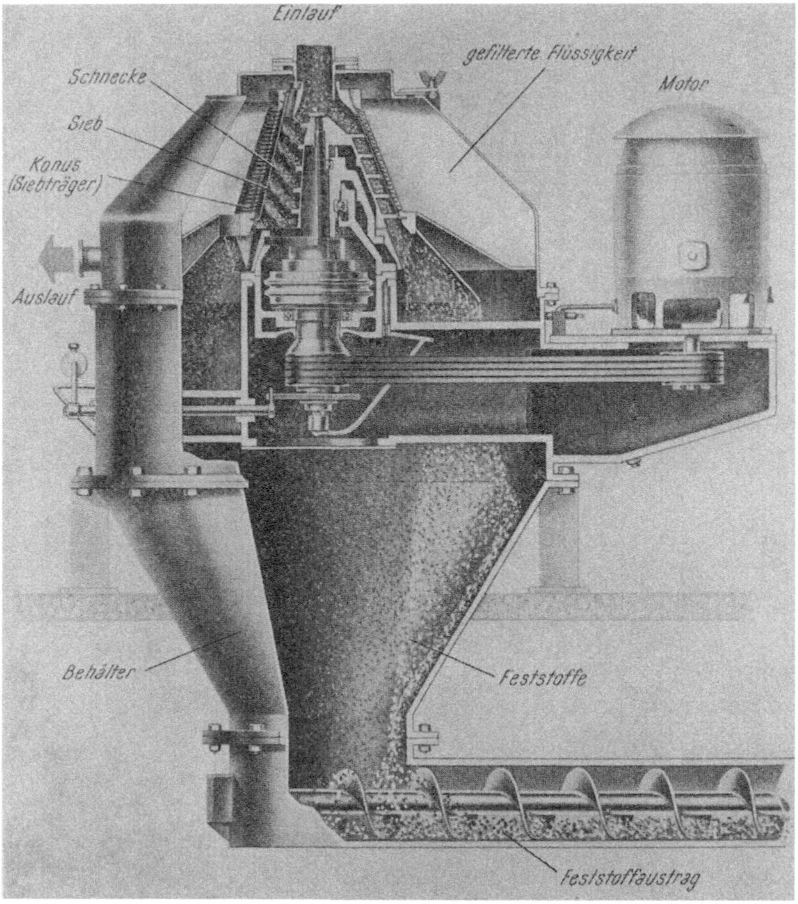

Abb. 60. Zentrifuge zur Feststoffabscheidung, von Dorr-Oliver, USA

Da ein Großteil des Produktionswassers zur Beaufschlagung der Spritzrohre benötigt wird und dieses Wasser zur Reinhaltung der Spritzdüsen oder Spritzbohrungen Asbest oder Zement nicht oder nur in Spuren enthalten darf, das von der Platten- oder Rohrmaschine ablaufende Rückwasser jedoch etwa 2 bis 4% Feststoffe enthält, ist eine Filterung des Wassers erforderlich. Die einfachste und betriebssicherste Methode der Filterung ist die Klärung des Wassers in großen Absetztrichtern. Ein System eines solchen Wasserkreislaufes ist in Abb. 58 dargestellt. Zur Erzielung eines hohen Reinigungseffektes sind große Querschnitte notwendig, wodurch sich ein großer Gesamtinhalt des Wasserkreislaufes ergibt. Im Hinblick auf die im

Kapitel „Hydratationsalter" S. 167 ff. behandelte Erstarrung des mit umlaufenden Zementes stellt der große Wasserinhalt einen Nachteil dar, der — meist aus anderen Überlegungen, wie Raumbedarf und Investitionskosten — bei der in Abb. 59 dargestellten Wasserfilterungsanlage wesentlich verringert wurde. Eine andere Möglichkeit der Wasserfilterung stellt beispielsweise die Abscheidung des im Rückwasser vorhandenen Asbestzementes in Zentrifugen dar, wie sie von der Firma Dorr-Oliver entwickelt wurde (Abb. 60).

In diesem Zusammenhang sei auch auf die Schwierigkeiten bei der Leitungsführung für das Rückwasser hingewiesen, die sich aus der Neigung des Asbestzementes zum Zuzementieren ergeben. Sackbildungen und Verengungen sowie jähe Krümmungen müssen weitgehendst vermieden und Reinigungsmöglichkeiten an gefährdeten Stellen vorgesehen werden. In den letzten Jahren hat sich die Verwendung von Gummischläuchen für die Rückwasserführung immer mehr durchgesetzt, da in solchen Leitungen eine Reinigung der Rohrwände und gegebenenfalls ein Auflösen von Propfen durch einfaches Abklopfen möglich sind.

2. Plattenerzeugung

a) Plattenerzeugung im Naßverfahren

Das verbreitetste Verfahren zur Erzeugung von Asbestzement-Platten ist das Hatschek-Verfahren, welches von der Pappenerzeugung abgeleitet wurde. Das Prinzip der Rundsiebmaschine nach Hatschek ist in Abb. 61

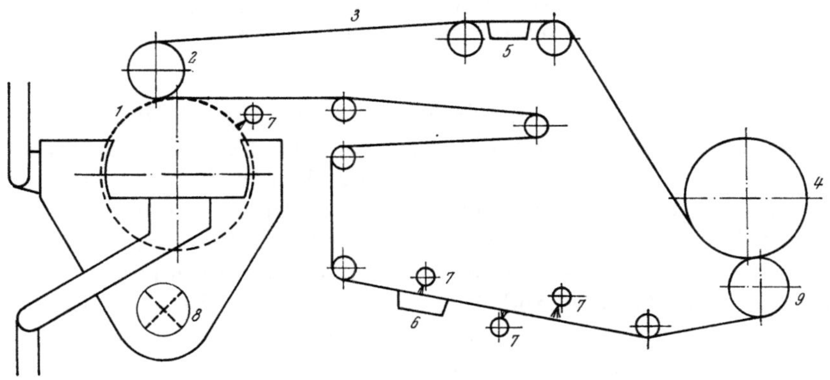

Abb. 61. System der Rundsieb-Plattenmaschine nach L. Hatschek

1 Siebzylinder
2 Gautschwalze
3 Produktionsfilz
4 Formatwalze
5 Hauptsauger
6 Waschsauger
7 Spritzrohre
8 Rührer
9 Brustwalze (Antriebswalze)

dargestellt. Der Asbestzement-Schlamm wird in einen Siebzylinderkasten eingeleitet, in dem ein Rundsiebzylinder eintaucht, dessen seitliche Ränder gegen die Wände des Siebkastens abgedichtet sind, und in den der Asbestzement-Schlamm von außen nach innen eintritt. Eine moderne Ausführung eines Rundsiebzylinders ist in Abb. 62 dargestellt. Der Feststoff bleibt dabei zum Großteil auf der Oberfläche der Siebbespannung liegen, während das im Inneren des Siebzylinders anfallende Abwasser, welches nur noch geringe Feststoffreste enthält, durch seitliche Öffnungen im Siebkasten abgeleitet wird. Über den Siebzylinder wird ein endloses Filzband gezogen, welches mit einer gummierten Gautschwalze auf den Siebzylinder gedrückt wird

Abb. 62. Rundsiebzylinder zur Plattenerzeugung, Durchmesser 1000 mm, Arbeitsbreite 1500 mm. (Photo von Hutter-Schrantz AG, Wien)

und dabei den Siebzylinder zur drehenden Bewegung mitnimmt. Unter der Wirkung des Gautschdruckes gibt der Siebzylinder das Asbestzement-Vlies an das Filzband ab. Vor dem Wiedereintauchen in das Stoffbad wird der Siebzylinder mittels eines Spritzrohres von Stoffresten gereinigt. Das Filzband mit dem Stoffvlies wird dann über einen Saugkasten geführt, wo dem Stoff durch Vakuum ein Großteil des Wassergehaltes entzogen wird. Anschließend läuft das Filzband über eine als Antrieb dienende Brustwalze, wobei gleichzeitig eine Formatwalze aus Stahl oder Gußeisen auf das Filzband drückt. Dabei wird das Stoffvlies von der Formatwalze aufgenommen und in mehreren Lagen spiralig bis zur Erreichung der gewünschten Dicke auf die Formatwalze aufgewickelt. In der ursprünglichen Ausführung befindet sich in der Formatwalze eine Nut längs einer Erzeugenden des Zylindermantels. Sobald die gewünschte Dicke erreicht ist, fährt man längs dieser Nut mit einem Stock unter das gewickelte Asbestzement-Rohr und reißt dieses auf. Das Asbestzement-Rohr fällt von der Formatwalze ab und läuft als Platte aus der Maschine heraus. Bei modernen Plattenmaschinen arbeitet man mit mehreren, hintereinander angeordneten Siebzylindern und automatischen Abschlageinrichtungen zum Aufschneiden der Rohre an der Formatwalze.

Eine moderne Anlage zur Erzeugung von Asbestzement-Platten ist in der Projektzeichnung Abb. 63 dargestellt. Die Funktion dieser Anlage ist im Folgenden beschrieben.

Der Asbest wird in der gewünschten Mischung händisch in den Kollergang aufgegeben. Für eine differenzierte Mischungsfestlegung ist bei der Kollergangeingabe eine schwenkbare Behälterwaage vorgesehen. Im Kollergang wird der Asbest bis zu einem Wassergehalt von 30% befeuchtet und je nach Anlieferungszustand und physikalischen Eigenschaften 5 bis 15 Minuten lang gemahlen.

Der gekollerte Asbest wird in einen unter der Kollergangschüssel befindlichen Einfachmischer ausgetragen, der als Pufferbehälter dient. Von hier wird der Asbest chargenweise über eine Förderschnecke, einen Elevator und eine weitere Förderschnecke zur Asbestwaage gefördert. Nachdem in den Wiegebehälter eine voreingestellte Asbestmenge gelangt ist, wird die Förderung abgestellt.

Der Zement wird aus einem Tagessilo entnommen und bis zu Erreichen des voreingestellten Gewichtes mit zwei pneumatischen Förderrinnen und einem Elevator in die Zementwaage gefördert.

Das für die Naßmischung erforderliche Produktionswasser wird ebenfalls chargenweise bereitgestellt. Gefiltertes Wasser wird in den Meßtrichter I und Dickschlamm enthaltendes Wasser aus der Spitze des Trichterfilters in den Meßtrichter II gefüllt.

Die Naßmischanlage besteht im wesentlichen aus einem Rührwerk und einer Umpumpanlage. Zunächst wird in das Rührwerk gefiltertes Wasser aus dem Trichterfilter I gefüllt, dann kommt der Asbest dazu, und das Umpumpen des Asbestwassergemisches beginnt. Dabei wird der Asbest weiter aufgelöst und im Produktionswasser gleichmäßig verteilt. In der letzten Phase des Mischvorganges wird Zement zugesetzt.

Nach dem Umpumpen wird das Stoffwasser in das Rührwerk II gefördert, welches als Übergangsstufe von der diskontinuierlichen Aufbereitung zur kontinuierlichen Stofförderung zur Plattenmaschine dient. Vom Rührwerk II kommt das Stoffwasser in den Misch- und Verteilungsbehälter, in welchem auch ein Teil des Rücklaufwassers als Verdünnungswasser eingeführt wird. Hier wird das Stoffwasser auf die gewünschte Konsistenz gebracht. In dem über den Mischbehälter befindlichen Verteilkopf wird der Stoff gleichmäßig auf die Stoffzuführungsleitungen zu den Siebzylinderkasten verteilt.

Das bei der Plattenmaschine anfallende Rückwasser (Ablaufwasser von den Siebzylindern, Ablaufwasser von der Filzwaschanlage, Quetschwasser von der Formatwalzenauflage, Rückwasser von der Hochvakuumanlage und von der Waschsauganlage) wird unter der Plattenmaschine gesammelt und der Hauptrückwasserpumpe zugeführt, welche das Rückwasser teilweise in den Mischbehälter und teilweise in den Trichterfilter fördert.

Eine Spritzwasserpumpe fördert gefiltertes Wasser mit einem entsprechenden Druck zu den Spritzrohren der Plattenmaschine.

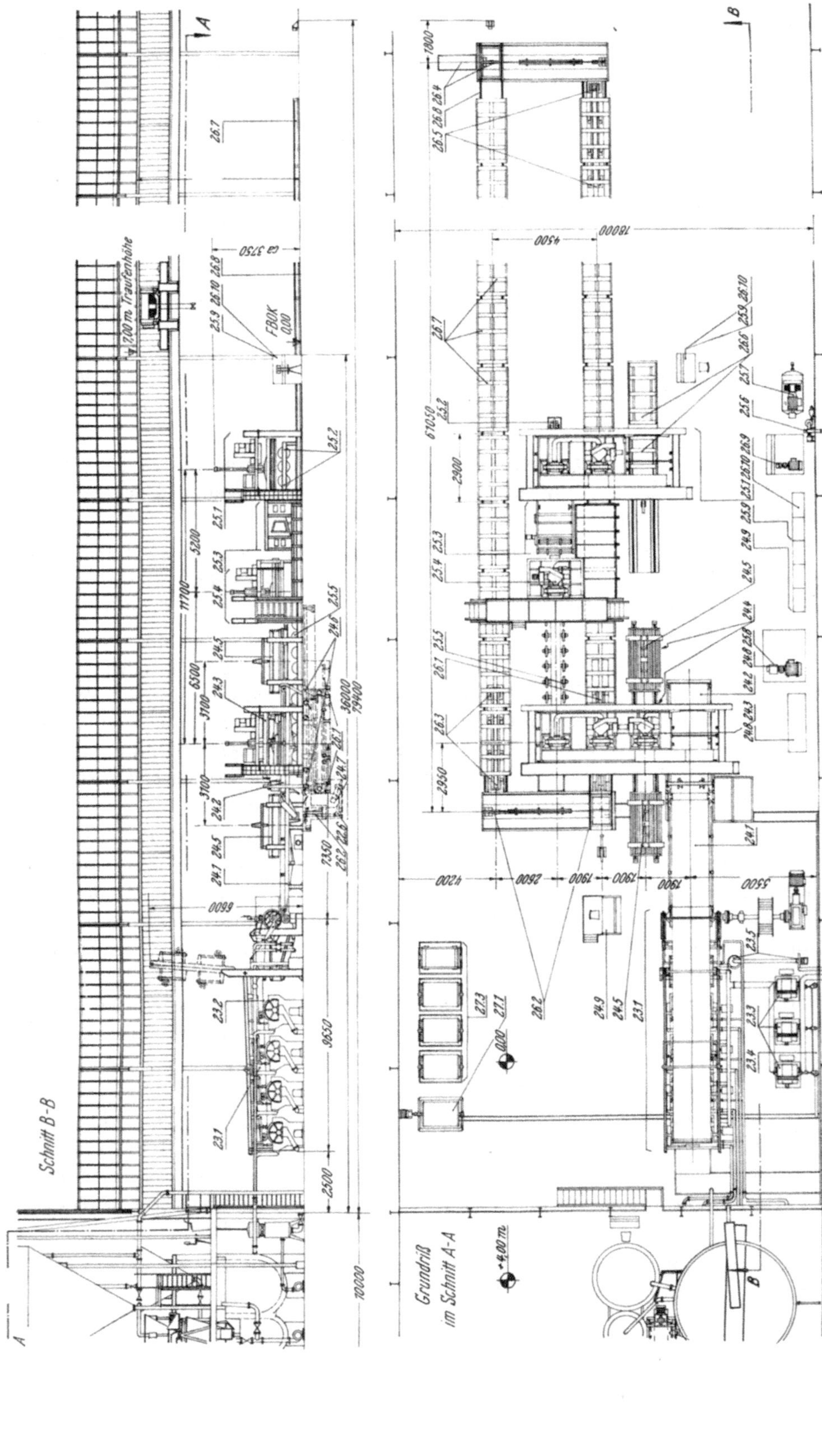

Abb. 63. Projektzeichnung einer Anlage zur Erzeugung von Asbestzement-Platten

Die beim Plattenbeschnitt anfallenden Abfälle werden im Grünabfallauflöser unter Zusatz von gefiltertem Rückwasser aufgelöst und von dort zum Rührwerk II gefördert.

Im vorliegenden Projekt ist die Plattenmaschine für eine maximale Arbeitsbreite von 1500 mm ausgelegt. Die Maximalproduktion liegt bei 200 t in 24 Stunden. Die Filzgeschwindigkeit ist bis 65 m/Minute stufenlos regelbar.

Die Plattenmaschine hat 4 Siebzylinder mit einem Außendurchmesser von 1000 mm. In jedem Siebzylinderkasten befindet sich ein Rührer, dessen Drehzahl veränderlich ist. Zur Reinigung der Siebzylinder ist auf jedem Siebkasten ein Spritzrohr montiert.

Die Filzwaschanlage besteht aus 3 Spritzrohren und einem Waschsauger. Alle Spritzrohre sind mit Flachstrahldüsen ausgerüstet und haben eine eingebaute Reinigungsvorrichtung.

Über jedem Siebzylinder ist eine Gautschwalze frei schwingend aufgehängt. Der Liniendruck der Gautschwalze beträgt ca. 2 kp/cm.

Das in die Siebzylinder eintretende Wasser wird durch an beiden Seiten der Siebkasten angeordnete Abläufe in eine unterhalb der Plattenmaschine befindliche Bodenwanne geführt. In der Mitte des Siebkastenbodens befindet sich ein Ablaßventil.

In die Filzführung ist eine Filzspanneinrichtung eingebaut, deren Verstellmechanismus sowohl ein paralleles Verschieben als auch ein Verschwenken der Spannwalze ermöglicht. Außerdem ist auf der Plattenmaschine ein mechanischer Filzlaufregler aufgebaut, der selbsttätig arbeitet.

Die Hochvakuumanlage besteht aus drei zwischen den einzelnen Siebzylindern angeordneten Hilfssaugern und dem Hauptsauger. Zur Reinigung

---

Legende zu Abb. 63

22.6 Grünabfallrückförderpumpe
23.1 Vierzylinderplattenmaschine
23.2 Produktionsfilze
23.3 Hochvakuumpumpe
23.4 Entwässerungsarmaturen zur Hochvakuumanlage
23.5 Gebläse zur Filzwaschanlage
24.1 Abnahmetisch
24.2 Schneidtisch
24.3 Querstapler
24.4 Wellwagen
24.5 Wellmaschine
24.6 Abfallförderband
24.7 Grünabfallauflöser
24.8 Druckölanlage zur Plattenmaschine und Plattenstraße
24.9 Elektrische Einrichtung zur Plattenmaschine und Plattenstraße
25.1 Querentstapler
25.2 Einschiebevorrichtung
25.3 Blechreinigungs- und Einölmaschine
25.4 Absenkvorrichtung
25.5 Rollenförderer
25.6 Absaugung und Entölungseinrichtung
25.7 Kompressor zur Blecheinölmaschine
25.8 Druckölanlage zur Entstapelung und Blechreinigung
25.9 Elektrische Einrichtungen zur Entstapelung und Blechreinigung
26.1 Ausstoßvorrichtung
26.2 Querschiebebühne I
26.3 Nachschiebevorrichtung I
26.4 Querschiebebühne II
26.5 Nachschiebevorrichtung II
26.6 Auswechselvorrichtung zum Querentstapler
26.7 Transportwagen
26.8 Schienen für die Transportwagen
26.9 Druckölanlage zum Transportkreislauf
26.10 Elektrische Einrichtungen zum Transportkreislauf
27.1 Siebzylinder-Waschanlage
72.6 Rückwasserpumpe zum Grünabfallauflöser
27.3 Siebzylinder-Transportwagen

und Trocknung des Filzes ist ein Waschsauger angeordnet, der mit Niederdruck arbeitet.

Die Formierungssektion besteht im wesentlichen aus zwei robusten, geschweißten Ständern, welche die Brustwalze mit ihrer Lagerung und die Formatwalzenschwenkhebel mit der Formatwalze tragen. Zur Erzeugung verschiedener Plattenlängen ist die Formatwalze auswechselbar. Das Anpressen der Formatwalze erfolgt mit einem Paar Hydraulikzylindern, die an den hinteren Schwenkhebeln angreifen.

Die Brustwalze ist so wie die Gautschwalzen mit Weichgummi überzogen.

Oberhalb der Formatwalze ist eine Dickenmeß- und Anzeigevorrichtung aufgebaut, die die Dicke der Asbestzement-Platten an beiden Rändern mißt und bei Erreichung eines vorgewählten Wertes einen elektrischen Kontakt zur Einschaltung der automatischen Abschlagvorrichtung gibt. Die Abschlageinrichtung zum Aufschneiden der auf die Formatwalze aufgewickelten Platten besteht aus einem Paar auf beiden Seiten der Formatwalze angeordneten Abschlaghebeln, die durch ein Federstahlband verbunden sind, welches in der Ruhestellung am Umfang der Formatwalze aufliegt und bei Ausschwenken der Abschlaghebel die Asbestzement-Platte aufreißt und abwirft.

Die Hochvakuumanlage arbeitet mit einem Unterdruck zwischen 200 und 400 mm HgS. Die Filzwaschanlage arbeitet mit großer Luftmenge und einer kleinen Pressung von ca. 250 bis 350 mm WS. Das bei der Hochvakuumanlage und beim Wasserabscheider der Filzwaschanlage anfallende Wasser wird in die Bodenwanne unter der Plattenmaschine geleitet.

Der Abnahmetisch nimmt die von der Formatwalze der Plattenmaschine ablaufenden Asbestplatten auf und fördert sie zum Schneidtisch weiter. Erforderlichenfalls können die Asbestzement-Platten nach Öffnen der zwischen Abnahmetisch und Schneidtisch angeordneten Abfallklappe in den darunter befindlichen Grünabfallauflöser geleitet werden.

An den Abnahmetisch schließt der Schneidtisch an. Über dem auflaufseitigen Ende desselben befindet sich eine Längsschneidvorrichtung, welche die auflaufenden Asbestzement-Platten seitlich besäumt. Beim weiteren Vorlauf betätigt die Vorderkante der Asbestzement-Platte einen Endschalter, der die Stillsetzung des Schneidtisches einleitet. Die Asbestzement-Platte bleibt in der Querschneidstellung liegen.

Über dem Schneidtisch ist ein Querstapler angeordnet, welcher einschließlich des Schneidtisches vier Arbeitsbahnen überspannt. Auf der Stapelbrücke fährt ein Stapelwagen, der drei vertikal bewegliche Saugkasten sowie einen Querschneidbalken mit den Querschneidköpfen trägt. Bei der Rückfahrt des Stapelwagens werden zunächst die vordere und hintere Kante der Asbestzement-Platte besäumt und gegebenenfalls ein oder zwei Mittelschnitte durchgeführt. In der hinteren Endstellung nimmt der ebene Saugkasten des Stapelwagens die geschnittene Asbestzement-Platte auf und bringt sie bei der anschließenden Vorfahrt auf den Wellwagen. Gleichzeitig mit diesem Arbeitsvorgang hat in der hinteren Endlage der mittlere gewellte Saugkasten eine gewellte Asbestzement-Platte vom Wellwagen aufgenommen und der vorderste Saugkasten ein Formblech auf den in der dritten Spur befindlichen

Stapelwagen gelegt. Nach der Vorfahrt legt der mittlere Saugkasten die Asbestzement-Platte auf das Formblech ab, und der vorderste Saugkasten nimmt ein neues Formblech auf.

Auf dem Querstapler befindet sich eine Vakuumanlage, die so ausgeführt ist, daß zum Aufnehmen einer Platte die Saugkasten jeweils mit der Saugseite und zum Ablegen mit der Druckseite des Gebläses verbunden sind.

Im vorliegenden Projekt, bei dem mit verhältnismäßig hohen Arbeitsgeschwindigkeiten gearbeitet wird, bestehen die Antriebe für die Querfahrt und die Hub- und Senkbewegungen aus hydraulischen Servomotoren, und es sind überdies zur Gewährleistung eines weicheren Aufsetzens der Saugkasten Bremseinrichtungen eingebaut.

Der Wellwagen bzw. beim vorliegenden Fall beide Wellwagen tragen je einen Wellformaufsatz, auf den die ebene, beschnittene Platte aufgelegt wird. Der Wellwagen fährt dann in die Stangenwellmaschine, wo die Wellung der Asbestzement-Platte durchgeführt wird, und bringt anschließend die Platte wieder in die Abnahmestellung unter der Stapelbrücke zurück. Im vorliegenden Projekt arbeiten beide Wellwagen alternierend, um Stillstandszeiten beim Querstapler auszuschalten.

Die beim Beschnitt der Platten anfallenden Grünabfallstreifen bleiben bei der Abnahme der Platten am Schneidtisch liegen und werden beim nächsten Vorlauf des letzteren auf das darunter befindliche Förderband geworfen und von diesem in den Grünabfallauflöser transportiert.

Wenn Asbestzement-Platten für die Handformerei benötigt werden, so können diese am ablaufseitigen Ende des Schneidtisches abgenommen werden. Zu diesem Zweck werden die Asbestzement-Platten auf Transportwalzen aufgerollt.

Nach der Vorabbindung werden die Asbestzement-Platten von den Formblechen getrennt und die Bleche gereinigt, geölt und gestapelt. Die Asbestzement-Platten werden auf Transportpaletten gestapelt und in das Feuchtraumlager zur weiteren Auswertung transportiert.

Der Entstapler besteht ähnlich wie der Stapler aus einer Brückenkonstruktion, auf welcher ein Entstapelwagen vor- und zurückbewegt wird. Der Wagen trägt zwei Saugkasten, welche abwechselnd von dem in der Mittelbahn zugeführten gemischten Stapel eine Asbestzement-Platte bzw. ein Formblech aufnehmen und auf den Plattenstapel auf der Transportpalette bzw. auf die Einschiebevorrichtung der Blechreinigungsstraße auflegen.

Die in die Reinigungs- und Einölmaschine einzeln eingeschobenen Bleche durchlaufen zunächst ein paar Bürstenwalzen, die Plattenreste vom Formblech entfernen, sodann einen Ölkasten, in dem das Blech allseitig gleichmäßig mit einem Ölfilm versehen wird, und zuletzt ein paar Transportwalzen, die den Weitertransport der Formbleche auf die anschließende Absenkvorrichtung bewirken.

Die Absenkvorrichtung nimmt die Formbleche auf und stapelt sie in Paketen von beispielsweise 50 Stück auf dem Rollenförderer.

Der Rollenförderer bringt die Blechstapel in die vierte Bahn unter dem Querstapler. Dabei durchlaufen die Blechstapel eine Mittelstellung am

Rollenförderer, wo die Formblechpakete erforderlichenfalls abgehoben und bei Profilwechsel durch andere Bleche ersetzt werden können.

Im vorliegenden Fall ist zur Vorabbindung der Asbestzement-Platten ein geschlossener Transportkreislauf vorgesehen, der für eine Mindestabbindezeit von 6 Stunden bei Höchstproduktion ausgelegt ist.

Der maximale Asbestverbrauch der Anlage beträgt 18 t/Tag. Zur Bevorratung für viermonatigen Betrieb müssen daher 1700 t Asbest eingelagert werden.

Der tägliche Zementverbrauch bei einer Produktion von 200 t beträgt über 130 t. Bei einem Raumgewicht von 1,1 bis 1,2 t/m³, wie sich dies bei Luftförderung ergibt, wird für einen Tagessilo ein Arbeitsvolumen von ca. 120 m³ benötigt. Da der Zementsilo pneumatisch beladen wird, ist zur Reinigung der dabei anfallenden Abluft an der Silodecke ein Abluftfilter aufgebaut.

Als Ersatz des mit der Produktion abgehenden Wassers werden täglich ca. 50 t Frischwasser benötigt. Dieses Frischwasser kann zunächst als Kühlwasser für die Druckölanlagen verwendet werden, so daß die dort abgeführte Wärme der Produktion zugeführt wird. Da zur Herabsetzung der Vorabbindezeit eine Produktionstemperatur von 25 bis 30° C wünschenswert ist, ist eine Wasservorwärmanlage — in diesem Fall in der Spritzwasserleitung — vorgesehen.

Zur Bedienung dieser Anlage sind insgesamt acht Mann erforderlich, und zwar

2 Mann im Asbestlager und Kollergang,
1 Mann in der Aufbereitung,
1 Mann an der Plattenmaschine und Wellanlage,
1 Mann in der Entstapelung,
1 Mann beim Transportkreislauf,
2 Mann zur Bedienung des Hallenkranes.

Das für die sonstigen Lager- und Hilfsarbeiten und für die Handformerei erforderliche Personal ist in dieser Aufstellung nicht enthalten.

Tabelle 12

Preis der Mischung Lit./kp	Auf Cannone verpreßt	Spez. Gewicht p/cm³	Wasseraufnahme in %	Biegefestigkeit in kp/cm²
22.—	nein	1,47	30,8	304
22.—	bei 80 Atm	1,74	22,6	560
15.56	bei 80 Atm	1,71	20,3	399

Mit der vorerwähnten Anlage können auch Flachplatten erzeugt werden, wenn der Wellwagen mit einer ebenen Unterlage abgedeckt und der Vorgang des Wellens in der Wellmaschine übersprungen wird. Ein Verpressen der Asbestzement-Platten ist bei dieser Anlage nicht vorgesehen.

Manche Maschinenerzeuger propagieren das Verpressen der Platten, und zwar sowohl für flache als auch für gewellte Platten, da sich dadurch die Biegefestigkeit erheblich steigern läßt. Allerdings nimmt beim Verpressen die Dichte der Platten und damit der Stoffverbrauch zu. Eine Maschine zum Verpressen der Platten ist in Abb. 64 dargestellt. Während ältere Versuchs-

Abb. 64. Plattenerzeugungsmaschine Cannone von Fa. Ispra, Mailand

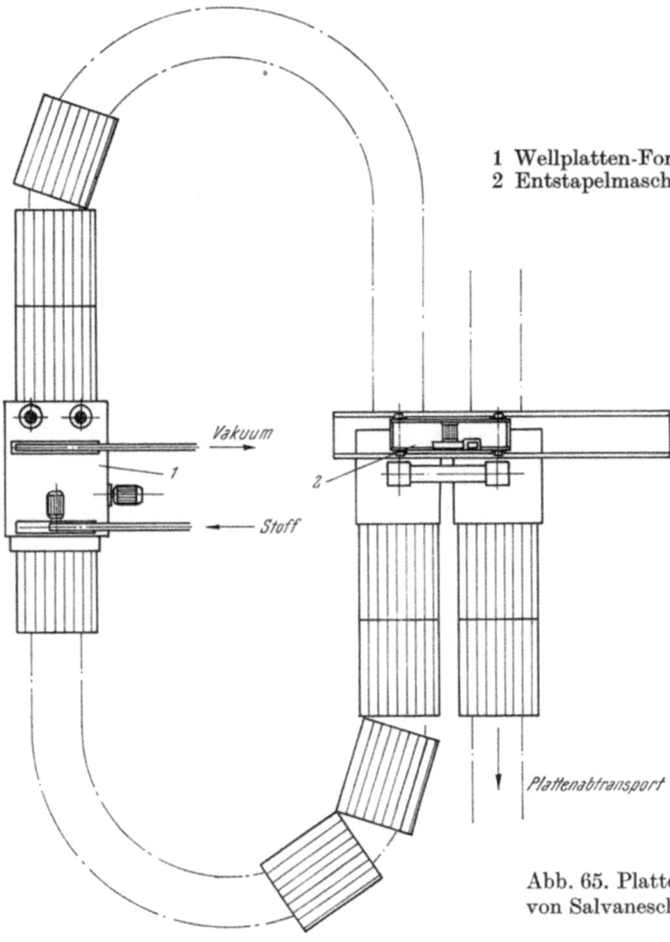

1 Wellplatten-Formmaschine
2 Entstapelmaschine

Abb. 65. Plattenerzeugungsanlage von Salvaneschi, Italien

reihen ergeben haben, daß die Biegefestigkeit umgekehrt proportional der Dichte des Materials liegt, gibt beispielsweise die Firma Ispra die in der Tab. 12 angegebenen Werte bekannt, wonach bei gleicher Mischung sich bei einem Verhältnis der Dichte von ca. 12 : 10 die Biegefestigkeit wie 18 : 10 verhält.

b) Gußverfahren

Ein typisches Gußverfahren ist das Verfahren von SALVANESCHI, welches in Abb. 65 schematisch dargestellt ist. Wagen, die die Unterform der Platten tragen, werden im geschlossenen Kreislauf geführt. Auf die Unterform wird ein befeuchtetes, gereinigtes Tuch aufgelegt, und dann wird die Unterform unter einem Stoffzulaufkasten eingeschoben. Den Abschluß dieser Stoffzulaufrinne bildet eine Vibrationsleiste, die den Stoff in einem Durchgang auf die gewünschte Plattendicke verdichtet und glättet. Die fertige,

Abb. 66. Magnani-Wellanlage, Gesamtansicht, von F. L. Smidth & Co., Kopenhagen

geformte Platte wird danach mit einem Saugkasten abgehoben und auf Formbleche aufgelegt. Das Abdecktuch wird gereinigt und neuerlich verwendet.

Bei der Herstellung von Asbestzement-Platten nach dem Magnani-Verfahren wird der Stoff in einen dickflüssigen Brei angerührt, dessen spezifisches Gewicht bei 1,3 bis 1,4 t/m³ liegt. Der Brei wird auf ein endloses Filzband aufgegeben, welches über eine Unterlage in Wellform läuft, so daß auf dem Filzband das genaue Profil der Unterschichte erzeugt wird. Anschließend verteilt ein Formkalander die Masse und verdichtet sie. Der Mischungskasten fährt über dem darunter weggleitenden Filzband hin und her und bringt die Mischung in mehreren Lagen auf. Abb. 66, 67 und 68 zeigen Details einer Magnani-Anlage. Abb. 69 eine schematische Darstellung der Welleinrichtung.

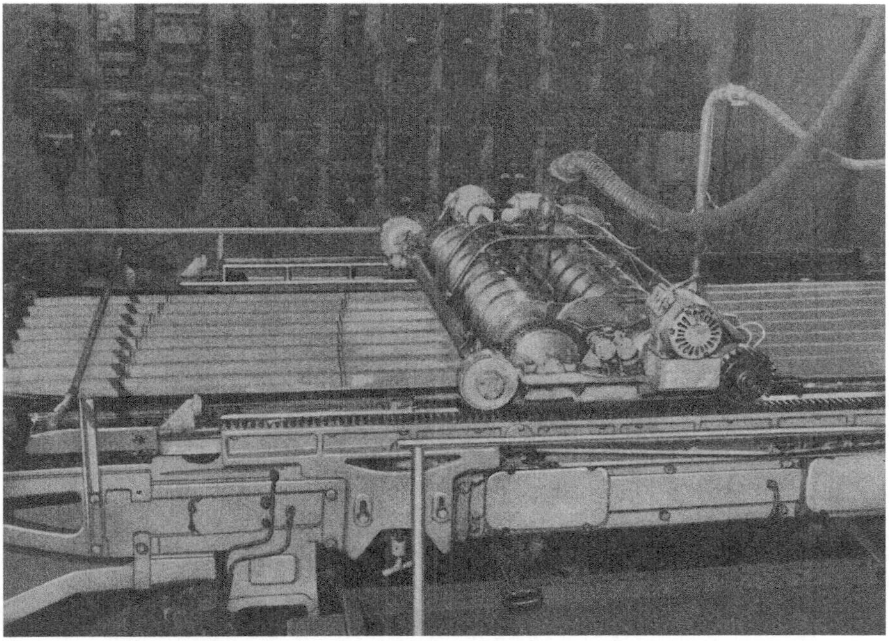

Abb. 67. Magnani-Wellanlage, Aufgabeapparat, von F. L. Smidth & Co., Kopenhagen

Abb. 68. Magnani-Wellanlage, Schneidapparat, von F. L. Smidth & Co., Kopenhagen

In einer anschließenden Entwässerungszone wird das überschüssige Wasser abgesaugt. Danach folgende Kalandrierwalzen verdichten das

Asbestzement-Material weiter. Die Seitenbegrenzung erfolgt mit einem Plastikband. Die endlos erzeugte Platte wird mit einem Stanzmesser auf Länge geschnitten und danach mit einem Quersauger auf Stapel aufgelegt,

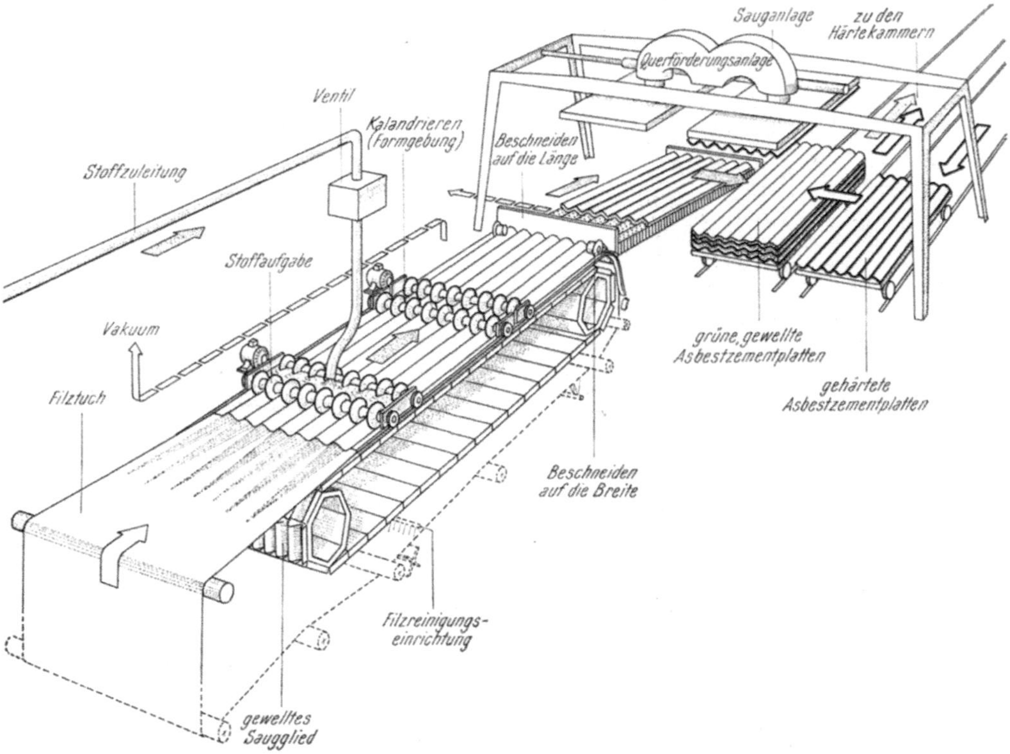

Abb. 69. Schematische Darstellung einer Magnani-Wellanlage von F. L. Smidth & Co., Kopenhagen

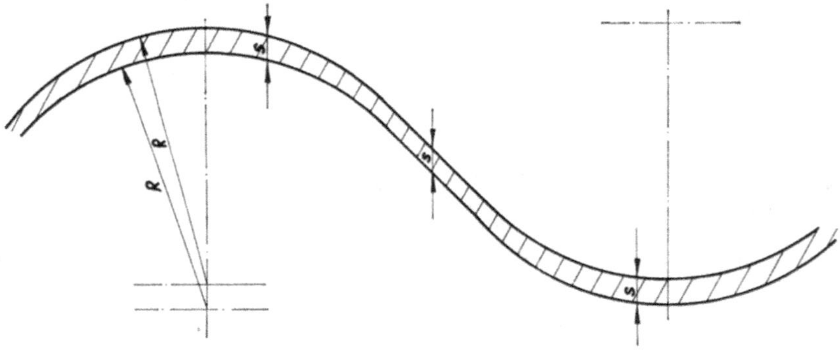

Abb. 70. Wellplattenprofil nach Magnani

wobei als Unterlage auch normale Asbestzement-Platten benützt werden können.

Durch die Profilierung der Kalanderwalze kann das Profil beeinflußt werden. Das klassische Magnani-Profil gemäß Abb. 70 ist mit Verstärkungen in den Wellentälern und an den Wellenbergen ausgeführt, wodurch sich ein erhöhtes Widerstandsmoment ergibt. Man kann daher billigere Fasern einsetzen.

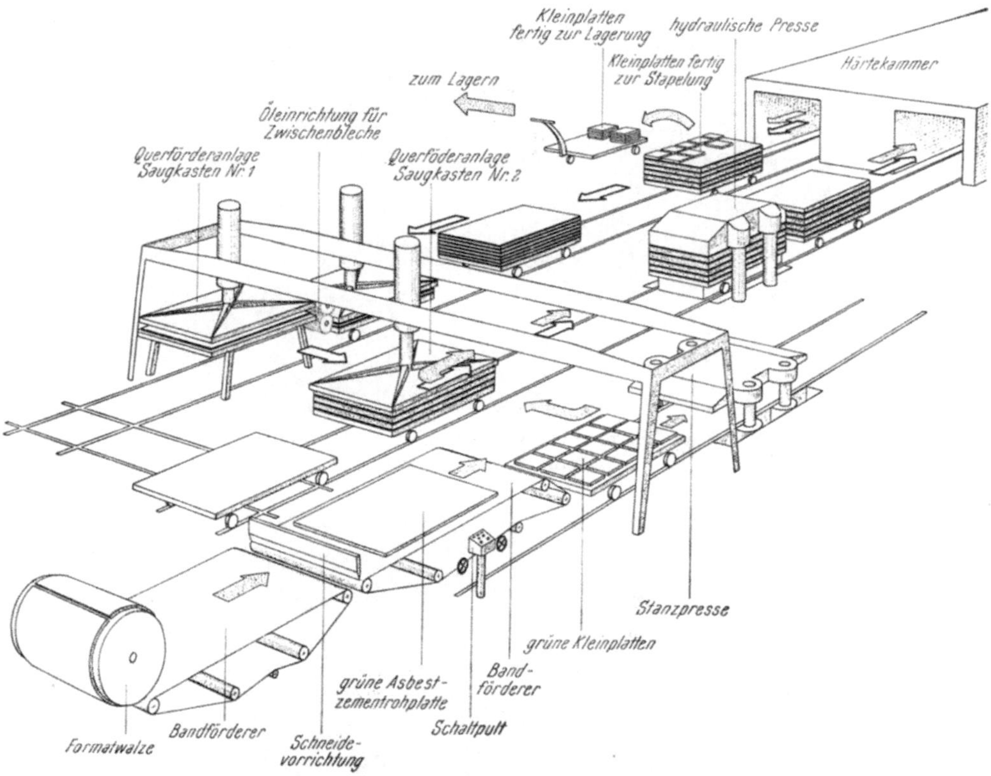

Abb. 71. Schema einer Kleinplattenanlage von F. L. Smidth & Co., Kopenhagen

Abb. 72*a*. Maschine Resegone zur Herstellung von Formteilen aus Platten von Ispra S. p. A., Mailand

c) Erzeugung von Kleinplatten

Kleinplatten werden als Fassadenplatten vorzugsweise in den Abmessungen 30 cm × 60 cm aus Flachplatten erzeugt, wobei die erste Stanzung im Grünzustand vorgenommen wird. In der Regel erfolgt dann ein Nachstanzen der gepreßten, bereits erhärteten Platten, wobei gleichzeitig eine Lochung oder ein Abstanzen der Kanten durchgeführt wird. Abb. 71 zeigt schematisch

Abb. 72*b*. **Maschine Resegone zur Herstellung von Formteilen** (Teilansicht) von Ispra S. p. A., Mailand

Abb. 73. Anlage Bombolo zur Erzeugung von Behältern aus Asbestzement-Platten von Ispra S. p. A., Mailand

eine Anlage zur Erzeugung von Kleinplatten. Die Platten mit einer Dicke von etwa 6 mm werden mit einem Druck von etwa 300 kp/cm² verpreßt.

d) Formstückerzeugung

Zur Anfertigung von Dachdeckungen und Wandverkleidungen werden zahlreiche Formstücke wie Firsthauben, Eckwinkel, Giebelwinkel u.

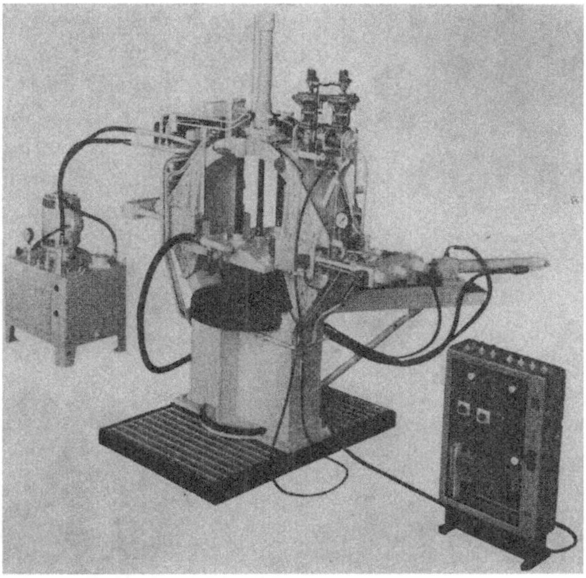

Abb. 74*a*. Injektionspresse Ring zur Herstellung von Formteilen von Ispra S. p. A., Mailand

Abb. 74*b*. Injektionspresse Ring zur Herstellung von Formteilen (Teilansicht) von Ispra S. p. A., Mailand

dgl. gleichen benötigt. Diese sowie fallweise verlangte Sonderprofile werden entweder durch Handformerei oder mittels spezieller Pressen aus Flachplatten erzeugt oder im Injektionsverfahren hergestellt. Maschinelle Einrichtungen sind nur bei großen Stückzahlen gerechtfertigt. Für Sonderformstücke verwendet man Matrizen aus Holz, auf welche die befeuchteten und vorgeschnittenen Asbestzement-Platten gedrückt, geklopft und verstrichen werden. Im frischen Zustand der Asbestzement-Platten können angefeuchtete Ränder durch Zusammenklopfen verbunden werden. Allerdings haben solche Nahtstellen keine hohe Festigkeit.

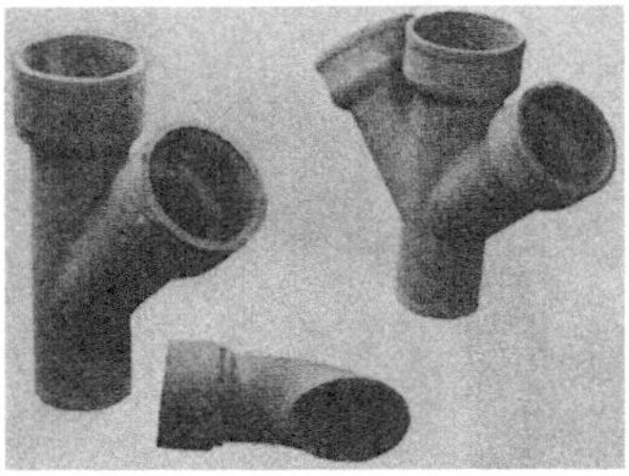

Abb. 75. Injektionsverpreßte Formstücke

Eine Maschine zur Herstellung von Formteilen aus Asbestzement-Platten ist in Abb. 72*a* und 72*b* dargestellt. Abb. 73 zeigt eine Maschinenanlage zur Erzeugung von Behältern aus Asbestzement-Platten. Eine Presse zur Herstellung von Formteilen im Injektionsverfahren ist in Abb. 74*a* und 74*b* dargestellt. Abb. 75 zeigt einige mit dieser Maschine gefertigte Asbestzement-Formstücke. Die in Abb. 76 dargestellte Presse dient vor allem zur Herstellung von Blumenkästen nach dem Injektionsverfahren.

Abb. 76. Anlage Cornabo zur Erzeugung von Blumenkästen von Ispra S. p. A., Mailand

3. Rohrerzeugung

Rohre aus Asbestzement werden in den letzten Jahren in immer steigendem Maße für die verschiedensten Verwendungszwecke hergestellt, von denen eine Reihe bereits im Abschnitt D behandelt wurde. Die größte wirtschaftliche Bedeutung dürfte die Verwendung für Druckrohrleitungen haben.

a) Naßverfahren

Das wirtschaftlich bedeutendste Verfahren ist das vom Hatschek-Verfahren (für die Plattenerzeugung) abgeleitete Mazza-Verfahren. Es handelt sich dabei um eine Rundsiebmaschine, wie sie schematisch in Abb. 77 dargestellt ist. Die beiden wesentlichen Entwicklungen von Ing. MAZZA, die die Produktion von Druckrohren im großen Maßstab ermöglicht haben, waren die Einführung des regelbaren, mit steigender Wandstärke fallenden Preßdruckes beim Wickeln der Rohre und die Einführung einer Rohrwechsel-

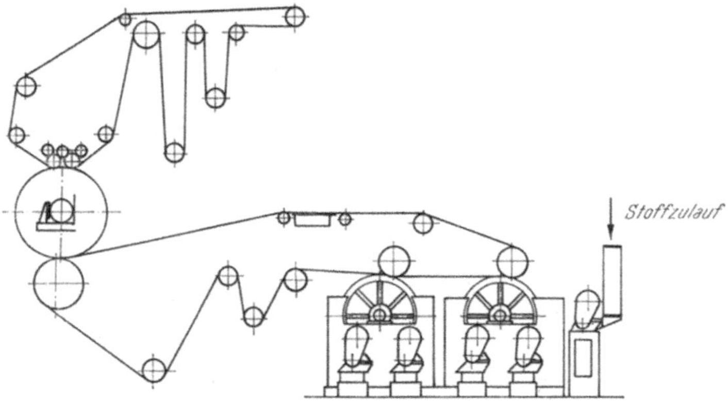

Abb. 77. Schema einer Rundsieb-Rohrmaschine (Mazza)

Abb. 78. Rundsieb-Rohrmaschine von Riva-Calzoni S. p. A., Mailand-Bologna

einrichtung mit Schwenkmandrell. Die Schwenkeinrichtung wurde allerdings in den letzten Jahren immer mehr durch Parallelladeeinrichtungen verdrängt.

Die in Abb. 78 dargestellte Rohrmaschine mit Schwenkeinrichtung besteht aus einem Rundsiebzylinder, welcher in einem Siebkasten eintaucht, dem der Stoff über einen Verteilerkasten über die ganze Breite gleichmäßig zugeführt wird. Über dem Rundsiebzylinder läuft ein endloses Filzband,

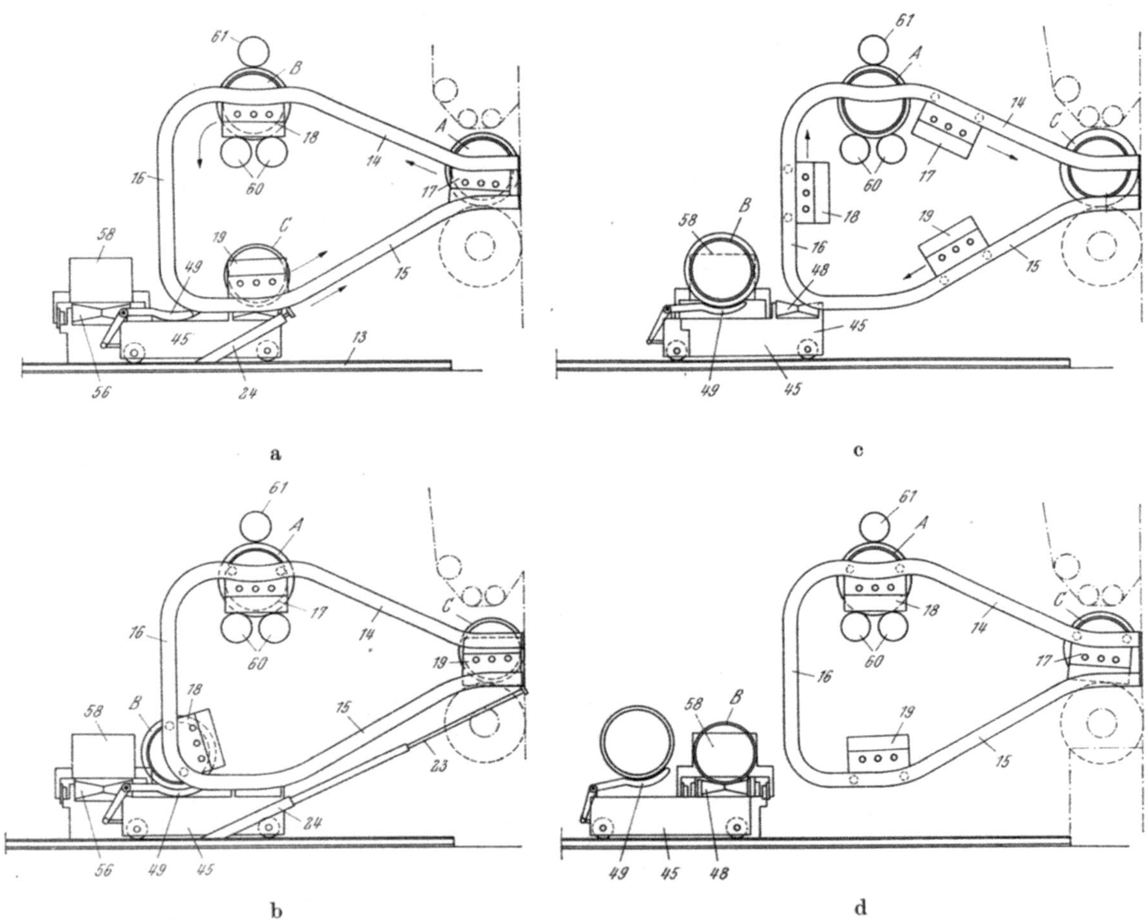

Abb. 79 *a—d*. Schema der Kernwechselvorrichtung von RCM, Turin

A Wickeldorn 1
B Wickeldorn 2
C Wickeldorn 3
13 Schienen für die Querfahrt des Ausziehmulden-Wagens
14 Wickeldornführung — Abschnitt von der Rohrmaschine (Brustwalze) zum Kalander
15 Wickeldornführung — Abschnitt von der Übernahmestellung der Ausziehmulde zur Rohrmaschine
16 Wickeldornführung — Abschnitt vom Kalander zur Übernahmestellung der Ausziehmulde
17 Wickeldorn-Tragschlitten
18 Wickeldorn-Tragschlitten
19 Wickeldorn-Tragschlitten
23 Kolbenstange
24 Schlitten-Hubvorrichtung
45 Ausziehmulden-Wagen
48 Muldenrollen des Ausziehmulden-Wagens
49 Rohrauswerfer
56 Rollen der Mandrellausziehvorrichtung
58 Rohr-Rückhalteplatte
60 Kalander-Unterwalzen
61 bewegliche Kalanderwalze

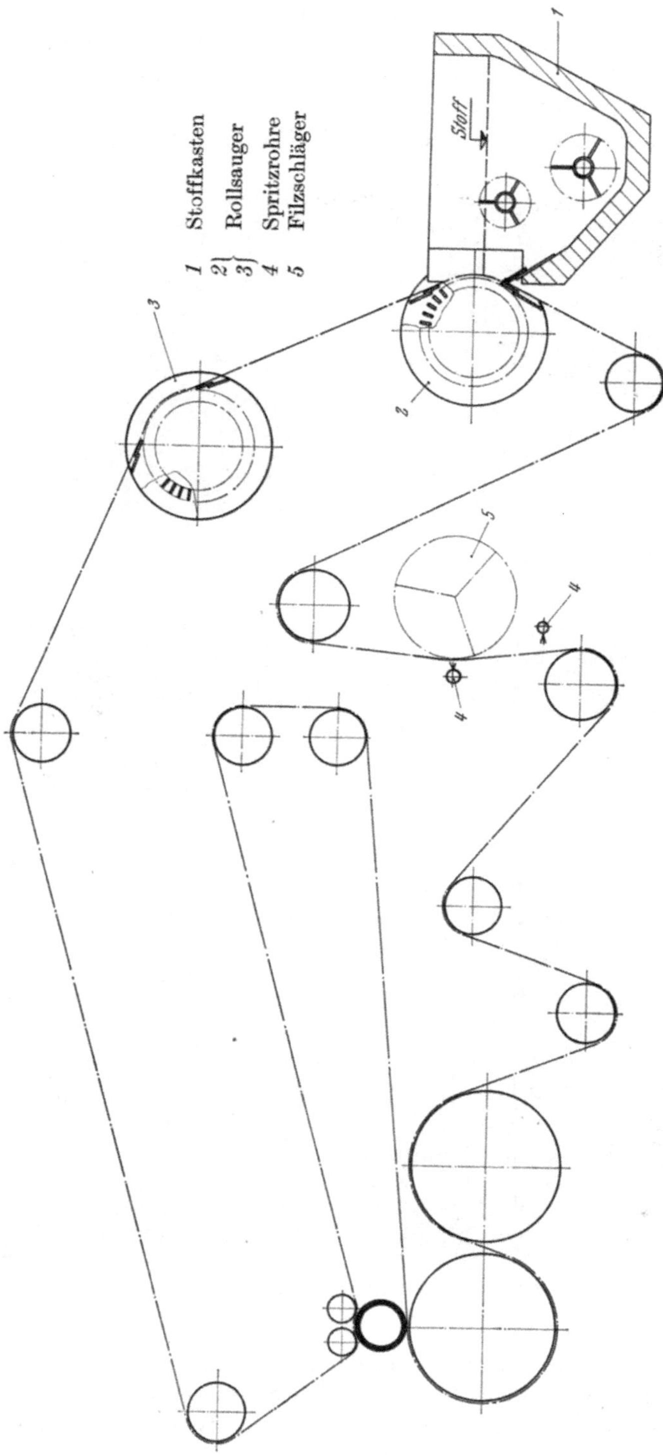

Abb. 80. Schema der Einfilz-Rohrmaschine mit Rollsauger von Fa. Duritwerke Kern & Co., Wietersdorf

welches mit einer gummierten Gautschwalze auf den Rundsiebzylinder gedrückt wird und dabei das Stoffvlies vom Siebzylinder abnimmt. Anschließend gleitet dieses Filzband (der Unterfilz) über einen Saugkasten, wo der Großteil des im Stoffvlies vorhandenen Wassers abgesaugt wird. Anschließend wird der Unterfilz über die als Hauptantrieb dienende Brustwalze

Abb. 81. Magnani-Rohrmaschine von F. L. Smidth & Co., Kopenhagen

Abb. 82. Aufgabeapparat zur Magnani-Rohrmaschine von F. L. Smidth & Co., Kopenhagen

geführt. Über der Brustwalze wird ein Stahlkern eingelegt, der mit den Preßwalzen des Druckwagens gegen den Unterfilz gepreßt wird und dabei das Stoffvlies vom Filzband abnimmt. Hinter der Brustwalze befindet sich eine Filzwaschanlage und eine Filzspanneinrichtung.

Viele Maschinen arbeiten mit einem Oberfilz, der das Rohr während des Wickelns zwischen den beiden Preßwalzen am Stahlkern festhält und gleichzeitig bei der Entwässerung des Asbestzementes mitwirkt. Der Oberfilz wird über eine Spann- und Regelwalze und über eine Antriebswalze geführt und mit einem Hilfssauger getrocknet.

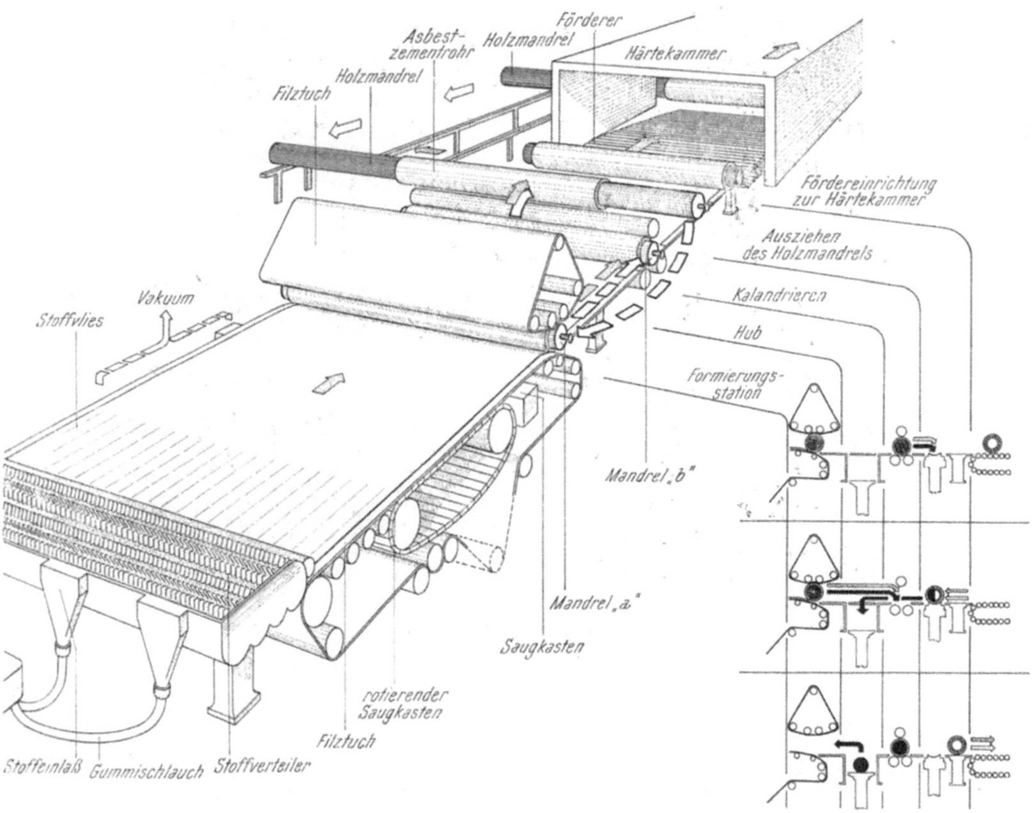

Abb. 83. Schematische Darstellung einer Magnani-Druckrohrmaschine, von F. L. Smidth & Co., Kopenhagen

Zu den Hochleistungsrohrmaschinen gehört die von der Firma RCM entwickelte Rundsiebmaschine mit automatischer Kernwechselvorrichtung, die schematisch in Abb. 79 *a—d* dargestellt wird. Der Stahlkern mit dem fertiggewickelten Rohr wird zunächst zum Kalander geführt, während gleichzeitig ein Stahlkern mit einem kalandrierten Rohr auf eine Transportmulde gelegt wird, die das Rohr zur Kernausziehmaschine bringt. Der Kern wird ausgezogen und das Rohr zur weiteren Abbindung aus der Maschine ausgerollt. Dann wird der Kern wieder zur Kernwechselvorrichtung zurückgebracht und beim nächsten Rohrwechselschritt vom Transporteur aufgenommen und in die Rohrmaschine zur Aufnahme eines neuen Asbestzement-Rohres eingelegt.

Eine Einfilzmaschine mit Rollsaugern, die von der Fa. Duritwerke Kern & Co. entwickelt wurde, ist in Abb. 80 dargestellt. Hier läuft der gleiche Filz unterhalb und oberhalb des Stahlkernes und wird beim Eintauchen in den Stoffkasten über einen Rollsauger geführt. In einer modernisierten Ausführung werden an Stelle des Rollsaugers ein oder zwei Rundsiebzylinder ange-

Abb. 84. Anlage zur **Erzeugung** von **Abfluß- und Niederdruckrohren, von Asbestos Cement Engineering Co., Vaduz**

ordnet, die die Stoffaufgabe besorgen. Schwierigkeiten, die bei den üblichen Zweifilzmaschinen bei der Reinigung des Oberfilzes bzw. durch die ungenügende Reinigung desselben entstehen, fallen bei der Einfilzmaschine weg.

Bei der MAGNANI-Rohrmaschine (Abb. 81 und 82) zur Erzeugung von Druckrohren wird der Stoff als dickflüssiger Brei aus einem Mischkasten auf ein endloses Filzband aufgebracht, anschließend über einen Saugkasten geführt und entwässert und zuletzt auf einem Stahlkern aufgewickelt. Die Maschine arbeitet mit größeren Lagendicken als eine Rundsiebmaschine. Schematisch ist dieses Erzeugungsverfahren in Abb. 83 dargestellt.

Eine Reihe von Maschinen wurde zur Erzeugung von Asbestzement-Rohren im Injektionsverfahren entwickelt.

b) Gußverfahren

Zur Herstellung von Asbestzement-Rohren im Gußverfahren dient eine von verschiedenen Firmen erzeugte Magnani-Rohrmaschine, welche jedoch nur mit einer kleinen Tagesproduktion von 5 bis 10 t arbeitet. Infolge ihres verhältnismäßig geringen Anschaffungspreises ist diese Anlage bei einer

Vielzahl kleiner Rohrerzeuger eingeführt. Die Anlage besteht aus einer einfachen Aufbereitung, einer Rohrmaschine, einem Kalander und einer Rohrausziehmaschine. Abb. 84 zeigt eine solche Anlage mit halbautomatisch arbeitendem Drehkran, der gleichzeitig den Transport eines frisch gewickelten Rohres von der Rohrmaschine zum Kalander, eines kalandrierten Rohres

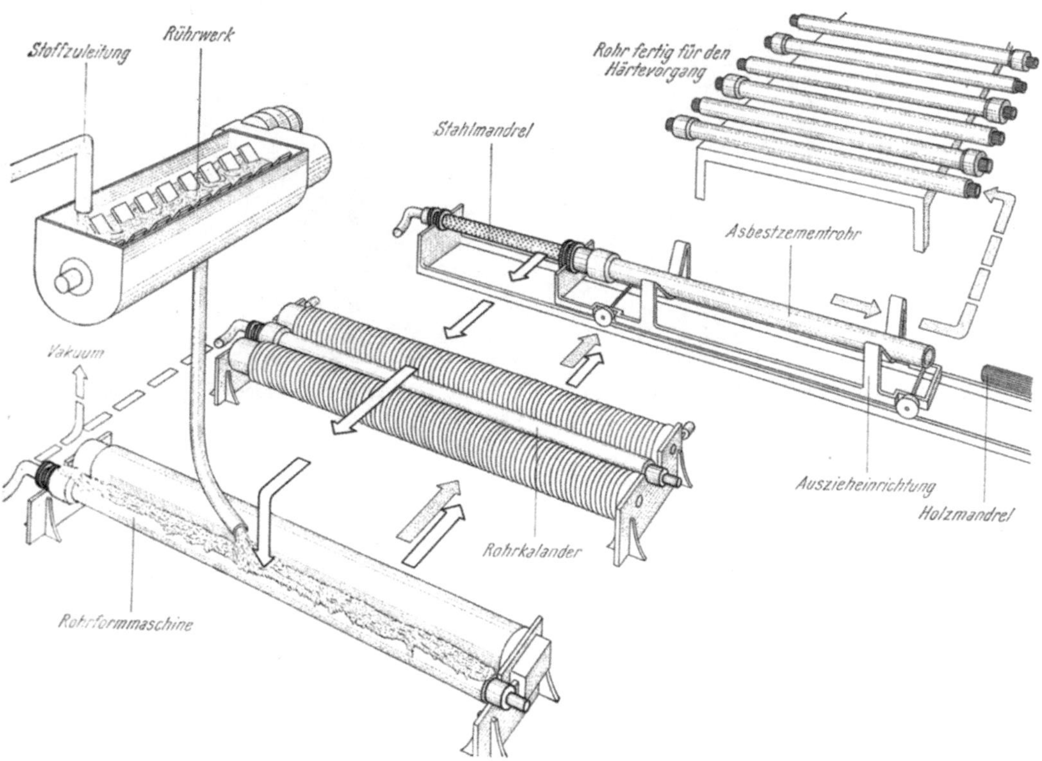

Abb. 85. Schema einer Anlage zur Erzeugung von Muffenrohren, von F. L. Smidth & Co., Kopenhagen

vom Kalander zur Ausziehmaschine und eines vom Asbestzement-Rohr befreiten Kernes von der Ausziehmaschine zur Rohrmaschine durchführt. Das Schema einer solchen Rohrerzeugungsanlage — ohne Drehkran — ist in Abb. 85 dargestellt. Eine Ansicht einer solchen Maschine zeigt Abb. 86. Der Rohrkern ist hohl und hat an seiner Oberfläche eine Vielzahl von kleinen Bohrungen (Abb. 87). Vor dem Einlegen in die Rohrmaschine wird die Oberfläche des Rohrkernes mit einem befeuchteten Tuch abgedeckt. In der Rohrmaschine ist der Rohrkern an eine Hochvakuumanlage angeschlossen. Der Stoffbrei wird zwischen dem Rohrkern und der Formierungswalze aufgeschüttet. Der Rohrkern wird langsam gedreht und dabei der Stoff auf den unter Unterdruck stehenden Kern aufgewickelt, während die Formierungswalze allmählich entsprechend der Dickenzunahme des Rohres vom Kern entfernt wird.

Im Kalander wird der Rohrkern neuerlich an Hochvakuum angeschlossen und die Rohrwand verdichtet. In der Ausziehmaschine wird der Rohrkern aus dem Rohr herausgezogen, und anschließend wird das an der Innenseite des Asbestzement-Rohres haftende Tuch entfernt.

Abb. 86. Rohrmaschine System Magnani. (Photo von Asbestos Cement Engineering Co., Vaduz)

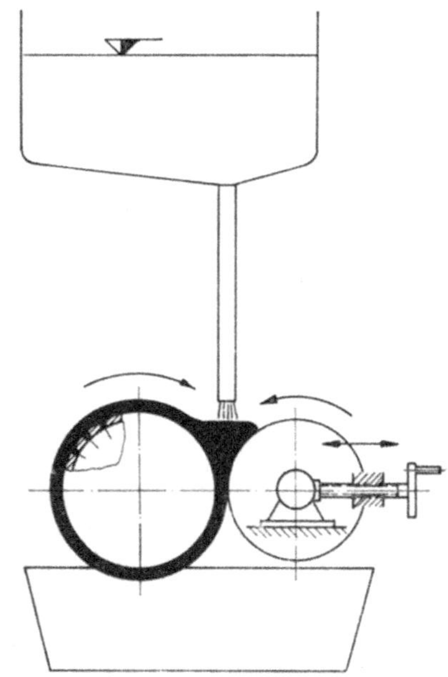

Abb. 87. Schnittschema einer Rohrmaschine System Magnani

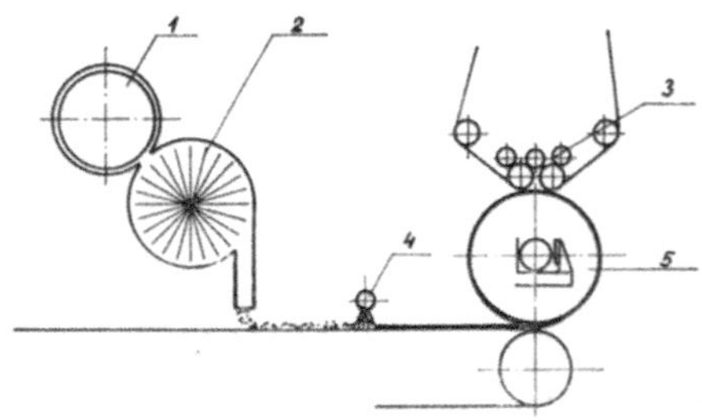

Abb. 88. Schema einer Rohrmaschine nach dem Trockenverfahren

1 Zuführungsschnecke
2 Streukasten mit Bürstenwalze
3 Druckwagen
4 Wasserzuführungsrohr
5 Mandrell

Diese Maschine hat besondere Bedeutung für die Herstellung von Abfluß- und Rauchrohren erlangt. Ein wesentlicher Vorteil dieser Maschine ist, daß Muffenrohre monolithisch in einem Arbeitsgang erzeugt werden können.

c) Trockenverfahren

Bei dem Trockenverfahren wird der trockene vermischte Asbestzement erst während oder unmittelbar vor der Verarbeitung mit Wasser befeuchtet, wobei man im Gegensatz zum Naßverfahren nicht mit Wasserüberschuß arbeitet, sondern nur die für die Hydratation erforderliche Wassermenge zusetzt. Der Asbestzement wird mittels Bürsten in einem Streukasten aufgewirbelt und fällt auf einen Filz ab. Unmittelbar vor der Formierungssektion wird Wasser auf den Asbestzement gesprüht. Schematisch ist eine Rohrmaschine nach dem Trockenverfahren in Abb. 88 dargestellt.

Die Trockenverfahren haben bisher keine wirtschaftliche Bedeutung erlangt.

d) Formstückerzeugung

Die für die Herstellung von Verbindungselementen und Rohrfittings benötigten Formstücke werden so wie bei der Erzeugung von Formstücken für Platten entweder aus Plattenzuschnitten oder Rohrstücken in der Handformerei oder maschinell oder im Injektionsverfahren hergestellt.

4. Erzeugung von Muffenrohren

Neben der eingangs erwähnten Erzeugung von Muffenrohren im Gußverfahren auf der Magnani-Rohrmaschine sind verschiedene Verfahren bekannt, bei denen die Muffen nachträglich auf das Rohr aufgebracht werden. Von der Firma Ispra wurde eine Injektionspresse entwickelt, mittels derer auf frische, mit der Mazza-Rohrmaschine gewickelte Rohre Muffen im Injektionsverfahren aufgepreßt werden können.

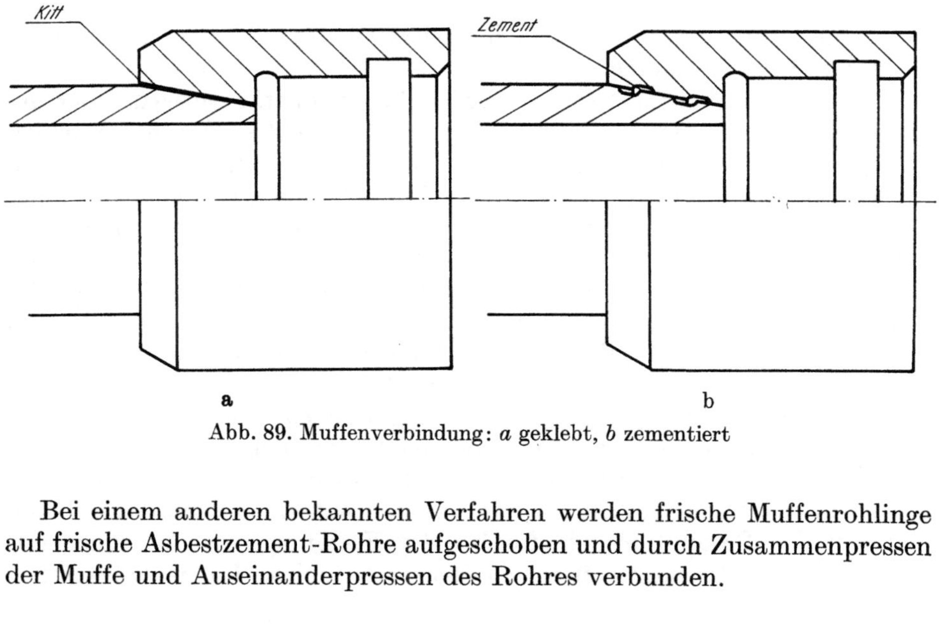

Abb. 89. Muffenverbindung: *a* geklebt, *b* zementiert

Bei einem anderen bekannten Verfahren werden frische Muffenrohlinge auf frische Asbestzement-Rohre aufgeschoben und durch Zusammenpressen der Muffe und Auseinanderpressen des Rohres verbunden.

Ein weiteres sehr verbreitetes Verfahren sieht die Verbindung der Muffen mit den Rohren im gehärteten Zustand vor. Die Rohrenden werden leicht konisch angedreht, die Muffen komplett fertig ausgedreht und unter Verwendung eines Klebemittels auf das Rohrende aufgepreßt. Es sind verschiedene Klebstoffe gebräuchlich, zum Beispiel mit Zementmilch verrührte Kasein-Kleber. Diese Verbindungsart ist in Abb. 89 *a* dargestellt. Eine Variante gemäß Abb. 89 *b* sieht Eindrehungen am Rohrende und in der Muffe vor, die mit Zement ausgefüllt werden. Verschiedentlich wurden auch die Muffen mit den Rohrenden mittels gedrehter Rundgewinde verbunden.

5. Erzeugung von Sondermaterial

Besonders auf dem Gebiet der Erzeugung von Asbestzement-Platten wurde eine Reihe von Sondermaterialien entwickelt. Dazu gehören beispielsweise Korneternitplatten, die mittels Zusatz von Farb- und Füllstoffen gefertigt werden. Dazu gehören Asbestzement-Platten mit Drahtgewebeeinlagen, die ebenfalls auf der Rundsiebmaschine gewickelt werden und die für alle geometrisch abwickelbaren Formen verwendet werden. Diese „Ferro-Eternit"-Platten werden vor allem für Luftführungsschächte in Klima- und Heizanlagen verwendet. Beispiele sind im Kapitel „Das Fertigprodukt" angeführt.

Auf dem Gebiete der Asbestzement-Rohre ist als Sonderanwendung der Einsatz in Ölleitungen anzuführen. Da Asbestzement-Rohre beim Kontakt mit Öl allmählich aufgelöst werden, erhalten die Rohre für Ölleitungen einen Schutz der Innenoberfläche entweder durch einen geeigneten Kunststoffanstrich oder durch die Einbringung von Kunststoffschläuchen.

6. Färben von Asbestzement

Grundsätzlich unterscheidet man zwei Methoden: Das Durchfärben des Stoffes und das Lackieren.

Zum Durchfärben des Stoffes werden Farbpigmente entweder der gesamten Stoffmischung zugeführt oder es wird nur ein Teil des Stoffes eingefärbt, der als Deckschicht aufgebracht wird. Verschiedentlich werden auch die Farbpigmente auf die Deckschicht der Asbestzement-Platten vor der Formatwalze aufgestreut und eingewalzt. Als Pigmente verwendet man Oxydfarben wie Eisenoxyd-rot, Zement-Oxydgelb, Zement-Oxydbraun, Zement-Oxydrot, Zement-Oxydgrün oder Zementblau. Die Einfärbung des Asbestzementes in der Masse ist auf bestimmte Farben beschränkt und ergibt keine leuchtenden Farbtöne, wird jedoch von vielen Fabriken ausgeführt, da mit diesem Verfahren eine hohe Farbechtheit erreicht wird. Die Pigmentzusätze liegen je nach dem gewünschten Farbton und dem Eigenfärbevermögen des zur Anwendung kommenden Zementes, Asbestes und der Zuschlagstoffe zwischen 1 bis 3%. In der Regel wird eine Durchfärbung der Gesamtmasse vorgenommen, da das Arbeiten mit einer Vorsatzschicht im Rahmen des Produktionsablaufes bei der Fertigung von Asbestzement-Platten meist aufwendiger ist als der Mehrverbrauch an Pigmentzusätzen.

Weißliche oder graue Flecken, die auf der gefärbten Oberfläche auftreten, können durch das Ausblühen des Zementes entstehen, welches in Abschnitt F 3 h S. 202 behandelt wird. Manche Asbestzement-Erzeuger streichen die durchgefärbten Platten mit Dispersionsfarbe im gleichen Farbton, die eine mehrere Monate haltende Schutzschicht ergeben soll, unter welcher der Asbestzement weitgehend aushärten kann.

Eine zweite Möglichkeit des Färbens von Asbestzement besteht im Lackieren. Da man bei diesem Verfahren größere Freiheiten der Auswahl der Farbtöne erhoffen konnte, hat man immer wieder nach geeigneten Lacken gesucht, solange es Asbestzement-Platten gibt. Die Hauptschwierigkeiten bestanden einerseits darin, daß die meisten Lacke von den im Asbestzement enthaltenen Alkali-Bestandteilen angegriffen werden, und andererseits in der beschränkten Witterungsbeständigkeit und Farbstabilität der Lacke. Auch gibt es beim forcierten Trocknen der lackierten Asbestzement-Platten, wie dies bei der Großproduktion erwünscht wäre, bzw. beim Einbrennlackieren, Schwierigkeiten, da bei der Erhitzung das im Asbestzement enthaltene Wasser verdampft und sich dadurch Bläschen in der Lackoberfläche bilden.

In den letzten Jahren wurden von einigen Asbestzement-Erzeugern Lacke auf Chlorkautschukbasis mit verhältnismäßig gutem Erfolg verwendet. In jüngster Zeit wurden ausgezeichnete Speziallacke für Asbestzement auf den Markt gebracht, die im wesentlichen als Kunststoffmischpolymerisate auf Ein- oder Zweikomponentenbasis hergestellt werden und für die eine fast unbegrenzte Beständigkeit auf Asbestzement und Beton und eine außerordentlich hohe Witterungsbeständigkeit und Farbstabilität garantiert wird.

Es sind auch Isolierlacke erhältlich, die den Vorschriften des Lebensmittelgesetzes entsprechen, bei deren Anwendung Behälter aus Asbestzement für die Aufbewahrung von Lebensmitteln sowie alkoholischen und nichtalkoholischen Getränken verwendet werden können.

7. Abbindung und Härtung

Die Abbindung und Härtung der Asbestzement-Platten und -Rohre tritt durch die Hydratation des Zementes ein. Unter der Abbindeperiode versteht man jenen Zeitraum, in welchem der Asbestzement erstarrt und das Asbestzement-Produkt bereits so viel Anfangsfestigkeit erlangt hat, daß Zwischenlagen und Formen entfernt und das Produkt transportiert werden kann. Die Härtung des Asbestzementes ist wie bei Betonstein ein endloser Vorgang, der praktisch nie zum Abschluß kommt. Bei der Härtungsperiode von Asbestzement spricht man jedoch von jenem Zeitraum, der zur Erreichung der in der Norm vorgeschriebenen Festigkeit erforderlich ist und der nach den Normen mit 28 Tagen begrenzt ist.

a) Lufthärtung

Mit dem Augenblick, da der Zement mit Wasser zusammengebracht wird, beginnt der Hydratationsvorgang. Läßt man die Asbestzement-Platte, das

Asbestzement-Rohr oder das Formstück nach der Erzeugung an der Luft lagern, so beginnt zunächst die Abbindung und anschließend die Härtung. Die Abbindung kann durch Erhöhung der Temperatur im Stoffwasser oder durch nachträgliche Beheizung des Produktes beschleunigt werden. Bei einer Stofftemperatur von ca. 30° C beträgt beispielsweise bei der Herstellung von Platten die Abbindezeit rund die Hälfte der bei einer Stofftemperatur von 20° C erforderlichen Zeit. Wird ein Durchlaufofen angeschlossen, so kann die 24-Stunden-Festigkeit mit höherer Temperatur verkürzt werden, doch sinkt gleichzeitig die 28-Tage-Festigkeit.

Zur anschließenden Aushärtung der Platten oder Rohre ist es notwendig, das Material in einem Feuchtraum zu lagern, in dem eine Luftfeuchtigkeit von ca. 98% herrscht. Damit wird verhindert, daß dem Asbestzement das für die Hydratation benötigte Wasser durch Verdunstung entzogen wird.

b) Wasserbadhärtung

So wie für Beton ist es auch für die Härtung (Hydratation) des Asbestzementes besonders günstig, wenn das Produkt im Wasserbad gelagert wird. Im Hinblick auf den großen Wasserbedarf der Wasserbecken und die dadurch erhöhten Anlagekosten wird die Wasserbadhärtung bei Platten jedoch meist vermieden. Bei Druckrohren wird die Wasserlagerung auf 6 bis 10 Tage beschränkt. Zur Beschleunigung der Härtung ist es günstig, wenn das Wasserbad auf eine Temperatur von 40° C gebracht wird.

c) Autoklavhärtung

Bei der Autoklavhärtung werden die Asbestzement-Platten oder -Rohre 8 bis 12 Stunden in einem geschlossenen Behälter der Einwirkung von Sattdampf einer Temperatur von ca. 175° C ausgesetzt. Dabei wird jedoch kein gewöhnlicher Asbestzement verwendet, sondern es werden etwa 40% des Zementes durch feingemahlenen chemisch reinen Quarzsand (Reinheit über 98%) ersetzt. Bei der Autoklavhärtung tritt an Stelle der Hydratation des Zementes die Entstehung neuer Silikate durch Verbindung der Zementbestandteile mit dem Quarzsand. Da die Asbestzement-Platten oder -Rohre ohne Formeinlage in den Autoklav eingebracht und jeweils in einer der Größe des Autoklav entsprechenden Charge gesammelt werden müssen, sind die Platten oder Rohre vor Beginn der Autoklavhärtung in der Regel 12 bis 24 Stunden alt. Nach beendeter Autoklavhärtung sind die Asbestzement-Produkte bereits verkaufsfähig und können ihrem Zweck entsprechend verwendet werden. Autoklavgehärtete Asbestzement-Produkte können unmittelbar nach der Härtung ausgeliefert werden. Ihre Biegefestigkeit liegt bei günstigen Mischungen 10 bis 20% über der 28-Tage-Festigkeit normaler, an der Luft oder im Wasserbad gehärteter Asbestzement-Produkte. Im Autoklav gehärtete Asbestzement-Produkte verlieren jedoch allmählich an Festigkeit und nähern sich nach Jahren den Festigkeitswerten des normalen Asbestzementes.

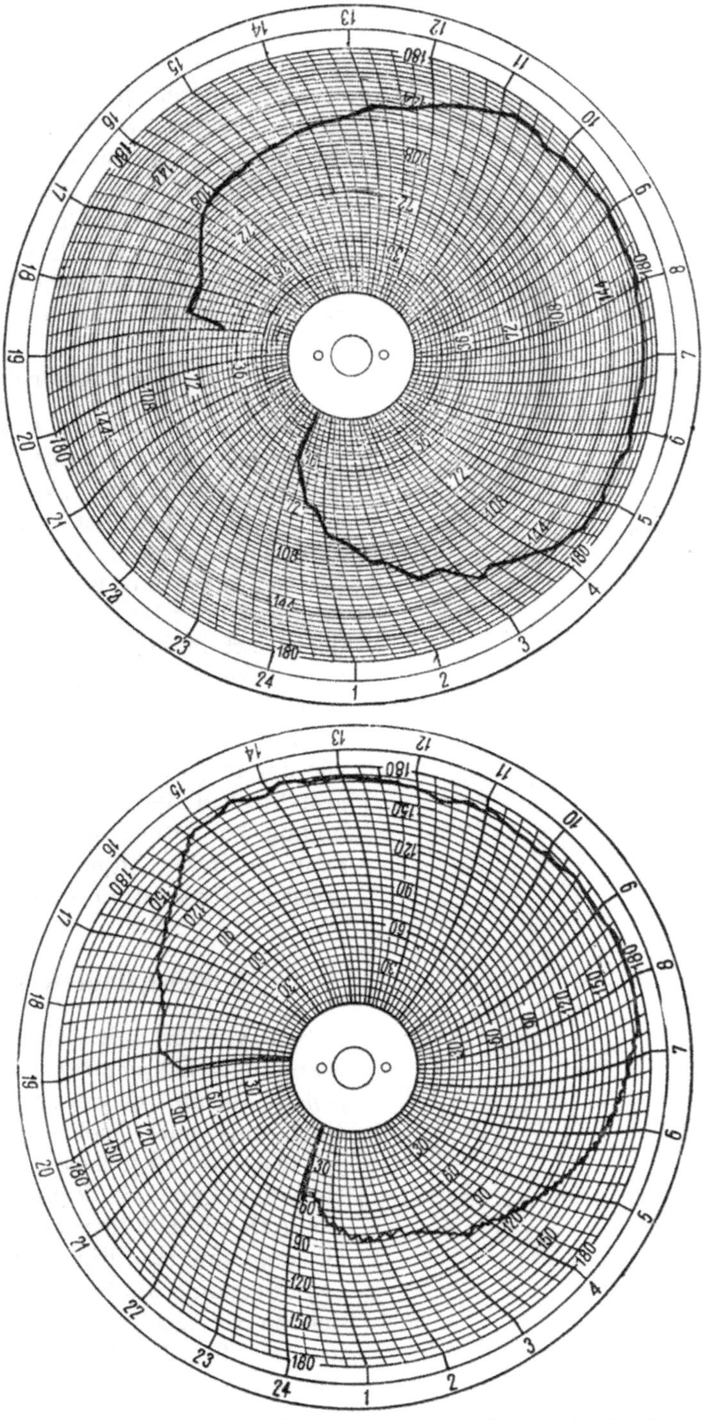

Abb. 90. Temperaturdiagramme zur Autoklavenhärtung aus „Automatisation der Autoklavenbehandlung von Bauplatten" von A. M. Winitzkij, L. L. Figotin und L. B. Bachwalowa, Zeitschrift Stroitelnye Materialy 7/1962

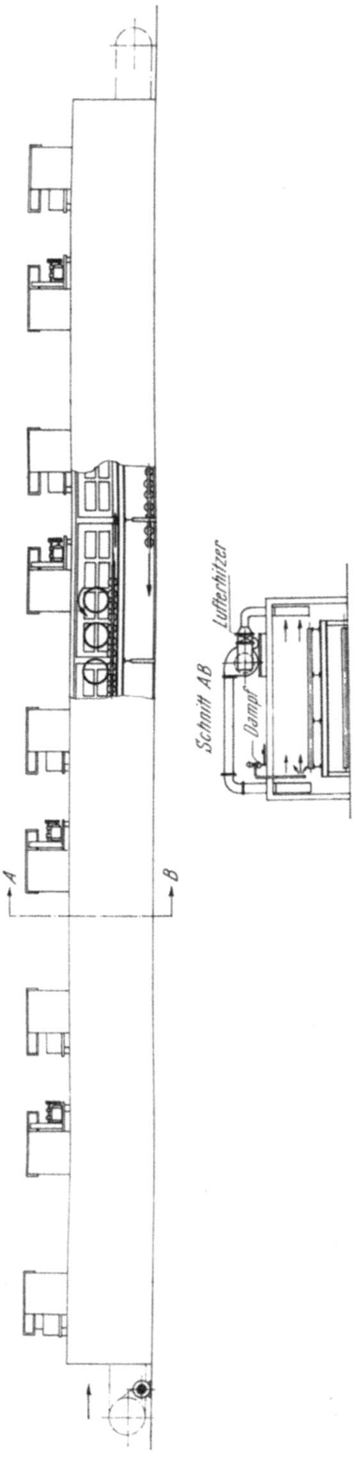

Abb. 91. Rollofen

Abb. 90 zeigt zwei Temperaturdiagramme über die Härtung von Asbestzement, wobei in einem Fall die Aufheizzeit ca. 5 Stunden und der Gesamtzyklus etwa 19 Stunden, im zweiten Fall die Aufheizzeit ca. 7 Stunden und der Gesamtzyklus ca. 20 Stunden betragen. Die Temperatur in der eigentlichen Härteperiode liegt bei 170 bzw. 175 °C.

d) Abbindekammer

Zur Beschleunigung des Abbindevorganges sind verschiedene Arten von Durchlaufkammern, Vorwärmtunnel oder Abbindegruben gebräuchlich. Durchlaufkammern für Asbestzement-Platten sind mitunter mit Infrarotstrahlern oder Heizungsrohren beheizt, doch darf in keinem Fall die Strahlungshitze direkt auf die Asbestzement-Platten treffen. Günstigere Ausführungen arbeiten mit Sattdampf wie der in Abb. 91 projektmäßig dargestellte Rollofen zur Abbindebeschleunigung bei Druckrohren. Die Temperatur in diesen Abbindekammern liegt meist zwischen 40 und 50° C.

8. Siebzylinderwäsche

Siebzylinder mit frischen Siebbespannungen nehmen oft den Stoff mangelhaft auf und neigen zum Verkleben. Nach ein- oder mehrwöchiger Laufzeit setzen die Maschen der Siebzylinderbespannungen mit Zementresten zu, wodurch ein Abfallen der Produktionsleistung eintritt. Für beide Fälle ist es notwendig, die Siebzylinder gründlich zu reinigen. Zur Reinigung wird in der Regel 40%ige Essig- oder Ameisensäure verwendet. Die Siebzylinder werden unter ständigem Drehen ein oder mehrere Stunden in ein Säurebad getaucht.

F. Gütefragen

1. Gütefragen zur Aufbereitung

Entscheidenden Einfluß auf die Wirtschaftlichkeit einer Anlage und die Güte des Produktes hat die Aufbereitung des Asbestes im besonderen und des Stoffes im allgemeinen. Bei der Asbestöffnung unterscheidet man die „Fiberisation" und die „Disintegration". Während bei der Fiberisation die Fasern geöffnet, aber nicht gekürzt werden, werden bei der Disintegration die Fasern zerkleinert, das heißt geöffnet und gekürzt. Leider werden am Maschinenmarkt immer wieder neben Durchlaufmühlen, die einen guten Zerfaserungseffekt haben, Zerkleinerungsmühlen angeboten, die sich für die Asbestaufschließung als nicht günstig erwiesen haben. In den folgenden Kapiteln ist der Einfluß verschiedener Betriebsbedingungen bei der Aufbereitung behandelt.

a) Asbestaufschließung und Öffnungsgrad

Tabelle 13

Fasertyp	Spez. Gewicht p/cm³	Substanzfestigkeit kp/mm²	Faserdurchmesser 10^{-5} mm	A Faseroberfläche N_2-Adsorption cm²/p	B Faseroberfläche errechnet cm²/p
Chrysotil	2,5	56—75	1,8—2,9	130.000—220.000	550.000—890.000
Blauasbest	3,4	75—225	3—14	27.000—46.000	84.000—395.000
Amosit	3,3	11—63			
Antophyllit	3,2	2,8			
Tremolit	3,1	0,75—5,6			

Die unter A angegebene Faseroberfläche wurde für Chrysotilasbest von BADOLLET durch Messung der N_2-Adsorption ermittelt. Der entsprechende Wert für Blauasbest wurde durch Umrechnung unter Annahme eines Verhältnisses der Faserdicke von Chrysotilasbest zu Blauasbest von 1 : 3,5 erhalten. Aus einer elektronenmikroskopischen Vergrößerung, die von KARL FRANK veröffentlicht wurde, ist die Dicke der Blauasbestfasern mit $(3 \div 7) \cdot 10^{-5}$ mm ersichtlich. Dieser letztgenannte Wert stimmt auch mit anderen Veröffentlichungen überein. Unter Berücksichtigung des unterschiedlichen spezifischen Gewichtes verhalten sich dann die spezifischen Oberflächen von Blauasbest : Chrysotilasbest im Mittel wie 1 : 4,75.

Die unter B angegebenen Oberflächen wurden aus den Faserdicken errechnet, wobei die Stirnflächen der Faserenden vernachlässigt wurden. Der Unterschied der Faseroberflächen nach A und B rührt vermutlich daher, daß es sich bei den mikroskopisch ermittelten Faserdicken tatsächlich um Einzelfasern handelt, während die für die Adsorptionsmessung verwendeten Proben kaum völlig aufgeschlossen waren. Der von BADOLLET für Chrysotilasbest angegebenen Oberfläche entspricht eine mittlere Faserdicke von $12{,}3 \cdot 10^{-5}$ bis $7{,}3 \cdot 10^{-5}$ mm. Die entsprechenden Werte für Blauasbest wären 43 bis $25{,}5 \cdot 10^{-5}$ mm.

Welche Bedeutung die Aufschließung für die Auswertung der Asbestfestigkeit hat, ist in dem folgenden Beispiel dargelegt. Auf Seite 53 ist ein Versuch von KARL FRANK zur Bestimmung der spezifischen Ausreißfestigkeit von Asbest angeführt. Bei diesem Versuch wurde eine Blauasbestprobe mit einem Querschnitt von 2,83 mm $\times$ 0,45 mm 15,5 mm tief in Zementmörtel eingekittet und nach 4 Tagen in einem Fall mit einer Kraft von 11 kp, in einem anderen Fall mit einer Kraft von 26 kp ausgezogen. Die spezifische Ausreißfestigkeit ergibt sich daraus mit 0,108 kp/mm^2 bzw. 0,286 kp/mm^2.

Die vorerwähnte Blauasbestprobe hat ein Volumen von 19,7 mm^3 und ein Gewicht von 67.10^{-3} p. Bei völliger Öffnung des Asbestes wäre demnach die Oberfläche nach A in Tab. 13 1800 bis 3100 cm^2. Mit einer spezifischen Ausreißfestigkeit von 0,286 kp/mm^2 würde sich — immer unter Annahme der völligen Aufschließung und der vollkommenen Einbettung jeder Faser im Zementmörtel — eine Ausreißkraft von 515 bis 890 kp ergeben.

Natürlich wird die Ausreißkraft nicht nur von der spezifischen Ausreißfestigkeit, sondern auch von der Zugfestigkeit des Asbestes begrenzt. Mit einer Querschnittsfläche von 1,27 mm^2 wäre die theoretische Ausreißkraft der verwendeten Asbestprobe 95 bis 285 kp. In dem von KARL FRANK beschriebenen Versuch wurden daher nur 9 bis 27% der theoretisch möglichen Ausreißkraft ausgenutzt.

Die Tatsache, daß in unserem Beispiel die durch die Substanzfestigkeit des Asbestes begrenzte Ausreißkraft geringer als die durch die spezifische Ausreißfestigkeit bedingte Ausreißkraft ist, bedeutet keineswegs, daß man auf völlige Öffnung verzichten kann, sondern zeigt vielmehr *die Möglichkeit, bei völliger Aufschließung kürzere Asbestfasern* zu verwenden.

Zweifellos ist die Aufschließung des Asbestes für die Asbestzement-Erzeugung weiter gehend und der Querschnitt der Faserbündel daher um ein Vielfaches geringer als bei dem erwähnten Ausreißversuch. Sie geht aber doch in keinem Fall bis zur völligen Aufschließung des Asbestes in seine einzelnen Fasern.

Geht die Öffnung bis zu einer mittleren Faserdicke von 0,1 mm, dann erhält man bei Chrysotilasbest eine Oberfläche von 160 cm^2/p, das sind 0,7 bis 1,2‰ der unter A in Tab. 13 angegebenen maximalen Oberfläche. Wurde der Asbest auf eine mittlere Faserdicke von 0,01 mm geöffnet, dann erhält man eine Oberfläche von 16.000 cm^2/p, das sind 7 bis 12% der maximalen Oberfläche.

Eine unvollkommene Aufschließung macht es notwendig, mehr und hochwertigeren Asbest dem Asbestzement beizumischen als dem theoretischen, optimalen Mischungsverhältnis entspricht.

Zur Kennzeichnung der Aufschließung des Asbestes wird häufig der *Öffnungsgrad* in Prozent angegeben. Nach Ansicht des Verfassers müßte der Öffnungsgrad das *Verhältnis der effektiven spezifischen Oberfläche* beim jeweiligen Aufschließungszustand *zur theoretischen spezifischen Oberfläche bei völliger Aufschließung* des Asbestes in die Einzelfasern angeben.

In vielen Veröffentlichungen der Asbestzement-Literatur wird der Öffnungsgrad im Zusammenhang mit Festigkeitsuntersuchungen oder Berechnungsformeln ohne Definition desselben angegeben; meist wird dabei als Öffnungsgrad die Absetzhöhe beim Bouyancy-Test (siehe auch S. 225) nach einer bestimmten Zeit angeführt.

Zur Bestimmung des Öffnungsgrades sind hauptsächlich zwei Tests üblich, der Buoyancy-Test (auch Schwimm- oder Absetzprobe genannt) und die Bestimmung der spezifischen Oberfläche mittels Luftdurchlässigkeitsprüfung (System Dyckerhoff). Für die Bestimmung der Absetzhöhe sind in den verschiedenen Ländern und Betrieben Versuchsbedingungen festgelegt, die leider sehr stark variieren, sowohl was die Größe des Meßglases und den Wasserinhalt, was die Menge der Asbestprobe als auch was die Art der Vermischung und die Absetzzeit betrifft.

Dagegen hat sich bei der Bestimmung der spezifischen Oberfläche durch die Verwendung des Dyckerhoff-Gerätes eine gewisse Vereinheitlichung ergeben.

Der *Öffnungsgrad allein* ist noch *kein Maßstab* zur Beurteilung der Güte einer Asbestaufschließung.

Das Bestreben der Asbestzement-Erzeuger muß es sein, mit einem möglichst kleinen Prozentsatz einer möglichst billigen Asbestmischung eine bestimmte vorgeschriebene Festigkeit zu erreichen. Hat man mit einer bestimmten Mischung diese Festigkeit erreicht, so wird man versuchen, entweder bei gleichem Mischungsverhältnis billigere Asbestsorten zu verwenden oder bei gleichbleibender Asbestsorte den Asbestanteil zu verringern.

Um dies ohne Festigkeitsverlust zu ermöglichen, muß man versuchen, durch verbesserte Aufbereitung und insbesondere *durch bessere Asbestaufschließung den Wertigkeitsverlust der Asbestzement-Mischung zu kompensieren.*

Jedes Aufschließungsverfahren bringt gleichzeitig mehr oder weniger eine Kürzung und Knickung der Fasern mit sich. Im allgemeinen ist bei allen Aufschließungsverfahren das Verhältnis von Faseraufschließung zu Faserkürzung am Anfang geringer und nimmt bei fortschreitender Öffnung zu. Die Folge davon ist, daß — unter Annahme einer gleichbleibenden Stoffmischung — die Festigkeit bis zu einer gewissen Aufschließung zunimmt und dann zunächst langsam und allmählich immer stärker abnimmt.

Absetzprobe und Luftdurchlässigkeitsprüfung allein geben keinen Hinweis auf die zu erwartende Festigkeitszu- oder -abnahme. Bei der Absetzprobe können die Fasern bereits weitgehend gekürzt und geknickt sein, und noch immer nimmt die Absetzhöhe zu. Das Optimum der Auflösung liegt daher schon vor der bei der Absetzprobe erzielbaren maximalen Absetzhöhe.

Auch bei der Luftdurchlässigkeitsprüfung wird eine Kürzung oder Knickung der Fasern nicht angezeigt, da die spezifische Oberfläche bei der fortschreitenden Auflösung unabhängig davon weiter zunimmt. Die Güte einer Aufschließung kann daher letzten Endes nur durch die Festigkeitsuntersuchung am fertigen Produkt oder experimentell mit ziemlicher Genauigkeit durch Festigkeitsuntersuchungen an Probeplättchen festgestellt werden.

Allerdings kann jeder Betrieb für eine bestimmte Maschinenanlage durch systematische Messungen der Absetzhöhe, der Luftdurchlässigkeit und der Festigkeit vom Probeplättchen oder des fertigen Produktes eine Beziehung zwischen diesen Größen erhalten, die es ihm zu einem gewissen Grade ermöglicht, über Absetzhöhe oder Luftdurchlässigkeit den Öffnungsgrad laufend zu kontrollieren.

b) Die Ausnützung des Asbestanteiles unter Berücksichtigung der räumlichen Verteilung der Asbestfasern

Wird der Asbestzement-Brei in einer im Verhältnis zur mittleren Faserlänge dünnen Schicht auf eine ebene Unterlage aufgegossen, dann sind die Asbestfasern in einer Ebene gleichmäßig in alle beliebigen Richtungen verteilt angeordnet. Denkt man sich die Asbestfasern zu einem gemeinsamen Mittelpunkt zusammengeschoben, so wird die Anordnung wie in Abb. 92 aussehen.

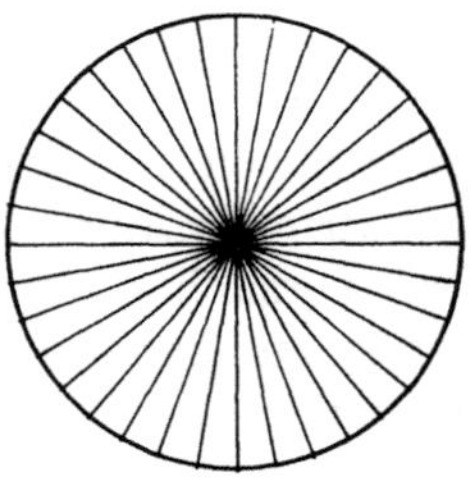

Abb. 92. Gleichmäßige ebene Faserverteilung — auf einen Punkt projiziert

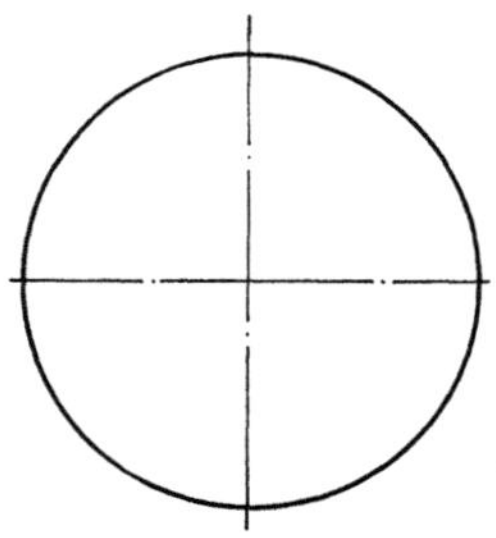

Abb. 93. Flächenmäßige Darstellung der Faserdichte bei gleichmäßiger ebener Faserverteilung

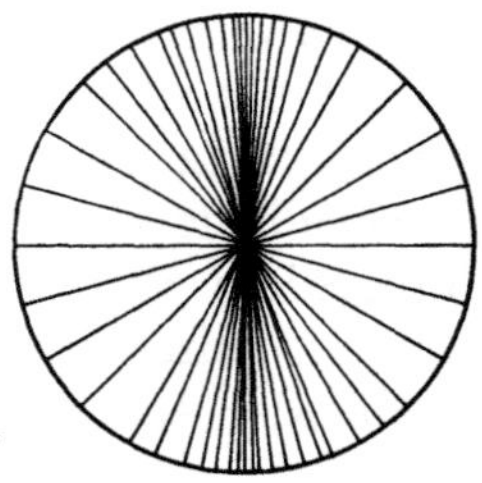

Abb. 94. Ebene Faserverteilung mit einer bevorzugten Ausrichtung — auf einen Punkt projiziert

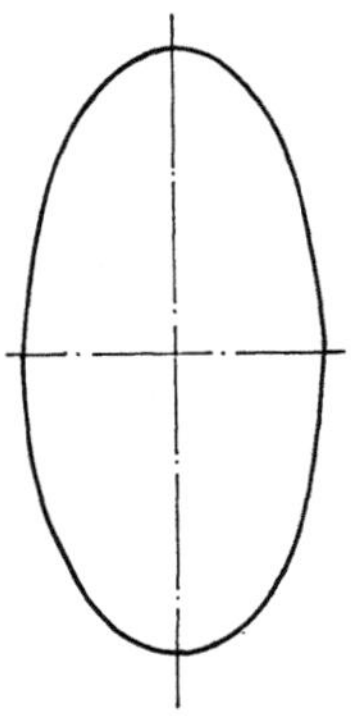

Abb. 95. Flächenmäßige Darstellung der Faserdichte bei Faserverteilung nach Abb. 93

Bei manchen Verfahren wird den Fasern in der Ebene eine bevorzugte Ausrichtung gegeben, wie dies in Abb. 94 dargestellt ist.

Ist bei einem Gußverfahren die Dicke des Gußkörpers im Vergleich zur mittleren Faserlänge sehr groß, dann werden die Fasern in bezug auf ihre Richtung gleichmäßig im Raum verteilt angeordnet sein. Projiziert man wieder alle Fasern auf einen gemeinsamen Mittelpunkt, so werden die Fasern in einer Kugel liegend gleichmäßig nach allen Richtungen verteilt sein.

Wenn man sich zur besseren Veranschaulichung vorstellt, daß jeweils vom gemeinsamen Mittelpunkt nicht die Faser, sondern die Faserdichte aufgetragen wird, dann stellt sich eine ebene Faserverteilung nach Abb. 92 als Kreis gemäß Abb. 93, eine ebene Faserverteilung nach Abb. 94 als Ellipse gemäß Abb. 95 und eine gleichmäßig räumliche Faserverteilung als Kugel dar.

Bei räumlicher Faserverteilung einer bevorzugten Faserrichtung verzerrt sich die Kugel zu einem Umdrehungs-Ellipsoid gemäß Abb. 96 und bei Vorhandensein zweier bevorzugter Faserrichtungen zu einem Ellipsoid gemäß Abb. 97.

Von den verschiedenen Beanspruchungsarten wie Druck, Zug, Biegung und Verdrehung kommen bei Asbestzement-Produkten vor allem Druck, Zug und Biegung in Frage. Da die Druckbeanspruchung vom Zementstein aufgenommen wird, interessieren uns nur die Beanspruchungsarten, bei welchen die Asbestfasern Zugspannungen aufnehmen müssen. Das sind die reine Zugbeanspruchung und die Biegebeanspruchung, bei der ja jeder Querschnitt teilweise auf Zug und teilweise auf Druck beansprucht wird.

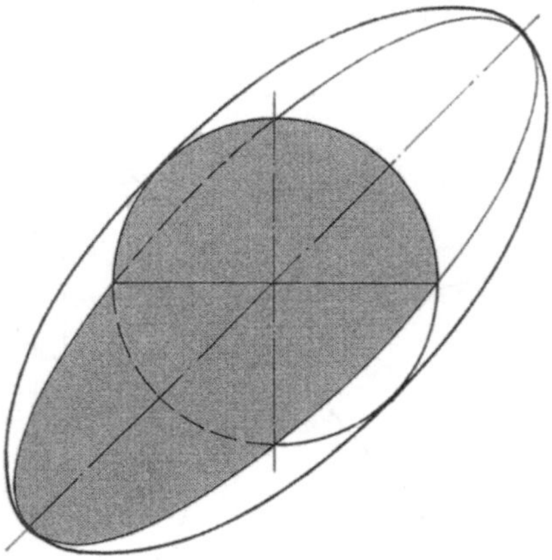

Abb. 96. Körpermäßige Darstellung der Faserdichte bei räumlicher Faserverteilung mit einer bevorzugten Ausrichtung

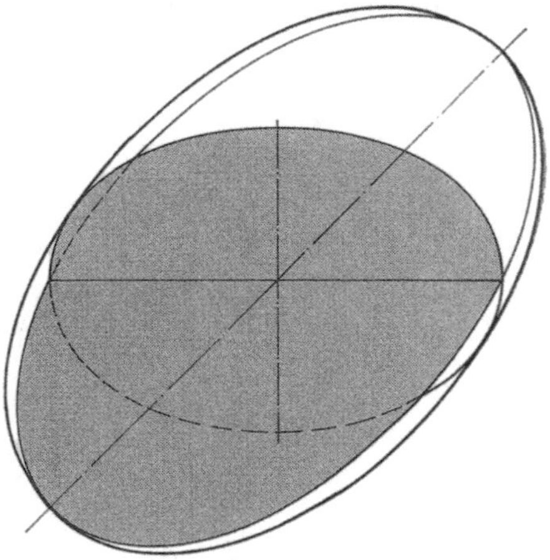

Abb. 97. Körpermäßige Darstellung der Faserdichte bei räumlicher Faserverteilung mit zwei bevorzugten (aufeinander senkrechten) Faserrichtungen

Haben wir in der Ebene eine einachsige Zugbeanspruchung bei einer Faserverteilung nach Abb. 92, dann sind die Fasern im Mittel unter 45° Neigung zu dieser Zugrichtung angeordnet.

Die wirksame Faserdichte bzw. der wirksame Asbestanteil beträgt dann $\frac{\sqrt{2}}{2}$ mal der tatsächlichen Faserdichte bzw. dem tatsächlichen Asbestanteil.

Bei Zugbeanspruchung in zwei aufeinander senkrechten Richtungen, oder auch bei Biegebeanspruchung in zwei aufeinander senkrechten Richtungen sind in diesem Fall die Zugfestigkeit und die Biegefestigkeit in beiden Richtungen gleich groß.

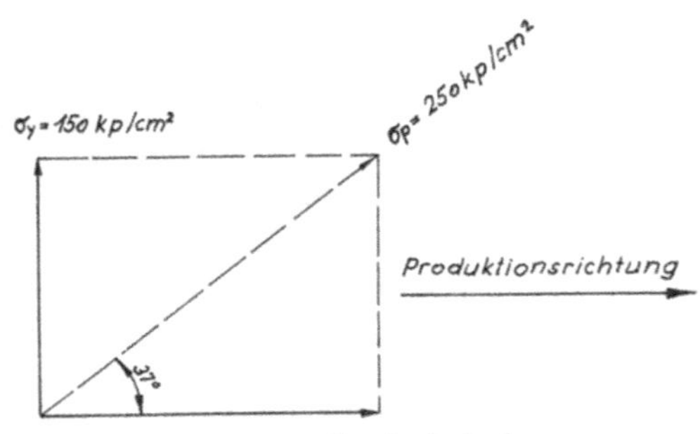

Abb. 98. Mittlere Faserrichtung entsprechend einer Festigkeitsverteilung nach DIN 274

Bei manchen Verfahren, insbesondere bei der Erzeugung von Platten und Rohren mittels Rundsiebzylindern, haben die Fasern in der Ebene eine bevorzugte Richtung gemäß Abb. 94. Es ist dann die Zugfestigkeit in der bevorzugten Richtung größer als in der senkrechten. Für ebene ungepreßte

Tafeln bis 12 mm Dicke schreibt beispielsweise DIN 274 eine Biegefestigkeit in der Faserrichtung von 200 kp/cm² und senkrecht zur Faserrichtung von 150 kp/cm² vor. Die mittlere Faserrichtung kann in diesem Fall einen Winkel von 37° mit der Ebene des größeren Biegemomentes einschließen (Abb. 98). Diese mittlere Faserrichtung erhält man dadurch, daß man die Faserrichtungen in Sektoren aufteilt und jedem Sektor einen Richtungspfeil anordnet, dessen Länge proportional dem Faseranteil des Sektors ist. Setzt man die Richtungspfeile in einem Kräftepolygon zusammen, ergibt sich die *mittlere Faserrichtung* als Resultante (Beispiel Abb. 99). Im allgemeinen

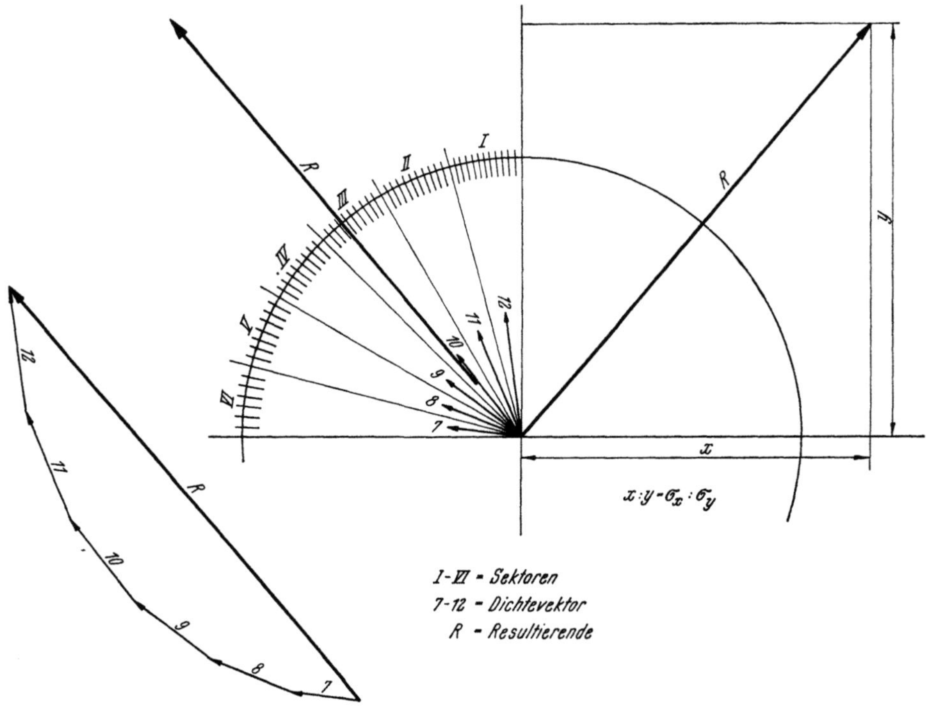

Abb. 99. Graphische Ermittlung der mittleren Faserrichtung aus den Faserdichte-Vektoren

kann man sagen, daß der Quotient der Zug- bzw. Biegefestigkeiten bei ebenen Platten in und senkrecht zur Produktionsrichtung bei den Gußverfahren zwischen 1 und 1,1, bei den Rundsiebverfahren zwischen 1,2 und 1,4 liegt.

Eine gewisse Beeinflussung der Faserrichtung ist selbstverständlich bei allen Verfahren möglich. So kann dieser Quotient bei den Gußverfahren durch dünnschichtige Aufbringung des Asbestzement-Breies, durch Streich- und Vibrationsleisten etwas erhöht und bei den Rundsiebmaschinen durch entsprechende Drehrichtung und Drehzahl der im Siebzylinderkasten befindlichen Rührer herabgedrückt werden.

Ob eine möglichst hohe Festigkeit in der Produktionsrichtung, ob gleiche Festigkeit in allen Richtungen oder ob eine möglichst große Festigkeit senkrecht zur Produktionsrichtung erwünscht ist, hängt von dem zu fertigenden Asbestzement-Produkt und dem Verwendungszweck desselben ab.

Bei Wellplatten, die auf Pfetten verlegt werden, ist der Auflagerabstand in der Längsrichtung etwa 10mal so groß als der in der Querrichtung durch die Wellung gegebene Auflagerabstand. Dem trägt man zum Großteil durch das Wellprofil Rechnung, doch ist man zum anderen Teil auch daran interessiert, daß die durch die Faserlänge bedingte Festigkeit in der Produktionsrichtung größer ist. Auch bei den vorerwähnten ebenen Tafeln ist man an einer höheren Festigkeit in der Produktionsrichtung interessiert.

Bei Druckrohren mit kleinem Durchmesser und kleiner Wandstärke tritt die Hauptbeanspruchung durch axiale Biegung auf, und zwar vor allem beim Transport und bei der Verlegung. Man ist daher bei diesen Rohren daran interessiert, daß die Fasern möglichst in axialer Richtung ausgerichtet sind. Werden solche Rohre aus Platten handgeformt, dann wird man die Platten so verwenden, daß die Produktionsrichtung der Platten parallel mit der Rohrachse liegt. Werden diese Rohre beispielsweise auf einer Magnani-Abflußrohrmaschine gegossen und gewickelt, so ist das Verhältnis Faserlage in Achsrichtung : Faserlage in Ringrichtung verhältnismäßig günstig.

Werden solche Rohre durch Einspritzverfahren erzeugt, kann ebenfalls mit einer annähernd gleichen Faserverteilung in allen Richtungen gerechnet werden.

Will man dünnwandige Rohre mit kleinem Durchmesser auf einer Rundsiebmaschine erzeugen, wird man bemüht sein, durch geeignete Maßnahmen — zum Beispiel Gegenlauf des Rührers im Siebzylinderkasten oder vibrierende Kämme oder Turbulenzvorrichtungen in Siebzylindernähe — die bevorzugte Ausrichtung der Fasern in Produktionsrichtung zu vermindern.

Bei Rohren mit großem Durchmesser und großer Wandstärke ist das Widerstandsmoment gegen axiale Biegung sehr groß, so daß die gefährdende Beanspruchung durch die Ringzugfestigkeit des Rohres gegeben ist.

Dies ist ganz besonders bei Hochdruckrohren der Fall. Bei diesen Rohren ist man daher an einer möglichst starken Bevorzugung der Faserlage in Produktionsrichtung, das heißt also quer zur Rohrachse, interessiert, und darin ist auch die Überlegenheit der Rundsiebmaschinen für die Erzeugung von Hochdruckrohren begründet.

Natürlich kann man eine ungünstige Faserverteilung auch durch erhöhten Asbesteintrag oder durch Verwendung langfaseriger Asbeste kompensieren, doch steigt dadurch der Einsatzpreis der Rohmaterialien.

c) Die ideale Mischung

Um beurteilen zu können, wie weit in der Praxis angewandte Maschinen und Systeme von idealen Verhältnissen entfernt sind, und um gleichzeitig zu sehen, welche Möglichkeiten der Verbesserung in den Aufbereitungs- und Erzeugungsverfahren enthalten sind, ist es notwendig, die für ideale Verhältnisse gegebenen Grenzen zu errechnen.

Asbestzement-Platten

Wir betrachten zunächst die Biegebeanspruchung von Asbestzement-Platten, wobei wir annehmen, daß alle Asbestfasern zueinander und zur

Ebene des Biegemomentes parallel und die Biegemomentebene senkrecht zur Platte angeordnet sind. Wir nehmen weiter an, daß die Querschnitte bei der Verformung eben bleiben. Dabei ergibt sich dann eine Spannungs- und Dehnungsverteilung gemäß Abb. 100.

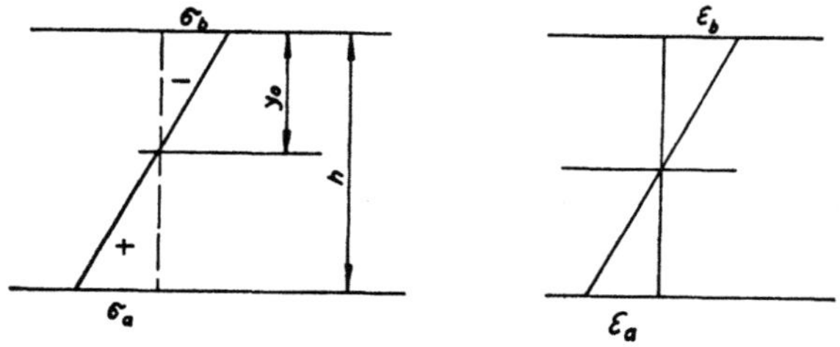

Abb. 100. Spannungs- und Dehnungsverteilung in einer Asbestzement-Platte bei paralleler Ausrichtung der Asbestfasern und dazu senkrechter Biegung

Für die Druckspannungen im Zementstein und die Zugspannungen in den eingebetteten Asbestfasern sind bei einem bestimmten Moment das Mischungsverhältnis und das Verhältnis der Elastizitätsmoduln maßgeblich.

Es seien:

σ_b = Randdruckspannung im Zementstein [kp/mm²]

σ_a = Randzugspannung in den Asbestfasern [kp/mm²]

h = Dicke der Platte [mm]

b = Breite der Platte [mm]

y_0 = Abstand der Null-Linie von der Druckseite [mm]

ε_a = Dehnung der Randfaser auf der Zugseite [1]

ε_b = Dehnung der Randfaser auf der Druckseite [1]

E_a = Elastizitätsmodul des Asbestes [kp/mm²]

E_b = Elastizitätsmodul des Zementsteines [kp/mm²]

γ_b = spezifisches Gewicht des Zementes [p/cm³]

γ_a = spezifisches Gewicht des Asbestes [p/cm³]

r_a = Gewichtsanteil des Asbestes am Asbestzement [1]

$$\bar{r}_a = \frac{\gamma_b}{\gamma_b + \dfrac{\gamma_a}{r_a} - \gamma_a} = \text{Raumanteil des Asbestes am Asbestzement [1]} \qquad (10)$$

$\bar{r}_a{}' = k_L \cdot \bar{r}_a$ = wirksamer Raumanteil des Asbestes am Asbestzement [1]

Die Lage der Null-Linie errechnet sich dann wie folgt:

k_L = Faktor zur Berücksichtigung des Verhältnisses: tatsächliche mittlere Asbestfaserlänge : minimale theoretische Asbestfaserlänge [1]

$L_{\min}$ = minimale theoretische Länge der Asbestfasern [mm]

σ_a = spezifische Ausreißfestigkeit des Asbestes im Zement [kp/mm²]

d = Faserdurchmesser [mm]

$$\frac{1}{2}\, b\, y_0\, \sigma_b - \frac{1}{2}\, \bar{r}_a{}'\, b\, (h - y_0)\, \sigma_a = 0$$

$$y_0\, \sigma_b = \bar{r}_a{}'\, (h - y_0)\, \sigma_a \qquad (11)$$

$$\varepsilon_b = \frac{\sigma_b}{E_b} \qquad \varepsilon_a = \frac{\sigma_a}{E_a} \qquad \varepsilon_b = \varepsilon_a \frac{y_0}{h - y_0} \qquad \varepsilon_a = \frac{h - y_0}{y_0} \varepsilon_b$$

$$\sigma_a = \varepsilon_a E_a = \frac{h - y_0}{y_0} \varepsilon_b E_a = \frac{h - y_0}{y_0} \sigma_b \frac{E_a}{E_b} \text{ und mit } \frac{E_a}{E_b} = \alpha$$

$$\sigma_a = \frac{h - y_0}{y_0} \sigma_b \cdot \alpha \tag{12}$$

$$\frac{\sigma_a}{\sigma_b} = \left(\frac{h}{y_0} - 1\right) \cdot \alpha$$

$$y_0 \cdot \sigma_b = \bar{r}_a' \frac{(h - y_0)^2}{y_0} \alpha \cdot \sigma_b$$

und daraus

$$y_0 = \frac{\bar{r}_a'\alpha \pm \sqrt{\bar{r}_a'\alpha}}{\bar{r}_a'\alpha - 1} \cdot h \qquad \frac{y_0}{h} = \frac{\sqrt{\bar{r}_a'\alpha}}{1 + \sqrt{\bar{r}_a'\alpha}} \tag{13}$$

Um einen Begriff zu geben, wie sich der Raumanteil zum Gewichtsanteil verhält, seien im folgenden einige Beispiele angeführt. Dabei ist das spezifische Gewicht des Zementes mit 3,15 p/cm³ angenommen.

Mittl. spez. Gewicht der Asbestmischung in p/cm³	Gewichtsanteil r_a des Asbestes in %	Raumanteil $\bar{r}_a$ des Asbestes in %
3,00	4	4,19
3,00	14	14,59
3,10	4	4,06
3,10	14	14,19

Der Unterschied liegt also stets unter 5%.

Der Elastizitätsmodul wird von Karl Frank für Chrysotilasbest bei der Belastungsstufe von 2 bis 22 kp/mm² mit 6440 kp/mm², für Blauasbest bei der gleichen Belastungsstufe mit 10.580 kp/mm² angegeben; bei einer Belastungsstufe von 42 kp/mm² werden die entsprechenden Werte mit 3520 bzw. 10.750 kp/mm² angegeben. Für Beton gibt K. Jäger für die Druckzone einen Elastizitätsmodul von 2100 kp/mm² an. Bei den üblichen Biegespannungen beträgt daher α für Chrysotilasbest ca. 3, für Blauasbest ca. 5 und sinkt bei höheren Spannungen bei Chrysotilasbest auf 1,5 ab.

Will man die minimale theoretische Faserlänge in Abhängigkeit vom Faserdurchmesser festlegen, so muß man sich vorstellen, daß der Zementstein eine Trennlinie senkrecht zur Faserrichtung aufweist und die Asbestfaser zu beiden Seiten der Trennlinie gleich lang im Zementstein eingebettet ist. Die in der Asbestfaser im Bereich der Trennlinie auftretende Zugkraft muß dann identisch mit der Ausreißkraft sein.

Daraus ergibt sich folgende Beziehung:

$$\frac{d^2 \pi}{4} \cdot \sigma_a = \frac{d\, \pi \cdot L_{\min}}{2} \cdot \tau_a$$

und

$$L_{\min} = d \cdot \frac{\sigma_a}{2\, \tau_a} \tag{14}$$

mit der auf Seite 144 angegebenen spezifischen Ausreißfestigkeit τ_a von 0,286 ergibt sich die Beziehung

$$L_{\min} = 1{,}75\, d \cdot \sigma_a \tag{15}$$

Haben die Fasern tatsächlich nur die minimale theoretische Länge, so trägt in jedem beliebigen Querschnitt bei homogener Mischung, wie aus Abb. 101 ersichtlich, nur die halbe Anzahl der Fasern, das heißt, zur Herstellung eines Kettenbandes mit n tragenden Fasern in einem beliebigen Querschnitt benötige ich $2\,n$ Fasern.

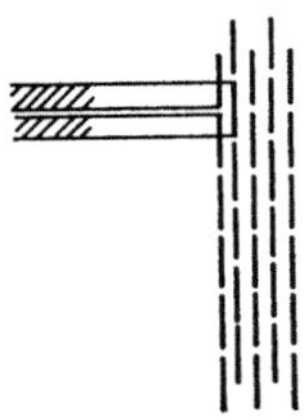

Abb. 101. $L = L_{\min}$

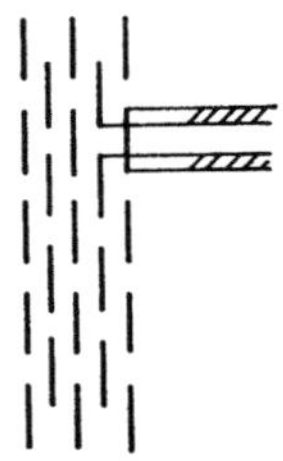

Abb. 102. $L = 2L_{\min}$

= notwendige Faserlänge zur Übertragung der Zugkraft, bedingt durch die spezifische Ausreißfestigkeit

Abb. 101 und 102. Theoretisch erforderliche Faserverteilung

Haben die Fasern die doppelte minimale Länge wie in Abb. 103, dann brauche ich zur Herstellung einer Kette mit n tragenden Fasern über die Länge der Kette $\frac{4}{3}\,n$ Fasern. Umgekehrt gesprochen, werden bei Fasern mit der 1fachen minimalen Faserlänge nur $\frac{1}{2}$ tragen, bei Fasern mit der 2fachen minimalen Länge $\frac{3}{4}$ Fasern und allgemein bei Fasern mit der n-fachen minimalen Länge $\frac{2n-1}{2n}$ Fasern.

Natürlich sind in Wirklichkeit die Fasern nicht in gleichmäßigen Ketten wie in Abb. 101 und 102 angeordnet, doch bleibt bei der homogenen Mischung auch bei einer Verzerrung der einzelnen Kettenglieder die angeführte Beziehung bestehen.

Wird zur Erreichung einer bestimmten Festigkeit theoretisch ein minimales Mischungsverhältnis „Asbest zu Asbestzement" benötigt, dann muß das tatsächliche Mischungsverhältnis mit dem Faktor $\frac{2n}{2n-1}$ aufgewertet werden, wenn die mittlere Faserlänge n-mal die minimale theoretische Faserlänge beträgt.

Würde beispielsweise theoretisch ein minimaler Asbestanteil von 8% benötigt werden, dann müßte bei einfacher minimaler Faserlänge ein Asbestanteil von 16% eingebracht werden. Bei fünffacher Faserlänge würde sich dieser Anteil auf $\frac{10}{9} \cdot 8 = 8{,}8\%$ erniedrigen. Diese Beziehung ist graphisch in Abb. 102 und 103 dargestellt.

$$k_L = \frac{2n-1}{2n} \tag{16}$$

$$n = \frac{L}{L_{\min}}$$

Gl. (14) für die minimale theoretische Faserlänge kann unter Einbeziehung von Gl. (12) so umgeformt werden, daß an Stelle der Zugbeanspruchung des

Asbestes die Druckbeanspruchung des Zementsteines in der Formel aufscheint. Es ergibt sich dann

$$L_{\min} = \frac{1}{2\,\tau_a} \cdot \frac{1 - \dfrac{y_0}{h}}{\dfrac{y_0}{h}} \cdot \alpha \cdot d \cdot \sigma_b \tag{17}$$

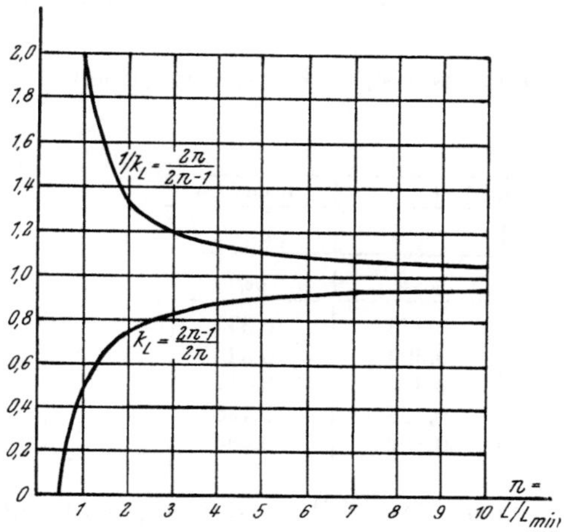

Abb. 103. k_L in Abhängigkeit von $n = L/L_{\min}$

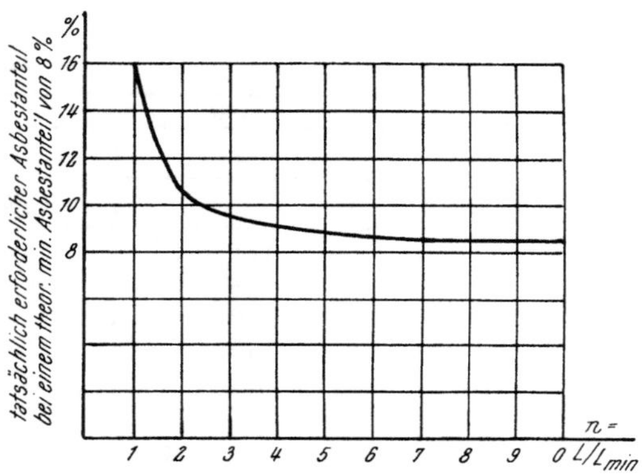

Abb. 104. Tatsächlich erforderlicher Asbestanteil in Abhängigkeit von $L/L_{\min}$

setzt man wiederum für $\tau_a = 0{,}286$ kp/mm², so erhält man

$$L_{\min} = 1{,}75 \frac{1 - \dfrac{y_0}{h}}{\dfrac{y_0}{h}} \alpha\, d\, \sigma_b \tag{18}$$

Die Biegespannung in einer Platte errechnet sich üblicherweise mit $\bar{\sigma}_b = \dfrac{M}{W}$. Die Randspannung in der Druckzone des Zementsteines ergibt sich aus Abb. 100 wie folgt:

$$M = \frac{1}{2} y_0\, b\, \sigma_b \cdot \frac{2}{3} h = 2\, \frac{b\, h^2}{6} \cdot \frac{y_0}{h} \sigma_b = \cdot\, 2\, W \frac{y_0}{h} \sigma_b$$

$$\sigma_b = \frac{M}{W} \cdot \frac{1}{\dfrac{2\, y_0}{h}} \tag{19}$$

Es ergibt sich somit zwischen Druckspannung σ_b im Zementstein und theoretischer Biegespannung $\bar{\sigma}_b$ die Beziehung

$$\sigma_b = \bar{\sigma}_b \frac{1}{\dfrac{2\, y_0}{h}} \tag{20}$$

wobei mit σ_b die Druckspannung im Zementstein, mit $\bar{\sigma}_b$ die theoretische Biegespannung auf Grund des Hookschen Gesetzes bezeichnet wird. Für $y_0 = \frac{h}{2}$ ist die tatsächliche Druckspannung gleich der theoretischen Biegedruckspannung, für $y_0 = \frac{h}{4}$ wird sie doppelt so groß.

In Tab. 14 sind die Verhältniszahl $\frac{y_0}{h}$ für $\alpha = 1{,}5$, 3 und 5 und verschiedene wirksame Asbestanteile (Mischungsverhältnisse) $\bar{r}_a' = k_L \cdot r_a$ angegeben.

Tabelle 14

Asbestanteil	Chrysotilasbest		Blauasbest
$\bar{r}_a' = k_L \cdot r_a$	$\alpha = 1{,}5$	$\alpha = 3$	$\alpha = 5$
	y_0/h	y_0/h	y_0/h
0,05	0,215	0,279	0,333
0,08	0,257	0,329	0,385
0,10	0,279	0,354	0,414
0,12	0,294	0,375	0,436
0,15	0,322	0,402	0,464

In Tab. 15 ist das Verhältnis von σ_a zu σ_b, das heißt von der Zugspannung in den Asbestfasern zu der Druckspannung im Zementstein, bei $\alpha = 1{,}5$, 3 und 5 und verschiedenen wirksamen Asbestanteilen $\bar{r}_a'$ angegeben.

Tabelle 15

Asbestanteil	Chrysotilasbest		Blauasbest
$\bar{r}_a' = k_L \cdot r_a$	$\alpha = 1{,}5$	$\alpha = 3$	$\alpha = 5$
	σ_a/σ_b	σ_a/σ_b	σ_a/σ_b
0,05	5,48	7,75	10,00
0,08	4,34	6,12	7,99
0,10	3,88	5,47	7,08
0,12	3,60	5,00	6,47
0,15	3,16	4,48	5,78

Die folgende Überlegung soll nun aufzeigen, wann bei Biegebeanspruchung einer Asbestzement-Platte der Bruch durch Überschreiten der Zugfestigkeit des Asbestes und wann durch Überschreiten der Druckfestigkeit des Zementsteines und wann derselbe eintritt.

Aus Gl. (12) ist bekannt: $\sigma_a = \frac{1 - \frac{y_0}{h}}{\frac{y_0}{h}} \sigma_b \cdot \alpha.$

Wenn wir die Zugfestigkeit des Chrysotilasbestes mit 6200 kp/cm² und die Druckfestigkeit des Zementes mit 275 kp/cm² annehmen, dann liegt die Grenzbeanspruchung für beide Materialien bei

$$6200 = \frac{1 - \frac{y_0}{h}}{\frac{y_0}{h}} \cdot 275 \cdot 1{,}4, \quad \text{wobei} \quad \alpha = 1{,}4$$

Die Zugfestigkeit des Asbestes wird zuerst überschritten, wenn

$$\frac{1 - \frac{y_0}{h}}{\frac{y_0}{h}} > \frac{6200}{275 \cdot 1{,}4} = 16{,}1 \quad \text{bzw.} \quad y_0 < 0{,}066\, h$$

Mit einer Druckfestigkeit des Zementes von 375 kp/cm² liegt die Grenze für die vorgängige Überschreitung der Zugfestigkeit des Asbestes bei y_0 kleiner als 0,092 h. Da bei den technischen Mischungsverhältnissen $\frac{y_0}{h}$ stets größer ist als die angeführten Werte, wird für die Biegefestigkeit einer Asbestzement-Platte stets die Druckfestigkeit des Zementes maßgeblich sein.

In Tab. 16 ist für verschiedene Mischungsverhältnisse und verschiedene Elastizitätsmoduln die Beziehung zwischen minimaler theoretischer Faserlänge und Faserdurchmesser sowie theoretischer Biegespannung angegeben.

Aus Gl. (18) und (20) erhält man $L_{\min} = 0{,}875 \frac{1 - \frac{y_0}{h}}{\left(\frac{y_0}{h}\right)^2} \alpha\, d\, \bar{\sigma}_b$.

Tabelle 16

Asbestanteil	Chrysotilasbest		Blauasbest
$\bar{r}_a' = k_L \cdot r_a$	$\alpha = 1{,}5$	$\alpha = 3$	$\alpha = 5$
	$\frac{L_{\min}}{d\bar{\sigma}_b}$	$\frac{L_{\min}}{d\bar{\sigma}_b}$	$\frac{L_{\min}}{d\sigma_b}$
0,05	22,46	24,30	26,25
0,08	14,77	16,27	18,15
0,10	12,17	13,52	14,92
0,12	10,71	11,66	12,98
0,15	8,58	9,70	10,90

Im folgenden seien die angeführten Zusammenhänge an Hand eines Beispieles aufgezeigt:

Es wird angenommen, daß eine Asbestzement-Platte eine Biegefestigkeit senkrecht zur Faser von 200 kg/cm² haben soll, wie dies in DIN 274 für ungepreßte Asbestzement-Tafeln bis 12 mm Dicke vorgeschrieben ist.

Der Asbestanteil soll 11,1% betragen, wobei angenommen wird, daß die mittlere Faserlänge das Fünffache der minimalen theoretischen Faserlänge beträgt und der wirksame Asbestanteil daher 0,10 beträgt. Beim Asbest handelt es sich um Chrysotilasbest. Das Verhältnis der Elastizitätsmoduln beträgt daher $\alpha = 3$.

Aus Tab. 14 ergibt sich $\frac{y_0}{h} = 0{,}354$;

aus Gl. (20) erhalten wir $\sigma_b = \frac{\bar{\sigma}_b}{2 \cdot \frac{y_0}{h}} = \frac{2{,}00}{0{,}708} = 2{,}82\ \mathrm{kp/mm^2}$;

aus Tab. 15 erhalten wir $\sigma_a = 5{,}48.\ \sigma_b = 15{,}45\ \mathrm{kp/mm^2}$;
aus Tab. 16 erhalten wir $L_{\min} = 13{,}52 \cdot 2{,}00 \cdot d = 27{,}04\, d$
und mit $L = 5\, L_{\min}$;
$\underline{L = 135\, d.}$

Ist der Asbest auf eine mittlere Faserdicke von 0,1 mm aufgeschlossen, so würde demnach eine mittlere Faserlänge von 13,5 mm benötigt. Geht die Aufschließung der Asbestfasern bis zu einer mittleren Faserdicke von 0,01 mm, so erreicht man die gleiche Plattenfestigkeit mit einer mittleren Faserlänge von 1,35 mm.

Für die obigen Überlegungen gilt allerdings die Einschränkung, daß die Lage der Fasern parallel zur Ebene des Biegemomentes angenommen wurde. In der Wirklichkeit sind die Fasern, wie auf Seite 146 ff. ausgeführt, je nach Herstellungsverfahren in der Ebene oder im Raum in verschiedenen Richtungen gelagert.

Sind die Fasern in einer Ebene in verschiedene Richtungen verteilt angeordnet, so muß man den Asbestanteil oder die Länge der Asbestfasern entsprechend aufwerten. Dies wird an dem folgenden Beispiel gezeigt.

Für die Biegefestigkeit in Produktionsrichtung seien 200 kp/cm², in der Richtung senkrecht zur Produktionsrichtung 150 kp/cm² vorgeschrieben.

Nach Abb. 98 beträgt in diesem Fall die erforderlich resultierende Biegefestigkeit 250 kp/cm², und zwischen der Richtung der resultierenden Biegebeanspruchung und der Produktionsrichtung ist ein Winkel von 37° eingeschlossen.

Wurde, wie in unserem Beispiel, für eine mittlere Faserlänge von $5\, L_{\min}$ ein erforderlicher Asbestanteil von 11,1% ermittelt, dann stimmt dies nur, solange keine Biegebeanspruchung senkrecht zur Faser auftritt. Im allgemeinen Fall muß der errechnete Asbestanteil $\bar{r}_a'$ oder die Faserlänge L mit dem Faktor $\frac{\sqrt{\sigma_x^2 + \sigma_y^2}}{\sigma_x}$ aufgewertet werden, falls die ursprüngliche Rechnung in der Richtung x erfolgte.

Im Falle des vorstehenden Beispiels müßte also bei Beibehaltung einer mittleren Faserlänge von $135\, d$ der Asbestanteil von 11.1 auf 13,9% oder bei Beibehaltung eines Asbestanteils von 11,1% die mittlere Faserlänge auf $169\, d$ erhöht werden.

Asbestzement-Rohre

Für die Beanspruchung eines Rohres sind die Ringzugfestigkeit, die Scheiteldruckfestigkeit und die Biegezugfestigkeit maßgeblich. DIN 19800 schreibt für Asbestzement-Druckrohre eine Ringzugfestigkeit von 200 kp/cm², eine Scheiteldruckfestigkeit von 450 kp/cm² und eine Biegezugfestigkeit von 250 kp/cm² vor.

Die Ringzugfestigkeit ist gegeben aus der Formel

$$\sigma_z = \frac{p \cdot D}{2s}$$

wobei p der Wasserdruck im Innern des Rohres, D die tatsächliche lichte Weite des Rohres und s die tatsächliche Wanddicke des Rohres bedeutet. Die so errechnete Ringzugspannung wird also so errechnet, daß das Material über die ganze Wanddicke als tragend angenommen wird.

Nimmt man an, daß der Zementstein keine Zugspannungen aufnimmt und die ganze Ringzugbeanspruchung nur vom Asbest aufgenommen wird, dann erhält man

$$\sigma_{za} = \frac{\sigma_z}{\bar{r}_a'}$$

wobei $\bar{r}_a'$ den wirksamen Asbestanteil und σ_{za} die Ringzugspannung in den Asbestfasern bedeutet.

Mit einem wirksamen Asbestanteil von 0,10 ergibt das

$$\sigma_{za} = \frac{200}{0{,}10} = 2000 \text{ kp/cm}^2 = 10 \text{ kp/mm}^2$$

Mit Gl. (15) erhält man dann für die minimale Faserlänge

$$L_{\min} = 1{,}75\, d\, \frac{d \times 20}{\sigma_{za}} = 1{,}75 \times 20 \times d = 35\, d$$

Nimmt man die mittlere Faserlänge 5mal der minimalen Faserlänge, so bekommt man die

mittlere Faserlänge $L = 175\, d$
und Asbestanteil $r_a = 1{,}11\, \bar{r}_a' = 0{,}111$.

Berücksichtigt man auch die Biegezugfestigkeit, dann erhält man für die mittlere Faserlänge oder für den Asbestanteil höhere Werte. Für die Biegebeanspruchung des Rohres ist die rechnerische Ermittlung der tatsächlichen Betondruckspannung und Asbestzugspannung sehr schwierig, da die Ermittlung der Null-Linie und der Biegemomente, bezogen auf eine außermittige Null-Linie bei einem Ringquerschnitt, sehr langwierig ist, und kann daher an dieser Stelle nicht behandelt werden.

Aus dem Berechnungsbeispiel der Biegebeanspruchung einer Asbestzement-Platte sieht man jedenfalls, daß auch bei Druckrohren durch die Überlagerung von Ringzugfestigkeit und Biegezugfestigkeit zu erwarten ist, daß wesentlich größere mittlere Faserlängen — bezogen auf den aufgeschlossenen mittleren Faserdurchmesser — oder wesentlich asbestreichere Mischungen benötigt werden.

Abschließend zu diesem Abschnitt sei nochmals darauf hingewiesen, daß *die vorangeführten Berechnungen einer idealen Mischung* nur einen Einblick in die gegenseitigen Beziehungen geben sollen und nicht unmittelbar auf die Praxis übertragen werden können. Sie zeigen aber zweifellos die großen ökonomischen Möglichkeiten, die durch eine weitestgehende Faseraufschließung und eine homogene Mischung gegeben sind. Man darf jedoch dabei nicht aus dem Auge verlieren, daß für die Rentabilität einer Anlage ein entsprechender Faktor die Produktivität der Maschinenanlage ist und daß dafür auch verschiedene andere Faktoren, wie Ablagerung oder Durchgang durch das Sieb, Filtrationsfähigkeit u. dgl., mitbestimmend sind.

d) Konsistenz

Unter Konsistenz eines Stoffgemisches versteht man das Verhältnis des Trockenstoffanteils zum Gesamtgewicht, angegeben in Gewichtsprozenten des Gesamtgewichtes. Die Konsistenz einer Asbestzement-Mischung ist daher die komplementäre Ergänzung des Wassergehaltes auf 100%. Dabei wird unter Wassergehalt im allgemeinen nur der Anteil des nicht chemisch gebundenen Wassers verstanden, der durch einfache Trocknung im Trockenschrank bei 110° C ausgetrieben werden kann.

Von Konsistenz spricht man in der Asbestzement-Industrie in bezug auf die Stoffmischung vor der Verarbeitung und kennzeichnet damit ihre Dichte. In der Regel wendet man den Begriff der Konsistenz nur bei Naßverfahren an. Je nach dem Erzeugungsverfahren wird mit dünnflüssigem, dickflüssigem oder pastösem Brei gearbeitet. Bei dünnflüssigen Verfahren, das sind vor allem jene Verfahren, die mit Rundsieben arbeiten, sind vor der Aufgabe auf den Siebzylinder Konsistenzen von 6 bis 10% üblich.

Bis zu einer Konsistenz von 25 bis 30% fließt der Brei noch von selbst, während dickere Konsistenzen nur noch mit Vibrator oder Druckinjektor verarbeitet werden können. Eine genaue Bestimmung der Konsistenz ist nur durch Bestimmung des Gewichtes des absolut trockenen Stoffes möglich. Dazu muß ein bestimmtes Volumen des Stoffes aus der Mischung entnommen, gewogen, dann in einem Trockenschrank bis zur vollkommenen Wasserfreiheit getrocknet und der verbleibende Trockenstoff wieder gewogen werden.

Da diese Methode jedoch sehr zeitraubend ist, verwendet man in der Praxis eine einfachere Bestimmungsmethode, die über das Gewicht eines bestimmten Volumens der Mischung führt, die jedoch nur bei solchen Mischungen anwendbar ist, die noch flüssig sind und ein Meßglas ausfüllen können.

Die Bestimmung mittels des Trockenschrankes wird dann nur für fallweise Nachprüfungen verwendet. In der Praxis werden laufende Kontrollen der Stoffmischung durchgeführt, wobei Meßgläser mit 500 oder 1000 ml mit der Stoffmischung gefüllt werden. Das Nettogewicht der Mischung wird durch Abwiegen des vollen Meßglases und Abziehen des Taragewichtes bestimmt.

Zwischen Konsistenz, spezifischem Gewicht der trockenen Zementasbest-Mischung und spezifischem Gewicht der Stoffmischung besteht der im folgenden abgeleitete formelmäßige Zusammenhang.

$$\gamma_{st} = \frac{G}{V} = \frac{G_w + G_m}{V_w + V_m} = \frac{X_w \cdot G + X_m G}{\dfrac{X_w G}{\gamma_w} + \dfrac{X_m G}{\gamma_m}} = \frac{X_w + X_m}{\dfrac{X_w}{\gamma_w} + \dfrac{X_m}{\gamma_m}} = \frac{100\,\gamma_w \gamma_m}{\gamma_m X_w + \gamma_w X_m} \qquad (21)$$

$$\text{für} \quad \gamma_w = 1$$

$$\gamma_{st} = \frac{100\,\gamma_m}{\gamma_m X_w + X_m} \tag{22}$$

G = Gesamtgewicht der Stoffmischung
V = Gesamtvolumen
γ_{st} = spezifisches Gewicht der Stoffmischung
G_w = Gewicht des Wasseranteiles der Stoffmischung
V_w = Volumen des Wasseranteiles der Stoffmischung
γ_w = spezifisches Gewicht des Wassers
G_m = Gewicht des Anteils an trockenem Material
V_m = Volumen des Anteils an trockenem Material
γ_m = spezifisches Gewicht des trockenen Materials
X_m = Konsistenz der Stoffmischung = Gewichtsanteil des Trockenstoffes in Prozent des Gesamtgewichtes
X_w = Gewichtsanteil des Wassers in Prozent des Gesamtgewichtes
$\gamma_{st} = G : V$
$\gamma_w = G_w : V_w$ ist ca. 1
$\gamma_m = G_m : V_m$
$G = G_w + G_m$
$V = V_w + V_m$
$X_w + X_m = 100$
$G_w = X_w \cdot G$
$G_m = X_m \cdot G$

Wie wir auf Seite 82 gesehen haben, liegt das spezifische Gewicht der trockenen Asbestzementmischung zwischen 3,00 und 3,10 p/cm³. Mit $\gamma_m = 3$ erhalten wir die in der folgenden Tab. 17 angegebene Beziehung zwischen Konsistenz und spezifischem Gewicht der Stoffmischung.

Tabelle 17. *Konsistenz und spezifisches Gewicht der Stoffmischung für $\gamma_m = 3$*

Konsistenz in %	Spez. Gewicht der Stoffmischung in p/cm³ oder kp/l
2	1,0135
3	1,0204
4	1,0273
5	1,0344
6	1,0416
8	1,0563
10	1,0714
12	1,0869
15	1,1111
20	1,1536
25	1,2000
30	1,2500
35	1,3043

e) Wasserwirtschaft

Unter Wasserwirtschaft verstehen wir den gesamten für die Produktion erforderlichen Wasserkreislauf einschließlich der Filterwassertanks sowie das für die Produktion abgehende Wasser und das zur Deckung der Abgänge erforderliche Frischwasser.

Am Beispiel der im 2. Teil angeführten Plattenanlage sei hier eine Durchrechnung durchgeführt.

Schematisch ist der Stoffkreislauf in Abb. 105 dargestellt.

Wir nehmen an, daß in der Aufbereitung zwei Filterwassertanks mit zusammen 64 m³ Inhalt vorgesehen sind. Das Stoffwasser wird in einem

Turbomischer gemischt und kommt mit einer Konsistenz von 8% (1056 g/l) in die Siebzylinderkasten der Plattenmaschine. Die Plattenmaschine mit 3 Rundsiebzylindern (1000 mm ∅) hat eine Netto-Tagesproduktion von 120 t Asbestzement-Platten.

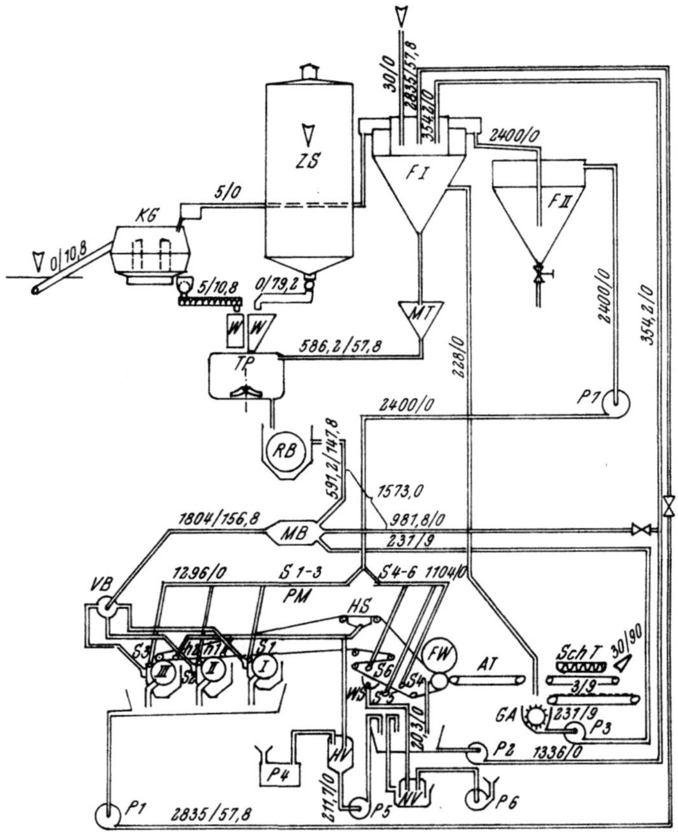

Abb. 105. Stoffkreislaufschema einer Plattenanlage mit 120 t Tagesproduktion

Wir nehmen weiter an, daß 10% — bezogen auf die fertigen Platten — als Abfallstreifen beim Beschnitt der Platten anfallen und über einen Grünabfallauflöser wieder der Produktion zwischen Turbomischer und Siebzylinderkasten zugeführt werden. Die Brutto-Tagesproduktion der Plattenmaschine beträgt somit $120 + 12 = 132$ t. Davon seien $90 + 9$ t trockener Asbestzement und $30 + 3$ t Wasseranteil. 90 t trockener Asbest und 30 t Wasser gehen täglich mit der Produktion ab, während 9 t Asbest und 3 t Wasser dem Grünabfall zugeführt werden.

Wir nehmen weiter an, daß das Stoffvlies vor dem Hauptsauger der Plattenmaschine einen Wassergehalt von 55% und nach dem Hauptsauger einen Wassergehalt von 35% des Gesamtgewichtes hat. Das Stoffvlies von den Siebzylindern I und II, somit etwa zwei Drittel des in der Produktion aufgenommenen Stoffes, wird von 2 Hilfssaugern entwässert und hat vor den Hilfssaugern einen Wassergehalt von 75% und nach den Hilfssaugern einen Wassergehalt von 45%.

Das mit einem Wassergehalt von 35% bei der Formatwalze ankommende Stoffvlies wird zwischen Formatwalze und Brustwalze weiter entwässert und habe nach dem Ausquetschen einen Wassergehalt von 25%.

Die Plattenmaschine ist mit je einem Spritzrohr bei den Siebzylindern und 3 Spritzrohren bei der Filzwaschanlage ausgestattet. Fünf dieser Spritzrohre haben einen Wasserverbrauch von je 18 m³ pro Stunde, während das über dem Waschsauger angebrachte Spritzrohr lediglich einen Wasserverbrauch von 10 m³ pro Stunde hat.

Im Ablauf der Siebzylinderkasten habe das Rücklaufwasser eine Konsistenz von 2% (1013 g/l). Im folgenden wird die Rechnung für die volle Tagesproduktion von 24 Stunden durchgeführt, und danach werden erst die entsprechenden Mengen für die Produktionsstunden errechnet.

Die an den einzelnen Abnahmestellen anfallende Wassermenge ergibt sich nach der Formel

$$W_n = G_n \left(\frac{X_{w1}}{X_{m1}} - \frac{X_{w2}}{X_{m2}} \right) \tag{23}$$

Dabei ist:

G_n = durchlaufender Trockenstoff in t/h
X_{w1} = Wassergehalt vor der Stelle n
X_{w2} = Wassergehalt nach der Stelle n
X_{M1} = Trockenstoffgehalt vor der Stelle n
X_{M2} = Trockenstoffgehalt nach der Stelle n
$X_M = 100 - X_w$

Entwässerung durch die Hilfssauger

Durchlaufender Trockenstoff ... $^2/_3 \times 99 = 66$ tato, Entwässerung von 75 auf 45% Wassergehalt.

$$66 \times \left(\frac{75}{25} - \frac{45}{55} \right) = 66 \times 2{,}1818 = 144 \text{ tato} \ldots W_1$$

Entwässerung durch den Hauptsauger

Durchlaufender Trockenstoff 99 tato, Entwässerung von 55 auf 35% Wassergehalt.

$$99 \times \left(\frac{55}{45} - \frac{35}{65} \right) = 99 \times 0{,}6837 = 67{,}69 \text{ tato} \ldots W_2$$

Entwässerung durch die Formatwalze

Durchlaufender Trockenstoff 99 tato, Entwässerung von 35 auf 25% Wassergehalt.

$$99 \times \left(\frac{35}{65} - \frac{25}{75} \right) = 99 \times 0{,}2052 = 20{,}31 \text{ tato} \ldots W_3$$

Gesamtentwässerung durch Vakuumanlage und Formatwalze

$$W_1 + W_2 + W_3 = 232 \text{ tato} = 232 \text{ m}^3/24 \text{ h.}$$

Das Reinwasser im Stoffwasserzulauf zu den Siebzylinderkasten sei mit Q bezeichnet. Das Rücklaufwasser von den drei Siebzylinderkasten enthält dann das im Stoffwasserzulauf enthaltene Wasser und das von drei Spritzrohren zugeführte Wasser abzüglich des durch Entwässerung des Stoffvlieses und mit der Bruttoproduktion abgehenden Wassers. Das Reinwasser im Stoffwasserzulauf wird dann wie folgt errechnet:

$$Q\frac{8}{92} - (Q + 3 \times 18 \times 24 - 232 - 33)\frac{2}{98} = 99$$

$$Q\left(\frac{8}{92} - \frac{2}{98}\right) - (1296 - 265)\frac{2}{98} = 99$$

$$Q \cdot 0{,}0665 - 21{,}04 = 99$$

$$Q = 1804 \text{ m}^3/24 \text{ h}$$

Das Rücklaufwasser von den Siebzylindern ergibt sich dann mit

$$Q + 1296 - 232 - 33 = 2835 \text{ m}^3/24 \text{ h}$$

Im Stoffwasserzulauf enthaltener Asbestzement

$$Q \cdot \frac{8}{92} = 1804 \cdot \frac{8}{92} = 156{,}8 \text{ tato}$$

Mit dem Rücklaufwasser rückgeförderter Asbestzement $2835\frac{2}{98} = 57{,}8$ tato

mit der Bruttoproduktion verarbeiteter Asbestzement

$$\begin{array}{rl} & 156{,}8 \text{ tato} \\ - & 57{,}8 \text{ tato} \\ \hline & 99 \text{ tato} \end{array}$$

Die Rückwasserpumpen müssen zusätzlich zu dem von den Siebzylinderkasten ablaufenden Rücklaufwasser das an der Filzwaschanlage anfallende Spritzwasser und das gesamte aus dem Vlies entwässerte Wasser in die Filtertanks fördern. Die Rückwasserförderung beträgt somit $2835 + 232 + (2 \cdot 18 + 10)\,24 = 4171$ m³/24 h. Darin ist das Volumen des rückgeförderten Asbestzementes mit $\frac{57{,}8}{3}$ noch nicht berücksichtigt, so daß die Gesamtfördermenge der Rückwasserpumpen 4190 m³/24 h beträgt.

Grünabfallauflösung: Im Grünabfallauflöser werden die Abfallstreifen in Wasser mechanisch aufgelöst, und dieses Stoffwasser wird in das Rührwerk zwischen Turbomischer und Siebzylinderkasten gefördert. Für den Fall von Produktionsstörungen müssen der Grünabfallauflöser und die Grünabfallförderpumpe kurzzeitig die gesamte Bruttoproduktion der Plattenmaschine verarbeiten können. Für diesen vorübergehenden extremen Fall sei eine Konsistenz von 30% (1250 g/l) zugelassen.

Das erforderliche Verdünnungswasser wird mit konstantem Zulauf eingestellt und muß für den Extremfall ausreichen. Es wird somit benötigt

$$99 \cdot \frac{07}{03} = 231 \text{ m}^3/24 \text{ h}$$

mit einem spezifischen Gewicht von 1250 g/l ergibt das eine Gesamtfördermenge für die Grünabfallrückförderpumpe von

$$\frac{99+231}{1,25}=264\ \mathrm{m^3/24\ h}$$

im Normalbetrieb ist die Konsistenz des Stoffwassers im Grünabfallauflöser

$$\frac{9}{9+231}\cdot 100=3,75\%$$

Stoff- und Wasserzuteilung zum Turbomischer: Wie vorstehend ausgeführt, enthält der Stoffwasserzulauf zu den Siebzylinderkasten 156,8 tato Asbestzement und 1804 m^3/24 h Reinwasser. In dieser Menge sind die von der Grünabfallrückförderpumpe bei Normalbetrieb zugeführten 9 tato Asbestzement und 231 m^3/24 h Reinwasser ebenfalls enthalten. Dem Mischbehälter selbst müssen somit 147,8 tato Asbestzement und 1573 m^3/24 h Reinwasser zugeführt werden.

Der zugeführte Asbestzement setzt sich wiederum aus 90 tato frischem Asbestzement, die über den Trockenmischer zugeführt werden, und 57,8 tato Asbestzement, die im Filterwassertank I aus dem Rückwasser ausgefiltert und gemeinsam mit dem Verdünnungswasser dem Turbomischer zugeführt werden, zusammen. Im Turbomischer ergibt sich somit eine Konsistenz von

$$\frac{147,8}{147,8+591,2}\cdot 100=20\%$$

Die Gesamtfördermenge zum Rührwerk beträgt

$$591,2+\frac{147,8}{3}=640\ \mathrm{m^3/24\ h}$$

Das Ergebnis der vorstehenden Berechnung ist in der folgenden Tab. 18 in Tonnen bzw. Kubikmeter pro Tag und pro Stunde zusammengestellt. Vergleichsweise sind auch die entsprechenden Werte für 10%igen und 6%ige Konsistenz im Siebzylinder angegeben.

Bei den der obigen Tabelle zugrunde gelegten Konsistenzen handelt es sich um in der Praxis durchaus gebräuchliche Werte. Wie man sieht, schwankt bei einer Änderung der Konsistenz im Siebzylinderkasten von 6 auf 10% der Stoffzulauf zur Plattenmaschine zwischen 57 und 117 m^3 pro Stunde, die Rückwasserpumpenförderung dementsprechend zwischen 145 und 215 m^3 pro Stunde.

Will man sich über die Pumpenfördermenge den verschiedenen Verhältnissen anpassen, kann man dies — da es sich in der Regel um nicht regelbare Pumpen mit konstanter Drehzahl handelt — nur über eine Drosselung der Pumpenförderung erreichen. Die Kennlinie einer Schlammpumpe, wie sie in der Asbestzement-Industrie üblich ist, ist in Abb. 107 dargestellt.

Wie man daraus sieht, fällt bei gedrosselter Fördermenge die Antriebsleistung, so daß aus einer solchen Drosselung keine Gefahr einer Motorüberlastung besteht. Es ist daher zweckmäßig, die Pumpen für die maximale im Betrieb auftretende Fördermenge auszulegen. Allerdings, wie man eben-

Tabelle 18

	Pro 24 Stunden	Pro Stunde
Netto-Tagesproduktion in t	120	5
davon Asbestzement trocken in t	90	3,75
davon Wassergehalt (Frischwasserzulauf) in m³	30	1,25
Grünabfall in t	12	0,5
Brutto-Tagesproduktion in t	132	5,5
davon Asbestzement trocken in t	99	4,125
davon Wassergehalt in m³	33	1,375

	Pro 24 St.	Pro St.	Pro 24 St.	Pro St.	Pro 24 St.	Pro St.
Konsistenz im Siebzylinder						
Konsistenz im Siebzylinderkasten in %	8	8	10	10	6	6
Konsistenz im Siebzylinderablauf in %	2	2	2	2	2	2
Spezifisches Gewicht des Zulaufstoffwassers in g/l	1056	1056	1071	1071	1042	1042
Spezifisches Gewicht des Ablaufstoffwassers in g/l	1013	1013	1013	1013	1013	1013
Wasserzulauf zum Turbomischer in m³	1573	65,54	1092	45,50	2534	105,58
Spritzwasser zur Reinigung der Siebzylinder in m³	1296	54	1296	54	1296	54
Spritzwasser zur Reinigung des Filzes in m³	1104	46	1104	46	1104	46
Absaugwasser der Hochvakuumanlage in m³	211,7	8,82	211,7	8,82	211,7	8,82
Absaugwasser der Filzwaschanlage (geschätzt) in m³	400	16,67	400	16,67	400	16,67
Pumpenförderung vom Turbomischer zum Rührwerk in m³	1622	67,58	1138	47,42	2590	107,92
Wasserzulauf vom Rührwerk zur Plattenmaschine (ohne Stoff) in m³	1804	75,17	1323	55,12	2765	115,21
Pumpenförderung vom Rührwerk zur Plattenmaschine in m³	1862	77,58	1372	57,17	2824	117,67
Stoffzulauf zur Plattenmaschine (trocken) in t	156,8	6,53	147,0	6,12	176,5	7,35
Rückwasserpumpenförderung in m³	4190	174,58	3474	144,75	5158	214,92
Stoffrücklauf von der Plattenmaschine (trocken) in t	57,8	2,41	48,0	2,0	77,5	3,23
Wasserzulauf zum Grünabfallauflöser in m³	231	9,62	231	9,62	231	9,62
Maximale Pumpenförderung vom Grünabfallauflöser in m³	264	11,0	264	11,0	264	11,0

falls aus dem Pumpendiagramm sieht, verschlechtert sich der Wirkungsgrad bei Teillast beträchtlich. Aus Wirtschaftlichkeitsgründen wird man daher bemüht sein, die Pumpenleistung auch nicht zu hoch zu wählen.

Hat man Menge und Konsistenz des Stoffzulaufes zur Plattenmaschine eingestellt, dann ergibt sich in Abhängigkeit von der Zementfeinheit und — wenn auch in geringerem Maße — von der Beschaffenheit des Asbestes sowie in Abhängigkeit von der Maschenweite der Siebbespannung eine Konsistenz im Wasserrücklauf, die nicht weiter beeinflußt werden kann.

Für das vorstehende Berechnungsbeispiel wird ein Frischwasserzulauf von 1,25 m³/h benötigt. Bei einem Gesamtinhalt des Wasserkreislaufes von 64 m³ bedeutet das, daß in der Stunde knapp 2% des Gesamtwasserinhaltes durch Frischwasser ersetzt werden müssen.

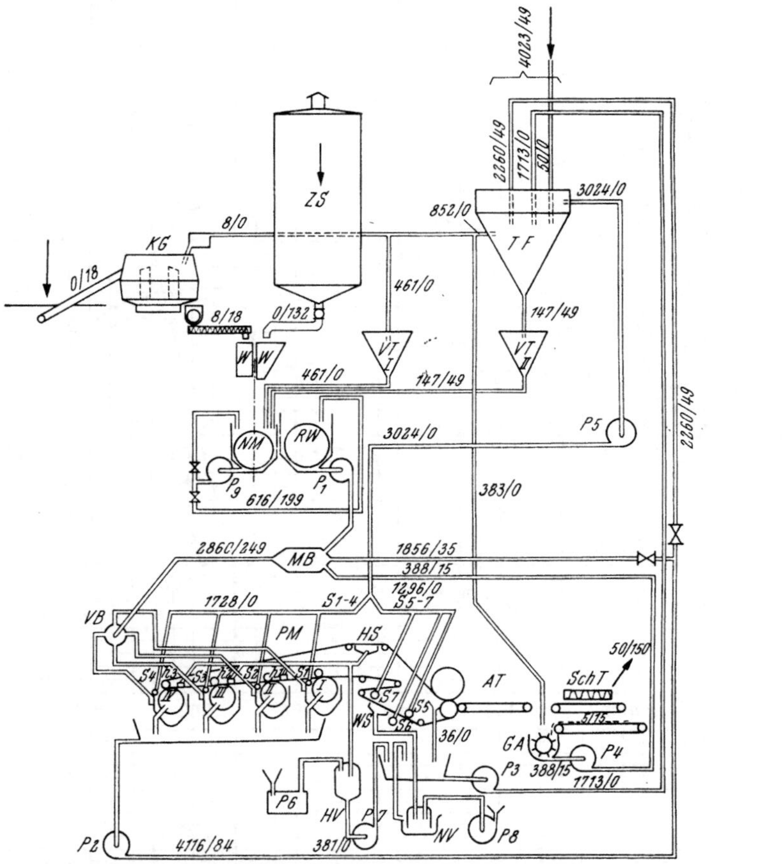

Abb. 106. Stoffkreislauf einer Vierzylinder-Plattenmaschine mit 200 t Tagesproduktion

KG	Kollergang	*HV*	Hochvakuumanlage
ZS	Zementsilo	*NV*	Niedervakuumanlage
W	Asbestwaage Zementwaage	*AT*	Abnahmetisch
TF	Trichterfilter	*SchT*	Schneidtisch
VT I	Vorrats- bzw. Meßtrichter	*GA*	Grünabfallauflöser
VT II		*P1*	Stoffzulaufpumpe
NM	Naßmischer	*P2*	Rückwasserpumpen
VB	Verteilbehälter	*P3*	
PM	Plattenmaschine	*P4*	Grünabfallrückförderpumpe
I, II, III, IV	Siebzylinder	*P5*	Spritzwasserpumpe
S1—S7	Spritzrohre	*P6*	Hochvakuumpumpe
h1—h3	Hilfssauger	*P7*	Wasserabscheidepumpe
HS	Hochvakuumsauger	*P8*	Niedervakuumgebläse
WS	Waschsauger	*P9*	Mischpumpe

Abb. 106 zeigt als weiteres Beispiel das Stoffkreislaufschema einer Hochleistungs-Plattenanlage mit 200 t Tagesproduktion.

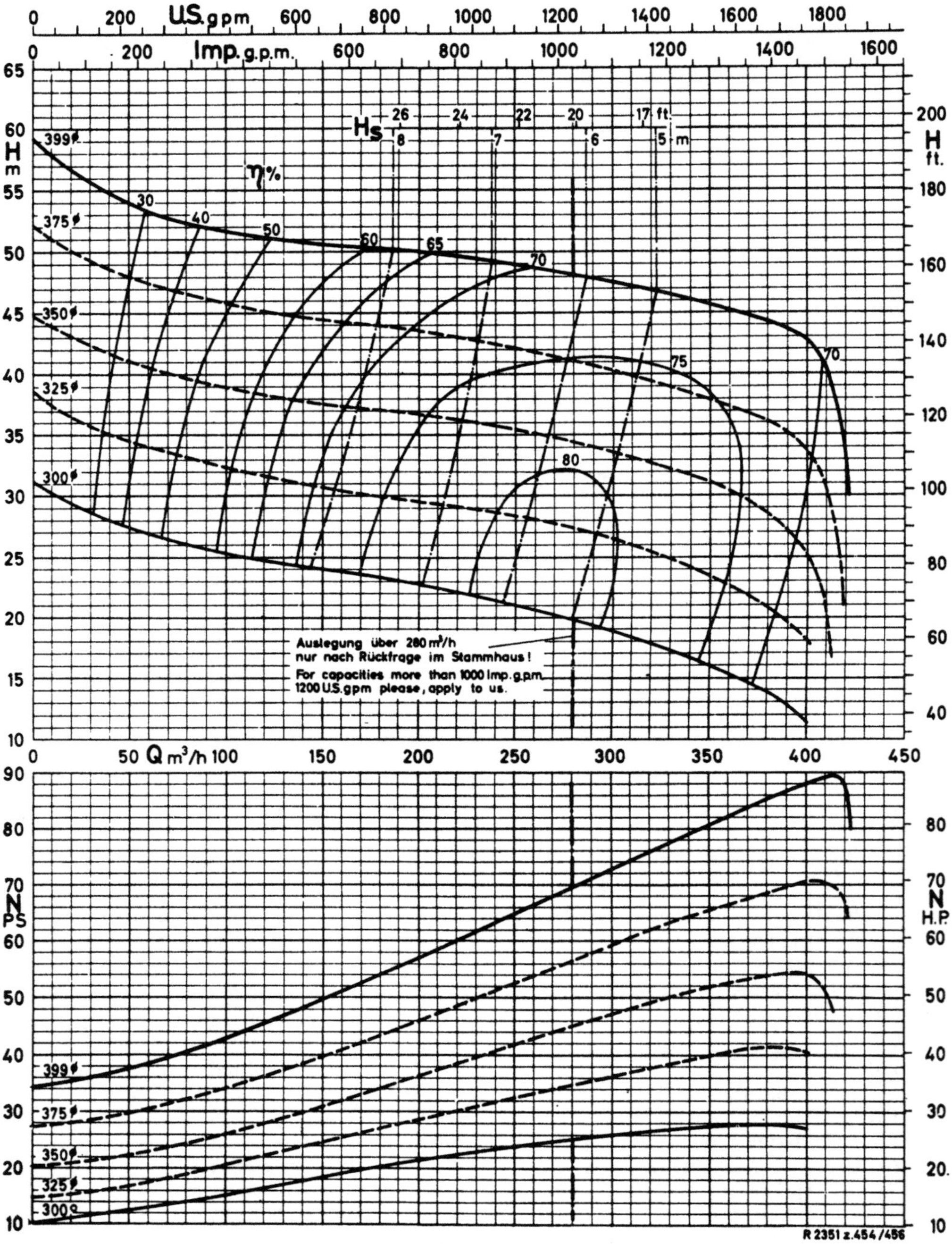

Abb. 107. Kennlinien einer Schlammpumpe für Asbestzement, von KSB Klein-Schanzlin-Becker, Frankenthal/Pfalz

f) Hydratationsalter des Zementes

Im allgemeinen wird das Hydratationsalter des Zementes mit der Durchlaufzeit vom Beginn der Naßmischung bis zur Produktion der Rohre oder Platten gleichgesetzt. Dabei versteht man unter Durchlaufzeit die Summe der verschiedenen Behälter-, Rohrleitungs- und Tankvolumina zwischen Naßmischung und Produktionsmaschine, dividiert durch die in der Zeiteinheit der Produktionsmaschine zugeführte Stoffwassermenge.

Diese Überlegung stimmt annähernd nur bei Verfahren, die mit dickflüssigem Asbestzement arbeiten, wie beispielsweise bei den Magnani-Verfahren. Handelt es sich um eine Anlage mit Rundsiebmaschinen (HATSCHEK oder MAZZA), so erhält man dabei ein ganz falsches Bild, da ein verhältnismäßig großer Teil des Zementes mit dem Rücklaufwasser in die Filteranlage kommt und von dort neuerlich der Produktion zugeführt wird.

Nach der Wahrscheinlichkeit wird nur ein gewisser Teil des Zementes schon beim ersten Durchlauf in die Produktion eingehen, während ein entsprechend kleinerer Teil erst nach einem Umlauf, wiederum ein kleinerer Teil erst nach zwei Umläufen und so fort bei der Produktion verbraucht werden.

Der Verfasser bezeichnet mit *Umlaufzahl* eine dimensionslose Zahl, die angibt, wie oft ein Zementteilchen den gesamten Wasserkreislauf durchlaufen hat, und mit *Umlaufalter* des Zementes die Zeitspanne, die man erhält, wenn man die Umlaufzahl mit der Zeit pro Umlauf multipliziert. Der Begriff der Umlaufzahl als dimensionslose Zahl macht die Berechnung derselben zunächst unabhängig vom Gesamtinhalt des Wasserkreislaufes.

Das tatsächliche Hydratationsalter des Zementes, gerechnet vom Beginn der Naßmischung, erhält man, wenn man zum Umlaufalter das Zulaufalter addiert. (Das Zulaufalter ist identisch mit der eingangs erwähnten Durchlaufzeit.) Die *Altersverteilung* des Zementes im Augenblick der Produktion gibt Einblick in den Abbindezustand des Asbestzementes.

Im folgenden Beispiel wird zunächst die mathematische Definition von Umlaufzahl, Umlaufalter und Hydratationszeit gezeigt, und anschließend wird die Altersverteilung für drei Betriebsfälle angegeben, die Tab. 18, S. 164, entnommen sind.

Es seien:

G_z = Stoffzulauf zu den Siebzylinderkasten (Stoffzulauf zur Plattenmaschine trocken)

G_n = Stoffverbrauch für die Nettoproduktion (Asbestzement trocken)

G_r = Stoffrücklauf von den Siebzylindern (Stoffrücklauf von der Plattenmaschine trocken)

z_u = Umlaufzahl des Zementes

$x_n = \frac{G_n}{G_z}$ = Anteil des in die Produktion eingehenden Zementes vom Stoffzulauf

$x_r = \frac{G_r}{G_z}$ = Anteil des mit dem Rückwasser rücklaufenden Zementes vom Stoffzulauf

x_{z_u} = Anteil des in die Produktion eingehenden Zementes mit einem bestimmten Umlaufalter vom gesamten in die Produktion eingehenden Zement

t_u = Zeit pro Umlauf

T_u = Umlaufalter = $z_u \cdot t_u$

T_z = Zulaufalter = Zulaufzeit

T_h = Hydratationsalter des Zementteilchesns = $T_z + T_u$

$$G_z = G_n + G_r$$

$$x_n + x_r = 1$$

$$x_n = \frac{G_n}{G_z}$$

$$x_r = \frac{G_r}{G_z}$$

$$x_{z_u} = x_n \cdot x_r^{z_u} \tag{24}$$

Im Beispiel S. 164 ist die Netto-Tagesproduktion mit 120 t angenommen. Zur Vereinfachung wird in der folgenden Aufstellung der Grünabfall dem mit dem Rückwasser zur Filteranlage zurückgeführten Zement zugeschlagen. Da die Zeit zwischen Stoffzulauf, Grünabfallauflösung und Rückfluß des aufgelösten Stoffes in das Rührwerk nur wenige Minuten beträgt, ist diese Vereinfachung zulässig. Weiters wird das Zulaufvolumen mit 13 m³

Tabelle 19

Konsistenz im Siebzylinderkasten in %	6	8	10
Konsistenz im Siebzylinderablauf in %	2	2	2
Gesamtes Zulaufvolumen in m³	13	13	13
Pumpenförderung zur Plattenmaschine in m³/h	117,67	77,58	57,17
Zulaufzeit T_z in min	7,5	11,3	15,3
Gesamtinhalt des Wasserkreislaufes in m³	64	64	64
Rückwasserförderung in m³/h	214,92	174,58	144,75
Zeit pro Umlauf t_u in min	17,7	22	26,5
Stoffverbrauch G_n in t/h	3,75	3,75	3,75
Stoffzulauf G_z in t/h	7,35	6,53	6,12
Stoffrücklauf (einschließlich Grünabfall) G_r in t/h	3,60	2,78	2,37
x_n	0,51	0,57	0,61
x_r	0,49	0,43	0,39

Tabelle 20. *Altersverteilung*

z_u Umlaufzahl (1)	T_h Alter min	x_{z_u} %	Restzement %	T_h Alter min	x_{z_u} %	Restzement %	T_h Alter min	x_{z_u} %	Restzement %
0	7,5	51,0	49,0	11,3	57,0	43,0	15,3	61,0	39,0
1	25,2	25,0	24,0	33,3	24,5	19,5	41,8	23,8	15,2
2	42,9	12,2	11,8	55,3	10,5	8,0	68,3	9,3	5,9
3	60,6	6,0	5,8	77,3	4,5	3,5	94,8	3,6	2,3
4	78,3	2,9	2,9	99,3	2,0	1,5	121,3	1,4	0,9
5	96,0	1,4	1,5	121,3	0,8	0,7	147,8	0,6	0,3
6	113,7	0,7	0,8	143,3	0,4	0,3	174,3	0,2	0,1
7	131,4	0,4	0,4	165,3	0,2	0,1	200,8	0,1	0
8	149,1	0,2	0,2	187,3	0,1	0			
9	166,8	0,1	0,1						
10	184,5	0,1	0,0						

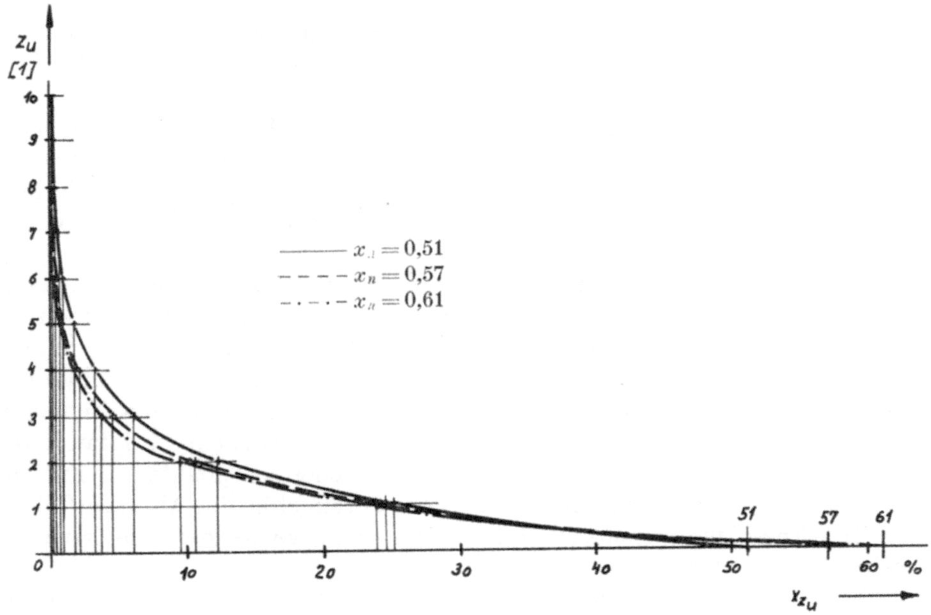

Abb. 108. Umlaufzahl des Zementes

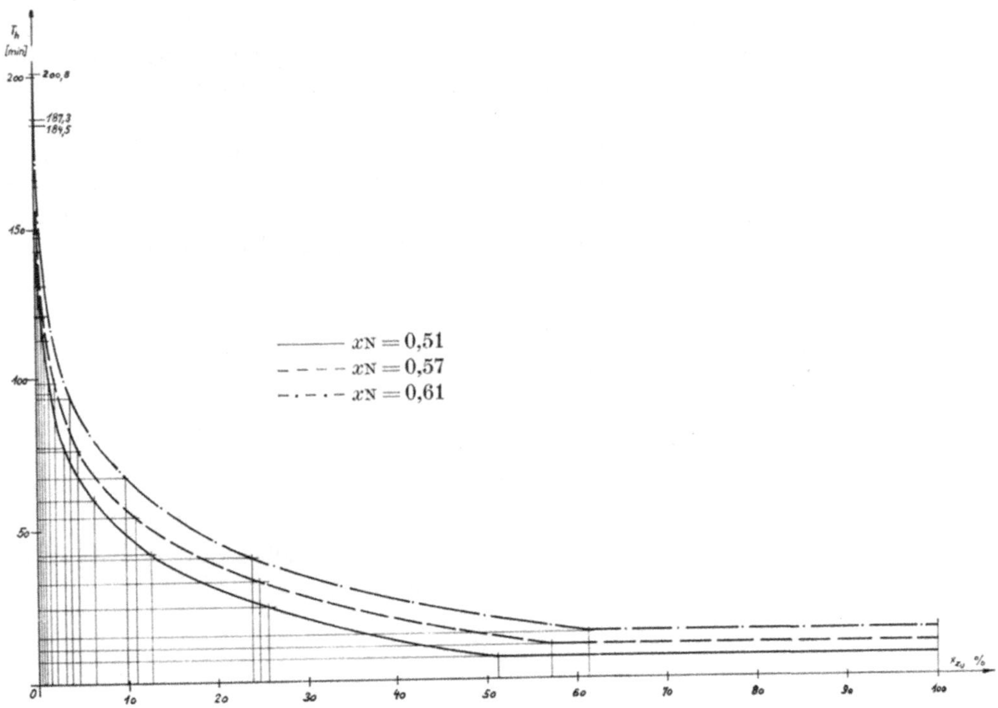

Abb. 109. Hydratationsalter des Zementes

angenommen, wobei ein Arbeitsvolumen von 0,7 m³ auf den Turbomischer, ein mittleres Arbeitsvolumen von 5 m³ auf das Rührwerk, ein Volumen von 0,3 m³ auf den Verteilungsbehälter und ein Arbeitsvolumen von 7 m³ auf die Siebzylinderkasten entfallen.

Im folgenden Diagramm Abb. 108 ist für obiges Beispiel mit z_u über x_{z_u} der Anteil des Zementes mit einer bestimmten Umlaufzahl dargestellt. Abb. 109 zeigt die entsprechenden drei Altersverteilungskurven. Wie man aus dem Diagramm sieht, liegen die drei Kurven verhältnismäßig eng beieinander.

Zur Beurteilung des Abbindungsverhaltens sowie zur Wahl eines geeigneten Zementes erscheint wesentlich, daß 6 bis 8% des Zementes mehr als eine Stunde, 2 bis 3% mehr als 1½ Stunden alt sind und erst der Anteil des Zementes mit einem Hydratationsalter von mehr als zwei Stunden unter 1% liegt. Nach der Zementnorm DIN 1164 darf das Erstarren des Zementes frühestens 1 Stunde nach dem Anmachen des Zementbreies beginnen und soll spätestens 12 Stunden nach dem Anmachen beendet sein. Für die Asbestzement-Industrie ergibt sich aus der vorangeführten Altersverteilung die Zweckmäßigkeit, Zemente mit Gipszusatz zu verwenden, die erst nach mehr als zwei Stunden zu erstarren beginnen.

Die Umlaufzeit selbst sagt nichts über das tatsächliche Alter des Zementes aus. Man erkennt jedoch, daß bei einem kleineren Gesamtinhalt des Wasserkreislaufes das tatsächliche Alter kleiner wird.

Würde man an Stelle des in unserem Beispiel angenommenen Wasserkreislaufes mit einem Gesamtinhalt von 64 m³ einen solchen mit 32 m³ nehmen, dann würde der Anteil des Zementes mit einem Hydratationsalter von mehr als einer Stunde bereits unter 1% liegen. Damit aber würde auch die Altersverteilung des Zementes über einen kleineren Zeitraum gestreut sein.

Im folgenden Beispiel ist das mittlere Hydratationsalter für 99% des Zementes (durch Zugrundelegung der in Tab. 19 angegebenen Ausgangswerte) durch Integration der Umlaufzahl über die Zementverteilung ermittelt. Der zweite Rechnungsgang ergibt das Hydratationsalter für 1% Restzement. Wir gehen aus von der Formel

$$x_{z_u} = x_n \cdot x_r^{z_u}$$

die mittlere Umlaufzahl erhält man dann

$$z_{u_m} = \frac{\int_{x_{z_{u1}}}^{x_{z_u} = x_n} z_u \, d\,(x_{z_u})}{1 - x_{z_{u_1}}} \tag{25}$$

Gl. (25) ist schematisch in Abb. 110 dargestellt. Zur Ableitung des Integrals setzen wir in der folgenden Rechnung

$$\begin{aligned} x_{z_u} &\ \ldots\ x \\ x_n &\ \ldots\ a \\ x_r &\ \ldots\ b \\ z_u &\ \ldots\ y \end{aligned}$$

Das Integral ergibt sich dann mit

$$z_{u_m} = \frac{1}{1 - x_{z_{u_1}}} \int_{x_1}^{x_2} y\, d\, x$$

$$x = a \cdot b^y$$

$$y = \frac{\ln x - \ln a}{\ln b}$$

$$z_{u_m} = \frac{1}{(1 - x_{z_{u_1}}) \ln b} \int_{x_2}^{x_1} (\ln x - \ln a)\, d x = \frac{x \ln x - x - x \ln a}{(1 - x_{z_{u_1}}) \ln b} \Bigg|_{x_{z_{u_1}}}^{x_{z_u} = x_n} \tag{26}$$

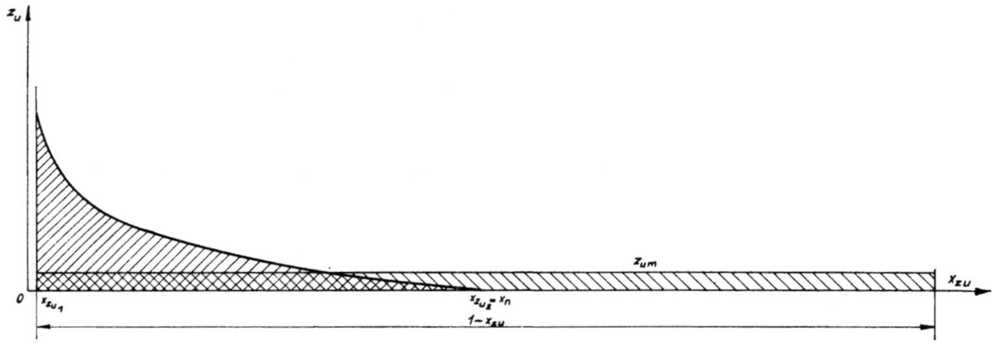

Abb. 110. Graphische Darstellung der mittleren Umlaufzahl

Die Umlaufzahl erhält man mit

$$z_u = \frac{\ln x - \ln a}{\ln b} \tag{27}$$

Die Ergebnisse der Rechnung sind in Tab. 21 zusammengestellt. Wie man darauf sieht, ist das mittlere Hydratationsalter um 60 bis 65% größer als das Zulaufalter. Das Hydratationsalter von 1% Restzement liegt jedoch ungefähr 4- bis 5mal so hoch wie das mittlere Hydratationsalter.

Tabelle 21. *Umlaufzahl und Hydratationsalter*

$x_n =$	0,51	0,57	0,61
$x_{z_u} = 99\% = (100-1)\%$:			
mittlere Umlaufzahl z_{u_m}	1,595	1,288	1,125
mittleres Umlaufalter T_{u_m} in Minuten	28,23	28,34	29,81
mittleres Hydratationsalter T_{h_m} in Minuten	92,23	92,34	93,81
$x_{z_u} \leq 1\%$:			
Umlaufzahl z_u	5,51	4,74	4,37
Umlaufalter T_u in Minuten	97,53	104,28	115,80
Hydratationsalter T_h in Minuten	161,53	168,28	179,80
$x_{z_u} \ldots 1-0,1\%$:			
mittlere Umlaufzahl z_{u_m}	10,76	8,80	7,84
mittleres Umlaufalter T_{u_m} in Minuten	190,45	193,60	207,76
mittleres Hydratationsalter T_{h_m} in Minuten	254,45	257,60	271,76

Wenn in unserem angenommenen Beispiel ein Zement genommen wird, der bereits nach einer Stunde zu erstarren beginnt, dann ist mehr als 1% Restzement bereits erstarrt, bevor er zum Produkt verarbeitet wird.

Das mittlere Hydratationsalter hat in der Regel auf die Qualität des Produktes weniger Einfluß als der Anteil des bereits abgebundenen Asbestzementes. Fast immer wird das mittlere Hydratationsalter unter der Erstarrungszeit des Zementes liegen. Befinden sich aber im Asbestzement 2 oder 3% totes Material (dies kann bereits erstarrter Zement oder auch gemahlener Asbestzement-Hartabfall sein), dann kann der Festigkeitsverlust erheblicher als der Anteil des toten Materials sein.

Kennt man die Zulaufzeit und die Zeit pro Umlauf, dann kann man die zulässige Umlaufzeit wie folgt errechnen.

$$\text{zulässige Umlaufzeit} = \text{Erstarrungszeit} - \text{Zulaufzeit}$$

$$\text{zulässige Umlaufzahl} = \frac{\text{zulässige Umlaufzeit}}{\text{Zeit pro Umlauf}}$$

Den Anteil an Zement, der die zulässige Umlaufzahl überschritten hat, erhält man aus Gl. (24): $x_{z_u} = x_n \cdot x_r^{z_u}$.

Beispiel:

$x_n = 0{,}57$

$x_r = 0{,}43$

$z_u = 6$

$x_{z_u} = 0{,}57 \cdot 0{,}43^6 = 0{,}57 \cdot 0{,}0063 = 0{,}0036$

Das heißt, im Asbestzement befinden sich ca. 3,6‰ Zement mit einer Umlaufzahl ≥ 6.

Aus der Altersverteilung des Zementes kann auch der Schluß gezogen werden, daß Störungen und Anormalitäten, wie sie mitunter bei Produktionsbeginn beobachtet werden, weniger auf die mangelnde Saturierung des Produktionswassers — wie häufig angenommen wird —, sondern eher auf die unterschiedliche Altersverteilung des Zementes bei Produktionsbeginn zurückzuführen sein dürften.

Bei Produktionsbeginn hat der gesamte Zement nur das Zulaufalter. Erst nach einigen Wasserumläufen stellt sich wieder die normale Altersverteilung des Zementes ein.

Aus den Überlegungen über die Altersverteilung des Zementes ergibt sich der Schluß, daß die gesamte im Umlauf befindliche Wassermenge möglichst klein gehalten werden muß.

Eine Verbesserung kann bereits dadurch erreicht werden, daß nur das von den Siebzylinderkasten rücklaufende Wasser in den Hauptfilter geführt wird und das bei der Waschanlage anfallende Wasser unmittelbar in den Filter 2 gebracht wird. Damit würde in unserem Beispiel der Gesamtinhalt des für die Filterung des Rücklaufwassers maßgeblichen Wasserkreislaufes halbiert und die Rücklaufwassermenge im Mittel auf drei Viertel des vorstehenden Beispieles verringert. Das Hydratationsalter des Zementes würde demnach auf etwa zwei Drittel des im vorstehenden Beispiel errechneten Wertes verbessert.

2. Mischungsfestlegung

a) Wertigkeit und Festigkeit

Ursprünglich entwickelte die Johns-Manville Corporation ein Verfahren zur Wertigkeitsbestimmung von Portlandzement. Da bei diesem Verfahren als Vergleichsziffer der Durchhang (englisch: *sag*) eines frischen Versuchsplättchens gemessen wurde (die Zeit zwischen Anfertigung der Naßmischung und Messung des Durchhanges beträgt etwa 10 Minuten), wurde dieser Test „sag-test" genannt.

Dabei werden Versuchsplättchen aus 150 g Trockenstoff, der in einem Liter Wasser aufgelöst wurde, angefertigt. Die Trockenmischung besteht aus 20% einer speziellen Asbestmischung, 30% eines speziellen Quarzsandes und 50% des untersuchten Zementes.

Nach 10 Minuten wird der Durchhang auf einer „sag-test"-Vorrichtung gemessen. Dann werden die Plättchen wieder ausgerichtet, nach einer entsprechenden Vorreifung im Autoklav gehärtet und danach die Biegefestigkeit, die Wasseraufnahme und die Dichte gemessen.

Dieser „sag-test" war ursprünglich nur dafür bestimmt, die mit verschiedenen Zementen erzielbare Festigkeit zu vergleichen, wobei das Verhältnis der mit der geprüften Zementsorte erzielten Festigkeit zu der mit einem Standardzement gewonnenen Festigkeit als Wertigkeit des Zementes bezeichnet wurde.

Es lag nahe, ein gleiches oder ähnliches Verfahren auch zur Bestimmung der Wertigkeit verschiedener Asbestmuster zu verwenden. Es werden mit dem zu prüfenden Asbest, mit einem beliebigen Normenzement, der jedoch für die ganze Versuchsreihe unverändert beibehalten werden muß, und mit einem geeigneten Quarzsand Versuchsplättchen angefertigt. Diese Plättchen werden mit gleichzeitig angefertigten Versuchsplättchen verglichen, für die ein bestimmtes Asbestmuster verwendet wurde.

In der westlichen Welt bezieht man sich im allgemeinen auf einen kanadischen Chrysotilasbest VRA-3, der dort die Wertigkeit 100 erhält, während in der Sowjetunion und den Ostblockländern als Ausgangsbasis ein Ural-Chrysotilasbest P-3-70 mit der Wertigkeit 1000 dient. Die Beziehungen zwischen Ringzugfestigkeit eines Asbestzement-Rohres, Asbestwertigkeit, Asbestkostenanteil und Zementkostenanteil sind in der folgenden Abb. 111 dargestellt, wobei die Kostenanteile wegen ihrer Abhängigkeit von örtlichen Gegebenheiten und von umsatzabhängigen Preisvereinbarungen zahlenmäßig unbenannt bleiben.

Die in der Abb. 111 eingetragene „Wertigkeitsskala" entspricht nach Angabe einer amerikanischen Firma ungefähr einer Asbestmischung, bestehend aus 25% Chrysotilasbest VRA-3 und 75% Chrysotilasbest 4-T oder 33% afrikanischem Blauasbest Blue S und 67% kanadischem Chrysotilasbest 4-T.

Nach diesen Angaben wäre die Wertigkeit des Asbestes VRA-3 mit 100, des Blauasbestes Blue S mit 85 und des Asbestes 4-T mit 33 einzusetzen.

Für eine Stoffmischung mit 20% Asbestanteil ergibt sich dann die Wertigkeit wie folgt:

25% VRA-3	25 × 100 = 2500	33% Blue S	33 × 85 = 2805
75% 4-T	75 × 33 = 2475	67% 4-T	67 × 33 = 2211
	4975		5016

Asbestanteil 20% — 0,2 × 4975 = 995

Asbestanteil 20% — 0,2 × 5016 = 1003

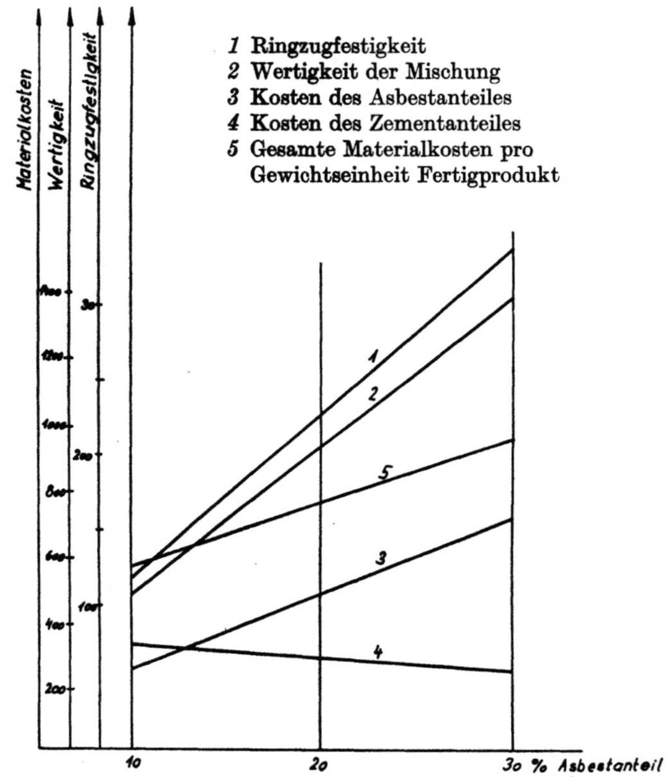

Abb. 111. Zusammenhang zwischen Ringzugfestigkeit, Wertigkeit und Materialkosten

Für die erforderliche Wertigkeit gibt es verschiedene aus der Praxis gewonnene Erfahrungswerte. So soll nach den gleichen Angaben die Wertigkeit einer Mischung für Druckrohre nach den amerikanischen Wertigkeitsziffern zwischen 1000 und 1100, für Asbestzement-Platten bei 750 und für Abflußrohre bei 650 bis 700 liegen.

In Tab. 22 Spalte 1 ist eine relative Wertigkeitsskala für russische Chrysotilasbeste angegeben. Darin wird der Asbest P-3-70 mit 1000 bewertet. Vergleichsteste, die von Cape Asbestos Fibres Ltd. durchgeführt wurden, ergaben für den russischen Grad P-3 eine Wertigkeit von ca. 67, bezogen auf die amerikanische Wertigkeitsskala.

Will man daher vergleichbare Ziffern erhalten, so müßte man die Werte der Tab. 22 durch 15 dividieren. Leider gibt es keine international einheit-

Tabelle 22. *Tabelle der Austauschbarkeit der sowjetischen Asbeste*

	P-3-70	P-3-60	P-3-50	M-3-70	M-3-50	P-4-35	P-4-20	P-4-5	M-4-20	P-5-65	P-5-50	M-5-70	M-5-60	P-6-45	P-6-30
P-3-70	1000	1045	1101	1094	1141	1192	1257	1338	1590	1788	1860	2090	2163	2090	2214
P-3-60	957	1000	1053	1047	1092	1141	1203	1281	1521	1712	1780	2000	2070	2000	2119
P-3-50	909	949	1000	994	1037	1083	1142	1216	1444	1625	1690	1899	1965	1899	2012
M-3-70	914	955	1006	1000	1043	1090	1149	1223	1453	1635	1700	1910	1977	1910	2084
M-3-50	876	916	964	959	1000	1045	1191	1173	1393	1567	1630	1831	1895	1831	1940
P-4-35	839	876	923	918	957	1000	1054	1122	1333	1500	1560	1753	1814	1753	1857
P-4-20	796	831	876	871	908	949	1000	1065	1265	1423	1480	1663	1721	1663	1762
P-4-5	747	781	822	818	853	891	939	1000	1188	1337	1390	1562	1616	1562	1655
M-4-20	629	657	692	688	718	750	791	842	1000	1125	1170	1315	1360	1315	1393
P-5-65	539	584	615	612	638	667	703	748	889	1000	1040	1189	1209	1169	1238
P-5-50	538	562	592	580	613	642	676	719	855	962	1000	1124	1163	1124	1190
M-5-70	478	500	527	524	548	571	601	640	761	856	890	1000	1034	1000	1060
M-5-60	462	483	509	506	528	551	581	619	735	827	860	966	1040	966	1024
P-6-45	478	500	527	524	546	571	601	640	761	856	890	1000	1034	1000	1060
P-6-30	452	472	497	494	515	538	560	604	718	808	840	944	977	944	1000

Hinweise für die Benützung der Tabelle:

Um zu bestimmen, wieviel kg Asbest der Marke „B“ statt 1 t Asbest der Marke „A“ bei Einhaltung einer unveränderlichen Festigkeit (Haltbarkeit) der Erzeugnisse zu verwenden ist, suchen wir die Marke „A“ in Spalte 1 und die Marke „B“ in Zeile 1. Diese Zahl ist der Durchschnitt der Zeile, welche der Marke „A“ entspricht, und der Durchschnitt der Spalte, welche der Marke „B“ entspricht, und stellt den verlangten Wert dar.

Beispiel:

Es ist zu bestimmen, welche Menge von Asbest der Marke P-4-35 durch 1 t Asbest der Marke P-5-50 zu ersetzen ist. In der Spalte 1 suchen wir den Asbest Marke P-5-50, in Zeile 1 die Marke P-4-35. Aus dem Durchschnitt der Zeile, welche der Marke P-5-50 entspricht, und dem Durchschnitt der Spalte, welcher der Marke P-4-35 entspricht, erhalten wir den Wert von 642 kg.

liche Wertigkeitstabelle. Da überdies die Qualität eines Asbestzement-Produktes nicht nur von der Trockenmischung abhängt und da auch die Wertigkeit von Asbestfasern mit gleicher Siebtestklassifikation, die aus verschiedenen Minen stammen, variieren, sind die Asbestzement-Erzeuger darauf angewiesen, für die von ihnen verwendeten Asbestsorten in eigenen Versuchsreihen eine relative Wertigkeit festzulegen, die bei Mischungsänderungen ein Abschätzen der voraussichtlich zu erwartenden Festigkeitswerte ermöglicht.

Tab. 23 gibt einige Beispiele aus amerikanischen Wertigkeitseinstufungen.

Tabelle 23. *Einige Asbestwertigkeiten nach amerikanischer Einstufung*

4x (kanadisch)	60	4m	50	6d	25
4k	65	4z	55	Sr	40
4t	55	4r	35	Svk	50

b) Die Verwendung von Blauasbest

Die chemische Struktur von Blauasbest und von Chrysotilasbest ist verschieden. Während die Einzelfasern von Chrysotilasbest einen Durchmesser von ca. 150 Å haben und im allgemeinen als hohl betrachtet werden, sind Blauasbestfasern voll und haben einen Durchmesser, der mindestens 10mal so groß ist als der der Chrysotilfasern. Wegen des größeren Durchmessers und der vollen Struktur ist Blauasbest steifer und elastischer als die weichen, feinen Chrysotilasbestfasern. Daher ergibt aufgeschlossener Blauasbest, naß oder trocken, ein größeres Volumen als Chrysotilasbest mit vergleichbarer Faserlänge, und daher bewirkt die Zugabe von Blauasbest zu Chrysotilasbest eine Vergrößerung des Volumens und ein Eindicken, wenn es sich um eine Naßmischung handelt.

Blauasbest wird in Asbestzement-Mischungen verwendet, weil

1. infolge der außerordentlichen Zugfestigkeit des Blauasbestes bei kleinstem Asbestanteil eine maximale Festigkeit des Produktes erhalten wird. Dies ist besonders bei der Erzeugung von Hochdruckrohren wichtig;

2. man durch die Anwesenheit von Blauasbest einen dickeren Stoffbrei und somit auch dickere Lagen am Filz bzw. am Mandrell erhält. Dadurch kann der Ausstoß erhöht werden;

3. Blauasbest die Filtrationsfähigkeit erhöht. Dies erlaubt eine größere Konsistenz in den Siebzylinderkasten und eine größere Filzgeschwindigkeit;

4. Blauasbest infolge seines großen Volumens und seiner guten Filtrationsfähigkeit auch als Träger kurzer Chrysotilfasern verwendet werden kann;

5. Blauasbest sich auch in den Rückwasserfiltern schnell absetzt und daher kleinere Wasserkreisläufe ermöglicht.

c) Asbestmischungen mit Blauasbest

Wie bereits früher erwähnt, erhält man die „Wertigkeit“ einer Asbestsorte für den Gebrauch in Asbestzement durch Vergleich mit der Wertigkeit einer Standardfaser. Natürlich verwendet man in verschiedenen Ländern und oft auch bei verschiedenen Firmen verschiedene Standardfasern. Für den werkseigenen Gebrauch ist es dabei wesentlich, alle Untersuchungen stets auf die gleiche Asbestsorte zu beziehen.

In den folgenden Beispielen werden einige Mischungen von Asbestzement-Hochdruckrohren verglichen.

Die Wertigkeiten wurden wie folgt angegeben:

Blauasbest, beste Qualität, mittlere Faserlänge	100
russische Chrysotilasbeste P-3	67
russische Chrysotilasbeste P-4	55
russische Chrysotilasbeste P-5	47
russische Chrysotilasbeste P-6	40

Für ein Asbestzement-Rohr entsprechend ISO- oder DIN-Normen für einen Prüfdruck von 15 kp/cm² wird folgende Mischung angenommen:

Asbestgrad P-3	45%
Asbestgrad P-4	45%
Asbestgrad P-5	10%

Der Asbestanteil beträgt 16,5%, der Zementanteil 83,5% in der Mischung. Für obige Mischung erhält man folgende Wertigkeit:

Asbestgrad	Prozent	Faserwertigkeit	Anteilige Wertigkeit
P-3	45	67	3015
P-4	45	55	2475
P-5	10	47	474
			5960

Die Wertigkeit der Fasermischung ergibt sich somit mit 5960.

Die Wertigkeit der Asbestzement-Mischung erhält man durch Multiplikation der Faserwertigkeit mit dem Faseranteil.

$5960 \cdot 0{,}165 = 983{,}4$

Wird nun die Hälfte des Anteiles an Asbestgrad P-3 durch Blauasbest ersetzt, dann ergibt sich die Wertigkeit der Fasermischung wie folgt:

Asbestgrad	Prozent	Faserwertigkeit	Anteilige Wertigkeit
Blauasbest	22,5	100	2250
Chrysotil-asbeste			
P-3	22,5	67	1507
P-4	45	55	2475
P-5	10	47	470
			6702

$6702 \cdot 0{,}147 = 985{,}2$

Da somit die effektive Wertigkeit der Asbestmischung von 5960 auf 6702 Einheiten erhöht wurde, kann der Asbestanteil am Asbestzement-Gemisch im reziproken Verhältnis, das heißt von 16,5% auf 14,7%, herabgesetzt werden, ohne daß die Qualität des Produktes leidet.

Bei der Erzeugung von Asbestzement-Druckrohren für Prüfdruck 25 kp/cm² gemäß ISO-recommendation R 160 würde ein Asbestanteil von 18,8% von der erstgenannten Mischung und von 16,8% von der zweiten Mischung benötigt werden, wenn die Hälfte der P-3-Fasern durch Blauasbest ersetzt wird.

Natürlich läßt sich die Mischung auch anders variieren. So kann beispielsweise der Einsatz hochwertigen Blauasbestes die Verwendung kurzfaseriger Chrysotilasbeste ermöglichen.

Zur Erläuterung wird die Wertigkeit einer entsprechenden Mischung im folgenden errechnet:

Asbestgrad	Prozent	Faserwertigkeit	Anteilige Wertigkeit
Blauasbest	22,5	100	2250
Chrysotil-asbeste			
P-4	35	55	1925
P-5	15	47	705
P-6	27,5	40	1100
			5980

Wie bereits erwähnt, zeigt die Wertigkeit allein noch nicht alle Eigenschaften einer Mischung. Beispielsweise würde durch den Zusatz von Blauasbest die Filtrationsfähigkeit der Mischung verbessert werden, so daß der Ausstoß der Maschine erhöht werden kann.

Nach Angaben von Cape Fibres Asbestos Ltd. kann durch die Verwendung von Blauasbest die Produktionsleistung je Maschineneinheit um etwa 20 bis 30% erhöht werden.

d) Amositasbest in der Mischung

Amositasbest trägt zur Festigkeit einer Mischung kaum bei. Diese Asbestfaser federt jedoch sehr stark und sorgt, in geringen Mengen einer Chrysotilasbestmischung zugesetzt, für eine bessere Öffnung und Verteilung der Chrysotilfasern. Eine Beimengung von 3 bis 5% Amositfasern kann daher die Verarbeitbarkeit des Asbestzementes wesentlich verbessern.

3. Gütefragen bei der Plattenerzeugung

Die technologischen Faktoren, wie die Temperatur des Asbestzement-Breies, die Dicke und die Dichte des Vlieses, die Produktionsgeschwindigkeit und das Verfahren zur Abbindung und Härtung der Produkte haben einen direkten Einfluß auf den Ausstoß der Maschinen und die Qualität des fertigen Produktes.

a) Die Rolle der Temperatur bei der Erzeugung von Asbestzement

Zweifellos spielt die Temperatur als Bestandteil der Arbeitsbedingungen bei der Erzeugung des Asbestzementes eine wichtige Rolle. Zur Untersuchung des Temperatureinflusses muß man mehrere Abschnitte unterscheiden; und zwar die eigentliche Erzeugung des Asbestzement-Produktes auf der Plattenmaschine oder auf der Rohrmaschine oder allenfalls in Maschinen zur Erzeugung von Formstücken, dann Verarbeitung und Formgebung im plastischen Zustand, wie zum Beispiel das Wellen der Platten, der Zeitabschnitt für das Erstarren (Abbinden des Asbestzementes), nach dem bei der Verwendung von Formblechen oder Stahlkernen ein Ausformen möglich ist, und zuletzt die Aushärtung des Asbestzementes bis zu einer bestimmten Mindestfestigkeit, welche sich je nach Behandlung über einen kürzeren oder längeren Zeitraum erstrecken kann.

Es konnte allgemein festgestellt werden, daß sich die Produktionsleistung der Erzeugungsmaschinen verbessern läßt, wenn man die Temperatur des Stoffes erhöht.

Bei den allgemein üblichen aliten Portlandzementen wurde verschiedentlich eine Temperatur von 30° C als günstigste Temperatur festgestellt. Während man ursprünglich bei der Erhöhung der Temperatur des Stoffes vor allem an eine Verringerung der Erstarrungszeit dachte, stellte man dann fest, daß durch die Verbesserung der Filtrationsfähigkeit eine Erhöhung der Produktionsgeschwindigkeit möglich wurde.

Eine interessante Arbeit über diesbezügliche Untersuchungen wurde von E. N. KITAJEV veröffentlicht, die im folgenden auszugsweise wiedergegeben ist.

Zur Überprüfung der Temperaturabhängigkeit wurden unter Bedingungen der normalen technischen Großproduktion Platten aus Versuchsmischungen aus drei verschiedenen Zementen und mit 14% Asbestanteil erzeugt.

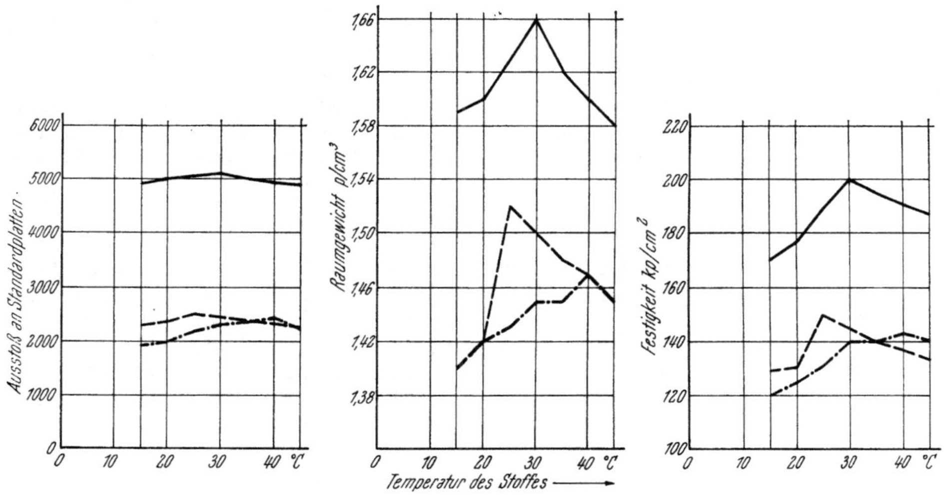

Abb. 112. Technologische Werte von Asbestzement bei verschiedenen Temperaturen im Siebzylinderkasten von E. N. KITAJEV

——— mit alitem Zement
–·–·–· mit Zement „Marl"
– – – – mit Zement mit erhöhtem Kalzium-Aluminat-Gehalt

Der Asbestanteil bestand aus einer Mischung von russischen Chrysotilasbesten, und zwar 40% P-5-50, 40% P-6-45, 20% M-6-40. Der Asbest wurde zuerst 15 Minuten lang gekollert, wobei 40% (bezogen auf das Asbestgewicht) Rückwasser beigefügt wurden. KITAJEV gibt den damit erreichten Öffnungsgrad mit 30 bis 35% an. Anschließend wurde der Asbest 15 Minuten lang im Holländer verarbeitet, wobei ein Öffnungsgrad von 90 bis 95% erreicht wurde.

Die Platten wurden auf einer Dreizylinder-Plattenmaschine mit Rundsiebzylindern mit 1000 mm Durchmesser erzeugt. Die Filzgeschwindigkeit betrug 35 bis 40 m/min, das Vakuum an den Saugkasten 300 bis 350 mm Hg. Es wurden zusätzliche Verdichtungswalzen verwendet, bei denen der Liniendruck zwischen 10 und 14 kp/cm variierte.

Die nach 7 Tagen gemessenen Werte der so erzeugten Wellplatten sind in der folgenden Tab. 24 zusammengestellt und in Abb. 112 graphisch dargestellt.

Tabelle 24

Mineralogische Zusammensetzung des Zementes in %	Temperatur im Siebzylinderkasten in °C	Feststoff im Rückwasser in %	Feuchtigkeit im Vlies in %		Liniendruck in kp/cm		Vliesdicke in mm	Feuchtigkeitsgehalt in %	Stündliche Produktionsleistung an konventionellen „Slates“	Endbiegefestigkeit in der Längsrichtung der Wellen in kp/cm²	Wasseraufnahme in %	Dichte in g/cm³
			Vor dem Vakuum	Nach dem Vakuum	Zwischen Format- und Brustwalze	Zwischen zusätzl. Verdichtungs- und Formatwalze						
	15	1,5	50	40	40	12	1,26	24	4900	169,9	26	1,59
Alite: C_3S = 61,7%	20	0,8	48	38	45	12	1,28	23,5	4980	176,5	25,5	1,60
C_2S = 20%	25	0,5	45	35	50	14	1,29	23	5040	188,9	25	1,63
C_3A = 3%	30	0,2	42	32	55	14	1,31	22	5100	200,5	24	1,66
C_4AF = 10,4%	35	0,5	45	35	50	14	1,29	23	5000	195,1	24,7	1,62
	40	1,0	49	37	45	12	1,27	24	4930	190,6	25,3	1,60
	45	1,5	51	40	40	12	1,25	24	4850	187,7	25,9	1,58
	15	4,7	60	50	30	10	0,53	32	1930	120,1	31	1,40
Marl: C_3S = 23,6%	20	4,2	58	50	35	10	0,55	31	2000	125,3	30	1,42
C_2S = 53,5%	25	3,7	55	48	35	10	0,57	30	2240	131,2	30	1,43
C_3A = 8%	30	3,2	53	45	40	12	0,59	29	2320	140,0	29	1,45
C_4AF = 10,7%	35	3,0	50	45	40	12	0,60	28	2355	140,0	29	1,45
	40	2,5	50	45	45	12	0,62	27	2440	143,3	28,1	1,47
	45	2,5	50	45	40	12	0,57	30	2240	140,3	29,2	1,45
	15	3,0	52	46	30	10	0,56	27	2300	128,9	30	1,40
	20	2,5	51	45	35	10	0,58	26,5	2380	130,3	30	1,42
Zement mit erhöhtem	25	1,5	45	35	40	12	0,61	25	2500	150,3	26	1,52
Calcium-Aluminat-	30	2,0	47	37	40	12	0,60	26	2450	145,0	27	1,50
Gehalt	35	2,5	50	38	35	10	0,58	27	2400	140,0	27	1,48
	40	3,0	52	40	35	10	0,56	27,5	2320	137,0	28	1,47
	45	3,5	55	42	30	10	0,55	28	2270	133,1	28	1,45

KITAJEV findet, daß es eine optimale Temperatur des Stoffwassers gibt, bei der der Feststoffanteil im Rückwasser verringert und die Adhäsion zwischen den Asbestfasern und dem Zement verbessert wird, so daß es möglich wird, die Maschine mit höherer Filzgeschwindigkeit und dickerem Vlies zu fahren.

Daraus ergibt sich ein höherer Ausstoß der Plattenmaschine bei festeren und dichteren Platten. Die optimale Temperatur hängt von der chemischen und mineralogischen Zusammensetzung des Zementes und seiner spezifischen Oberfläche ab und war für die drei untersuchten Zemente 30, 40 bzw. 25° C.

Bei höheren Temperaturen verringert sich die Viskosität des Wassers und verbessert sich die Filtrationsfähigkeit des Asbestzement-Vlieses. Gleichzeitig wird jedoch die Reaktion Wasser—Zement beschleunigt, und kolloidale Substanzen werden gebildet, die die Filtrationsfähigkeit herabsetzen.

Diese letztere Erscheinung ist besonders bemerkbar bei den Zementen mit einem hohen Gehalt an Tricalcium-Silikat und Tricalcium-Aluminat. Bei solchen Zementen braucht man daher nur eine geringe Aufwärmung des Wassers in den Filtern und im Stoff.

Auch die von Kitajev beschriebenen Versuche haben ergeben, daß die Qualität der Platten wesentlich erhöht wird, wenn die Hydratation des Zementes vor allem nach der Formung der Platten und möglichst wenig im Stadium der Stoffaufbereitung stattfindet. Daraus ergibt sich die Schlußfolgerung, daß die Mischung des Asbestes mit dem Zement und somit der Naßteil der Stoffaufbereitung zeitlich kurz, aber energisch sein muß und daß eine höhere Filzgeschwindigkeit bzw. eine rasche Verarbeitung des Materials qualitätsverbessernd wirkt.

Betrachtet man den Abschnitt der Erstarrung, so ist auch hier eine Beschleunigung von großer Bedeutung, da davon verschiedene kostenbildende Faktoren, wie zum Beispiel die Anzahl der Formbleche, die Anzahl der Stahlkerne und die Größe des benötigten Zwischenlagers, abhängen.

Die Erstarrungszeit hängt natürlich in erster Linie vom verwendeten Zement ab. Betrachtet man die Erzeugung von Asbestzement-Wellplatten, so kann man bei einer Temperatur des Stoffes an der Plattenmaschine von 15 bis 20° als erforderliche Zeit bis zum Entstapeln und Ausblechen der Platten 8 bis 12 Stunden annehmen.

Der Erstarrungs- und Erhärtungsverlauf des Zementes steht im funktionellen Zusammenhang mit der Entwicklung der Hydratationswärme. Diese wiederum hängt sowohl von der Zeit als auch von der Temperatur ab. Von E. Rastrup stammt die folgende Abb. 113 über die Entwicklung der Hydratationswärme in Abhängigkeit von Zeit und Temperatur.

Aus der Betonindustrie ist bekannt, daß die Erhärtung des Betons bei höherer Temperatur erheblich rascher verläuft als bei normaler Lagerung. W. Czernin verweist darauf, daß die Temperaturerhöhung die Reaktion beschleunigt, aber nichts an ihrem Mechanismus ändert. Er betont jedoch, daß die Endfestigkeit geschädigt wird, wenn der Beton schon während oder kurz nach seiner Herstellung höheren Temperaturen ausgesetzt wird.

Der frische Beton benötigt eine gewisse Ruhezeit bei normaler Temperatur, ehe man ihn erhöhten Temperaturen aussetzen darf. Diese Ruhezeit beträgt nach Saul für eine Behandlung bei 40° etwa 2 Stunden vor der

Wärmebehandlung und bei 85° etwa 6 Stunden (Abb. 114). Auch der Wasser-Zement-Faktor spielt eine Rolle; es müssen um so längere Ruhezeiten angewandt werden, je höher W : Z wird.

Saul fand bei Versuchen über die Niederdruckdampfhärtung von Beton, daß der Erhärtungszustand des Betons eine Funktion seiner „Reife" ist. Die

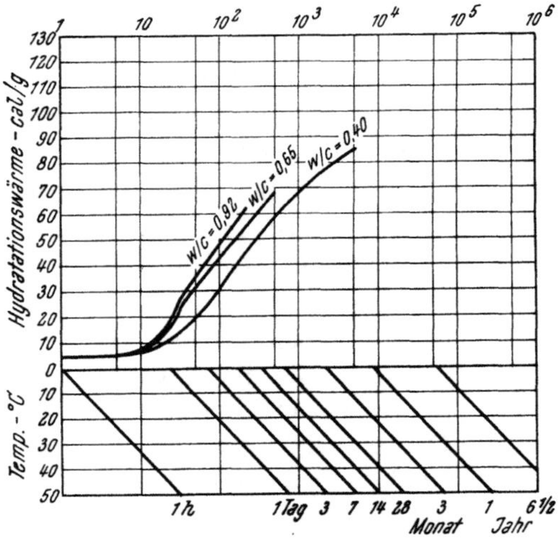

Abb. 113. Hydratationswärme-Entwicklung bei verschiedenem Wasser-Zement-Faktor von E. Rastrup (aus Magazine of Concrete Research 9/1954)

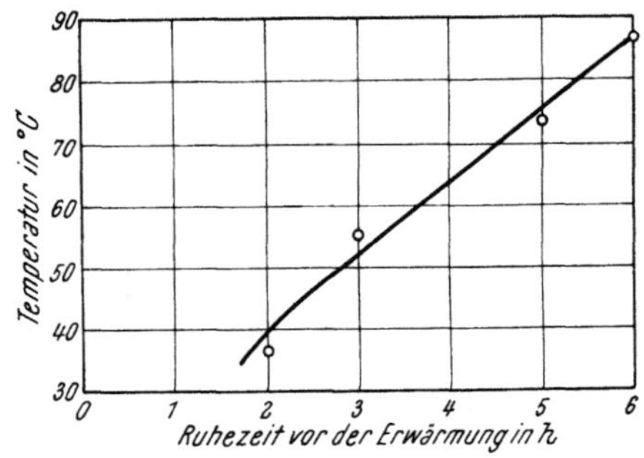

Abb. 114. Ruhezeit vor der Erwärmung nach Saul (aus Zement-Kalk-Gips 7/1956)

Reife definiert er als das Produkt aus Temperatur und Zeit und geht von der Annahme aus, daß der Erhärtungsprozeß bei —10° C zum Stillstand kommt. Nach Saul ist die Reife eines Betons ausgedrückt durch die Formel

$$A_{20} = \frac{\Theta + 10}{20 + 10} \cdot T \qquad (28)$$

wobei Θ = Lagerungstemperatur in ° C,

T = Alter in Tagen.

A_{20} gibt die Zeit an, in der der Beton bei +20° C so erhärtet wie bei einer Temperatur Θ während der Zeit T.

Wenn somit Asbestzement-Platten bei einer Temperatur von etwa 24° nach 10 Stunden Hydratationszeit genügend Festigkeit gewonnen haben, um entstapelt zu werden, dann benötigt man nach Abb. 116 bei einer Temperatur von 40° eine Hydratationszeit von 5 Stunden, um den gleichen Reifezustand zu erreichen.

Um keine Einbuße in der Endfestigkeit in Kauf nehmen zu müssen, müßte, wie oben erwähnt, nach Saul, hier vor der Wärmebehandlung eine Ruhezeit von etwa 2 Stunden angesetzt werden. Da auch in dieser Ruhezeit bei einer Temperatur von 24° bereits eine Reifung eintritt, die einer Hydratationszeit von 1 Stunde bei 40° entspricht, ist bei einer Temperatur von 40° bis zum Entstapeln ein Zeitraum von 1 + 5 = 6 Stunden erforderlich.

Dies unter Annahme eines Hydratationsverhaltens des Zementes, wie in Abb. 115 und 116 dargestellt.

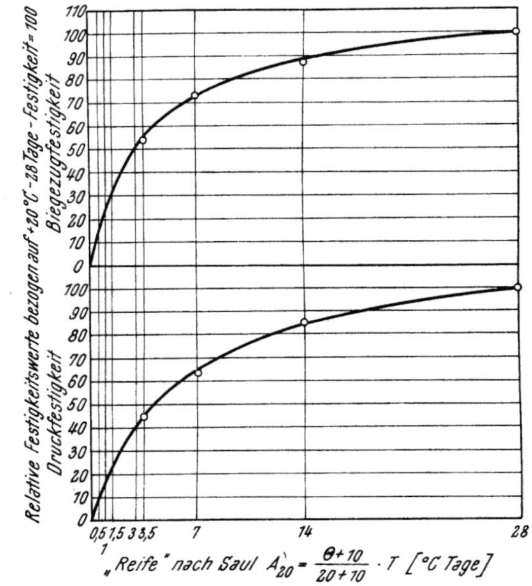

Abb. 115. Zeit-Temperatur-Abhängigkeit der Erhärtung von Portlandzement Z 225 von W. BRAND (aus Zement-Kalk-Gips 7/1956)

Tatsächlich schwankt die bis zum Entstapeln erforderliche Zeit in Abhängigkeit von der chemisch-mineralogischen Zusammensetzung des Zementes, in Abhängigkeit von Asbest und in Abhängigkeit von der Temperatur sowie den sonstigen Erzeugungsbedingungen in weiten Grenzen und liegt bei einer Temperatur des Stoffes und der umgebenden Luft von ca. 20° C zwischen 8 und 14 Stunden.

Maßnahmen zur Verkürzung dieses Zeitbedarfes liegen also im Interesse einer wirtschaftlichen Betriebsführung und sind überdies meist mit verhältnismäßig geringen Mitteln durchzuführen.

E. N. KITAJEV berichtet über Versuche zur Verkürzung der Erstarrungs- und Härtezeiten bei der Verwendung von Portlandzementen. Durch eine kurze etwa 3- bis 6stündige Wärmebehandlung bei 40 bis 70° C mit nachfolgender Lagerung im Wasser bei 60 bis 80° C für die Zeit von 8 bis 16 Stunden und anschließender siebentägiger Luftlagerung bei 15 bis 20° C wurden Platten mit einer Festigkeit von 170 bis 200 kp/cm² erhalten, die eine Wasseraufnahme von

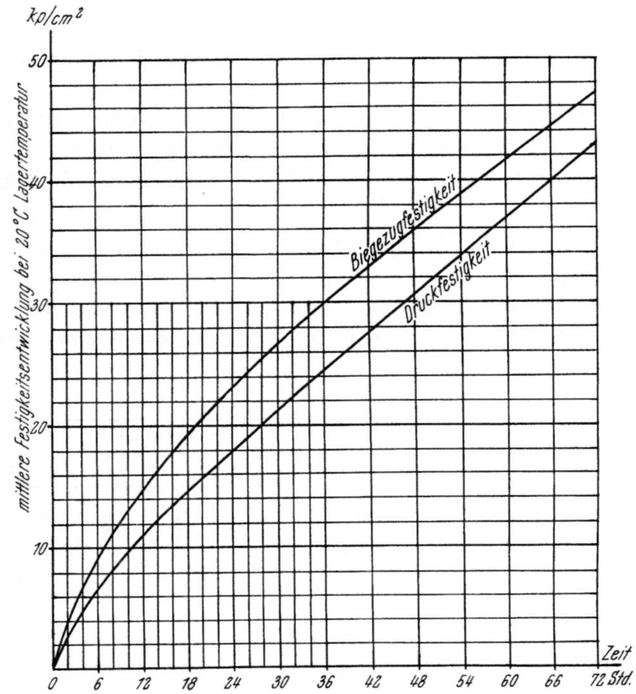

Abb. 116. Zeit-Temperatur-Abhängigkeit der Erhärtung von Portlandzement Z 225, entwickelt nach BRAND und SAUL

24 bis 26% und ein spezifisches Gewicht von mindestens 1,55 bis 1,60 p/cm^3 hat.

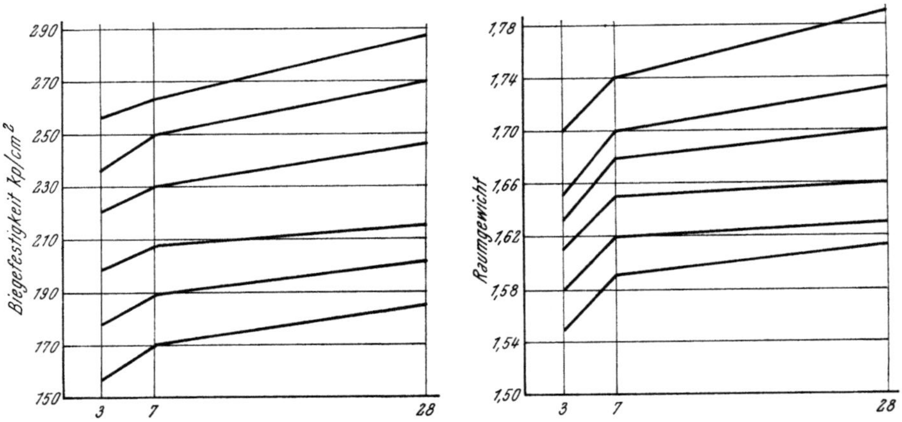

Abb. 117. Einfluß des Liniendruckes auf die Qualität der Asbestzement-Platten (gemäß Tab. 24) von E. N. Kitajev aus Asbestos Bulletin, Februar 1963

Die höhere Festigkeit erklärt man damit, daß die hydratisierte Oberfläche der Zementteilchen infolge der kurzen Zeit der Dampfbehandlung noch wasserdurchlässig war, so daß das Wasser zu den noch unhydratisierten Innenteilen der Zementteilchen durchdringen konnte, wodurch eine weitere und weitgehendere Hydratation bewirkt wurde.

Da die Platten während der Dampfbehandlung einen Teil ihres Wassergehaltes verlieren, ist es notwendig, sie einer kurzen Nachwässerung für etwa 15 Minuten zu unterziehen.

Es wurden verschiedene Werksversuche ausgeführt, um die Wirkung dieser beschleunigten Härtemethode zu überprüfen. Es wurden dieselben Rohstoffe unter denselben Verhältnissen wie bei den vorbeschriebenen Versuchen von Kitajev verwendet, mit der Ausnahme, daß der Belite-Zement jetzt aus 30,2% C_3S, 44,1% C_2S, 10,1% C_3A und 9,6% C_4AF zusammengesetzt war. Die Versuchsbedingungen und die Versuchsergebnisse sind in Tab. 25 und 26 zusammengestellt, und die bei dieser Härtebehandlung erzielten Festigkeits- und Dichtheitswerte sind graphisch in Abb. 118 dargestellt.

Tabelle 25

Verwendeter Zement	Stoffwassertemperatur	Feststoff im Rückwasser in %	Feuchtigkeit im Vlies in %		Liniendruck in kg/cm		Vliesdicke in mm	Feuchtigkeitsgehalt in %	Stündliche Produktionsleistung an konventionellen „Slates“
			Vor dem Vakuum	Nach dem Vakuum	Zwischen Format- und Brustwalze	Extra-Verdichtungswalze			
Alite C_3S = 67,1%	30	0,2	42	32	55	14	1,31	22	5100
Belite C_2S = 44,1%	40	2,5	50	45	45	12	0,62	27	2440
mit erhöhtem C_3A-Gehalt	25	1,5	45	25	40	12	0,61	25	2500

Die besten Ergebnisse wurden mit Alite-Zement erreicht, da dieser die beste Filtrationsfähigkeit hat. In diesem Fall konnte bei einer Filzgeschwindigkeit von 40 m/min eine Vliesdicke von 1,31 mm gefahren werden. Die Versuche zeigen weiter, daß bei der Anwendung der Zweistufen-Wärmebehandlung beim Härteprozeß sogar mit weniger aktiven Zementen wie *beliten* und solchen mit hohem C_3A-Gehalt Platten mit verhältnismäßig guter Qualität und hoher Festigkeit erzeugt werden können.

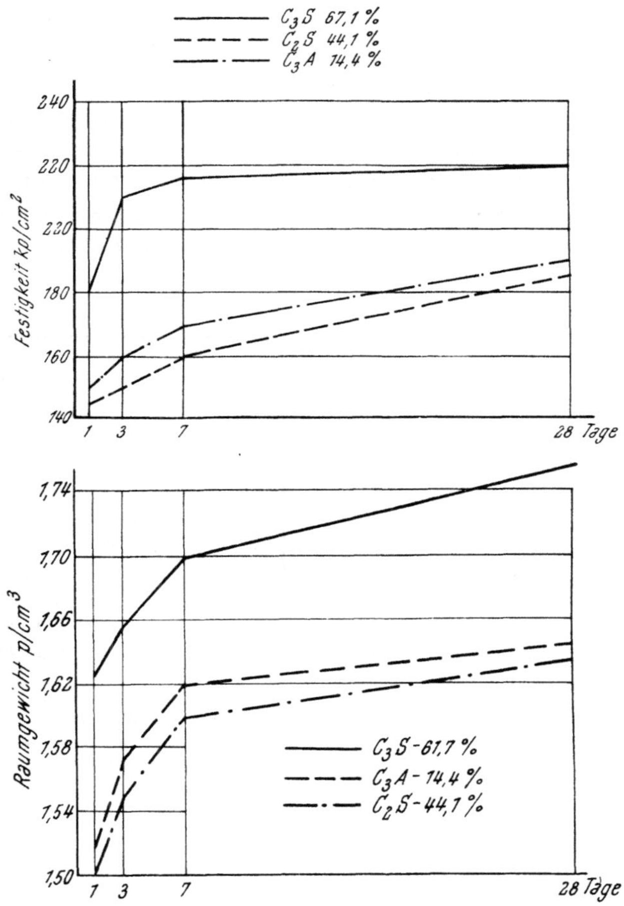

Abb. 118. Einfluß der Härtung auf die Qualität der Asbestzement-Platten (gemäß Tab. 26 von E. N. Kitajev aus Asbestos Bulletin)

Bei der Behandlung mit Temperatur über 100° tritt als Begleiterscheinung der erhöhten Temperatur ein erhöhter Druck auf, so daß man von Dampfdruckbehandlung spricht. Da bei erhöhter Temperatur auch eine Veränderung des physikalischen Gefüges der erhärtenden Masse eintritt, sind die bei Dampfdruckbehandlung erzielten Festigkeitswerte im allgemeinen geringer als die, welche bei 28 Tagen normaler Lagerung erreicht werden. W. Czernin erklärt dies damit, daß bei normaler Lagerung aus Zement und Wasser ein mineralischer Leim entsteht, der aus allerfeinsten kolloidalen Teilchen besteht.

Die Oberfläche des Zementes kann durch den kolloidalen Zerfall bei der Reaktion mit Wasser auf das Tausendfache erhöht werden.

100 g Zement, mit 50 g Wasser angemacht, ergeben dann schließlich eine Oberfläche von 20.000 m^2. Die vorher überschüssig vorhandene Wassermenge verteilt sich dann auf ein so großes Gebiet, daß sie den Charakter einer Flüssigkeit weitgehend verliert, was nach W. Czernin die wesentlichste Ursache für die Erhärtung sein dürfte.

Bei der Dampferhärtung aber tritt ein rasches Wachstum der kleinen Kristalle ein, die ursprünglich nur kolloidale Größen hatten, wodurch sich die Oberfläche stark verkleinert. In dem Umstand, daß jetzt das Wasser nicht vollkommen in den festen Zustand übergeführt werden kann, sieht man die Ursache für die geringere Verfestigung bei Dampfdruckhärtung.

Man kann aber auf anderem Wege auch höhere Festigkeiten bei Dampfdruckerhärtung bekommen, nämlich durch die Reaktion zwischen Kalk und Quarz bei hohen Temperaturen.

Durch die Dampfdruckerhärtung von Asbestzement, dem feingemahlener Quarzsand in ausreichender Menge zugemischt wurde, wird nicht nur eine höhere Festigkeit, sondern auch eine Verbesserung anderer wichtiger Eigenschaften erzielt, nämlich eine Erhöhung der chemischen Widerstandsfestigkeit und eine Herabsetzung der Schwindung.

Tabelle 26

Verwendeter Zement	Härtebedingungen				Längsbiegefestigkeit der Platten in kp/cm²			
	Dampfbehandlung		Wasserbad		Alter (Tage)			
	Härtezeit in Stunden	Temperatur in °C	Härtezeit in Stunden	Temperatur in °C	1	3	7	28
Alite: $C_3S = 67{,}1\%$	4	80	16	60—70	180	210	215	220
Marl: $C_2S = 44{,}1\%$	4	90	16	70—80	145	150	160	185
Aufgenommen $C_3A = 14{,}4\%$	4	40—50	16	40—50	150	160	170	190

Tabelle 26. (Fortsetzung)

Verwendeter Zement	Wasserabsorption				Spez. Gewicht in g/cm³			
	Alter (Tage)				Alter (Tage)			
	1	3	7	28	1	3	7	28
Alite: $C_3S = 67{,}1\%$	24	23	22	21	1,63	1,65	1,70	1,75
Marl: $C_2S = 44{,}1\%$	27	25,5	24	24	1,50	1,55	1,60	1,63
Aufgenommen $C_3A = 14{,}4\%$	26	25,6	23	23	1,52	1,57	1,62	1,64

b) Vliesdicke

Eine Erhöhung der Produktion einer Plattenmaschine einfach durch Vergrößerung der Vliesdicke ist nicht ohne weiteres möglich, weil durch die Vliesdicke auch die Qualität der Platte beeinflußt wird und die Maschineneinstellung nur in Grenzen einer erhöhten Vliesdicke angepaßt werden kann. Es wurden daher Versuche mit folgender Mischung gemacht:

Zement mit folgender Zusammensetzung:

C_3S 67,6%
C_2S 6,2%
C_3A 7,3%
C_4AF 14,4%

spezifische Oberfläche 3100 bis 3200 cm^2/g.

Die Asbestmischung bestand aus:

50%-P 5-50
30%-M 5-60
20%-P 6-45

Der Asbest wurde 15 Minuten mit einem Wasserzusatz von 45% (bezogen auf das Fasergewicht), gekollert und anschließend 12 Minuten im Holländer behandelt. Dabei wurde ein Öffnungsgrad von 90 bis 95% erhalten. Die Mischzeit mit dem Zement betrug 5 Minuten. Die Temperatur des Stoffwassers betrug 30° C, die Filzgeschwindigkeit 40 m/min, und das Vakuum variierte zwischen 300 und 400 Hg. Die Platten wurden wieder auf einer Dreizylinder-Rundsiebmaschine mit 1000 mm ∅ gefertigt.

Die entsprechenden Kennziffern der Erzeugungsbedingungen und die Versuchsergebnisse sind in Tab. 27 zusammengestellt.

Nach den vorliegenden Versuchen ist die Produktionsleistung der Maschine mit zunehmender Dicke gestiegen, wobei gleichzeitig auch das Vakuum und die Linienpressung entsprechend erhöht wurde. Die Qualität des Erzeugnisses in bezug auf Festigkeit, Dichte und Wasseraufnahme blieb dabei gleich.

Tabelle 27

Vliesdicke in mm	Feststoff im Rückwasser in %	Feuchtigkeit im Vlies in %		Liniendruck in kp/cm		Feuchtigkeitsgehalt in %	Stündliche Produktionsleistung konventioneller Platten	Endbiegefestigkeit in der Längsrichtung der Wellen in kp/cm^2	Wasseraufnahme in %	Dichte in g/cm^3
		Vor dem Vakuum	Nach dem Vakuum	Zwischen Format- und Brustwalze	Zwischen zusätzl. Verdichtungs- und Formatwalze					
0,6	2,5	40	35	30	10	25	3800	210	25,7	1,65
0,8	2,6	42	35	35	10	25	4000	207	26	1,66
1,0	2,5	45	36	40	12	25,5	4400	208	25	1,65
1,2	2,0	46	36	45	12	25	4800	209	25	1,64
1,4	2,0	48	36	50	14	25,5	5150	211	26	1,65

c) Verdichtung, Festigkeit und Dichte der Platten

Die Abhängigkeit der Qualität der Platten von verschiedenen Produktionsbedingungen bei einer konstanten Vliesdicke ist in Tab. 28 zusammengestellt. Bei dieser Versuchsreihe wurde das Vlies auf einer Dicke von 1 mm gehalten. Wie man sieht, wird durch höheres Vakuum und höheren Liniendruck die Qualität des Produktes vor allem in bezug auf Festigkeit und

Dichte erhöht, und gleichzeitig wird die Wasseraufnahme verringert. Dieser Zusammenhang ist graphisch in Abb. 117 dargestellt.

Tabelle 28

Vakuum in mm Hg	Liniendruck in kp/cm		Feststoff im Rückwasser in %	Feuchtigkeit im Vlies in %		Feuchtigkeitsgehalt in der Platte	Leistung konventioneller „slates“	Endbiegefestigkeit in kp/cm²	Wasseraufnahme in %	Dichte
	Formatwalze	Zusätzliche Verdichtungswalze		Vor dem Vakuum	Nach dem Vakuum					
300	30	10	2,5	46	36	27	4400	170	27	1,59
300	35	10	3	47	37	26	4405	190	25,5	1,62
350	40	12	2,5	45	36	25,5	4400	208	25	1,65
350	45	12	3	44	34	24	4420	230	24	1,68
400	50	14	2,5	46	36	23	4390	250	23	1,7
400	55	14	2,5	46	36	22	4410	265	22	1,74

d) Filzgeschwindigkeit

Um bei höherer Filzgeschwindigkeit den gleichen Entwässerungseffekt an der Plattenmaschine zu erzielen, ist es notwendig, das Vakuum oder den Liniendruck zu erhöhen. Versuche über die Abhängigkeit zwischen Filzgeschwindigkeit, Vakuum und Liniendruck wurden von Kitajev mit der gleichen Asbestzement-Mischung gemacht, wie sie für die vorstehenden Versuchsreihen verwendet wurde.

Bei einer Vliesdicke von 1 mm wurde der Wassergehalt der Platten bei der Abnahme von der Plattenmaschine mit 23 bis 24% gemessen. Die Kennwerte der Versuchsbedingungen und die erzielten Ergebnisse, die an den Wellplatten nach 7 Tagen gemessen wurden, sind in der Tab. 29 zusammengestellt.

Sie zeigen, daß bei entsprechend höherem Vakuum und Liniendruck eine Erhöhung der Filzgeschwindigkeit keinen schädlichen Einfluß auf die Qualität der Platten hat.

Tabelle 29

Filzgeschwindigkeit in m/min	Feststoffkonzentration im Siebzylinderkasten in %			Vakuum in mm Hg	Liniendruck in kp/cm		Feststoff im Rückwasser in %	Feuchtigkeitsgehalt im Vlies in %		Leistung konventioneller „slates“	Endbiegefestigkeit in kp/cm²	Wasseraufnahme in %	Dichte in g/cm³
	1	2	3		Formatwalze	Extra-Verdichtungswalze		Vor dem Vakuum	Nach dem Vakuum				
30	6	8	10	200	30	10	3	48	36	3290	250	23	1,69
32	6	9	10	200	30	10	3	47	36	3520	255	23,5	1,68
34	8	10	12	250	35	12	2,5	45	35	3740	245	23	1,68
36	8	10	12	250	40	12	2,5	45	35	3960	248	23	1,7
38	10	12	14	300	45	14	2	42	34	4170	250	24	1,69
40	10	12	14	350	50	16	2	42	32	4390	250	23	1,7
42	12	14	16	200	55	18	1,5	40	32	4610	253	22,5	1,71

e) Einfluß der chemisch-mineralogischen Zusammensetzung des Portlandzementes auf Produktionsleistung und Qualität der Asbestzement-Produkte

Arbeiten auf diesem Gebiet im zentralen wissenschaftlichen Forschungslaboratorium der UdSSR wurden von E. N. KITAJEV beschrieben. Es wurden einige Versuchsreihen ausgeführt, die klären sollten, welcher Zement am besten zur Erzeugung von Asbestzement geeignet ist. Die höchste Festigkeit wurde erhalten mit hohem C_3S- und niedrigem C_3A-Gehalt. C_4AF gibt höhere Festigkeit als C_3A. Erhöhter C_3S-Gehalt und niedriger C_2S- und C_3A-Gehalt sowie größere spezifische Oberfläche ergeben Asbestzement-Produkte mit höherer Festigkeit, niedrigerer Wasseraufnahme und geringerer Verzugsneigung.

Steigender C_3A-Gehalt verringert die Frostwiderstandsfähigkeit, und Proben mit Zement mit 14½% C_3A und 40% C_3S haben überhaupt keinen Frostwiderstand.

Die geringere Festigkeit eines Asbestzementes mit Belite-Zement gegenüber einem Asbestzement mit Alite-Zement ist durch das Festigkeitsverhalten dieser Zemente bedingt. Abb. 119 zeigt charakteristische Festigkeitskurven eines C_3S-Zementes eines Alite-Zementes und eines Belite-Zementes nach LEA-DESCH.

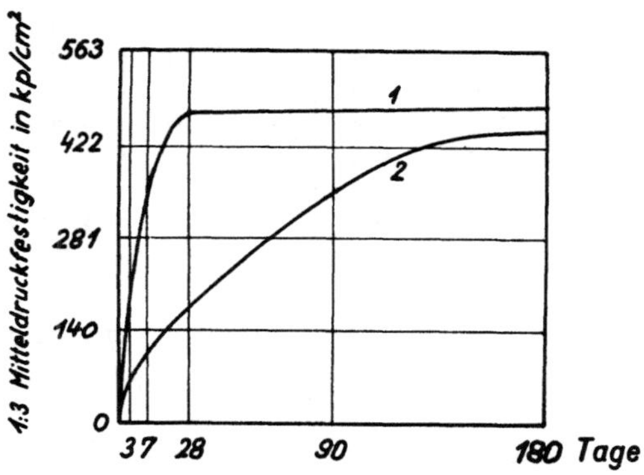

Abb. 119. Charakteristische Festigkeitskurven eines C_3S-Zementes (*1*) und eines C_2S-Zementes (*2*) nach LEA/DESCH

Zement 1: 70% C_3S; 10% C_2S
Zement 2: 30% C_3S; 50% C_2S

Eine Aufstellung über Versuche über den Einfluß von C_3A bei der Erzeugung von Asbestzement-Platten und der Verwendung von Zement mit einer spezifischen Oberfläche von 3150 bis 3200 cm²/g sind in Tab. 30 zusammengestellt.

Die Festigkeit, Wasseraufnahme und Dichte wurden an gewellten Platten nach sieben Tagen gemessen. Man sieht daraus, daß erhöhter C_3A-Gehalt bei

Tabelle 30

Zusammensetzung des Zementes in %				Reifegrad des Zementes	Festteile im Rückwasser in %	Druck in kp/cm		Vliesdicke in mm	Wassergehalt in den Platten in %	Ausstoß pro Stunde Standardplatte	Biegefestigkeit in kp/cm²	Wasseraufnahme in %	Raumgewicht in p/cm³
C_3A	C_3S	C_2S	C_2AF	K_s		Formatwalze	Verdichtungswalze						
3,0	61,7	20,0	10,4	0,92	0,2	55	14	1,31	22,0	5100	200,5	24,0	1,66
7,3	60,6	18,2	10,3	0,92	0,2	50	14	1,24	22,5	4850	181,8	25,0	1,62
10,1	61,7	16,6	9,8	0,92	0,3	45	12	1,20	23,0	4684	169,1	26,0	1,55
13,0	58,0	18,9	8,8	0,90	1,0	40	12	1,13	25,0	4400	150,2	28,0	1,51
17,0	60,4	19,0	8,9	0,91	2,0	30	10	1,05	27,0	4100	135,3	30,0	1,45

gleichzeitigem hohem C_3S-Gehalt die Produktionsgeschwindigkeit verringert und auch die Qualität des Produktes verschlechtert. Dies dürfte durch den Umstand verursacht werden, daß C_3A die Hydratation des Zementes während der Naßmischung energisch beschleunigt und die

Tabelle 31

K_s	Spez. Oberfläche des Zementes in cm^2/g	Festteile im Rückwasser in %	Druck in kp/cm: Formatwalze	Druck in kp/cm: Verdichtungswalze	Vliesdicke in mm	Feuchtigkeit in der Platte in %	Ausstoß pro Stunde Standardplatten	Biegefestigkeit in kp/cm^2	Wasserabsorption in %	Raumgewicht in g/cm^3
0,80	2800	3,0	25	10	0,51	28,7	2150	125,7	31,5	1,40
0,80	3515	1,7	35	10	0,70	26,0	2800	141,3	28,1	1,44
0,80	4120	1,0	45	12	0,95	24,0	3600	155,4	28,0	1,47
0,85	2760	2,0	35	10	0,71	26,5	2880	141,2	30,0	1,45
0,85	3520	0,8	45	12	0,90	24,0	3500	154,9	27,1	1,47
0,85	4270	0,3	50	14	1,10	23,0	4220	162,5	26,0	1,49
0,90	2810	1,5	40	12	1,00	25,0	3820	155,9	28,0	1,49
0,85	3530	0,5	50	14	1,20	23,0	4420	166,7	27,0	1,53
0,85	4200	0,3	55	14	1,30	22,0	4850	185,5	26,0	1,57

Tabelle 32

Zusammensetzung des Zementes in %: C_3S	C_2S	C_3A	C_4AF	K_s	Festteile im Rückwasser in %	Druck in kp/cm: Formatwalze	Druck in kp/cm: Verdichtungswalze	Vliesdicke in mm	Feuchtigkeit in der Platte in %	Ausstoß pro Stunde Standardplatten	Biegefestigkeit in kp/cm^2	Wasserabsorption in %
35,3	40,0	10,0	10,3	0,80	2,0	30	10	0,6	26,9	2495	134,5	29,5
40,1	35,2	9,8	10,0	0,82	1,5	35	10	0,7	25,5	2826	140,2	29,0
45,2	30,7	10,0	10,0	0,85	1,0	40	12	0,8	25,0	3175	150,1	28,0
50,5	24,5	10,0	10,0	0,88	0,8	45	12	1,0	24,3	3750	157,3	27,6
56,1	18,2	10,2	10,0	0,90	0,5	50	14	1,1	23,5	4216	162,6	27,0
61,7	16,6	10,1	9,8	0,92	0,3	55	14	1,2	23,0	4684	169,1	25,0

Bildung von kolloidalen Substanzen erleichtert (Calciumhydroaluminaten), die die Filtration des Vlieses behindern und daher eine Verringerung der Vliesdicke erfordern.

Aus dem gleichen Grund muß auch die Gautschwalzenpressung reduziert werden, und daraus resultieren Platten mit höherer Wasseraufnahme und geringerer Dichte.

Die Abhängigkeit von Leistung und Qualität von der spezifischen Oberfläche des Zementes ist in Tab. 31 für Zemente mit einem Kalkstandard von 0,80 bis 0,90 und in Tab. 32 für einen Zement mit erhöhtem C_3S-Gehalt dargestellt.

Die Wellplatten, für welche Versuchsergebnisse in Tab. 31 angegeben sind, wurden aus einem Klinker mit 38,4% C_3S, 28,6% C_2S, 14,4% C_3A und 12,9% C_4AF hergestellt.

Als verallgemeinerndes Ergebnis wurde angegeben, daß die höchsten Produktionsleistungen und die beste Qualität erzielt wurden bei Verwendung von Zementen mit ungefähr 60% C_3S, nicht mehr als 20% C_2S und nicht mehr als 7% C_3A, die günstigste spezifische Oberfläche beträgt 3500 bis 4000 cm^2/g.

Mit solchen Alite-Zementen konnten bei Filzgeschwindigkeiten von 40 m/min Vliesdicken von 1,1 bis 1,2 mm gefahren werden.

f) Wellverfahren

Bei der Herstellung von Wellplatten unterscheidet man grundsätzlich Verfahren, bei denen der Asbestzement-Brei in einer oder mehreren Lagen auf eine Wellform aufgegossen und gegebenenfalls durch Vibratoren verdichtet wird, und Verfahren, bei denen zunächst Flachplatten erzeugt werden, die anschließend einem Wellungsprozeß unterworfen werden.

Im folgenden sind die gebräuchlichsten Wellverfahren angeführt und die bei diesen Verfahren auftretenden Beanspruchungen der Asbestzement-Platten angegeben.

1. *Klassische Stangenwellmaschine* (ohne Netze).

Das Prinzip dieser Maschine ist aus Abb. 120*a* und 120*b* ersichtlich. Die Asbestzement-Platte wird auf eine Wellform aufgelegt und damit unter die Stangenwellmaschine geschoben. Dann wird der Wellaufsatz mit den Wellstangen abgesenkt und dabei die Asbestzement-Platte von der Mitte nach außen fortschreitend in die Täler der Wellform eingedrückt. Da sich die Platte während des Wellvorganges verschieben kann, erfolgt der seitliche Beschnitt (Längsbeschnitt) meist nach dem Wellen.

Beanspruchungen:

a) Durchsacken der Asbestzement-Platte nach dem Auflegen auf die Wellform unter der Belastung durch das Eigengewicht.

Beim Profil A 5 nach DIN 274 beträgt die Wellteilung 177 mm. Bei einer Plattendicke von 6 mm beträgt das Gewicht der Asbestzement-Platte zwischen zwei Wellbergen ca. 18 p/cm und das entsprechende Biegemoment unter dem Eigengewicht 0,04 cmkp/cm. Das Widerstandsmoment der Platte beträgt 0,06 $cm^3/_{cm}$ und die erforderliche Biegefestigkeit 0,6 kp/cm^2. Zum Teil wird die Platte offenbar durch ihre bereits im frischen Zustand vorhandene Biegefestigkeit getragen. Wäre keine Biegefestigkeit vorhanden, so würde in der gestreckten Lage die Zugspannung nach beiden Seiten unendlich groß. Auch ohne Biegesteifigkeit sinkt die Seilspannung bei der geringsten Durchbiegung bereits stark ab. So entspricht einem Durchhang in der Mitte von ca. 2 mm eine Zugspannung von nur noch ca. 25,5 kp/cm^2, einem Durchhang von ca. 10 mm eine Zugspannung von ca. 4,7 kp/cm^2.

b) Beschleunigung der Außenteile der Platte gegen die Mitte während des Eindrückens in die Wellen.

Geschwindigkeits- und Beschleunigungsverlauf während des Wellens für das Wellprofil nach DIN 274 sind in Abb. 120*c* unter Annahme einer Absenkgeschwindigkeit der Wellstangen von 0,12 m/sec. dargestellt. Die maximale Beschleunigung beträgt in diesem Fall ungefähr ein Zwanzigstel der Erdbeschleunigung. Wiegt der nachgezogene Wellstreifen ca. 50 p/cm, dann beträgt die Zugspannung aus der Beschleunigung 0,05 kp/cm² und ist daher bedeutungslos.

c) Reibung zwischen Asbestzement-Platte und darunterliegender Wellform einerseits und zwischen Platte und Wellstange anderseits. Aus Reibung und Beschleunigung können im ungünstigsten Fall eine Zugkraft von 0,036 kp/cm und eine Zugspannung von 0,06 kp/cm² resultieren.

d) Druck durch das Gewicht der Wellstange am Ende des Wellvorganges.

Theoretisch liegen die Wellstangen gemäß Abb. 120*e* immer entweder auf einer Linie (in der Mitte) oder auf zwei Linien (symmetrisch zur Mitte) auf. Nimmt man beim besprochenen Profil eine Wellstange mit 90 mm ∅, deren Gewicht 50 kp pro Laufmeter beträgt, so erhält man, wenn die Wellstange auf einem Streifen von 1 cm aufliegt, eine Flächenpressung von 0,5 kp/cm². Da bei den meisten Profilen kleinere Radien verlangt werden, liegt das übliche Gewicht der Wellstangen bei 20 bis 30 kp/m.

e) Formänderungsbeanspruchung.

Durch den Wellvorgang ist eine Verformung der Platte bedingt, die eine Materialverdichtung an der Innenseite der Krümmung und eine Materialverdünnung an der Außenseite der Krümmung bewirkt. Im wesentlichen dürfte diese Formänderung durch die Verlagerung des in den Poren enthaltenen Wassers ermöglicht werden.

2. *Atmospheric Corrugator* (Abb. 121*a*, *b* und *c*).

Der Atmospheric Corrugator besteht aus einer Kastenkonstruktion, deren Oberseite

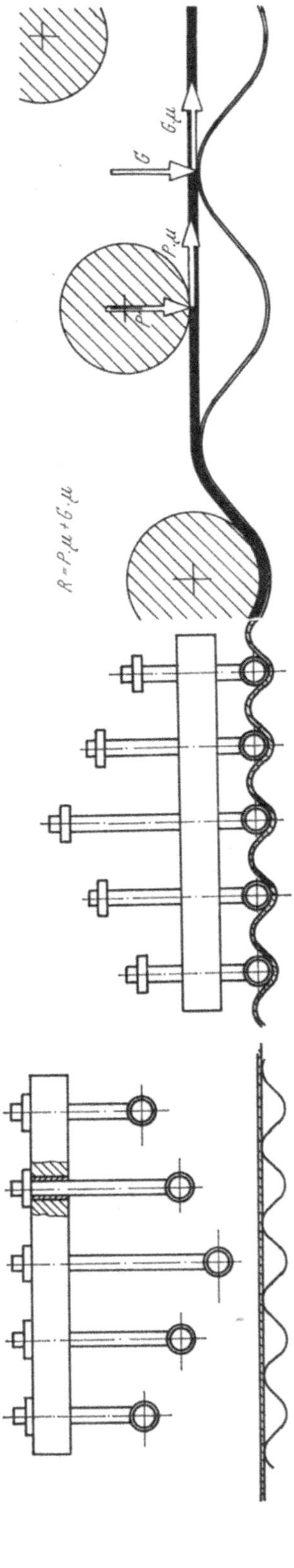

a) Vor dem Wellvorgang

b) Bei Beendigung des Wellvorganges

d) Reibungskräfte beim Wellvorgang

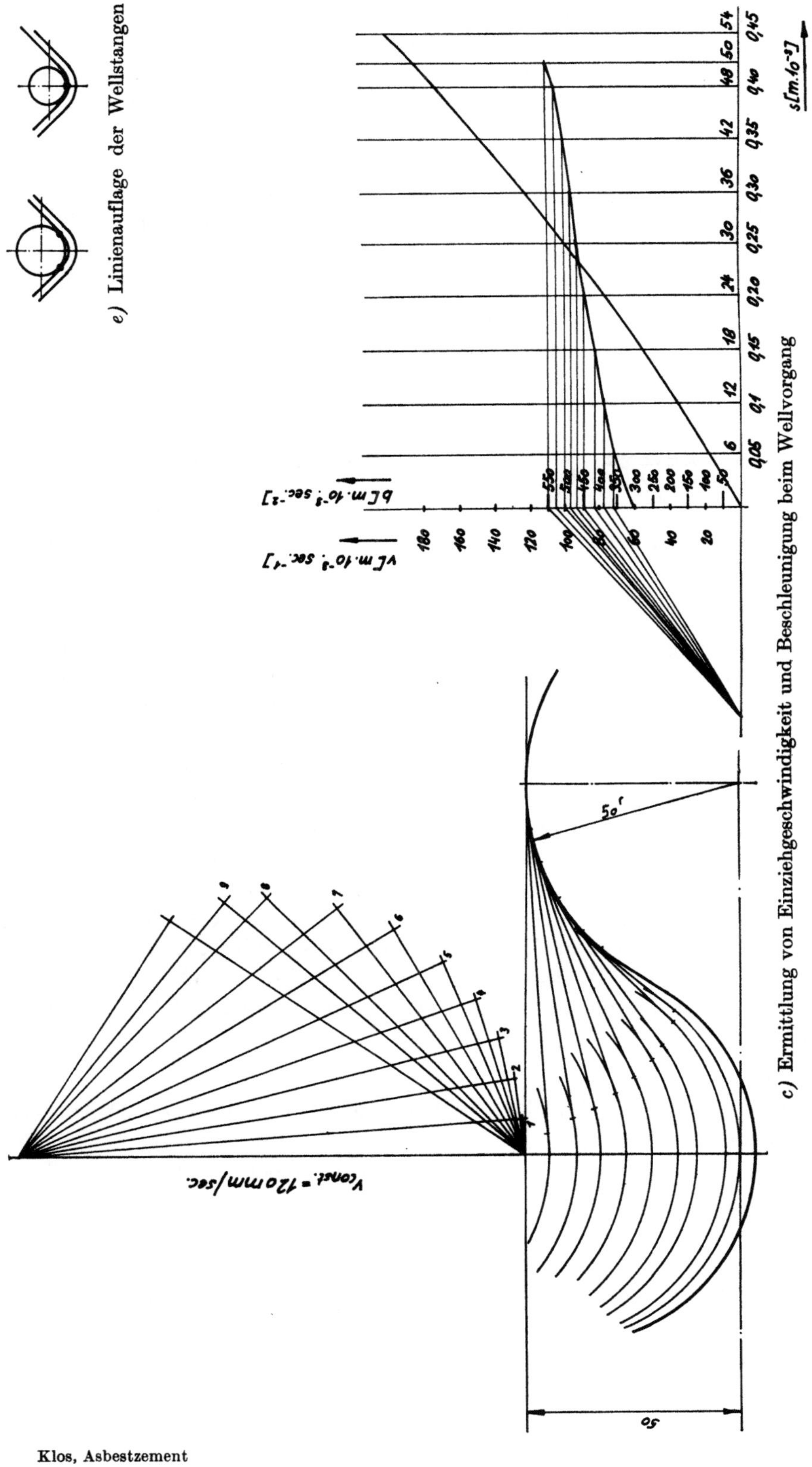

e) Linienauflage der Wellstangen

c) Ermittlung von Einziehgeschwindigkeit und Beschleunigung beim Wellvorgang

Abb. 120. Klassische Stangenwellmaschine

das Wellprofil nachbildet. Diese Oberseite kann entweder aus einer zusammenhängenden Platte oder aus Walzen und dazwischenliegenden Formsegmenten bestehen. Die Walzen und die Formsegmente sind mit einer Vielzahl von Saugbohrungen versehen, die in darunterliegende Saugkammern münden.

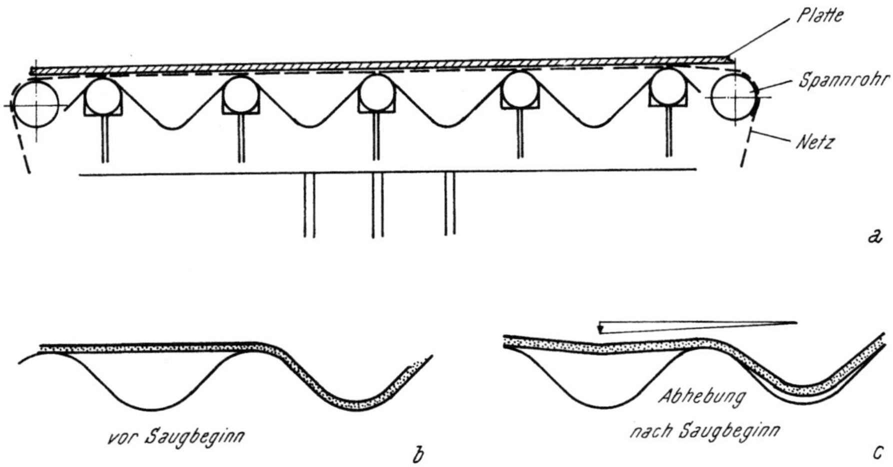

Abb. 121. Atmospheric Corrugator

Über die Oberseite des Wellkastens ist ein Perlonnetz gespannt, auf welches die Flachplatte aufgelegt wird. Dieses Perlonnetz ist auf beiden Seiten auf Spannrohre aufgewickelt. Durch einen geeigneten Steuermechanismus werden nun die Saugkammern von der Mitte nach beiden Seiten fortschreitend an eine Absauganlage angeschlossen, so daß in den entsprechenden Abschnitten der Wellform der erforderliche Unterdruck entsteht.

Gleichzeitig wird das Perlonnetz von beiden Seiten nachgelassen, und zwar theoretisch mit einer solchen Geschwindigkeit, daß sich die Asbestzement-Platte langsam an den jeweils beaufschlagten Wellformteil anlegt. Das Perlonnetz verleiht der Asbestzement-Platte den erforderlichen Halt und nimmt Reibungs- und Beschleunigungsbeanspruchungen auf. Bei einem Unterdruck je nach Wellprofil von 350 bis 1000 mm WS lastet auf der Platte ein Formgebungsdruck von 0,035 bis 0,10 kp/cm^2, daß sind 350 bis 1000 kp/m^2.

Beanspruchungen:

a) Schlagartiger Beginn des Wellvorganges bei nicht straff gespanntem Unterlagsnetz.

b) Teilweises Zurückziehen der vorhergegangenen Welle bei straff gespanntem Netz.

Bei straff gespanntem Netz ist die seitliche Zugbeanspruchung in der gestreckten Lage theoretisch unendlich groß. Als Folge davon wird die zuvor eingeformte Welle ein wenig herausgezogen, bis die gerade in Formung befindliche Welle etwas eingesunken ist.

c) Formänderungsbeanspruchung.

3. *Welltisch mit sich schließenden Wellsegmenten — ohne Abdeckung und ohne Saugpunkte.*

Dieser Welltisch kann sowohl fahrbar (wobei sich die Wellsegmente während des Fahrens schließen) oder stationär ausgeführt werden. Diese Maschine besteht im wesentlichen aus Wellsegmenten, die beim Auflegen der Asbestzement-Platte in einem Abstand zueinander angeordnet sind, der der gestreckten Länge einer Welle entspricht, und die dann zusammengefahren werden und im geschlossenen Zustand die Unterseite der Wellplatte nachbilden.

Dieser Welltisch kann fahrbar sein und während der Vorfahrt die auflaufende Asbestzement-Platte aufnehmen; anschließend können bei der Weiterfahrt die Wellsegmente geschlossen werden.

Eine andere Ausführung sieht einen stationären Welltisch vor, auf den mit einem ebenen Saugkasten eine ungewellte Asbestzement-Platte aufgelegt wird und von dem mit einem anderen Wellform-Saugkasten die gewellte Asbestzement-Platte nach dem Wellungsvorgang abgehoben wird.

Beanspruchungen:

a) Biege- und Zugbeanspruchung — wie unter 1 a besprochen.

b) Formänderungsbeanspruchung.

Bei dieser Maschine besteht sowohl die Gefahr des Gleitens der Asbestzement-Platte auf den Wellsegmenten beim Beginn des Wellvorganges, woraus dann ein ungenügendes Wellen resultiert, als auch die Gefahr, daß durch zwischen den Wellsegmenten eingeklemmte Plattenabfälle (z. B. Schneidkrümmel) die Wellsegmente nicht vollständig schließen.

4. *Welltisch* (fahrbar oder stationär) *mit sich schließenden Wellsegmenten mit Tuchbedeckung und Fixierung der Asbestzement-Platte auf den Wellbergen durch Saugpunkte* (Abb. 122).

Diese Maschine stellt eine Weiterentwicklung des unter 3 beschriebenen Welltisches dar. Durch die Tuchabdeckung wird die Maschine vor Störungen durch zwischen den Wellsegmenten eingeklemmte Abfälle geschützt. Durch die Tuchabdeckung werden auch Zug- und Biegebeanspruchungen beim Auflegen der Asbestzement-Platte aufgenommen, und durch die Saugpunkte an den Wellenbergen wird ein Gleiten der Asbestzement-Platte auf den Wellsegmenten verhindert.

Beanspruchungen:

a) Formänderungsbeanspruchungen.

5. *Wellsauger.*

Diese in Abb. 123 *a*, *b* und *c* skizzierte Maschine besteht im wesentlichen aus einer Garnitur von Saugleisten, die die ungewellte ebene Asbestzement-Platte aufnehmen, wobei die Aufnahmelinien in einem Abstand zueinander angeordnet sind, der der gestreckten Länge der Wellen entspricht.

Während die Asbestzement-Platte von einem Förderband auf die Wellformen transportiert wird, werden die Saugleisten auf den Abstand der

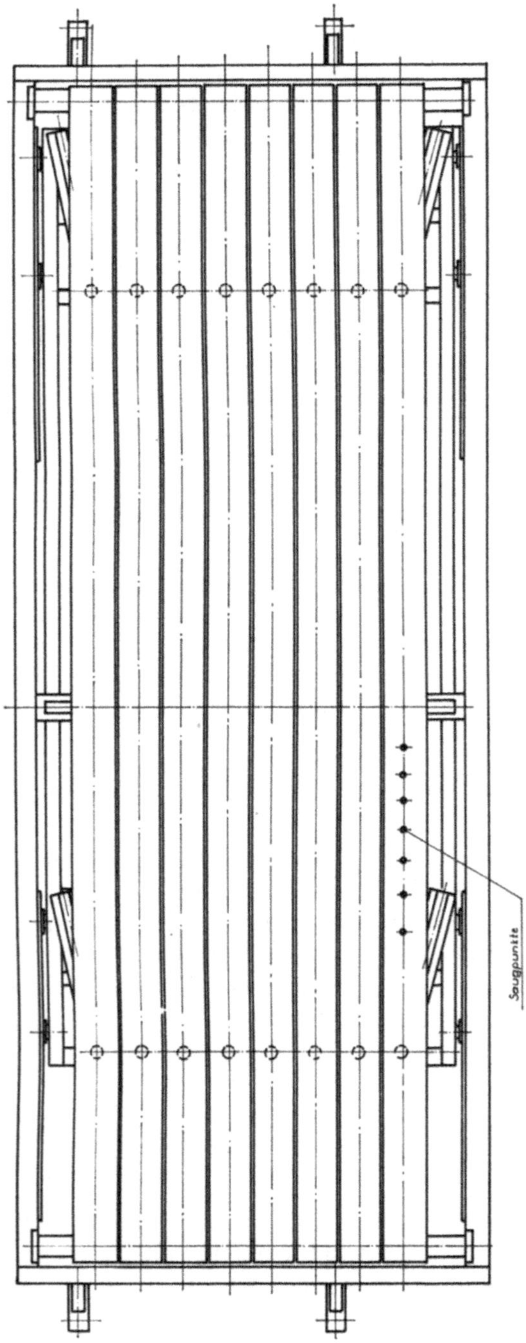

a) Mit Tuchabdeckung vor dem Wellen

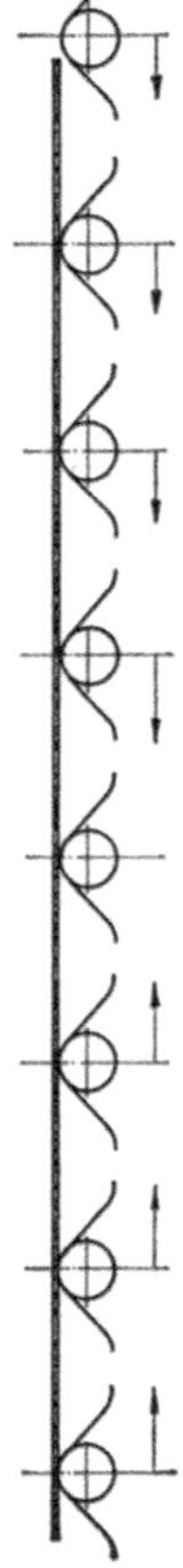

b) Mit aufgelegter Asbestzement-Platte vor dem Wellen

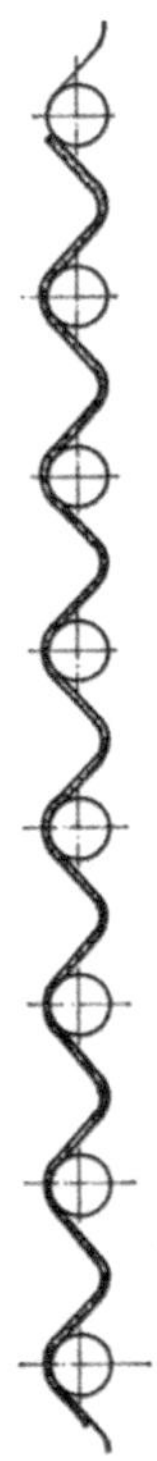

c) Nach beendigtem Wellvorgang, mit gewellter Asbestzement-Platte

Abb. 122. Welltisch mit seitverschieblichen Wellsegmenten

a) Vor dem Wellen beim Aufnehmen der ebenen Asbestzement-Platte

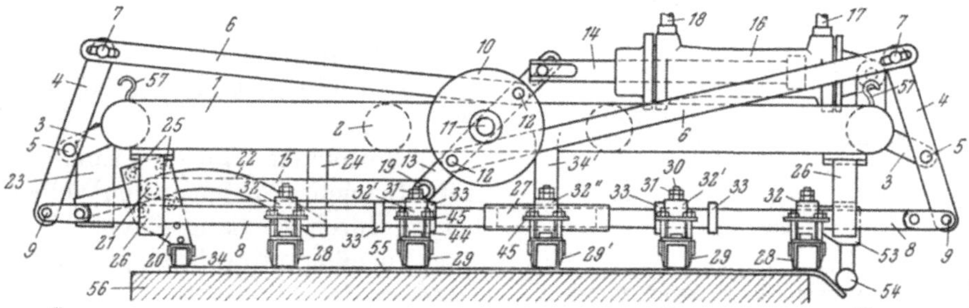

a

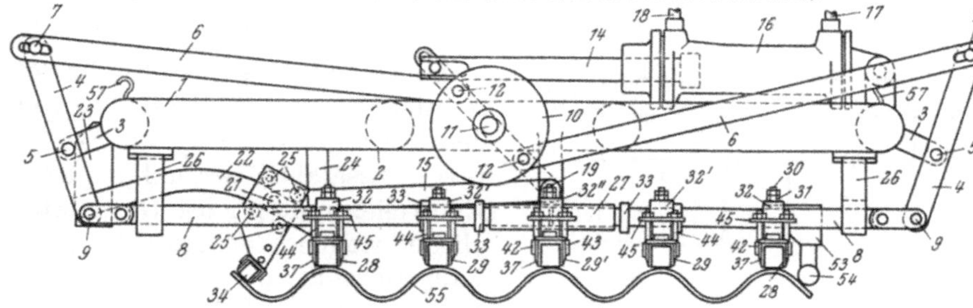

b

b) Bei beendetem Wellvorgang

c) Schnitt durch eine Saugleiste

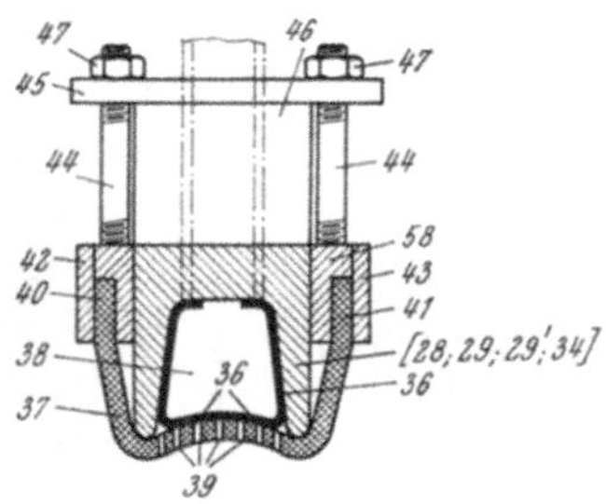

Abb. 123. Wellsauger (Ö.P. 170310 v. 15. 7. 1951)

1 Rechteckiger Rahmen
2 Rahmenversteifung
3 Halter
4 Zweiarmiger Hebel
5 Schwenkzapfen
6 Stangen
7 Schlitzzapfenverbindung
8 Stangen
9 Zapfen
10 Scheibe
11 Achse
12 Zapfen
13 Arm
14 Kolbenstange
15 Stangen
16 Steuervorrichtung (hydraulisch oder pneumatisch)
17 Einlaß
18 Auslaß
19 Zapfen
20 Schlitten
21 Zapfen
22 Schiene
23 Arme
24 Arme
25 Rollen
26 Halter
27 Führungsrohr
28 Saugkasten
29 Saugkasten
29′ Saugkasten
30 Schrauben
31 Muttern
32 Halter
32′ Halter
32″ Halter
33 Stangenschultern
34 Saugkasten
34′ Arm
35 Blechgehäuse
36 Öffnungen
37 elastischer Überzug
38 Saugkammer
39 Saugbohrungen
40 Formhaube
41 Formhaube
42 äußere Leisten
43 äußere Leisten
44 Schrauben
45 Platte
46 Zwischenstück
47 Muttern
53 Halter
54 Rolle
55 Platte (rechteckig oder quadratisch)
56 Tisch
57 Haken
58 innere Leisten

Wellteilung zusammengefahren. Beim Ablegen in die Wellform schmiegt sich dann die Platte der Wellform an.

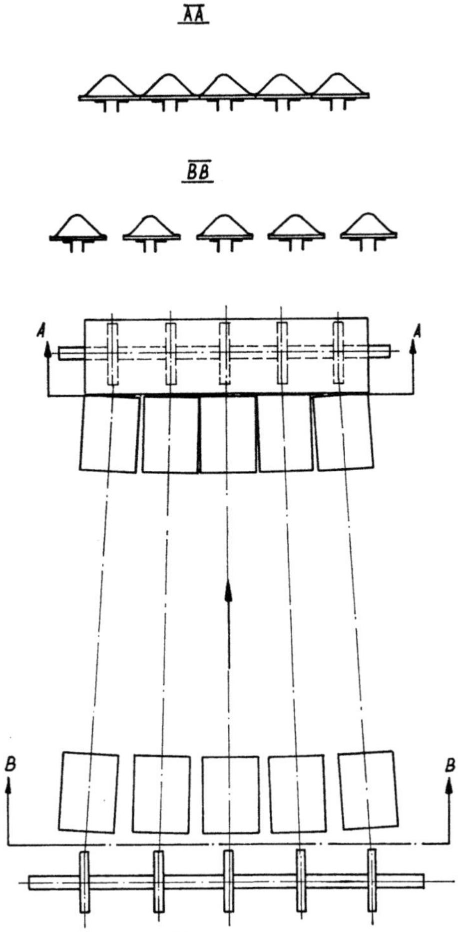

Abb. 124. Kettenwellmaschine

Beanspruchungen:

a) Zug und Biegung wie bei Abb. 120.

b) Vermehrte Entwässerung der Asbestzement-Platten an den Wellenbergen durch die Saugleisten.

c) Formänderungsbeanspruchung.

6. *Kettenwellmaschine* (Abb. 124).

Diese Maschine besteht im wesentlichen aus endlosen Ketten, deren Anzahl der Zahl der Wellenberge (zusätzlich der unkompletten Endwellen) entspricht. Die Kettenglieder tragen Wellsegmente, die in Längsrichtung ohne Zwischenraum aneinander anschließen.

Die Länge der Kettenwellmaschine beträgt ein Mehrfaches der maximalen Plattenlänge. Am Plattenauflauf sind die einzelnen Ketten in einem Abstand zueinander angeordnet, der der gestreckten Länge der Wellung entspricht. Im Endteil der Kettenwellmaschine werden die Ketten in seitlicher Richtung zusammengeführt, so daß sich die Wellsegmente auch hier berühren und eine geschlossene Wellform gebildet wird.

Beanspruchungen:

a) Zug und Biegung wie bei Abb. 120.

b) Zusätzliche, wenn auch geringfügige Verzerrung beim Wellvorgang.

c) Formänderungsbeanspruchung.

7. *Verbesserte Stangenwellmaschine* (Abb. 125*a* und *b*), mit Netzgewebe auf dem Wellwagen (unterhalb der Asbestzement-Platte) und mit Netzgewebe unterhalb der Wellstangen (oberhalb der Asbestzement-Platte).

Diese Maschine arbeitet gleich wie die unter 1 beschriebene klassische Stangenwellmaschine, wobei jedoch die Asbestzement-Platte während des Wellvorganges auf beiden Seiten mit einem Netzgewebe (aus Perlon) bedeckt ist, so daß alle Beanspruchungen aus Beschleunigung und Reibung sowie Zug und Biegung beim Auflegen von den Netzgeweben aufgenommen werden.

Die Netzgewebe schmiegen sich während des Wellvorganges der Wellform an und werden nach dem Abheben der Wellstangen bzw. nach der Abnahme der gewellten Asbestzement-Platte vom Wellwagen wieder gespannt. Durch die Verwendung dieser Zwischenlagen kann auf drehbare Wellstangen verzichtet werden.

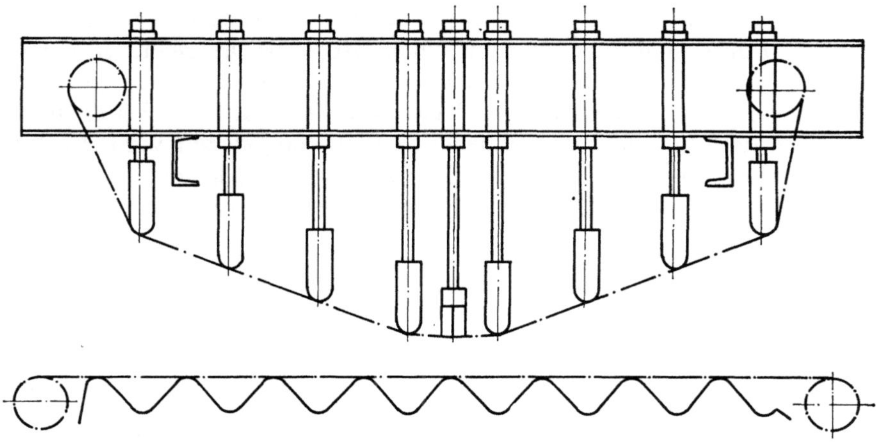

a) Vor dem Wellvorgang

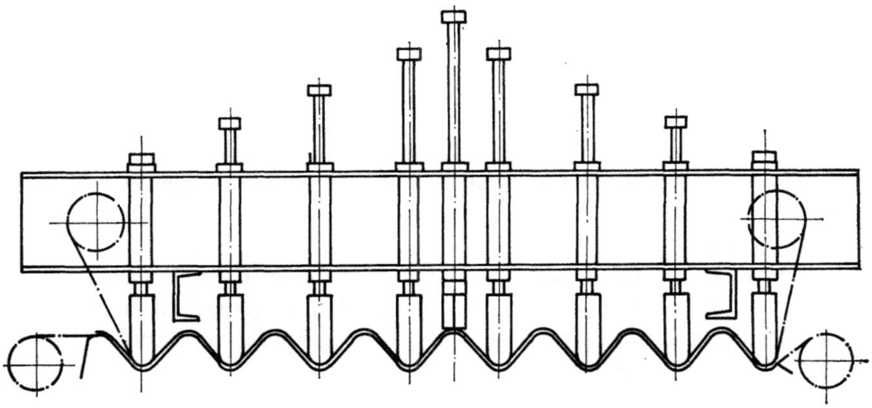

b) Bei beendetem Wellvorgang

Abb. 125. Verbesserte Stangenwellmaschine

Beanspruchungen:

a) Druck durch das Gewicht der Stangen am Ende des Wellvorganges wie unter 1 d.

b) Formänderungsbeanspruchung.

Die Hauptbeanspruchung der Asbestzement-Platte beim Wellen ist durch die Formänderung gegeben. Diese ist aber bei allen Wellverfahren bei gleichen Profilen gleich und kann nur in geringen Grenzen durch die Formänderungsgeschwindigkeit beeinflußt werden. Bei einem Vergleich der einzelnen Wellverfahren muß daher vor allem davon ausgegangen werden, mit welcher Genauigkeit die Wellform abgebildet wird und welche Ansprüche an die Plastizität der Platte gestellt werden.

Selbstverständlich muß die Eignung eines bestimmten Wellverfahrens darüber hinaus im Rahmen der zugehörigen Gesamtanlage und des maschinellen Aufwandes sowie im Hinblick auf die erreichbare Produktion gesehen werden.

Der Vollständigkeit halber sei hier auch das *Handwellen* erwähnt:

Beim Handwellen wird eine auf einem Holzdorn aufgewickelte Asbestzement-Platte auf eine Wellformmatrize aufgerollt. Dann werden von zwei Arbeitern zwei Wellstangen so auf die Platte aufgelegt, daß zunächst die mittlere Welle und dann die nächstanschließende Welle eingeformt wird. In der zuletzt eingeformten Welle bleibt die Wellstange so lange liegen, bis die nächstfolgende Welle eingeformt wurde. Durch die Verwendung des in Abb. 126

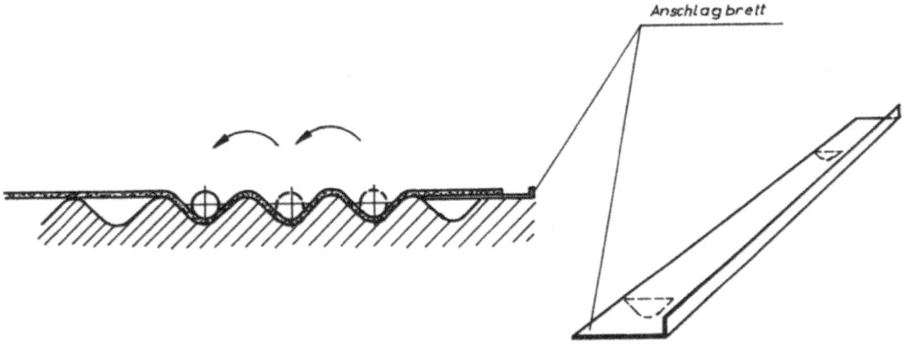

Abb. 126. Handwellen

dargestellten Anschlagbehelfes können die Platten von eingeübten Arbeitern so gleichmäßig auf die Matrizen aufgelegt werden, daß ein nachfolgender seitlicher Beschnitt überflüssig ist.

Das Handwellen ist meist ungenau und erfordert einen hohen Arbeitsaufwand bei geringer Produktionsleistung. Im allgemeinen wird es daher nur für Sonderprofile verwendet, die wenig gefragt sind und für die sich maschinelle Einrichtungen nicht lohnen.

g) Oberflächenrisse bei Asbestzement-Wellplatten

Ein wesentlicher Ausschußfaktor bei Asbestzement-Wellplatten liegt in der Bildung von Oberflächenrissen. Diese Risse können nicht nur auf den Wellenbergen oder in den Wellentälern, sondern auch auf den geraden Teilen der Wellen auftreten. Meist sind diese Risse bei ihrer Entstehung nicht sichtbar und werden erst an der trockenen Platte erkannt.

Für die Rißbildung gibt es hauptsächlich zwei Ursachen:

In einem Fall tritt die Rißbildung während des Wellvorganges auf und hat ihre Ursache in ungenügender Plastizität der Asbestzement-Platte.

Im anderen Fall tritt die Rißbildung beim Stapeln durch den Druck der darüberliegenden Platten auf und ist in mangelhafter Wellung oder schlechten Wellmatrizen begründet.

Für die Plastizität der Asbestzement-Platte sind verschiedene Punkte maßgeblich. Vor allem muß darauf geachtet werden, daß die Produktionsbedingungen an der Plattenmaschine stets gleichbleibend sind. Ein ungleichmäßiges Mischungsverhältnis oder ungleichmäßige Konsistenz in den Siebkasten begünstigen die Rißbildung. Diese Schwierigkeiten werden daher vor allem in solchen Anlagen auftreten, in denen das Einwiegen des Trockenstoffes nicht automatisiert ist. Bei modernen Aufbereitungsanlagen, die automatische Wiegeanlagen einschließen, ist die Gleichmäßigkeit des Mischungsverhältnisses im allgemeinen gewährleistet.

Eine gute Aufschließung des Asbestes verbessert in jeder Beziehung die Qualität der Platten und die Produktionsbedingungen. So wird unter anderem nicht nur die Plattenfestigkeit durch eine bessere Asbestaufschließung erhöht, sondern wird auch gleichzeitig die Plastizität der Platten vergrößert. Das liegt teilweise auch daran, daß infolge der durch die Aufschließung vergrößerten spezifischen Oberfläche des Asbestes der Anteil an freien Zementteilchen im Asbestzement-Stoffwasser verringert wird.

Eine weitere Erfahrungstatsache ist, daß die Verformbarkeit der Platten durch die Verwendung von Rückwasser, welches mit Gips gesättigt ist, wesentlich verbessert wird, und daß in den heute schon sehr seltenen Anlagen, in denen man mit Frischwasser arbeitet, die Rißbildung begünstigt wird.

Auch die Verdichtung der Platte unter der Formatwalze ist maßgeblich für die Plastizität. Während ungenügend verdichtete Platten Risse bekommen, wenn sie während des Wellvorganges einem Zug unterworfen werden, reißen zu dichte Platten auf, da sie zu steif für den Formgebungsprozeß sind. Ein Wassergehalt von 24 bis 25% gewährleistet im allgemeinen eine gute Verformbarkeit der Platten.

Und schließlich ist auch der Hydratationsgrad des verarbeiteten Zementes bzw. der Anteil an bereits erstarrten Zementteilchen bestimmend für die Verformbarkeit. Wie im Kapitel „Hydratationsalter des Zementes" behandelt, kann unter Umständen ein wesentlicher Teil des Zementes bereits erstarrt sein, und als Folge davon kann der Stoff verformungsmüde werden. Von verschiedenen Seiten werden Zusatzmittel empfohlen, die die Verformbarkeit bzw. die Plastizität der Platten erhöhen sollen[1].

Darüber hinaus hängt die Qualität der Wellplatten von den verschiedensten Produktionsbedingungen vor allem an der Plattenmaschine, von der Reinigung der Siebzylinder, von der Reinigung des Filzes, von der Funktion der Vakuumanlagen und von der einwandfreien Oberfläche der Formatwalze ab.

Die häufig beobachtete Rißbildung beim Stapeln bei frisch geformten Platten entsteht dann, wenn die Platte nicht gänzlich am Stahlformblech (Wellmatrize) anliegt. Dies kann, wie oben erwähnt, entweder auf mangelhaftes Wellverfahren oder auf zu große Toleranzen der Wellformbleche zurückzuführen sein.

Je größer die Anzahl der Platten pro Stapel, um so größer ist die Gefahr der Rißbildung. So wurde in einzelnen Fabriken bei Stapelung von je 100

---

[1] In Asbestos Bulletin Nr. 6 (1964) wird der Zusatz von 0,1 bis 0,15% des Zementgewichtes von Zellstoffpulpe in das Stoffwasser empfohlen.

Platten ein verhältnismäßig großer Ausschuß beobachtet, der bei Beschränkung der Stapelhöhe auf 50 Platten ganz wesentlich zurückgeht.

Natürlich ist es aus wirtschaftlichen Gründen nicht möglich, die Stapelhöhe beliebig klein zu halten, weil ja für jeden Stapel nicht nur Platz, sondern auch Transportgerät benötigt wird. Es dürfte sich daher die bereits genannte Zahl 50 als ziemlich günstig für die Auslegung der Stapel erweisen.

Die Rißbildung im Stapel kann stark vermindert werden, wenn die Wellformen in einwandfreiem Zustand gehalten sind. Die Formen müssen daher möglichst profiltreu sein und notfalls gerichtet bzw. durch neue ersetzt werden.

Weiters müssen die Formen nach jeder Benützung ordentlich gereinigt, von allen anhaftenden Asbestzement-Resten befreit und geölt werden. Bei Hochleistungsanlagen sind zur Gewährleistung von einwandfreier Reinigung und Ölung unbedingt automatische Einrichtungen erforderlich.

h) Das Ausblühen

Ein beim Asbestzement auftretender Mangel, der jedem Fachmann bekannt ist, ist das sogenannte Ausblühen, bei dem es sich in erster Linie um einen Schönheitsfehler handelt. R. Itschner hat in der Zeitschrift Zement Nr. 24/1936 die Erscheinung des Ausblühens näher behandelt, wobei er von der Tatsache ausging, daß die volumsmäßige Ausbeute von Asbestzement je kg Rohmaterial mit der Temperatur des Stoffes schwankt und in gemäßigtem Klima (ohne Zusatzbeheizung) im Sommer um etwa 6 bis 7% höher ist als im Winter. Diese Tatsache erklärt er damit, daß die Hydrolyse des Zementes mit steigender Temperatur zunimmt, wobei mehr $Ca(OH)_2$ abgespaltet und also mehr Wasser verbraucht wird, welches als Rohmaterial in die Berechnung der Ausbeute nicht miteinbezogen wird. Als Resultat vieler hunderter Bestimmungen gibt Itschner an, daß sich der Gehalt an $Ca(OH)_2$ um 30% bewegt.

Dieses Calciumhydroxyd ist einerseits Füllstoff und bewirkt andererseits das Ausblühen der Asbestzement-Schiefer in der Weise, daß es von Regen oder Tau gelöst wird und von der Luftkohlensäure aus der Lösung als weißer Calciumcarbonat-Niederschlag wieder ausgefällt wird, eine Erscheinung, die auf gefärbten Schiefern sehr häßlich wirkt. Werden Asbestzement-Platten bei trockenem Wetter verlegt, ohne nach der im Fabrikationsfluß eingetretenen Aushärtung jemals naß geworden zu sein, so zeigt sich in der Regel der gefürchtete Ausschlag nicht, da bei den geneigt verlegten Platten das Regenwasser wohl ebenfalls das Calciumhydroxyd löst, aber auch gleich wieder abfließt und auf der Platte nicht verdunstet.

Um das Ausblühen zu verhindern, hat man verschiedentlich die Asbestzement-Platten mit Kohlensäure behandelt, wodurch das Calciumhydroxyd neutralisiert wurde. Die Geschwindigkeit der Gasabsorption ist zu Anfang sehr groß, nimmt dann aber, je tiefer das Gas zur Neutralisierung eindringen muß, schnell ab und hört nach etwa 8 Stunden fast ganz auf. Es hat sich gezeigt, daß ca. 500 Gramm CO_2 je m^2 Asbestzement-Schiefer genügen, um das Kalkhydrat auf einige Zehntelmillimeter tief zu neutralisieren und die Bildung von Ausblühungen zu verhindern. Gleichzeitig wurde durch diese

Behandlung ein Festigkeitszuwachs von ca. 20% erzielt. Eine Abkürzung der Lagerzeit der Ware ist jedoch dadurch nicht möglich, da die Zementerhärtungsvorgänge auf jeden Fall zu einem gewissen Abschluß gelangt sein müssen, damit sich der Asbestzement-Schiefer bei Temperatur- und Feuchtigkeitsunterschieden an Ober- und Unterfläche nicht verzieht.

Soweit dem Verfasser bekannt ist, wurde die Behandlung des Asbestzementes mit Kohlensäure zeitweise in einigen Fabriken industriell durchgeführt, hat sich jedoch nicht in größerem Maße durchgesetzt.

Wird der Asbestzement nach dem Morbelli-Verfahren dampfbehandelt (siehe S. 294), so wird das bei der Hydratation des Zementes frei werdende Kalkhydrat fast vollständig gebunden, so daß das Ausblühen nicht mehr auftritt, wobei gleichzeitig eine größere Wasserdichtigkeit und vor allem eine größere Widerstandsfähigkeit gegenüber aggressiven Stoffen erzielt wird.

Das Ausblühen ist nicht für alle Zweige der Asbestzement-Industrie von der gleichen Bedeutung. Bei Asbestzement-Rohren zum Beispiel ist von größerer Bedeutung, daß durch die Löslichkeit des im Fertigfabrikat enthaltenen Kalkhydrates die Widerstandsfähigkeit gegen aggressive, im Erdreich enthaltene Stoffe verringert wird.

4. Gütefragen bei der Druckrohrerzeugung

a) Erzeugung mit Rundsiebrohrmaschinen

Schon im Kapitel über „Die ideale Mischung“ wurde der Zusammenhang zwischen bevorzugter Faserausrichtung und Längsbiegefestigkeit bzw. Ringzugfestigkeit erwähnt. In welcher Richtung die größeren Spannungen auftreten, hängt vom Rohrdurchmesser, von der Wandstärke, von der Rohrlänge und von der Druckklasse des Rohres ab.

Nach DIN 19800 sind für Druckrohre eine Ringzugfestigkeit

$$\geq 200 \text{ kp/cm}^2$$

und eine Biegezugfestigkeit

$$\geq 250 \text{ kp/cm}^2$$

vorgeschrieben.

Während bei kleinen Rohren die durch das Eigengewicht hervorgerufene Biegebeanspruchung beim Anheben der Rohrenden wesentlich größer ist als die durch den Innendruck hervorgerufene Ringspannung, ist dies bei großen Rohrdurchmessern umgekehrt. Zur Erläuterung sind in der folgenden Tabelle einige Werte angegeben.

Tabelle 33. *Biege- und Ringzugspannungen in Rohren*

Rohrdurchmesser in mm	Gewicht in kp	Rohrlänge in m	Betriebsdruck in kp/cm²	Biegespannung[1] in kp/cm²	Ringzugspannung in kp/cm²
50/68	18,5	5	12,5	52,8	34,7
60/80	24	5	12,5	43,6	37,5
100/126	51	5	12,5	29,0	48,0
400/474	555	5	12,5	23,7	67,6
600/706	1195	5	12,5	35,3	70,7

[1] Maximale Biegespannung unter Eigenlast beim Anheben an den Rohrenden.

Zur Erhöhung der Ringzugfestigkeit ist es notwendig, den Fasern eine bevorzugte Lage in der Ringrichtung zu geben. Dies wird bei Rundsiebmaschinen (nur bei diesen ist eine stärkere Beeinflussung der Faserrichtung möglich) durch höhere Filzgeschwindigkeit und Gleichlauf der Rührer bewirkt.

Bei kleinen Rohrdurchmessern bzw. bei kleinen Wanddicken, bei denen die Biegebeanspruchung überwiegt, muß man versuchen, die Fasern möglichst parallel zur Rohrachse, das ist quer zur Produktionsrichtung, auszurichten. Dies wird durch kleine Filzgeschwindigkeiten und Gegenlauf der Rührer begünstigt. Außerdem gibt es verschiedene zusätzliche Einrichtungen, beispielsweise durch Verwirbelung des Stoffwassers im Bereich der Siebzylinderbeaufschlagung, die Querlage der Fasern zu fördern.

Druckregelung

Der vielleicht wesentlichste Schritt zur Produktion von Hochdruckrohren aus Asbestzement wurde durch die Erfindung der Regelung des beim Rohrwickeln von Preßwalzen aufgebrachten Liniendruckes getan.

Bei der Erzeugung von Druckrohren ist es notwendig, einen zusätzlichen Preßdruck aufzubringen, um den Stoff ausreichend zu verdichten. Wird dieser Druck nicht nur am Beginn des Wickelns, sondern über die ganze Wickelzeit aufrechterhalten, dann kommt es oft zu einem gefürchteten Loslösen (Aufkalandrieren) des Asbestzement-Rohres vom Wickeldorn, was in der weiteren Folge zur Zerstörung des Rohres führen kann. Es ist daher notwendig, den Preßdruck bei zunehmender Wanddicke zu verringern. Der erforderliche Liniendruck am Beginn des Wickelvorganges hängt natürlich auch von der Stoffmischung und den allgemeinen Produktionsbedingungen ab und liegt bei mittleren Druckrohren etwa bei 30 kp/cm.

In den letzten Jahren ist man verschiedentlich bis auf 50 kp/cm gegangen, und moderne Rohrmaschinen ermöglichen einen Liniendruck bis zu 70 kp/cm. Bei einem Rohr mit NW 200 und ca. 20 mm Wanddicke wird der Anfangsliniendruck bis zu einer Wanddicke von 5 bis 7 mm konstant gehalten und dann bis zu einer Wanddicke von etwa 16 mm auf etwa 5 kp/cm gesenkt. Auf diesem Wert bleibt dann der Liniendruck bis zur Fertigwicklung des Rohres.

Bei Rohren mit großen Wanddicken muß der Liniendruck im Verlauf des Wickelvorganges bis auf den Wert 0 abgesenkt werden, da sonst die Gefahr des Aufkalandrierens besteht. Bei sehr schweren Rohren und langen Wickelzeiten stellt sogar der Auflagedruck zwischen dem gerade bewickelten Rohr und der darunter befindlichen Brustwalze eine Gefährdung des Wickelvorganges dar, so daß in diesem Fall Maßnahmen zur Verringerung des Auflagedruckes erforderlich sind.

Zur Aufbringung des erforderlichen Liniendruckes dient der in Abb. 127 skizzierte Druckwagen. Dieser besteht im wesentlichen aus einem Hauptbalken, den darunter befindlichen Preßwalzen und den zwischen Preßwalzen und Hauptbalken angeordneten Druckzylindern.

Da beim Wickeln des Rohres der Außendurchmesser desselben laufend zunimmt, werden die Preßwalzen durch das entstehende Rohr nach oben

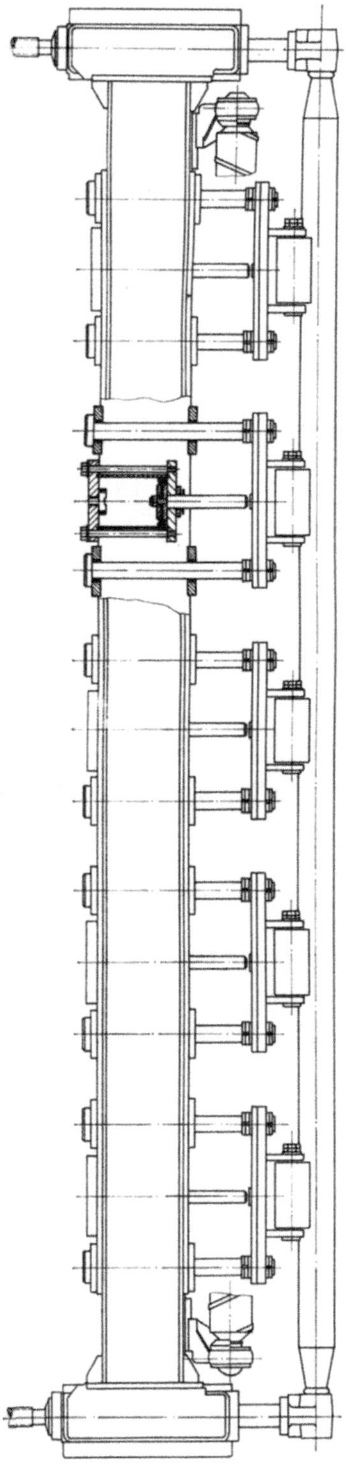

Abb. 127. Druckwagen mit hydraulisch belasteten Preßzylindern

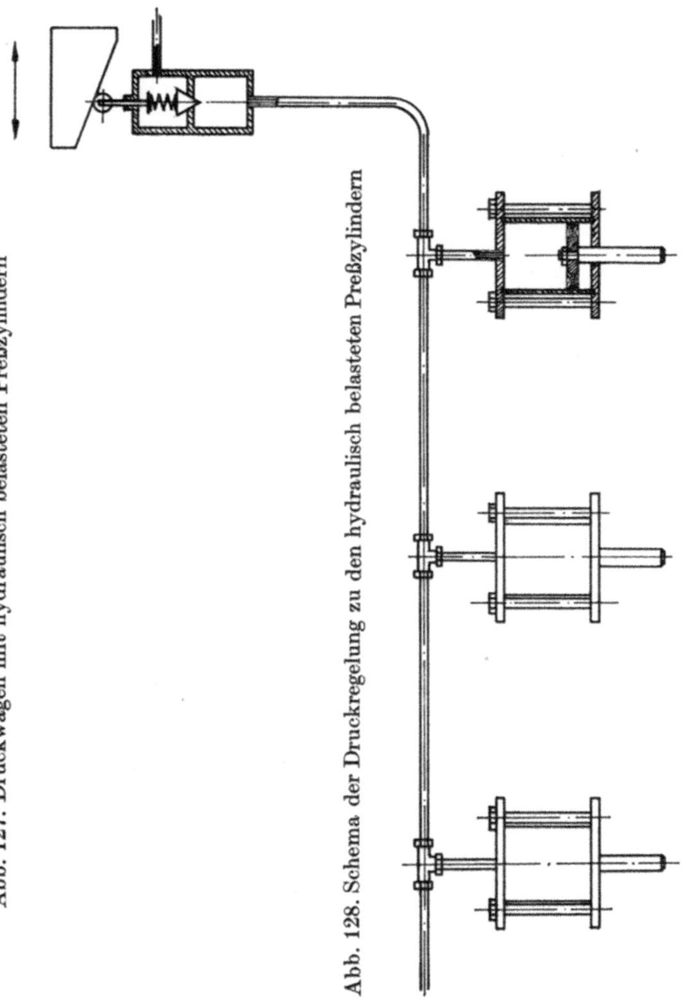

Abb. 128. Schema der Druckregelung zu den hydraulisch belasteten Preßzylindern

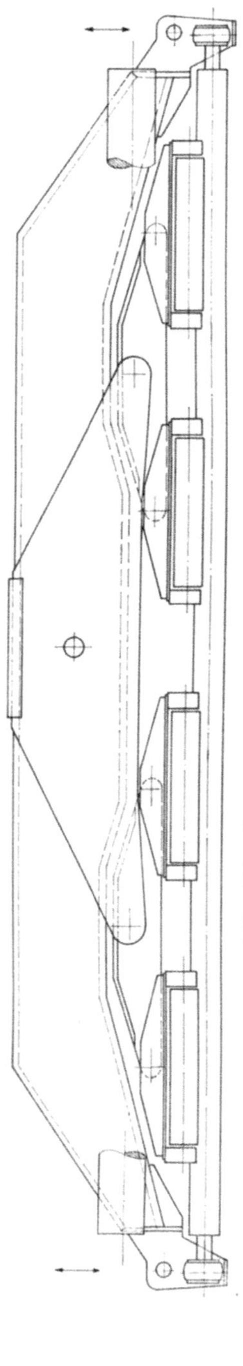

Abb. 129*a*. Druckwagen mit Wiegebalken-Druckverteilung

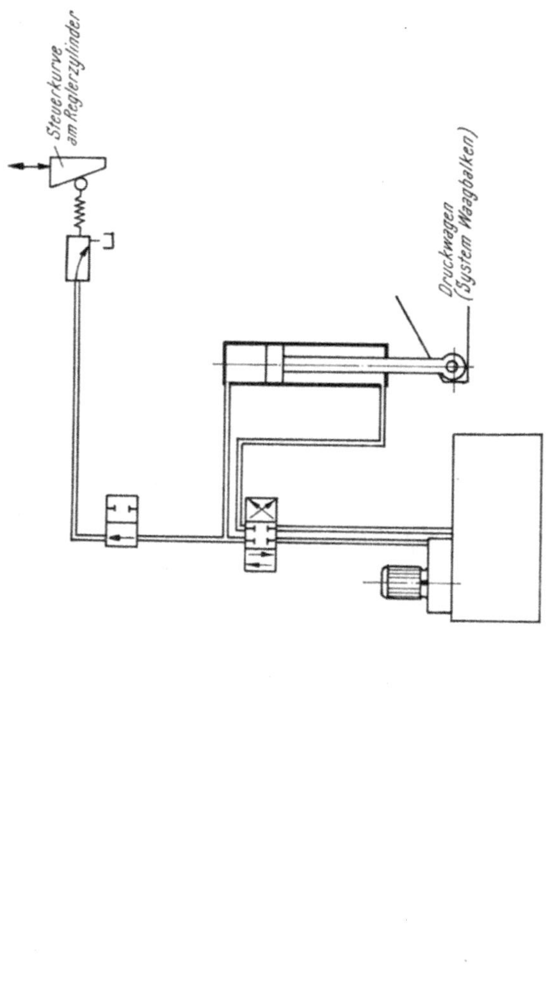

Abb. 129*b*. Schema der hydraulischen Steuerung des Druckwagens mit Wiegebalken-Druckverteilung

angehoben, und dabei wird das in den Druckzylindern befindliche Öl aus denselben verdrängt.

Dieses verdrängte Öl wird über ein Sicherheitsventil mit veränderlicher Belastung abgeblasen, wie dies schematisch in Abb. 128 dargestellt ist. Durch entsprechende Regelung des Abblasedruckes kann somit der Druck in den Zylindern und damit der Liniendruck der Preßwalzen geregelt werden.

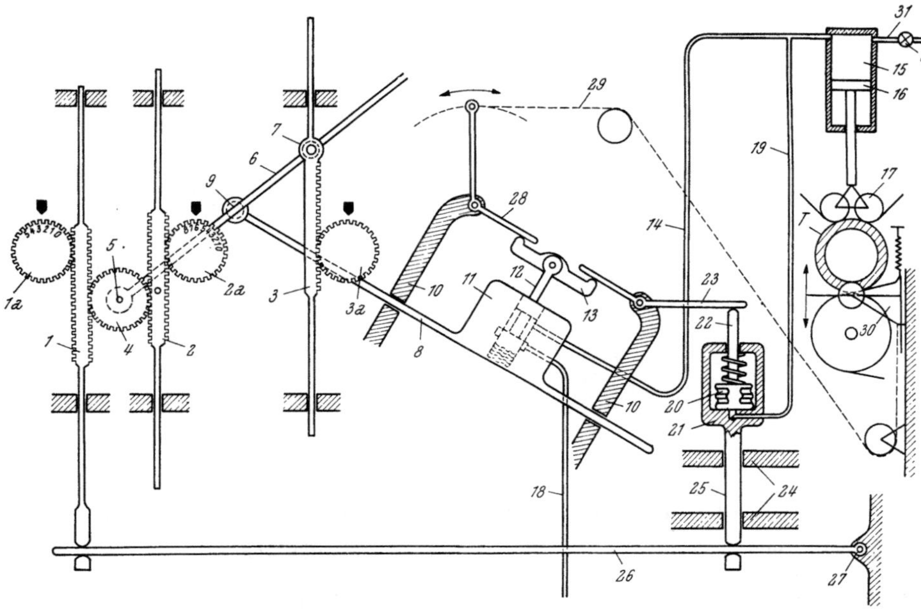

Abb. 130. Vorrichtung zur selbsttätigen Regelung des Formungsdruckes bei Rohrmaschinen, von C. Pasquale-Turin (Ö.P. 219472)

1	Zahnstange (Rechenwerk)	*10*	Rahmen	*21*	Körper zur Druckmesseraufnahme
1a	Zahnrad (Rechenwerk)	*11*	Gleitblock zur Druckverteilung	*22*	Bolzen
2	Zahnstange (Rechenwerk)	*12*	Verteiler	*23*	Hebel
2a	Zahnrad (Rechenwerk)	*13*	Waagebalken	*24*	Führung
3	Zahnstange (Rechenwerk)	*14*	Leitung	*25*	Stange
3a	Zahnrad (Rechenwerk)	*15*	Zylinder	*26*	Hebel
4	Zahnrad (Rechenwerk)	*16*	Kolben	*27*	Gelenk
5	Bolzen (Rechenwerk)	*17*	Druckrollen	*28*	Schwinghebel
6	Stange (Rechenwerk)	*18*	Leitung	*29*	Kette bzw. sonstige Übertragungseinrichtung
7	Gelenk (Rechenwerk)	*19*	Leitung	*30*	Schlitten
8	Gleitstange zur Druckverteilung (Rechenwerk)	*20*	Druckmesser	*T*	Asbestzement-Rohr
9	Gelenk (Rechenwerk)				

In einer anderen Anordnung wird an Stelle dieser Druckzylinder ein Wiegebalkensystem verwendet und erfolgt die Druckregelung über die beiden Hauptzylinder, die das Heben und Senken des Druckwagens bewirken. Diese Lösung ist in Abb. 129 *a* und *b* skizziert.

Zur Regelung des Öldruckes — sei es in den kleinen Druckzylindern oberhalb der Preßwalzen oder in den Hauptzylindern — sind verschiedene Lösungen gebräuchlich.

Es gibt Druckregelungen, bei denen der Druckverlauf in unmittelbarer Abhängigkeit von der Wanddickenzunahme steht. Die Wanddickenzunahme wird mechanisch oder elektrisch auf das eigentliche Drucksteuergerät übertragen, welches sich entweder an der Maschine oder im Schaltpult befindet. Der Druckverlauf selbst wird mittels starrer, auswechselbarer oder einstellbarer Kurven geregelt.

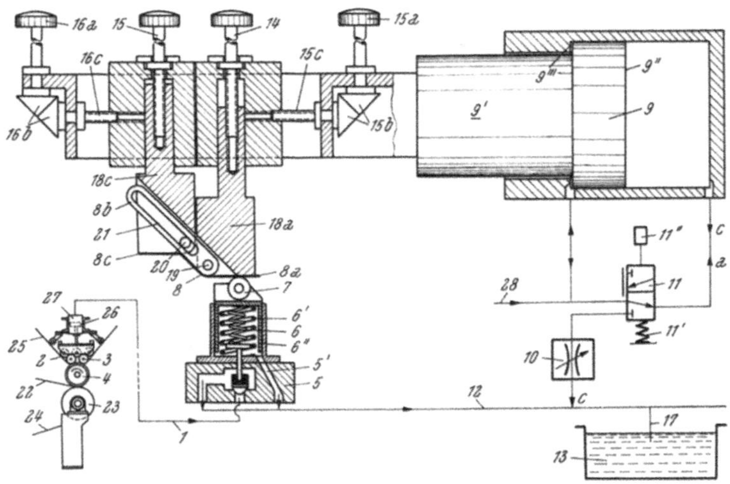

Abb. 131. **Druckregler für Asbestzement-Rohrmaschinen von J. M. Voith (Ö.P. 230 253)**

1 Druckleitung
2 Preßwalzen
3 Anpreßrollen
4 Mandrelwalze
5 Druckregelventil
5' Leckölbohrung
6 Feder
6' Feder
6'' Teleskopgehäuse
7 Tastrolle
8 Steuerkurve (Druckverlaufskurve)
8a Anfangsteil
8b schwenkbares Lineal (Mittelteil)
8c Endteil (Steuerklotz)
9 Differentialkolben
9' Differentialkolben
9'' Flächen
9''' Flächen
(9 bis 9''': Servomotor)
10 Mengenregelventil
11 Magnetventil
11' Feder
11'' Magnethubwerk
12 Rücklaufleitung
13 Ölbehälter
14 Einstellspindel
15 Einstellspindel
15a Einstellrädchen
15b Kegeltrieb
16a Einstellrädchen
16b Kegeltrieb
16c Einstellspindel
17 Ablauf
18a Steuerklotz
18c Steuerklotz
19 Befestigung
20 Stift
21 Schlitzführung
22 Asbestzement-Vlies
23 Brustwalze
24 Unterfilz
25 Oberfilz
26 Druckwagen
27 Preßzylinder

Ein solches Druckregelungsgerät stellt der in Abb. 130 dargestellte Druckregler von RCM dar, bei welchem drei Informationsgrößen zur Drucksteuerung herangezogen werden: anfänglicher Formungsdruck, Endformungsdruck und Endwanddicke des zu formenden Rohres.

Der schieberartige Verteiler (12), welcher die Beaufschlagung der Druckkolben im Druckwagen steuert, berücksichtigt die angeführten Daten wie folgt: Mittels der auf dem Schieber aufgesetzten Waagebalken (13) wirken die Arme der Schwinghebel (23 und 28) ein, deren Drehlage vom augenblicklichen Wert des Formungsdruckes sowie vom momentanen Wert der Wanddicke abhängt. Der Block, in dem der Schieber gelagert ist, wird von einer Stange (8) getragen, welche längsverschieblich ist und deren Stellung vom Wert der mittels des Rechenwerkes (1, 1a, 2, 2a, 3, 3a, 4) eingestellten drei Meßgrößen abhängt. Die Verschiebung η der Stange (8) bestimmt sich aus

$$\eta = \frac{y-1}{y+1}, \; y = \frac{1}{2} \cdot \frac{P_1 - P_2}{s}$$

P_1 ... Anfangsdruck
P_2 ... Enddruck
s ... Endwanddicke

Der in Abb. 131 dargestellte Druckregler von J. M. Voith nimmt als Bezugsgröße eine angenommene Wanddickenzunahme in der Zeiteinheit. Bei Rohren mit großen Durchmessern und großen Wanddicken ist jedoch die Wanddickenzunahme nicht linear proportional der Wickelzeit, so daß hier kein analoger Zusammenhang besteht.

Bei Änderungen in der Produktionsgeschwindigkeit muß nachgeregelt werden. Die Zeitabhängigkeit wird über die Beaufschlagung des Vorschubzylinders (9) mit Drucköl mittels des Mengenregelventils (10) eingestellt. Die auf der Kolbenstange des Servomotors befindliche Druckverlaufskurve (8), welche die Vorspannung der Feder (6) des Druckregelventils (5) und damit den Druckverlauf während des Wickelvorganges bestimmt, ist mittels vier Spindeln (14, 15, 15a, 16a) verstellbar. Es ist möglich, verschiedene Steuerprogramme einzustellen. Mittels des Anfangsteiles (8a) und des Endteiles (8c) kann der Anpreßdruck konstant gehalten werden.

Ein vom Verfasser entwickelter Druckregler arbeitet ebenfalls in Abhängigkeit von der Wanddickenzunahme und bedient sich als Übertragselement eines pneumatischen Servoreglers, der den Weg am Fühler proportional auf den Geber überträgt.

Pfeifenbildung und Axialschub

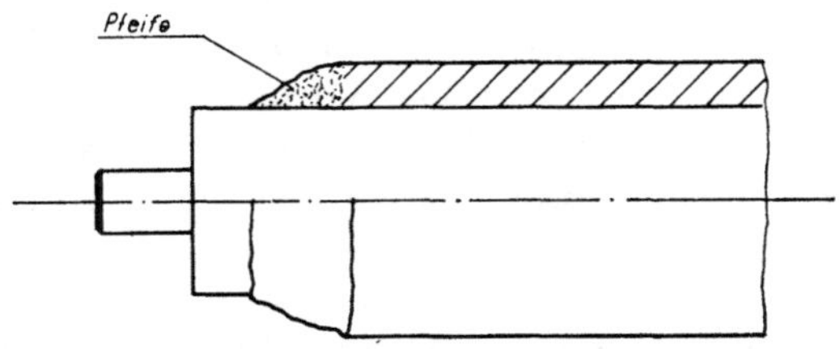

Abb. 132. „Pfeifenbildung" beim Wickeln von Asbestzement-Rohren

Beim Wickeln der Rohre entstehen an beiden Enden kegelförmige Ansätze, sogenannte „Pfeifen" (siehe Abb. 132). In erster Linie hängt die Länge dieser Pfeifen vom Stoff und von den Produktionsbedingungen ab. Schmierige, stark talkhaltige Asbeste begünstigen die Pfeifenbildung. Ebenso wird bei höherem Wassergehalt, das heißt bei ungenügender Vakuumentwässerung, die Pfeifenbildung erhöht. Unter guten Produktionsbedingungen kann die Länge der Pfeife bei einem Rohr mit einer Wanddicke von 50 mm 20 mm betragen, bei schlechten Produktionsverhältnissen kann sie bis zu 120 mm ansteigen.

Da im Bereich der Pfeifen kein Preßdruck aufgebracht wird, haben diese Teile einen erhöhten Feuchtigkeitsgehalt, der um so höher ist, je länger die Pfeifen sind. Sobald die Rohre aus der Rohrmaschine herauskommen, zieht sich die Feuchtigkeit ein Stück in die anschließenden Rohrenden zurück, die zuvor durch das Pressen weiter entwässert worden waren. Die Rohrenden beginnen zu quellen, wodurch eine Erhöhung der Porosität und eine Verringerung der Festigkeit eintreten.

Nicht nur wegen des Materialverlustes, der in solchen Fabriken eintritt, wo die Rohrenden nicht unmittelbar nach Verlassen der Rohrmaschine noch in frischem Zustande abgetrennt und wieder aufgelöst werden, sondern auch im Interesse einer einwandfreien Qualität der Rohrenden muß man darauf achten, die Pfeifen möglichst kurz zu halten.

Fast bei allen Rohrmaschinen kann beobachtet werden, daß die Pfeifen auf beiden Rohrenden nicht gleich groß sind. In der Regel gibt es auf jeder Rohrmaschine eine bevorzugte Richtung für die Pfeifenbildung. Dies hängt mit einer Erscheinung zusammen, die man „Mandrellwandern" oder „Axialschub des Rohrkernes" nennt.

Kleine Rohrkerne werden oft von Hand aus oder mittels einer Parallelladeeinrichtung ohne seitliche Fixierung in die Rohrmaschine eingelegt. Bei diesen Rohrkernen kann dann das Mandrellwandern, das heißt ein seitliches Wandern des Rohrkernes, auftreten. Es wurden Geschwindigkeiten des Mandrellwanderns bis zu 50 mm pro Minute beobachtet. Natürlich gibt es genug Fälle, in denen kein Mandrellwandern auftritt.

Werden die Rohre in seitlichen Führungen verankert oder — wie beispielsweise bei der Mazza-Rohrmaschine mit Schwenkeinrichtung — auf einem Schwenkdorn fixiert, so kann der Mandrell nicht wandern und tritt statt dessen ein mehr oder weniger großer Axialschub auf.

So wurden beim Wickeln eines Druckrohres mit 5 m Länge und NW 200 Axialschübe über 100 kp gemessen. Eine eindeutige Erklärung für diese Erscheinung gibt es nach Kenntnis des Verfassers noch nicht. Jedenfalls wurde festgestellt, daß die Größe des Axialschubes bzw. des Mandrellwanderns bei Verwendung verschiedener Filze variiert.

Es liegt daher der Schluß nahe, daß diese Erscheinung von Material, Webart und sonstiger Vorbehandlung der Produktionsfilze abhängt oder zumindest wesentlich beeinflußt wird. Solange man die Ursache dieser Erscheinung nicht beseitigen kann, hilft man sich im Betrieb damit, daß man mit entsprechenden Anschlagvorrichtungen den Axialschub aufnimmt bzw. den Rohrkern stoppt.

Daß diese Erscheinung erst in den letzten Jahren in Asbestzement-Kreisen diskutiert wird, hängt teilweise damit zusammen, daß früher der Betrieb oft von sich aus Gegenmaßnahmen unternommen hat, die jedoch nicht besonders registriert wurden, und hängt zum anderen Teil wohl damit zusammen, daß bei den heute üblichen Misch- oder Nylonfilzen diese Erscheinung in viel stärkerem Maß auftritt als bei den früher verwendeten Schafwollfilzen

Ungleiche Wanddicke des Rohres

Bei Asbestzement-Rohren, die im Wickelverfahren erzeugt werden, ist die Wanddicke oft ungleich über der Rohrlänge, und zwar ist sie in der Mitte je nach Durchmesser und Wanddicke mitunter bis zu 5 mm größer als an den Rohrenden. Da die Mindestwanddicke genormt ist, bedeutet dies einen unerwünschten Materialverlust.

Beispielsweise bedeutet eine Erhöhung der Wanddicke in der Rohrmitte um 5 mm bei einem Rohr NW 300 und einer Normwanddicke von 30 mm einen Materialverlust von etwa 6%. Dieser Erscheinung kann man auf verschiedene Weise begegnen.

Da die Stoffanlagerung im allgemeinen im Bereich ruhiger Strömung größer ist als im Bereich größerer Strömung, kann man die Wanddicke in Rohrmitte verkleinern, wenn man die Stoffzufuhr in diesem Bereich verstärkt. Eine andere Möglichkeit besteht in der Verwendung von changierenden Kammleisten, die in der Mitte näher an den Siebzylinder angestellt werden als an den Seiten. Wesentlich ist, daß diese Maßnahmen dort angesetzt werden, wo der Siebzylinder bei der Drehung in den Stoff eintaucht, da in diesem Bereich der Hauptteil der Stoffaufnahme erfolgt.

Darüber hinaus sind auch verschiedene Maßnahmen bekannt, durch Veränderungen am Druckwagen eine Vergleichmäßigung der Wanddicke herbeizuführen. Dazu wird entweder der Abstand der beiden Preßwalzen über ihre Länge variiert oder wird beispielsweise der Liniendruck im Bereich der Rohrmitte erhöht.

Diese beiden letzterwähnten Maßnahmen beseitigen jedoch nicht die Ursache der ungleichen Wanddicke, sondern nur die Erscheinung selbst, und zwar durch erhöhte Verdichtung des Rohres im Mittenbereich. Der Materialverlust bleibt damit weitgehend bestehen, ohne daß er optisch in Erscheinung tritt. Dies mag allenfalls dann zweckmäßig sein, wenn es sich um Rohre mit kleinem Durchmesser und kleiner Wanddicke handelt, bei denen die Biegespannung in der Rohrmitte die Hauptbeanspruchung darstellt.

Standlage

Bei fast allen Rohrmaschinen werden beim Mandrellwechsel, dessen Dauer bei den verschiedenen Systemen natürlich variiert, der Produktionsfilz und damit der Siebzylinder angehalten. Zumeist liegt diese Stillstandszeit zwischen ca. 6 Sekunden bei kleinen Rohren und 20 bis 30 Sekunden bei großen Rohren. Wenn dann das nächste Rohr gewickelt wird, beobachtet man häufig einen dunkleren Ringteil im Rohr, der dann entsteht, wenn jenes Vliesstück aufgewickelt wird, welches beim Anhalten der Rohrmaschine vom Siebzylinder aufgenommen wurde. Dieses Vliesstück ist besonders zementreich und wesentlich dicker als das übrige bei der kontinuierlichen Produktion auflaufende Vlies. Infolgedessen ist auch die Vakuumentwässerung schlechter, und es entsteht im Rohr eine durchlaufende Hülse mit geringer Festigkeit und erhöhter Porosität.

Jede Asbestzement-Fabrik kennt diese Erscheinung, die mitunter dazu führt, daß das Rohr beim Kalandrieren in zwei getrennte, ineinandergesteckte Rohre zerfällt. Zur Erläuterung möge Abb. 133 *a* und *b* dienen.

Bei einer Anordnung der Rohrmaschine nach Abb. 133 *a* befindet sich beim Stillstand der eintauchende Teil des Siebzylinders, bezogen auf den zur Brustwalze laufenden Filz, ca. 6 m vor der Brustwalze. Wird nun ein Rohr mit NW 100 aus Vlieslagen von 0,15 mm Dicke gewickelt, dann erreicht das im Augenblick des Wickelbeginns 6 m entfernte Vlies nach 19 Win-

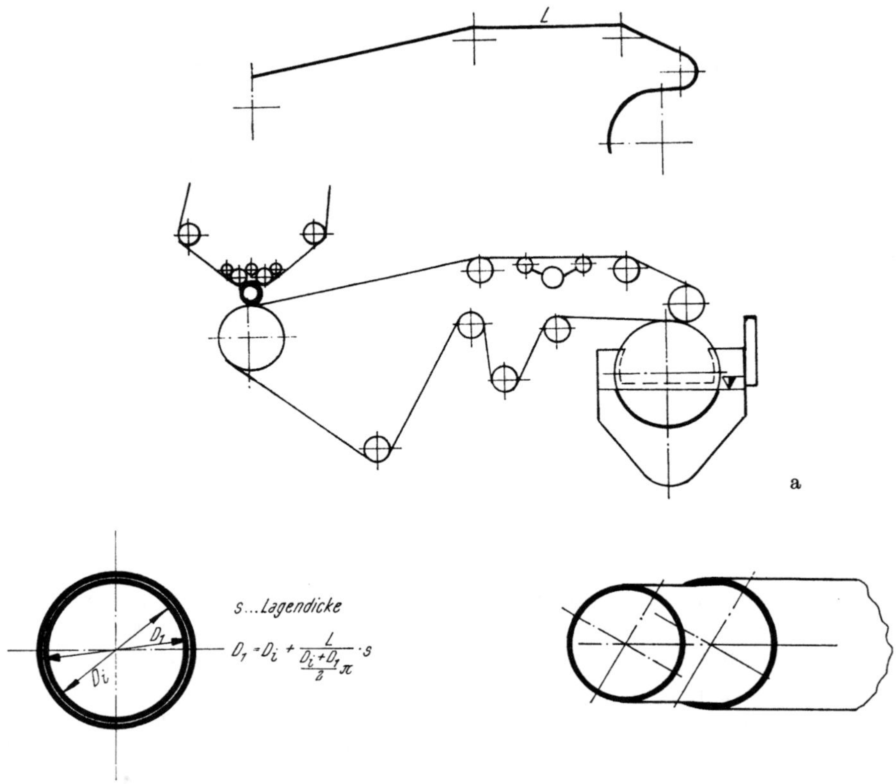

Abb. 133. Schematische Darstellung der Entstehung der Standlage

dungen das Asbestzement-Rohr. Das heißt, daß vor dem Ankommen der Standlage, wie in Abb. 133 *b* dargestellt, bereits eine Wanddicke von 2,85 mm aufgewickelt wurde. Vom Siebzylinder haben während des Stillstandes ca. 1,80 m seines Umfanges im Stoffwasser eingetaucht. Dementsprechend ergibt die Standlage ca. 6 Windungen im Rohr, was einer Wanddickenzunahme von 0,9 mm entspricht.

Bei einem Rohr mit NW 60 würden bei sonst gleichen Bedingungen bereits 4,6 mm aufgewickelt sein, bis die Standlage das Rohr erreicht. Dann würden 9 Windungen mit insgesamt 1,35 mm aus der Standlage gewickelt, und die restlichen 3 bis 4 mm der Rohrwand würden wieder aus einwandfreiem Asbestzement bestehen.

Die Qualität der Standlage hängt in starkem Maße von der Reinheit und Körnigkeit des Zementes ab. Es sind verschiedene Maßnahmen zur Beseitigung der Qualitätseinbuße durch die Standlage üblich. In manchen Betrieben wird die Standlage vom Siebzylinder abgewaschen, das heißt, daß bei Wiedereinschaltung der Rohrmaschine nach dem Mandrellwechsel ein Spritzrohr eingeschaltet wird, welches sich auf der Seite des Siebzylinders befindet, die zum Filz hochläuft. Die Einschaltung des Spritzrohres erfolgt so lange, bis der ganze, die Standlage tragende Teil des Siebzylinders gereinigt ist. Die Schwierigkeit besteht darin, das Ein- und Ausschalten des Spritzrohres möglichst scharf abzugrenzen. Eine andere wirksame Maßnahme soll darin bestehen, daß die Rührer in den Siebzylinderkasten während des Stillstandes der Rohrmaschine ebenfalls angehalten werden.

In amerikanischen Rohrfabriken hat man zwischen den Rührern im Siebzylinderkasten und dem Siebzylinder eine Blechwanne eingelegt, die verhindert, daß das von den Rührern verwirbelte Stoffwasser direkt den Siebzylinder erreicht. Auch durch diese Maßnahme soll es möglich sein, eine schädliche Standlage zu vermeiden.

Kalandrieren

Normalerweise haftet des Asbestzement-Rohr so stark am Mandrell, daß ein Ausziehen desselben ohne besondere Maßnahmen nicht möglich ist. Durch das Kalandrieren entsteht eine geringfügige Aufweitung des Rohres,

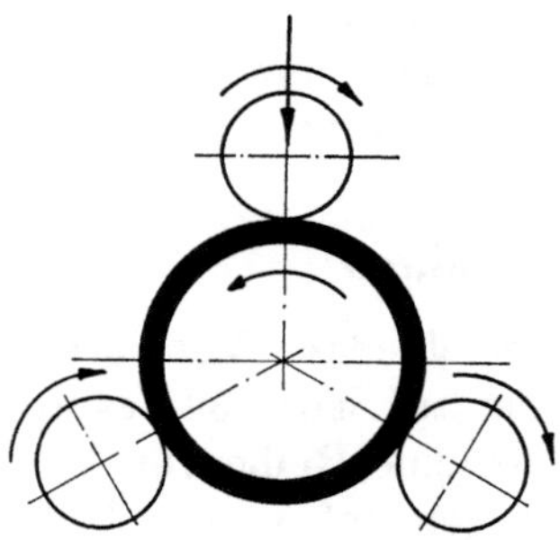

Abb. 134. Kalandrieren

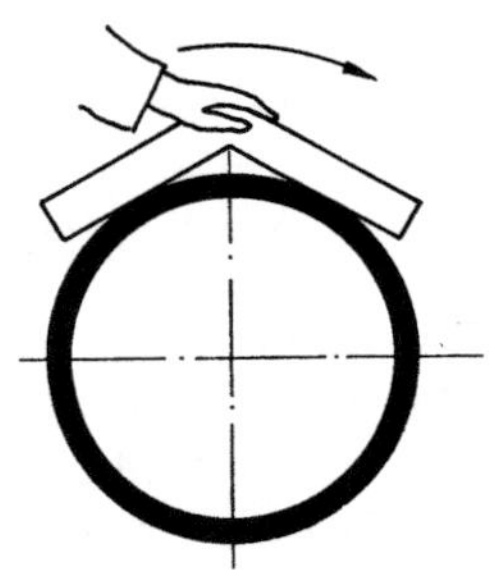

Abb. 136. Lösen des Rohres vom Mandrell mittels Holzanschlagwinkels

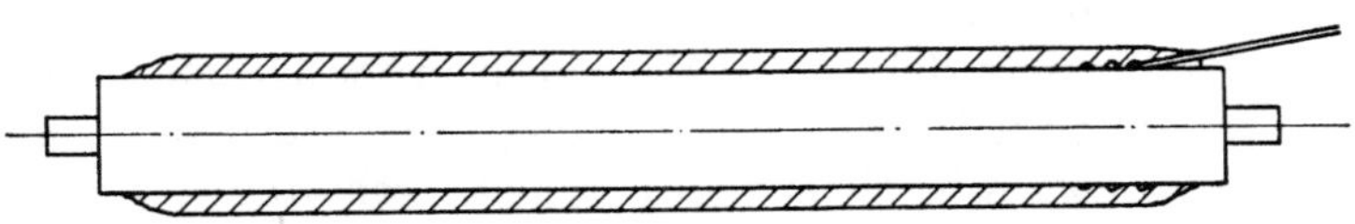

Abb. 135. Luftstechen

welches sich dabei vom Mandrell löst. Das Kalandrieren (siehe Abb. 134) besteht darin, daß man das Rohr einige Umdrehungen rotieren läßt, wobei kurzzeitig örtlich ein erhöhter Liniendruck ausgeübt wird. Im allgemeinen findet das Kalandrieren mit einer eigenen Maschine statt, doch kann man auch in der Rohrmaschine ein Rohr kalandrieren, wenn man den Preßdruck bei den letzten Umdrehungen erhöht.

Oft muß man beim Kalandrieren durch zusätzliche Maßnahmen zum Loslösen des Rohres vom Mandrell nachhelfen. Dazu gehört das Luftstechen von einer oder von beiden Seiten (Abb. 135). Oft genügt es auch, vor dem Kalandrieren an den Rohrenden am inneren Umfang Kerben einzuschlagen.

Bei einer Mazza-Rohrmaschine mit Schwenkeinrichtung muß das Loskalandrieren der Rohre immer in der Rohrmaschine erfolgen. Stellt sich dann nach dem Ausschwenken heraus, daß das Rohr nicht genügend gelöst wurde, ist ein nochmaliges Kalandrieren in der Maschine kaum möglich. Hier hilft es oft, einen einfachen Holzwinkel, wie in Abb. 136 dargestellt, auf die Außenseite des Rohres aufzusetzen und von Hand aus unter leichtem Druck einige Male um das Rohr herumzudrehen.

Das Kalandrieren muß immer auf das erforderliche Minimum beschränkt bleiben. Wird zu lange oder zu stark kalandriert, besteht die Gefahr, daß in dem zu stark aufgeweiteten Rohr Falten eingewalzt werden, die zu Gefügebrüchen führen.

b) Erzeugung mit Magnani-Rohrmaschinen

Bei der in Abb. 81 dargestellten Rohrmaschine von F. L. Smidth wird das Asbestzement-Vlies auf dem Produktionsfilz unmittelbar aufgetragen. Das Vlies ist daher üblicherweise viel dicker als bei den Rundsiebmaschinen.

Eine bevorzugte Ausrichtung der Asbestfasern in Richtung der Ringzugspannung ist kaum möglich. Bezüglich Druckregelung, Pfeifenbildung und Kalandrieren gelten die gleichen Hinweise wie auf Seite 204—214. Ob bei dieser Maschine ebenfalls die Erscheinungen der ungleichen Wanddicke und des Axialschubs am Mandrell auftreten, ist dem Verfasser nicht bekannt. Schädliche Standlagenbildung kann bei dieser Maschine nicht vorkommen.

5. Erzeugung von Abflußrohren

Zur Herstellung von Abflußrohren sind verschiedene Verfahren in Gebrauch. Am häufigsten ist die Erzeugung mit der auf Seite 134 besprochenen Rohrmaschine nach Magnani. Daneben gibt es eine Reihe von Verfahren, bei denen die Rohre aus Asbestzement-Platten geformt, an den Nahtstellen im feuchten Zustand zusammengefügt und anschließend verdichtet werden.

Andere Verfahren arbeiten nach dem Einspritzprinzip. Bei diesen Verfahren wird der Stoff in eine Rohrform eingespritzt und bei gleichzeitiger Absaugung des Wassers durch den Formkern unter Druck verdichtet. Bei den Einspritzverfahren ist eine Ausrichtung der Fasern nicht möglich, so daß man eine bevorzugte Faserrichtung nicht erhalten kann. Diese Verfahren sind daher im allgemeinen für Druckrohre unwirtschaftlich.

Die Erzeugung von Druckrohren mit der oben erwähnten Rohrmaschine stellt eine Kombination von Guß- und Wickelverfahren dar. Ein dickflüssiger Stoffbrei wird über einen Spalt zwischen Rohrkern bzw. Asbestzement-Rohr einerseits und einer Formierungswalze anderseits aufgegossen und beim Drehen des Rohrkernes am Rohr aufgewickelt. Durch das Innere des Rohrkernes wird ständig abgesaugt, so daß der frisch aufgetragene Stoff gleichzeitig festgehalten und entwässert wird.

Während die erste innerste Lage oft 2 bis 3 mm dick ist, werden die weiteren Windungen immer dünner aufgetragen und liegen meist in der Größenordnung von Zehntelmillimetern. Die Fasern haben zwar keine bevorzugte Richtung parallel oder senkrecht zur Rohrachse, sind jedoch bei den äußeren

Windungen in den Ringebenen eingebettet. Höhe und Qualität der Produktion werden bei diesem Verfahren vor allem vom Grad der Entwässerung während des Wickelvorganges bestimmt, und dies hängt wiederum sowohl von der Auslegung der Vakuumanlage als auch von der Filtrationsfähigkeit des Stoffes ab. Bei zunehmender Wanddicke steigt natürlich auch das Vakuum und erreicht bis zu 95%.

Bei diesem Verfahren dient das Kalandrieren nicht nur zum Lösen vom Kern, sondern vor allem zur Materialverdichtung und ist ein wesentlicher Bestandteil des Erzeugungsprozesses. Hier ist es so, daß bis zum Schluß des Kalandrierens das Lösen vom Kern unbedingt verhindert werden soll, und aus diesem Grund ist der Rohrkern während des Kalandrierens bis in die Endphase an die Absauganlage angeschlossen.

Während an der Rohrmaschine eine Beeinflussung lediglich über die Kerndrehzahl, über die Geschwindigkeit, mit der die Formierungswalze vom Kern entfernt wird, und über die Leistung der Vakuumanlage erfolgt, sind am Kalander Drehzahl und Anpreßdruck veränderlich.

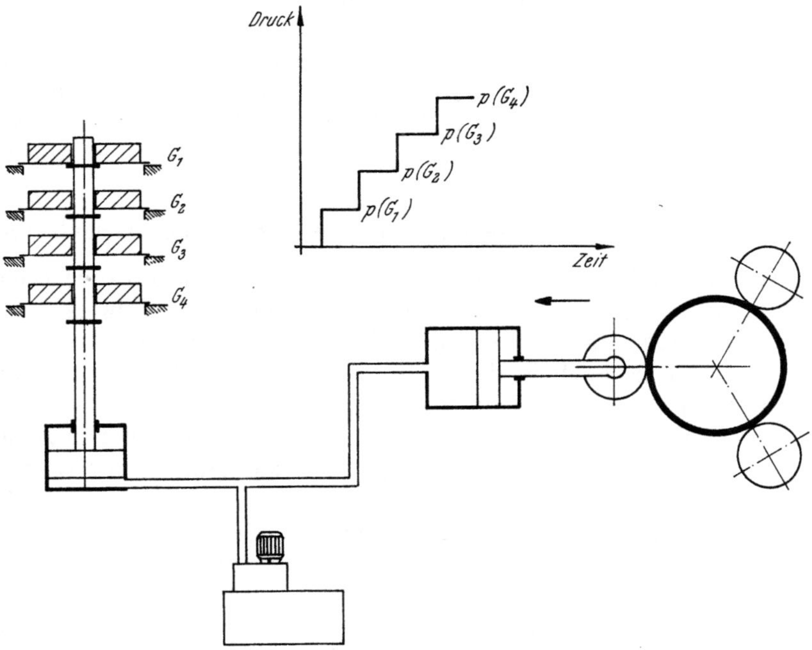

Abb. 137. Differentialakkumulator

Der Anpreßdruck der Kalanderwalze wird über eine eigene Steuereinrichtung, zum Beispiel den in Abb. 137 dargestellten Differentialakkumulator, proportional mit der Wickelzeit erhöht. Während des Kalandrierens wird das Rohr verdichtet und kann die Wanddicke bis zu 30% abnehmen. Während der letzten Umdrehungen des Rohres im Kalander wird das Vakuum abgeschaltet, und nun verhält sich das Rohr wie bei dem auf Seite 213 beschriebenen Kalandrieren. Das Rohr wird aufgeweitet und löst sich vom Kern, der danach ausgezogen werden kann. Der Vorteil dieses Verfahrens liegt vor allem in seinen kleinen Anlagekosten und auch in der Tatsache, daß man mit diesen Maschinen monolithische Muffenrohre erzeugen kann.

Die Erzeugung von Druckrohren mit dieser Maschine ist wenig wirtschaftlich und zweifellos nur dort am Platze, wo sich die Installierung einer Druckrohranlage (Rundsiebmaschine) wegen des geringen Absatzes nicht lohnt oder eine größere Investition aus finanziellen Gründen nicht möglich ist.

6. Rohrverbindungen

Rohrleitungen bestehen aus einzelnen Rohren und aus den Rohrverbindungen, die die einzelnen Rohre zusammenhalten und die Stoßstellen dichten. Von einer guten Rohrverbindung verlangt man:

Dichtigkeit,
Beweglichkeit,
Korrosionsbeständigkeit,
Unempfindlichkeit bei der Handhabung und
einfache und schnelle Montierbarkeit.

Für die ersten Rohrleitungen aus Asbestzement wurden Kupplungen aus Gußeisen verwendet. Heute verwendet man fast ausschließlich Kupplungen aus Asbestzement, die in einer Vielzahl entwickelt wurden. Im einzelnen sind die wichtigsten Kupplungstypen im Abschnitt D 2 d S. 97 angeführt.

7. Die Bedeutung des Wassergehaltes für die Härtung des Asbestzementes

Der Wassergehalt ist ein entscheidender Faktor sowohl für die Geschwindigkeit der Härtung als auch für die Endfestigkeit des Produktes.

T. M. Berkowitsch berichtet über Untersuchungen sowohl im Laboratoriumsmaßstab als auch in der Großproduktion, welche die Zusammenhänge zwischen Wassergehalt und Härtung aufzeigen.

Eine verstärkte Hydratation in der Härteperiode des Portlandzementes ist ein sehr bedeutender Faktor bei der Beschleunigung des Erzeugungsprozesses von Asbestzement. Der Wassergehalt im Asbestzement während des Härtungsvorganges muß die maximale chemische Reaktion zwischen dem Zement und dem Wasser gewährleisten (25% des trockenen Zementes vor der Wasserbeigabe).

Es muß auch genügend Wasser für den Bedarf der hochdispersen Hydratationsbildungen und für das Füllen der Mikroporen (20% der Zementgele) vorhanden sein. Außerdem hält der Chrysotilasbest auch infolge der Röhrchenstruktur seiner Fasern einen Teil seines Wassers zurück. Infolgedessen muß, um eine vollkommene Hydratation zu gewährleisten, der Wasser-Zement-Faktor während des Härtungsprozesses des Asbestzementes (ohne Berücksichtigung der möglichen Verdampfung) zumindest 0,5 bis 0,6 sein.

In Abb. 138 sind die Versuchsergebnisse dargestellt, die mit Asbestzement-Mustern gewonnen wurden, die aus laboratoriumsvermahlenem Portlandzement hergestellt waren. W : Z betrug 0,24, 0,36, 0,45 und 0,79. Die mineralogische Zusammensetzung des Klinkers war 56,9% C_3S,

20% C_2S, 4,8% C_3A, 15,4% C_4AF, 1,5% Gips (SO_3), und die spezifische Oberfläche des Zementes betrug 3180 cm^2/g.

Der Hydratationsgrad der Proben, die in einem hermetisch verschlossenen Behälter erhärteten, wurde nach 1, 3, 7, 10, 14 und 28 Tagen bestimmt, und zwar durch den Betrag des nichtaustreibbaren Wassers (die Proben wurden bei 1000° C getrocknet) und die nichthydratisierten Reste von C_3S und C_2S, die mit einem Strahlungsmeßgerät (scintellation counter) ermittelt wurden.

Die in Abb. 138 dargestellten Ergebnisse zeigen, daß eine Erhöhung W : Z von 0,24 auf 0,79 eine wesentlich höhere Hydratationsgeschwindigkeit bewirkte, was sich besonders bei fortgeschrittenem Härteprozeß auswirkte. Das Wasser für die Hydratation (chemisch gebunden) und das Gelwasser werden aus der Feuchtigkeit bezogen, die die Kapillaren der Asbestzement-Substanz füllt.

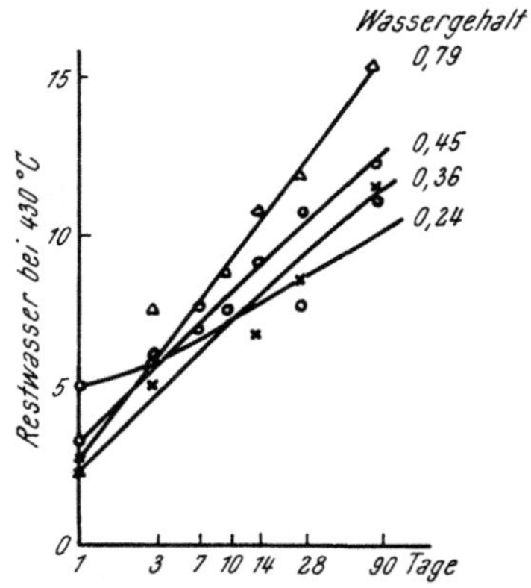

Abb. 138. Abhängigkeit des Gehaltes an nichtaustreibbarem Wasser von der Reifezeit bei verschiedenem Wasser-Zement-Faktor, von T. M. Berkovitch

Das Wasser zur Sättigung der Chrysotilasbestfasern wird offensichtlich schon beim Vorgang der Naßöffnung oder Naßmischung aufgenommen. Man muß in Betracht ziehen, daß die wechselweisen Reaktionen bei der Hydratation nur stattfinden können, wenn eine ununterbrochene entgegengesetzte Diffusion der Reaktionsprodukte in die mit Wasser erfüllten Kapillarräume stattfinden kann.

Um den erforderlichen Wasser-Zement-Faktor für die Härtung des Asbestzementes zu erhalten, ist es infolgedessen notwendig, die Kapillaren mit Wasser zu füllen. Die Technologie der heute üblichen Erzeugungsverfahren für Asbestzement gewährleistet nicht die Bedingungen für vollkommene Hydratation des Portlandzementes aus folgenden Gründen:

1. Bei der unvermeidbaren Vakuumentwässerung des Asbestzement-Vlieses und der folgenden weiteren Verdichtung durch die Formatwalze der Plattenmaschine wird das halbfertige Produkt elastischen Verformungen unterworfen, als deren Folge ein Teil der Kapillaren (etwa 15 bis 20%) mit Luft anstatt mit Wasser gefüllt ist.

2. Bei stärkerer Verdichtung der grünen Platten sinkt deren Feuchtigkeitsgehalt auf 25%, und der W : Z-Faktor der frisch geformten Platten übersteigt nicht 0,4.

3. Der Härteprozeß des halbfertigen Produktes bedingt eine weitere Selbsttrocknung als Folge von Verdampfung und von Hydratation des Zementes. Die Verdampfung ist besonders hoch in warmen Lagerräumen mit einer relativen Luftfeuchtigkeit unter 80%. Aber auch bei höherer Luftfeuchtigkeit verlieren die großen Poren der Asbestzement-Platten Wasser durch Verdampfung.

Als Folge davon enthält der halbfertige Asbestzement, wenn er in den Lagerraum für die Endaushärtung kommt, wo er nicht weniger als 40 bis

50% seiner Normfestigkeit gewinnen soll, nicht genügend Feuchtigkeit für die vollkommene Hydratationshärtung des Zementes, so daß man die Aktivität des Binders nicht voll ausnützen kann und so sich auch die Verdichtung des halbfertigen Produktes an der Plattenmaschine nicht vorteilhaft auswirken kann.

Daraus ergibt sich die Notwendigkeit, den Wassergehalt im Material während des Härteprozesses zu erhöhen. Eine Erhöhung des W : Z-Faktors in den frisch geformten Platten ist unerwünscht, da dadurch die Porosität erhöht würde und als Folge dessen die Festigkeit des fertigen Produktes beeinträchtigt wird.

Zusätzliches Wasser muß daher dem erstarrten halbfertigen Material während des Erkaltens zugeführt werden. Nach BERKOWITSCH entspricht diesen Grundsätzen eine Behandlung des Asbestzementes, bei der die Härtung des halbfertigen Produktes nach einer kurzen Dampfbehandlung im kalten Wasser 8 bis 24 Stunden stattfindet. Dies erlaubt einerseits eine Verkürzung der Reifungszeit und liefert gleichzeitig ein Produkt mit verbesserter Qualität.

Da diese kombinierte Hitze- und Feuchtigkeitsbehandlung verhältnismäßig viel Zeit erfordert und auch große Änderungen im Organisationsablauf der bestehenden Fabriken bedingen würde, wurden Versuche gemacht mit einer kurzzeitigen zusätzlichen Bewässerung des dampfbehandelten halbfertigen Produktes.

Diese sollte den Hydratationsgrad während der Lagerung des Asbestzementes in warmen Lagerräumen erhöhen und bei einer Kürzung der gesamten Reifungszeit eine Qualitätsverbesserung gestatten.

BERKOWITSCH berichtet über die Anwendung dieses zusätzlichen Bewässerungsverfahrens im Jahre 1961 in den Asbestzement-Fabriken in Duschanbinsk, Bryansk und Kapsk.

In Tab. 34 sind die chemisch-mineralogische Zusammensetzung und die normale Festigkeitsentwicklung der normalen Portlandzemente angegeben. In Tab. 35 sind die verwendete Asbestzement-Mischung und die Produktionsbedingungen angegeben.

Tab. 36 zeigt die Änderung des Wassergehaltes (bezogen auf das Trockengewicht der Probe) während des Härteprozesses und den Grad der Wassersättigung, der gleichgesetzt ist: $\frac{c}{a} \cdot 100\%$.

(c = Wassergehalt, a = Wasseraufnahme)

Wie man aus dieser Tab. 36 sieht, beträgt der Grad der Wassersättigung nach der Dampfbehandlung ungefähr 70%. In Bryansk und Duschanbinsk

Tabelle 34

Name der Fabrik	C_3S	C_2S	C_3A	C_4AF	CaO-frei	Feinheit Rückstand am Sieb 0085	Mörtelfestigkeit in kp/cm²					
							Biegung			Druck		
							3 Tage	7 Tage	28 Tg.	3 Tage	7 Tage	28 Tg.
Duschanbinsk	53	21	8	14	—	8,0	21,7	23,1	—	323	373	—
Bryansk	52	22	4,4	16	—	8,6	26,8	29,0	34,8	420	527	626
Kapsk	38	24	11,0	13	1,5	9,1	20,7	21,9	24,9	324	382	452

Tabelle 35

Name der Fabrik	Asbestmischung in %				Asbestanteil in %	Öffnungsgrad in %	Prod. Wassertemperatur in °C	Filzgeschwindigkeit in m/min	Vliesdicke in mm	Feuchtigkeit in %		W/C frische Platte
	P-5	P-6	M-5	M-6						Vor Vakuumkasten	Nach Vakuumkasten	
Duschanbinsk	25—80	0—25	0—20	10—50	16,7	72	33	42	0,65	56,0	36,2	25,0
Bryansk	25—50	0—25	35—50	0—15	14,5	75	32	44	0,83	44,4	34,3	24,3
Kapsk	50	0—20	0—30	10—30	14,5	84	25	40	0,74	52,4	38,9	25,9

Tabelle 36

	Wassergehalt in %			Wassersättigung in %			Endbiegefestigkeit in kp/cm²			
	Nach der Dampfbehandlung	3 Tage	7 Tage	Nach der Dampfbehandlung	3 Tage	7 Tage	Nach der Dampfbehandlung	3 Tage	7 Tage	14 Tg.
Duschanbinsk:	21,4	17,2	13,1	71,5	66,5	52,2	77	130	137	150
Nicht gewässert	27,6	21,4	15,0	95,0	82,5	58,8	77	146	156	163
Zunahme der Indizes in % absolut	6,2	4,2	1,9	23,5	16,0	6,6	—	—	—	—
Zunahme der Indizes in % relativ	29,0	24,5	14,5	33,0	24,0	13,0	—	13	14	8,6
Bryansk:	21,4	11,8	10,7	69,0	41,9	41,3	84	141	153	—
Nicht gewässert	27,4	13,0	11,5	88,3	48,2	44,4	84	147	162	—
Zunahme absolut %	6,0	1,2	0,8	19,3	6,3	3,1	—	—	—	—
Zunahme relativ %	28,0	10,0	10,7	28,0	15,0	7,5	—	5	5,6	—
Kapsk:	27,7	20,6	19,6	81,1	76,4	72,5	75	151	157	163[1]
Nicht gewässert	32,2	26,5	25,1	93,5	86,3	86,3	75	156	173	176[1]
Zunahme absolut %	4,5	5,9	5,5	12,4	9,9	13,8	—	—	—	—
Zunahme relativ %	16,0	28,5	28,0	15,0	13,0	19,0	—	3,2	10	8

wurden die Platten in warmen Lagerräumen bei einer relativen Luftfeuchtigkeit nicht über 80 bis 85% weitergehärtet, wobei die Wassersättigung nur auf etwa 70% stieg.

Um die günstigste Zeitdauer für die Wassersättigung des dampfbehandelten halbfertigen Produktes zu bestimmen, wurde die Kinetik der Wassersättigung studiert, indem das Produkt 3, 5, 10 und 15 Minuten in ein warmes Wasserbad eingelegt wurde. Die in Abb. 139 dargestellten Ergebnisse dieser Versuche zeigen, daß nach etwa 10 Minuten die Geschwindigkeit der Wasseraufnahme sinkt.

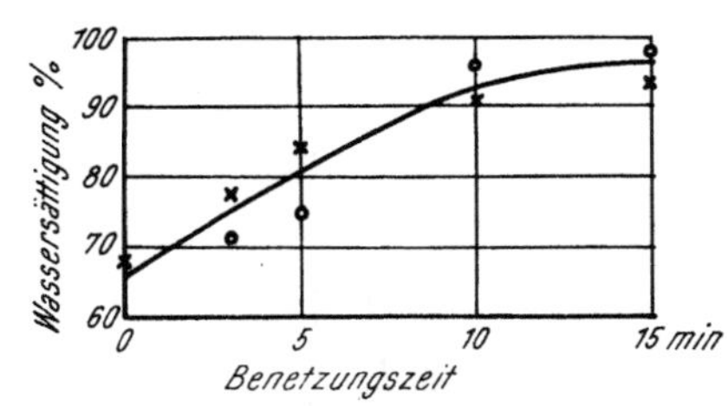

Abb. 139. Kinetik der Wasseraufnahme nach T. M. Berkovitch

Wird die Wässerungszeit von 10 auf 15 Minuten erhöht, dann steigt der absolute Wassergehalt nur noch um 5 bis 6%. Der Sättigungsgrad erreicht 90 bis 95%, und dieser Zustand muß etwa als Optimum betrachtet werden.

[1] Messungen ausgeführt am 10. Tag.

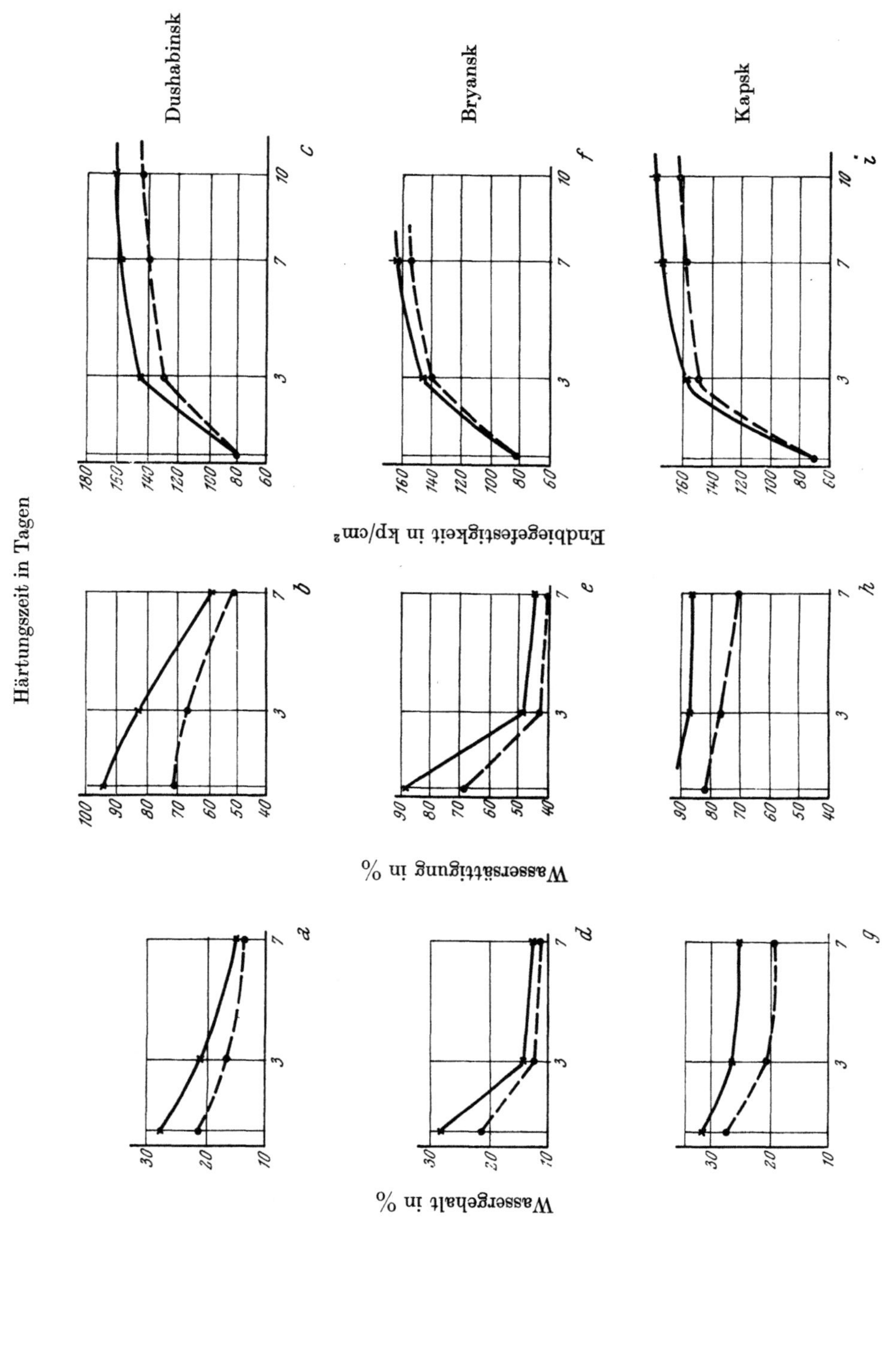

Abb. 140. Mechanische Indizes während der Härtung — mit und ohne zusätzliche Bewässerung, von T. M. Berkovitch (aus Asbestos Bulletin Oktober 1962)

Während der weiteren Feuchtraumlagerung zeigte das zusätzlich gewässerte halbfertige Produkt einen höheren Wassergehalt und demgemäß auch einen höheren Sättigungsgrad.

Die Härtung eines dampfbehandelten und mit Wasser gesättigten Produktes wird beträchtlich beschleunigt, und wie die Ziffern der Tab. 36 und Abb. 140 zeigen, beträgt die Festigkeitszunahme in 7 bis 10 Tagen etwa 2% für jedes Prozent (absolut) der zusätzlichen Wasseraufnahme des halbfertigen Produktes.

So entspricht etwa einer Erhöhung der Feuchtigkeit um 7% eine Erhöhung der Festigkeit um 15% nach 7 Tagen. Bei gleichen Versuchen unter ungünstigen Bedingungen (niedrige Temperatur) wurden dieselben Ergebnisse beobachtet.

Versuche von O. A. Isayev und Z. F. Krune in den Fabriken in Karagondinsk und Krasnoyarsk zeigten, daß die Kurzzeit-Zusatzwässerung und die kombinierte Langzeit-Hitzefeuchtigkeitsbehandlung gleiche Ergebnisse zeitigen. Nach Berkowitsch ist es daher mit der erwähnten einfachen Operation möglich, die Festigkeit des Materials um 15 bis 20 kp/cm² zu erhöhen.

Durch die Kurzzeit-Zusatzwässerung ist es daher möglich, die Reaktionsfähigkeit des Zementes voll auszunützen und gleichzeitig die Dichte der Asbestzement-Platten während des Formierungsvorganges auf der Plattenmaschine zu erhöhen. Dies ergibt kürzere Reifezeiten und verbesserte Qualität des Asbestzementes.

Die Erkenntnisse, daß der Asbestzement eine gewisse Ruhezeit bei niedrigerer Temperatur benötigt, ehe man ihn erhöhten Temperaturen aussetzen darf, und daß er während des Härtungsprozesses eine zusätzliche Nachwässerung benötigt, wird bei der Temperatur- und Feuchtigkeitsregelung im Rollofen ausgewertet, der bei der modernen Erzeugung von Druckrohren häufig angewendet wird.

Die frisch gewickelten Asbestzement-Rohre werden auf einem Transportrost durch die Ofenkammer bewegt, wobei die Rohre ständig gerollt werden. Die Regelung der Ofenkammer ist so ausgelegt, daß im Eingangsteil eine Temperatur von 25 bis 40° C bei geringerer Luftfeuchtigkeit gehalten wird, daß im Mittelteil eine Temperatur von 40° C und 100% Luftfeuchtigkeit herrschen und daß im Endteil die Temperatur bei Beibehaltung von 100% Luftfeuchtigkeit auf etwa 75° C erhöht wird.

Die gesamte Durchlaufzeit durch einen solchen Rollofen beträgt etwa 5 bis 10 Stunden. Damit werden die Erstarrung und Vorhärtung beschleunigt und die Hydratationsbedingungen verbessert. Der Rollofen ersetzt jedoch nicht die bei Druckrohren meist übliche Härtung im Wasserbad.

G. Abnahme und Kontrolle

1. Laborprüfungen

Für die Qualität der Asbestzement-Produkte sind die Qualität der Grundstoffe sowie ihre Verarbeitbarkeit maßgebend. Um eine gleichmäßige Qualität zu gewährleisten bzw. um im vorhinein festzustellen, wie sich die Grundstoffe für bestimmte Verarbeitungsverfahren eignen, ist es zweckmäßig, laufend laboratoriumsmäßige Überprüfungen durchzuführen. Dabei unterscheidet man die Prüfungen der Asbestfaser, des Zementes und des Asbestzementes.

Beim Asbest werden die Faserlänge bzw. die Anteiligkeit der verschiedenen Faserlängen, die Trocken- und Naßdichte, der Staubgehalt, die spezifische Oberfläche und die Filtrationsfähigkeit untersucht. Eine Reihe anderer Prüfungen hat für die Asbestzement-Industrie kaum praktische Bedeutung.

Beim Zement untersucht man die Kornfeinheit, die Erstarrungszeit, die Festigkeitszunahme bzw. den Fortschritt der Härtung und die spezifische Oberfläche. Die chemische Analyse und Bestimmung der Phasenzusammensetzung des Zementes sind zwar für die Produktion von Asbestzement von besonderer Bedeutung, werden aber wegen der Kompliziertheit der Methode und des relativ hohen Preises der erforderlichen Laboreinrichtungen nur von sehr großen Asbestzement-Fabriken im eigenen Bereich durchgeführt.

Den unmittelbarsten Einblick in das zu erwartende Produktionsverhalten ergibt die Anfertigung von Probeplättchen aus dem zu prüfenden Asbest und Zement, wobei man die dabei erhaltenen Ergebnisse unter dem Vorbehalt der unterschiedlichen Herstellungsweise von Labor und technischer Großproduktion betrachten muß. Immerhin lassen sich aus dem Verhalten der Asbestzement-Probeplättchen wertvolle Schlüsse auf den Einfluß der verschiedenen Bestandteile schließen, wenn man jeweils nur einen Mischungsbestandteil oder bei gleicher Mischung beispielsweise die Höhe des Vakuums oder die Einwirkungszeit desselben oder die Pressung verändert und die dabei erhaltenen Ergebnisse vergleicht.

a) Laborprüfungen für Asbest

Probeentnahme

Die Asbestfasern aus einem Sack mit einem Gewicht von 100 Pfund werden auf einen reinen Boden oder auf eine Stahlplatte geleert. Die Klumpen werden aufgebrochen und sorgfältig mit einer Schaufel durchmischt. Dann wird die gesamte Asbestmenge geviertelt, bis eine Asbestprobe von 10 Pfund (4,53 kp) erhalten wird. Die Probe läßt man mindestens 30 Minuten unter Raumbedingungen rasten. Dann wird sie auf einem sauberen Tisch schonend gerieben und handgemischt, um Brocken zu entfernen. Das Muster soll dann auf einem großen Stück Papier von einer Seite zur anderen gerollt werden, um Stücke und Stifte, die sich während des Handmischens auf dem Boden des Faserhaufens gesammelt haben, einzumischen. Dieses sorgfältig gemischte Muster ist nun in einem kegelförmigen Häufchen fertig zur Viertelung. Das Aufhäufeln und Vierteln sollte so lange ausgeführt werden, bis die benötigte Asbestmenge mit größter Genauigkeit erhalten wird. Die Probemenge wird dann auf ein kleineres Blatt Papier geschoben und auf eine Waage geleert. Die Fasermenge, die dazugegeben oder weggenommen wird, um das exakte Gewicht zu erhalten, sollte nicht mehr als 20% betragen.

Faserlänge

Quebec-Standard-Siebtestmaschine

Wie auf S. 55 ausgeführt, wird der Asbest im Handel nach dem Mischungsanteil der verschiedenen Faserlängen und Feinteile klassifiziert. Zur stichprobeweisen Überprüfung der Klassifizierung dient die Siebtestmaschine. Nach den kanadischen Normen besteht die Asbestprüfmaschine aus einem Satz von vier übereinander angeordneten Metallkästen von je $24\frac{1}{2}''$ = ca. 622,3 mm Länge, $14^3/_4''$ = ca. 374,7 mm Breite und $5''$ = ca. 127 mm Höhe (Innenmaß), die auf einem Tisch liegen, der von einem Exzenter mit $25/32''$ = ca. 20 mm Exzentrizität und $19/16''$ = ca. 39,7 mm Hub bewegt wird. Die Kästen sind von oben nach unten mit 1, 2, 3 und 4 nummeriert. Die Böden der Kästen 1, 2 und 3 bestehen aus Messingsieben folgender Ausführung:

Kasten Nr.	Sieböffnung	Drahtdurchmesser
1	0,500″ = ca. 12,7 mm	0,105″ = ca. 2,67 mm
2	0,187″ = ca. 4,75 mm	0,063″ = ca. 1,60 mm
3	0,053″ = ca. 1,35 mm	0,047″ = ca. 1,19 mm

Diese Siebe entsprechen den amerikanischen Normensieben 2 mesh, 4 mesh, 10 mesh. Der unterste Kasten (4) hat einen festen Boden und dient zur Aufnahme des Feinen, das durch die drei Siebe hindurchfällt. Ein fünfter Kasten mit einem 35-Maschen-Sieb wird sehr häufig in Kanada und in den USA verwendet, wobei in diesem Fall die Pfanne und der Kasten des 35-Maschen-Siebes nur die halbe Tiefe des normalen Kastens haben.

Zur Ausführung einer Prüfung werden 16 Unzen = ca. 453 p Asbest in den obersten Kasten 1 gebracht, der dann zugedeckt und mit den anderen zusammen fest auf dem Tisch verklammert wird. Die Maschine wird in Gang gesetzt. Das neuere Modell Nr. 2 macht 328 Umdrehungen/min und wird mittels einer automatischen Vorrichtung nach genau 600 Umdrehungen, das heißt etwa 110 Sekunden, zum Stillstand gebracht. Die russische Siebtestmaschine wird mit 300 Umdrehungen/min angetrieben und nach 2 Minuten zum Stillstand gebracht, wie dies auch beim älteren, kanadischen Modell Nr. 1 der Fall war. Nunmehr wird der Inhalt jedes Kastens gewogen. Die längste Faser bleibt natürlich auf dem Sieb mit den weitesten Öffnungen, während kürzere Fasern entsprechend ihrer Länge in den Kästen 2 und 3 verbleiben oder in den unteren Kasten, die „Pfanne“, fallen. Je mehr Fasern auf dem oberen Sieb sind und je weniger in der Pfanne, um so höher ist der Handelswert der geprüften Asbestsorte. Stark sperrige und verfilzte Fasern können bei dieser Methode allerdings einen höheren Wert vortäuschen. Beim Quebec-Test werden die Gewichte der Asbestfasern, die in den einzelnen Kasten erhalten werden, in Unzen (28,3 p) angegeben. Das Gesamtgewicht ist immer 16 Unzen, die kleinste Angabemenge $^1/_{10}$ Unze. Bei den russischen Klassifikationstabellen wird außer dem Gewichtsanteil in Unzen auch der Anteil in Prozent angeführt.

Prüfung nach Bauer-McNett

Die Ausrüstung besteht aus der Bauer-McNett-Prüfmaschine, aus Sieben mit den folgenden Maschenzahlen (pro Zoll): 4, 14, 35, 65, 80, 100, 150, 200, 325, einer Waage mit einer Wiegefähigkeit von 0,1 p und einem Trockner mit einem Temperaturbereich bis 105° C. Die für die Untersuchung von Asbesten verschiedener Gruppen erforderlichen Siebe sowie die zugehörige Prüfzeit und die Probemenge sind in der folgenden Tabelle angegeben.

Gruppe	Asbestmenge in p	Sieb Nr. (Tyler)	Prüfzeit in min
3	10	4, 14, 35, 200	20
4, 5, 6, 7, 0	10	4, 14, 35, 200	20
Sonstige Asbeste...	20	14, 35, 100, 200	20
Feinstasbest	20	80, 325	30

Zur Prüfung werden zunächst die für die gegenständliche Fasergruppe ausgewählten Siebe eingebaut. Bei eingesetzten Stoppeln wird der ovale Tank mit Wasser gefüllt. Der Durchfluß wird so eingestellt, daß ein geringer Überlauf vom Tank mit konstantem Füllungsniveau eintritt, und der Antriebsmotor wird eingeschaltet. Die Rührerdrehzahl soll 570 $\pm$ 10 Umdrehungen/min sein, die Wassertemperatur 17 bis 18° C betragen. In den ersten und obersten Tank wird die Asbestprobe, die in 500 ml reinem Wasser aufgeschwemmt wurde, eingefüllt. Dann läßt man die Maschine eine der obigen Tabelle entsprechende Zeit laufen und stellt dann den Wasserzulauf ab. Sobald das Wasser vom Zulauftank nicht mehr überfließt, wird der Motor angehalten. Nachdem die Probeschalen mit Filtertuch aus Muslin bedeckt wurden, werden die Verschlüsse herausgezogen, und man läßt die Fraktionen von den einzelnen Behältern auf die Filtertücher auslaufen. Dabei muß man darauf achten, daß bei der Entleerung keine Fasern an den Behälterwänden oder am Sieb haftenbleiben. Nach dem Abtropfen werden die Filtertücher abgenommen und mindestens 2 Stunden bei 105° C getrocknet. Anschließend erfolgt eine Raumkonditionierung für mindestens 30 Minuten. Zuletzt wird das Nettogewicht der Fasern durch Wiegung des Filtertuches mit und ohne Asbestprobe ermittelt. Das Versuchsergebnis wird als prozentualer Anteil der Gewichte auf den einzelnen Sieben angegeben, wobei eventuell auch der Fasergehalt und der Anteil an Stippen, die über dem 14-Maschen-Sieb liegen, angegeben werden können.

Prüfsiebvibrator (Ro-Tap Sieve Analysis)

Als Ausrüstung wird ein Prüfsiebvibrator benötigt sowie die folgenden 2″ tiefen Tyler-Prüfsiebe mit einem Durchmesser von 8″.

Asbest-Gruppe 3	½, 4, 10, 35, 65, 200, Pfanne
Asbest-Gruppe 4 und 5 D	3, 4, 10, 35, 65, 200, Pfanne
Asbest-Gruppe 5 außer 5 D	10, 20, 28, 65, 100, 200, Pfanne
Asbest-Gruppe 6 (a)	10, 20, 48, 65, 100, 200, Pfanne
Asbest-Gruppe 6 (b)	4, 8, 14, 20, 48, 100, Pfanne
Asbest-Gruppe 7	10, 20, 48, 65, 100, 200, Pfanne

Die Waage muß eine Wiegefähigkeit von 0,1 p haben. Zur Prüfung wird ein Muster von 50 p bei Fasern der Gruppe 3, 4 und 5 oder von 100 p bei den Gruppen 6, 7 und feiner in das oberste Sieb gelegt, wobei das Sieb mit der größten Maschenweite oben und das feinste Sieb auf dem Boden ist. Der Siebsatz wird zugedeckt und dann für folgende Zeiten geschüttelt:

Gruppe 3, 4 und 5 30 Minuten
Gruppe 6, 7 und feiner 10 Minuten

Die in jedem Sieb erhaltenen Mengen werden auf 0,1 p gewogen und die einzelnen Gewichtsanteile in Prozenten angegeben.

Staubgehalt (Trockentest)

Benötigt werden zwei Rundsiebe mit 8″ Durchmesser und 100 Maschen nach Tyler, Druckluft von 1,28 kp/cm², ein Kupferrohr mit einem Durchmesser von 6,35 mm als Mundstück, verbunden mit der Luftleitung aus einem Gummischlauch, und eine Waage mit einer Wiegefähigkeit von 0,1 p. Zur Prüfung werden von Asbestfasern der Gruppe 4 20 p, von Asbestfasern der Gruppe 5 und 6 10 p benötigt. Die Faserprobe wird in ein Sieb gelegt und mit dem zweiten Sieb abgedeckt. Dann werden die beiden Siebe zusammengespannt, so daß sie um 180° gedreht werden können. Der Luftstrom wird so auf das Sieb gerichtet, daß die ganze Fläche mit einer Serie von Kreisbewegungen bestrichen wird, und zwar für einen Zeitraum von 2 Minuten, wobei die Siebe bei Asbest der Gruppe 4 alle 10 Sekunden, bei den Gruppen 5 und 6 alle 15 Sekunden gewendet werden müssen. Die auf den Sieben verbleibenden Fasern werden dann gewogen. Der Gewichtsverlust wird angegeben als 100-Maschen-Staubgehalt.

Raumgewicht und Dichte

Naßvolumenprüfung (Boyancy-Test) bei Asbesten der Gruppen 4 und 5

Als Ausrüstung werden ein verschließbarer Meßzylinder mit einem Meßinhalt von 500 ml sowie eine Waage mit einer Wiegefähigkeit von 0,1 p und ein Kurzzeitwecker benötigt. 500 ml Wasser mit einer Temperatur von ca. 25° C werden in den Meßzylinder eingefügt. Dann werden 5 p Fasern dazugegeben und das Meßglas verschlossen und bei Fasern der Gruppe 4 10 volle Umdrehungen durchgeschwenkt. Bei Fasern der Gruppe 5 wird das Meßglas 40 volle Umdrehungen durchgeschwenkt. Dann wird das Meßglas auf einem vibrationsfreien Tisch gestellt und die Uhr gestartet. Das Volumen in Milliliter, bis zu welchem die Fasern sich abgesetzt haben, wird bei Asbest der Gruppe 4 nach 1, 2, 3, 4 und 5 Minuten und bei Fasern der Gruppe 5 nach 5 und 10 Minuten abgelesen. Es werden zwei Tests gemacht und der Durchschnitt angegeben.

Naßvolumenprüfung bei Asbesten der Gruppen 6, 7 und feiner

Für diesen Test werden verschließbare Meßzylinder mit einem Meßvolumen von 1000 ml verwendet. Zur Prüfung werden zunächst 900 ml Wasser von 25° C in den 1000-ml-Meßzylinder eingefüllt. Dann gibt man 50 p Faser dazu und füllt mit Wasser bis zur 1000-ml-Marke auf. Der Zylinder wird 10 volle Umdrehungen durchgeschwenkt, sodann auf einen vibrationsfreien Tisch gestellt und die Uhr gestartet. Die Wasser-Faser-Marke wird nach 1,

2, 4 und 8 Stunden abgelesen und das Volumen, bis zu welchem die Fasern sich nach 8 Stunden abgesetzt haben, in Millimetern angegeben. Auch hier wird empfohlen, zwei Tests zu machen und den Durchschnitt anzugeben.

Trockenvolumenprüfung

Benötigt wird ein Meßzylinder mit einem Meßvolumen von 1000 ml für Fasern der Gruppen 5, 6, 7 und feiner und von 2000 ml für Fasern der Gruppen 3 und 4 sowie eine Waage mit einer Ablesegenauigkeit von 0,1 p. Zur Prüfung werden 100 g leicht mit der Hand gerieben, um Stippen und Klumpen zu entfernen und das Material aufzuschließen. Dann wird die Faser auf ein gefaltetes Papier übertragen und vorsichtig in den Meßzylinder geleert, ohne Drücken oder Schütteln des Zylinders. Wenn die Oberfläche nicht eben ist, soll sie vorsichtig, ohne Zusammenpressen, eingeebnet werden. Das Trockenvolumen das durch 100 p Fasern eingenommen wird, wird angegeben als Volumen in Milliliter, oder in Pfund/Kubikfuß.

Gewicht des Naßkuchens

Als Ausrüstung wird ein Zinnzylinder mit 4″ Durchmesser und einer Länge von 4 bis 8″, der an beiden Enden offen ist, verwendet. Ein Ende des Zylinders wird mit einer Scheibe aus einem 35-Maschen-Sieb abgeschlossen. Weiters wird eine Waage mit einer Ablesegenauigkeit von 0,1 p benötigt. Nachdem der oben angeführte Naßvolumentest ausgeführt worden ist, wird das Faser-Wasser-Gemisch in den Zylinder eingefüllt. Sobald das Abtropfen des Wassers aufhört, werden die Fasern gewogen und das Gewicht der abgetrockneten Fasern wird in Gramm angegeben.

Das Aufschließungsverhalten des Asbestes

Asbeste verschiedener Gruppen und verschiedener Provenienz reagieren oft sehr unterschiedlich auf verschiedene Aufschließungsverfahren. Zur Beurteilung, wie die Aufschließung in einer bestimmten Maschine fortschreitet, werden Vergleichsteste vor und nach der Aufschließung durchgeführt. Dazu zählt unter anderem der Naßvolumentest, auch Bouyancy-Test genannt, der im Prinzip, wie auf S. 225 beschrieben, durchgeführt wird, wobei jedoch die Fasermenge und das Meßvolumen variiert werden können. Wesentlich ist — da es sich hier um einen Vergleichstest handelt — daß immer die gleichen Versuchsbedingungen eingehalten werden. Zur Untersuchung des Auflösungsverhaltens des Asbestes bei einer bestimmten Bearbeitung (Desintegrator, Perplexmühle, Holländer, Kollergang u. dgl.) werden Asbestproben nach verschieden langer Bearbeitungszeit entnommen und geprüft. Bei dieser Prüfung werden jedoch die bei der Aufschließung auftretende Faserkürzung und damit der Festigkeitsverlust nicht erfaßt.

Luftdurchlässigkeitsprüfung nach Dyckerhoff

Als Ausrüstung werden ein Luftdurchlässigkeitsprüfer, Bauart Blaine, System Dyckerhoff, sowie eine Waage mit einer Ablesegenauigkeit von 0,1 p benötigt. Zur Prüfung nimmt man eine Asbestprobe von 50 p. Man legt ein perforiertes Messingblech in den Boden der Zelle ein und legt Filterpapier auf das perforierte Blech. Dann füllt man in kleinen Teilmengen den Asbest in die Zelle ein, wobei man die Fasern während des Einfüllens mit einem entsprechenden Werkzeug hineinstopft. Die Fasern dürfen nicht unter die Gesamthöhe der Probe gestopft werden. Dann werden die Fasern mit einem Kolben verdichtet. Der Kolben wird entfernt und Filterpapier über den Faserstöpsel gelegt. Über dem Stöpsel wird ein Zwischenstück aus Messing mit der Siebseite unten aufgelegt. Dann wird der Kolben in die Prüfzelle eingedrückt und so lange vorgeschoben, bis er eben mit der Oberkante der Prüfzelle steht. Der Kolben wird in dieser Stellung verriegelt, um ein Zurückspringen der Fasern zu verringern. Dann wird das Handrad für den Sauganschluß so lange geöffnet, bis die Uhr startet. Die Zeit mit einer Genauigkeit von einer Sekunde, die die Luft benötigt, um durch den Faserstöpsel gezogen zu werden, wird direkt von der Uhr abgelesen, die gestoppt wird, wenn eine vorbestimmte Luftmenge durch die Probe geströmt ist. Dieser Test wird für jede Faserprobe viermal wiederholt und der Durchschnitt daraus angegeben. Die maximale Differenz zwischen den einzelnen Ablesungen und dem Durchschnitt soll unter ± 1 Sekunde liegen. Darüber hinausgehende Abweichungen erfordern eine neue Prüfung. Die spezifische Oberfläche des geprüften Asbestes verhält sich zur spezifischen Oberfläche einer genormten Faserprobe proportional wie die Durchströmzeiten.

Filtrationsprüfung

Der Prüfapparat von den Asarco Central Research Laboratories besteht aus einem 350 mm langen Stück eines Kupferrohres mit 2″ Durchmesser, mit einem Halter an einem Ende, auf dem eine Schale aufgeschraubt ist. Ein Stück eines Siebes aus rostfreiem Stahl (50×50 Maschen/Quadratzoll), welches auf einem Ring mit einem Innendurchmesser von 2″ befestigt ist, wird in die Schale so eingesetzt, daß sich zwischen dem Sieb und dem Boden der Schale ein Volumen von ungefähr 50 ml ergibt. Auf dem Boden der Schale ist ein Hahn NW $^1/_4$″ befestigt. Zunächst wird der Apparat überprüft; dazu werden 650 ml Wasser von 25° C in die Öffnung an der Oberseite des Rohres eingeleert, die man in einen Meßzylinder von 1000 ml ablaufen läßt. Die Zeit, die benötigt wird, um den Meßzylinder von der Marke 150 ml zur Marke 350 ml zu füllen, wird gemessen. Es sollen sich dabei 10 ± 1 Sekunden ergeben. Dadurch wird das Sieb in einen gleichen Zustand gebracht, und diese Überprüfung wird vor jedem Versuch wiederholt, um den Zustand des Apparates in bezug auf Siebverschmutzung, eingeschlossene Luftblasen, nicht ganz geöffneten Hahn usw. zu überprüfen. Die verbleibenden 50 ml Wasser im Rohr sollten das 50-Maschen-Sieb kaum bedecken.

Dann werden 10 p Asbestfasern in einen 1000-ml-Meßzylinder eingefüllt und Wasser von 25° C bis zur 500 ml-Marke aufgefüllt. Der Zylinder wird dann zwanzigmal gekippt (10 komplette Umdrehungen). Der Schlamm wird rasch, jedoch mit gleichmäßigem Fluß, in das Kupferrohr geleert, so daß die Fasern das Sieb gleichmäßig bedecken. Geringe Faserreste, die im Meßzylinder verbleiben, können außer acht gelassen werden. Nach einer Wartezeit von 5 Sekunden wird der Hahn geöffnet. Die Zeitmessung beginnt, sobald 50 ml abgelaufen sind, und wird fortgesetzt bis zur Erreichung der 150-ml-Marke, das heißt während des Durchflusses von 100 ml. Diese Zeit wird in Sekunden angegeben und gilt als Maß für die Filtrationsfähigkeit.

Feuchtigkeitsgehalt

100 p Asbestfasern werden mit einer Genauigkeit von 0,1 p abgewogen, dann 3 Stunden bei 105° C getrocknet und wieder gewogen. Der Gewichtsverlust in Prozent wird als Feuchtigkeitsgehalt der ursprünglichen, nichtgetrockneten Probe angegeben.

Färbetest von Chrysotil mit Jod

Ob es sich bei einer Asbestsorte um Chrysotilasbest, Blauasbest oder Amosit handelt, kann der Fachmann mit einiger Übung schon nach dem Äußeren der Faser feststellen. Eine sehr einfache Methode, Chrysotilasbest laboratoriumsmäßig festzustellen, ist die Identifizierung mittels einer Jodlösung. Wird Asbest in losem, faserigem Zustand in eine Farbstofflösung von 1%igem Jod in chemisch reinem Glyzerin gebracht, so tritt bei Chrysotilasbest eine mehr oder weniger starke Anfärbung ein. Tab. 37 zeigt die Reaktion verschiedener Typen von Asbestfasern gegenüber einer solchen Farbstofflösung.

Tabelle 37. *Färbeeigenschaften von Asbestfasern mit 1%iger Jodlösung in Glyzerin*

Material	Fundort	Art der Färbung
Chrysotil	Rhodesien, Südafrika	schwach
Chrysotil	St. Cyr, Quebec	schwach
Chrysotil	Wyoming, USA	schwach
Chrysotil	Revelstoke, B.C.	stark
Chrysotil	Sibirien, UdSSR	stark
Chrysotil	East Broghton, Quebec	mittel
Chrysotil	China	schwach
Chrysotil	Italien	schwach
Chrysotil	Provinz v. Quebec	stark
Chrysotil	Cypern	mittel
Chrysotil	Australien	stark
Chrysotil	Nord Ontario	schwach
Chrysotil	UdSSR	schwach
Chrysotil	Asbestos Quebec	mittel
Chrysotil	Venezuela	mittel
Chrysotil	Jugoslavienasbest	stark
Chrysotil	Seitz-Filterfaser	schwach
Chrysotil	Vimy Ridge 15A, Quebec	mittel
Chrysotil	Destor, Quebec	mittel
Chrysotil	Thetford Minen, Quebec	stark
Chrysotil	Arizona, USA	sehr stark
Chrysotil	Revelstoke, B.C.	stark
Chrysotil	China	schwach
Chrysotil	Mexico	schwach
Chrysotil	Neuseeland	stark
Chrysotil	Poltimore, Quebec	stark
Amphibol	Alaska	keine
Amphibol	Californien, USA	keine
Amphibol (blau)	Californien, USA	keine
Amosit	Südafrika	keine
Blauasbest	Capcolonie, Südafrika	keine
Blauasbest	Westaustralien	keine
Blauasbest	Australien	keine
Blauasbest	Bolivien	keine
Tremolit	Indien	keine
Anthophyllit	Powinco Filterasbest	keine

Für diese Versuche genügt es, eine kleine Fasermenge gründlich mit einigen Tropfen der Farbstofflösung zu mischen und dann auf dem Objektträger unter das Mikroskop zu bringen. Zur Zerfaserung genügt ein Zerzausen der Faser zwischen den Fingern. Während wässerige Jodlösungen organische Fasern anfärben, werden von Jod in Glyzerin organische Fasern nicht angefärbt. Dies gilt für alle organischen Fasern, gleichgültig ob sie tierischen oder pflanzlichen Ursprungs sind, wie beispielsweise Baumwolle, Leinen, Ramie, Jute, Hanf, Seide, Wolle, Kunstseide, Nylon, Sulfit, Holzschliff und Packpapier. Damit liegt ein Mittel vor, Chrysotil von allen anderen Fasern, organischen oder anorganischen, zu unterscheiden. Dieses Verfahren ist beispielsweise auch dann brauchbar, wenn bei Chrysotilasbest neben Baumwolle noch ein Hornblendeasbest anwesend ist. In diesem Fall kann der dem Chrysotil eigene Glühverlust von 14% vorhanden sein und eine reine Chrysotilfaser vortäuschen. Die Anfärbung des Chrysotils unter dem Mikroskop gibt jedoch rasche Klarheit über die Anwesenheit fremder Faserstoffe.

Festigkeitsprüfung nach Marchioli

Wird ein Asbest im Anlieferungszustand einem kanadischen Siebtest unterzogen, so gibt uns diese Prüfung wohl eine Aussage über den Anlieferungszustand, zeigt jedoch nicht, wieweit dieser Zustand auf eine von der Asbestmine durchgeführte Aufschließung zurückzuführen ist und wie sich der Asbest bei der weiteren Bearbeitung verhält. Um auch über diese Punkte Klarheit zu bekommen, wurde von Dr.-Ing. MARCHIOLI ein volumetrischer Zyklon entwickelt, von dem Abb. 141 ein Bild zeigt. Eine bestimmte Menge von rohem Asbest wird durch einen Desintegrator hindurchgeleitet, in welchem der Asbest Bruchteile von Sekunden bleibt, wobei die Faser zunächst nach jedem Durchgang weicher und fluffiger wird, um nach einer bestimmten Anzahl von Durchgängen ein größtes Volumen zu erreichen. Bei weiteren Durchgängen sinkt das Volumen des Asbestes, welches in dem am volumetrischen Zyklon angeschlossenen, durchsichtigen Behälter gemessen wird, wieder ab. Dies ist darauf zurückzuführen, daß der Desintegrator neben dem Aufschluß der Asbestfaserbündel auch eine Zertrümmerung der Fasern herbeiführt. Wird der Aufschluß über das Optimum ausgedehnt, so überwiegt der zweite Effekt, das ist die Zertrümmerung der Fasern. Die Vergrößerung des spezifischen Volumens nach dem ersten Durchgang wird als

Abb. 141. Volumetrischer Zyklon von Dr.-Ing. MARCHIOLI, Ispra, Paderno Dugano

Maßstab für die von der Asbestmine durchgeführten Vorbehandlung genommen. Die Anzahl der Durchgänge bis zur Erreichung des maximalen spezifischen Volumens gibt einen Hinweis auf Elastizität, mechanische Widerstandskraft und Reißfestigkeit des Asbestes und gestattet somit einen Schluß auf die Asbestqualität. MARCHIOLI führt überdies neben der kanadischen Siebtestklassifikation Indexnummern ein, die er dadurch erhält, daß er die Asbestfraktionen in Unzen, die man auf den einzelnen Sieben erhält, für den Kasten 1 mit dem Wert 1, für den Kasten 2 mit dem Wert 2, für den Kasten 3 mit dem Wert 3 und für den Kasten 4 mit dem Wert 4 multipliziert. Ein Asbest der Type 3 R mit dem kanadischen Standardtest 2-8-4-2 erhält demnach die Indexnummer $2 \times 1 + 8 \times 2 + 4 \times 3 + 2 \times 4 = 38$. Zwischen dem kanadischen Standardtest und dem Index „I" besteht keine Gegenseitigkeit, das heißt daß ein bestimmter Index wohl einem bestimmten kanadischen Standardtest entspricht, nicht aber umgekehrt. Ein Asbest ist um so besser und hochwertiger, je niedriger seine Indexziffer ist. Bei der Prüfung im volumetrischen Zyklon steigt die Indexziffer bis zur Erreichung eines Höchstwertes und sinkt dann wieder ab. Eine Zusammenstellung über kanadischen Siebtest und zugehörige Indexnummer zeigt Tab. 38.

Tabelle 38

Typ	Kanadischer Standardtest Minimum	Index-Nummer „I"
7-R	0—0 — 0 —16	64
7-M	0—0 — 1 —15	63
7-K	0—0 — 2 —14	62
7-H	0—0 — 3 —13	61
7-F	0—0 — 4 —12	60
7-D	0—0 — 5 —11	59
6-D	0—0 — 7 — 9	57
05-Z	0—0 — 8 — 8	56
05-T	0—0 — 9 — 7	55
5-R	0—0 —10 — 6	54
5-M	0—0 —11 — 5	53
5-K	0—0 —12 — 4	52
5-F	0—0,5— 9,5— 6	53,5
5-D	0—0,5—10,5— 5	52,5
4-Z	0—1,5— 9,5— 5	51,5
4-T	0—2 —10 — 4	50
4-R	0—3 — 9 — 4	49
04-L	0—3 —10 — 3	48
4-M	0—4 — 8 — 4	48
4-K	0—4 — 9 — 3	47
4-H	0—5 — 8 — 3	46
04-F	0—3 —12 — 1	46
04-D	0—5 —10 — 1	44
3-Z	0—8 — 6 — 2	42
3-T	1—9 — 4 — 2	39
3-R	2—8 — 4 — 2	38
03-M	2—9 — 4 — 1	36
3-K	4—7 — 4 — 1	34
3-F	7—7 — 1,5— 0,5	27,5
03-D	8—8 — 0 — 0	27

b) Zementprüfungen

Für die Eignung eines Zementes für die Asbestproduktion sind vor allem seine chemische Analyse, seine Phasenzusammensetzung und seine Feinheit maßgeblich.

Die chemische Analyse und die Ermittlung der Phasenzusammensetzung werden nur von großen Asbestzement-Fabriken im eigenen Laboratorium vorgenommen, während man sich sonst meist auf die Angaben des Lieferwerkes verläßt und nur gelegentlich Stichproben von neutralen Stellen, zum Beispiel Hochschulinstituten, durchführen läßt. Bezüglich der Phasenberechnung von Portlandzementklinker sei hier auf einen Artikel von A. Glauser in der Zeitschrift Zement—Kalk—Gips, Oktober 1965, verwiesen, der eine neue Phasenberechnung auf äquivalenter Grundlage mit Berücksichtigung des Kühlschen Kalkstandards enthält. Die Untersuchung der Mahlfeinheit, des Abbindeverhaltens (Erstarrungsbeginn) und der Festigkeitsentwicklung können jedoch mit relativ einfachen Mitteln durchgeführt werden.

Prüfung der Mahlfeinheit

Die Mahlfeinheit oder auch Kornfeinheit wird durch Bestimmung des Siebrückstandes auf Normalsiebbüchsen mit einem Durchmesser von 200 mm bestimmt. Die Prüfsiebgewebe sind nach DIN 4188 Blatt 1 festgelegt. Der Zement muß nach DIN 1164 so fein gemahlen sein, daß er auf dem Prüfsiebgewebe 0,09 höchstens 20 Gew.% Rückstand hinterläßt. Zur Erzeugung von Asbestzement werden meist feinere Zemente verwendet, deren Rückstand unter 10% liegt. Die Siebung kann entweder von Hand aus oder mit einem Prüfsiebvibrator durchgeführt werden.

Bestimmung der spezifischen Oberfläche nach Blaine-Dyckerhoff

Die Kornfeinheit des Zementes kann direkt über die spezifische Oberfläche gemessen werden. Zur Bestimmung derselben dient der Luftdurchlässigkeitsprüfer nach Blaine als einfaches Laborgerät und nach Blaine-Dyckerhoff als vollautomatisches Betriebsgerät. Der Luftduchrlässigkeitsprüfer für Zement arbeitet nach dem gleichen Prinzip wie der auf S. 226 angeführte Luftdurchlässigkeitsprüfer für Asbest. In der Asbestzement-Industrie sind spezifische Oberflächen des Zementes von 2800 bis 3500 cm^2/p üblich, wobei jedoch beispielsweise in Rußland auch gute Ergebnisse mit feinstem Zement mit einer spezifischen Oberfläche von ca. 4500 cm^2/p berichtet wurden.

Prüfung des Erstarrungsverhaltens

Der Erstarrungsbeginn kann mit dem Nadelgerät nach Vicat gemessen werden. Nach DIN 1164 § 10 darf das Erstarren bei normalem Portlandzement frühestens eine Stunde nach dem Anmachen des Zementes beginnen und soll spätestens 12 Stunden nach dem Anmachen beendet sein.

Festigkeitsentwicklung

Zur Prüfung der Festigkeitsentwicklung (Hydratation) werden Prüfplättchen bzw. Probekörper hergestellt, deren Biegefestigkeit nach bestimmten Zeitabschnitten gemessen wird. Der Vergleich der bei verschiedenen

Zementlieferungen erhaltenen Ergebnisse gibt Aufschluß über allfällige Änderungen in der Qualität des Zementes. Der Zementmörtel wird in einem Mörtelmischer bereitet und in Formeinrichtungen vergossen. Gegebenen-

Abb. 142*a*. Biegezugfestigkeitsprüfer für 630 kp Höchstlast von Fa. Tonindustrie Berlin

Abb. 142*b*. Kombinierte Biege- und Scheiteldruckprüfmaschine für 10 t Höchstlast von Fa. Tonindustrie Berlin

falls werden die Formen auf einem Schocktisch oder Rütteltisch verdichtet. Die Festigkeitsprüfung erfolgt auf einer geeigneten Biegeprüfmaschine oder einer Universalprüfmaschine zur Durchführung von Biege-, Druck- und Zugversuchen. Abb. 142*a* zeigt eine einfache Biegeprüfmaschine, Abb. 142*b* eine

Universalprüfmaschine. Für Schnellprüfungen, welche bereits nach 5 oder 6 Stunden durchgeführt werden können, wird der Zement mit Normsand einer bestimmten Qualität in einem immer gleichbleibenden Mischungsverhältnis gemischt und werden die daraus hergestellten Prüfkörper in einem Laboratoriumshochdruckautoklav gehärtet. Eine Schnellprüfung von Zement nach dem Kleinzylinderverfahren von F. Keil und H. Mathieu ist in der Zeitschrift Zement—Kalk—Gips, Juli 1964, beschrieben.

Bei diesem Verfahren erhält man bereits nach 6 Stunden eine Druckfestigkeit, die im Mittel etwa der Dreitagenormfestigkeit entspricht. A. Meyer beschreibt in der Zeitschrift Zement — Kalk — Gips, November 1965, eine Weiterentwicklung des Kleinzylinderverfahrens, bei der fast von allen Normzementen bereits im Alter von 5 Stunden annähernd die 28-Tage-Normendruckfestigkeit erreicht wird. Dabei wurden bei Portlandzement bei Vergleich mit der nach DIN 1164 ermittelten 28-Tage-Festigkeit eine maximale Abweichung von etwa 8% und eine mittlere Abweichung von rund 4% festgestellt.

Sag-Test

Für die Erzeugung von Asbestzement sind die Festigkeitswerte maßgebend, wie sie bei der industriellen Großproduktion erhalten werden. Die dort angewendeten Erzeugungsbedingungen sind im Laboratorium nicht reproduzierbar. Selbst bei Modellmaschinen im verkleinerten Maßstab sind die Verhältnisse in bezug auf hydraulisches Gefälle in der Siebzylinderwand, Gautschdruck, Entwässerung und Erzeugungsgeschwindigkeit niemals gleich mit den Bedingungen der Großproduktion. Immerhin erhält man im Laboratorium die brauchbarsten Vergleichswerte, wenn man weder den Zement noch den Asbest für sich allein untersucht, sondern entweder bei gleicher Faser verschiedenen Zement oder bei gleichem Zement verschiedene Fasermischungen einsetzt. In Amerika wurde dazu der Sag-Test, der seinen Namen dadurch erhält, daß aus der Durchbiegung eines Prüfplättchens bei einer bestimmten Belastung eine „Sag" genannte Kennzahl ermittelt wird, entwickelt.

Der Sag-Test wurde von der Firma Johnes-Manville Corp. für die Bewertung von Portlandzement zum Gebrauch in Druckrohren entwickelt. Eine schematische Anordnung der gesamten Ausrüstung mit Ausnahme der Trockenmischbehälter, der Trockenmischausrüstung, der Naßmischausrüstung und des Meßglases zeigt Abb. 143. Der Trockenmischbehälter ist ein gewöhnlicher Eimer mit 2,27 l Inhalt, 138 mm Durchmesser und 148 mm Höhe, an dessen Außenwand drei nach innen stehende Blechstreifen mit einer Breite von 27 mm angeordnet sind. Als Trockenmischausrüstung wird eine konventionelle Kugelmühle oder ein Rollentisch verwendet, die bzw. der den Behälter mit 2,27 l aufnehmen und mit ca. 90 Umdrehungen/min drehen kann. Als Naßmischer kann eine übliche Ausführung mit kleiner, variabler Geschwindigkeit mit konstantem Drehmoment bei allen Lasten verwendet werden, der bei Leerlauf auf 50 Umdrehungen/min eingestellt ist. Als Rührer soll ein Messingpropeller mit drei Blättern mit 70 mm Durchmesser und 101,6 mm Steigung verwendet werden. Das Meßglas soll für einen

Meßinhalt von 1000 ml ausgelegt sein. An anderer Ausrüstung werden ein Mischtrichter, eine Blechschurre, ein Filterkasten, eine Saugflasche, ein Manometer, eine Vakuumpumpe, ein Handstampfer, ein Einformwerkzeug, ein Ständer zum Ausdrücken der Kuchen, eine Transportplatte für die Kuchen,

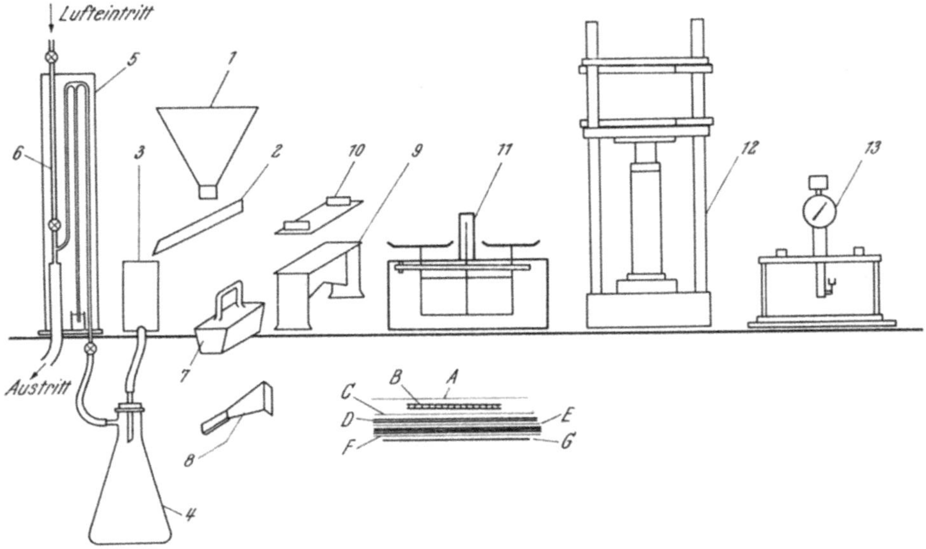

Abb. 143. Schematische Anordnung der „Sag-Test"-Ausrüstung, von Johns Manville Corporation, USA

1 Mischtrichter
2 Schurre
3 Filterkasten
4 Saugflasche 2000 ml
5 Quecksilbermanometer, 500 mm HGS
6 luftbetriebener Saugapparat
7 Handstampfer
8 Formspatel
9 Gestell
10 Kuchenauflageplatte 75 × 200 mm
11 Waage, Bereich 250 g, Wiegefähigkeit 0,1 g
12 Laboratoriumspresse, Höchstlast 12.000 lb (ca. 5500 kp)
13 Sag-Tester
A, C, E, G Filterpapier
B Asbestzement-Kuchen
D Sieb (20 mesh)
F perforierte Platte

eine Waage, eine Presse und ein Sag-Tester benötigt. Die Saugflasche soll einen Inhalt von 2000 ml haben. Das Manometer muß einen Mindestanzeigenbereich von 500 mm HGS aufweisen. Zur Erzeugung des Vakuums wird ein luftbetriebener Saugapparat verwendet. Der Saugapparat ist über ein Druckreduzierventil an eine Preßluftleitung angeschlossen, die eine konstante Menge reiner trokkener Luft mit einem Druck von ca. 3,5 kg/cm^2 liefert. Die Waage muß in einem Wiegebereich von 250 p eine Wiegegenauigkeit von 0,1 p haben. Die Presse wird zur Verdichtung des Kuchens benötigt. Es handelt sich um eine normale Laboratoriumspresse mit einem Anzeigenbereich von ca. 5000 kp. Auf dem Preßkopf wird eine Stahlplatte mit 100 × 225 × 25 mm und auf dem Preßtisch eine Stahlplatte mit 100 × 225 × 20 mm befestigt. Die Befestigung der Platten muß so sein, daß die Oberfläche der Platten glatt ist. Die Platten müssen an einem Drehgelenk befestigt sein, um Biegespannungen von dem Ständer fernzuhalten. Das Preßbett besteht aus einer Reihe perforierter

Bleche und Siebe in Kombination mit Filterpapier. Dieses Preßbett wird während des Preßvorganges unter den Kuchen gelegt und führt das während des Preßvorganges ausgepreßte Wasser ab.

Der Sag-Tester mißt die Plastizität (Sag) des Kuchens, das ist die Abweichung von der Horizontalen unter einer gegebenen Belastung. Er besteht im wesentlichen aus einer aus vier Stützen angeordneten Messingplatte, auf die rechteckige Auflagen montiert sind, die eine freie Spannweite von 152,4 mm ergeben. In der Mitte befindet sich eine Unterstützung, die den Kuchen vor Beginn des Versuches trägt und umgelegt werden kann. Zur Messung der Plastizität wird in der Mitte des Kuchens eine Belastungseinrichtung aufgelegt, die ein Gesamtgewicht von 140 p hat. Der Weg dieser Einrichtung wird über eine geeignete Anzeigevorrichtung gemessen.

Wird die Eignung des Zementes geprüft, dann wird eine Spezialversuchsfaser verwendet. Auch der Quarzsand, der für den Versuch beigefügt wird, ist genormt. Das Mischungswasser soll destilliert sein und einen p_H-Wert zwischen 6,0 und 7,0 haben. Die Trockenmischung besteht aus 20% Asbestfaser, 30% Quarzsand und 50% Zement, wobei für einen Kuchen insgesamt 160 p benötigt werden. Dabei sind Reserven für Verluste während des Versuches einkalkuliert.

Zunächst erfolgt eine Trockenmischung der Fasern, des Quarzsandes und des Zementes im Mischbehälter über 10 Minuten bei 90 ± 20 Umdrehungen/min. Nach Beendigung der Mischperiode wird die für einen Kuchen erforderliche Menge von 150 p ausgewogen. Anschließend wird die Vakuumeinrichtung auf ein Vakuum von 413 mm HGS eingestellt. Dann wird das Innere des Filterkastens getrocknet und der Filterkasten mit der leeren Saugflasche verbunden. Ein Filterpapier mit den Abmessungen 76×203 mm wird bereit gemacht, indem man unmittelbar vor Beginn der Naßmischung destilliertes Wasser aus einer Flasche auf das Papier spritzt; dann wird das Vakuumsystem wieder geschlossen.

Da die Temperatur des Mischungswassers die Plastizität des Zementes beeinflußt, soll eine bestimmte Wassertemperatur, und zwar $21° C \pm 1° C$, eingehalten werden. Die Erzeugung des Kuchens geht wie folgt vor sich. Zunächst werden 1000 ml Mischwasser von der angegebenen Temperatur in den Mischtrichter geleert, die Trockenmischung (150 p) zugefügt und sofort der Rührer in Gang gesetzt. Gleichzeitig wird die Uhr gestartet und von diesem Punkt an kontinuierlich in Gang gehalten. Der Brei wird 1 Minute lang mit einem Rührer mit 500 Umdrehungen/min gemischt. Am Ende der ersten Minute wird der Stöpsel entfernt und der Brei über die Blechschurre zurück in den Filterkasten geleert. Durch leichtes Klopfen auf den Kasten kann das Einspielen des Niveaus begünstigt werden. Die Schurre wird dann mit einer Gummispachtel abgewischt. In der Zeit 1 : 15 Minuten wird das Ventil des Vakuums geöffnet. Während der Entwässerung soll ein Vakuum von 400 mm HGS gehalten werden.

Als Filtrierzeit wird der Zeitabschnitt angegeben vom Öffnen des Vakuumsystems (1 Minute und 15 Sekunden) bis zu dem Zeitpunkt, an dem der Wasserstrom, der in die Saugflasche eintritt, bricht und die ersten Luftblasen erscheinen. Unmittelbar nach Beendigung der Filtrierzeit soll der ca. 11 kp schwere Handstampfer auf die Oberfläche des Kuchens aufgesetzt werden. Nach 10 Sekunden wird der Handstampfer rasch vom Filterkasten abgehoben, und die Kanten des Kuchens werden mit dem Formierungswerkzeug verstrichen, um ein Anliegen der Kuchenränder an den Wänden des Filterkastens zu erreichen. Bei richtiger Handhabung des Einformerwerkzeuges sollte für den Rest der Entwässerungsperiode ein Vakuum von 330 bis 343 mm HGS erhalten werden. Der Kuchen soll insgesamt 3 Minuten 45 Sekunden unter Vakuum stehen. Im Zeitpunkt 4 Minuten 55 Sekunden soll der Filterkasten abgehoben und geschwenkt werden, um Restwasser aus dem Unterteil des Kastens zu entfernen. Im Zeitpunkt 5 Minuten soll das Vakuum durch Entfernen des Gummischlauches unterbrochen werden. In der Zeit 5 Minuten bis 6 Minuten wird der Sag-Kuchen aus dem Filtrierkasten entfernt. Dazu wird der Kasten gestürzt und auf den Ständer für die Entfernung des Kuchens aufgelegt und Luft in den Sauganschluß geblasen. Das beim folgenden Abziehen des Filtrierkastens auf dem Kuchen verbleibende Filtrierpapier wird abgezogen und der Kuchen auf die Transportplatte aufgelegt. Für die späteren Operationen bleibt der Kuchen auf der Transportplatte. Zur Erleichterung der Gewichtsbestimmung soll ein Taragewicht vorbereitet werden, welches dem Gewicht der Transportplatte entspricht. Das Gewicht nach der Filterung wird bestimmt.

Dafür ist die Zeit zwischen 6 Minuten und 6 Minuten 30 Sekunden vorgesehen. Nach der Wiegung kommt der Kuchen zusammen mit den Preßunterlagen in die Presse und wird unter einemDruck von 22,5 kp/cm^2 10 Sekunden lang bei gleichmäßiger Zunahme der Belastung verdichtet. Die Aufbringung des Druckes soll im Zeitpunkt 6 Minuten 50 Sekunden beginnen. Im Zeitpunkt 7 Minuten soll die volle Belastung erreicht sein und 5 Sekunden aufrechterhaltenbleiben. Dann wird der Druck rasch weggenommen und der Kuchen wieder auf die Transportplatte aufgelegt. Das Gewicht nach dem Pressen wird ebenfalls bestimmt.

Nun wird der eigentliche Sag-Test durchgeführt. Unmittelbar nach der letzten Wiegung wird der Kuchen mit der Siebseite nach unten von der Transportplatte auf den Sag-Tester übertragen und mit der Mitte unter den Mikrometerfuß gebracht. Der Zeiger der Mikrometerskala steht auf Null. Der Mikrometerfuß wird angestellt, und die Anfangsablesung wird eingetragen. Diese Anfangsablesung ist der Ausgang für die folgende Sag-Messung und gibt die Dicke des Kuchens an. Im Zeitpunkt 9 Minuten wird die Mittelunterstützung entfernt, und im Zeitpunkt 10 Minuten wird wieder abgelesen. Die Differenz zwischen den beiden Ablesungen gibt den Durchhang (Sag) unter dem Eigengewicht.

Nach dem Sag-Test werden die Kuchen ausgehärtet und wird die Biegefestigkeit bestimmt. Die Kuchen werden vom Sag-Tester abgenommen und auf einer flachen Glasplatte sorgfältig geradegerichtet. Sofort danach kommen die Kuchen auf der Glasplatte in einen geschlossenen Behälter, in dem sie bei einer Temperatur von ca. 32° C und einer Luftfeuchtigkeit von mindestens 90% 24 Stunden verbleiben. Dabei können die Kuchen übereinandergestapelt werden. Dann werden die Kuchen von der Glasplatte abgenommen und in einen Autoklav gebracht, wo sie in Sattdampf von ca. 7 kp/cm² 16 Stunden gehärtet werden.

Sobald der Autoklav beladen und geschlossen ist, läßt man Dampf ein, bis beim geöffneten Auslaßventil ein Dampfstrom austritt; dann wird das Ventil geschlossen und der Druck gleichmäßig über eine Periode von 15 bis 30 Minuten bis zu dem angegebenen Druck von 7 kp/cm² erhöht. Nach der angegebenen Härtezeit von 16 Stunden soll auch der Druckabbau gleichmäßig innerhalb von 15 bis 30 Minuten erfolgen.

Nach der Härtung werden die Versuchsplättchen auf Raumtemperatur abgekühlt und für 24 Stunden in Wasser mit einer Temperatur von ca. 23° C eingelegt. Dann werden die Muster aus dem Wasser genommen und mit einem feuchten Tuch abgewischt. Das Gewicht des gesättigten Plättchens in der Luft und im Wasser soll gemessen werden. Die Biegefestigkeit wird mit einer geeigneten Biegeprüfeinrichtung gemessen, die eine Spannweite der Auflager von 152,4 mm (6″) hat. Bei der Prüfung soll die Siebseite des Kuchens nach unten schauen. Der Belastungsgradient soll möglichst konstant gehalten werden, und zwar so, daß der Bruch des Plättchens nach 1 bis 2 Minuten erfolgt. Nach der amerikanischen Vorschrift soll die Biegeprüfeinrichtung der ASTM-Norm C-223-55 entsprechen. Die Dicke wird an drei Punkten entlang der Bruchlinie gemessen und die mittlere Dicke für jedes Plättchen ermittelt. Dann werden die Plättchen in einem Trockengerät mit einer Temperatur von 100 bis 105° C 48 Stunden getrocknet. Wenn Unterdrucktrockner verwendet werden, kann diese Zeit reduziert werden. Nach der Trocknung sollen die Plättchen in einem Desikkator auf Raumtemperatur getrocknet werden. Das danach ermittelte Trockengewicht wird benötigt zur Berechnung der Wasseraufnahme und Dichte. Für Routinemessungen ist die bei der Trocknung im Desikkator sich ergebende erhöhte Genauigkeit nicht erforderlich.

Versuchsergebnisse:

Die beiden angeführten Prüfungen erhaltenen Werte für das durchschnittliche Gewicht nach der Filterung und nach dem Pressen, für den Durchhang (Sag) und für die Filterzeit können unmittelbar als Kennwerte verwendet werden.

Der Wassergehalt wird wie folgt errechnet:

$$\text{Wassergehalt nach der Filterung in }\% = \frac{G_F - G_T}{G_T} \times 100 \tag{29}$$

$$\text{Wassergehalt nach dem Pressen in }\% = \frac{G_P - G_T}{G_T} \times 100 \tag{30}$$

Dabei bedeuten:

G_F = Gewicht des Kuchens nach dem Filtern,

G_T = Gewicht der Trockenmischung (150 p).

Zu den einzelnen Werten muß die Temperatur des Mischungswassers angegeben werden.

Die Biegefestigkeit für jeden Kuchen wird wie folgt ermittelt:

$$k_b = 1{,}5 \cdot \frac{P \cdot L}{b \cdot h^2} \tag{31}$$

Dabei bedeuten:
k_b = Bruchfestigkeit in kp/cm²,
P = Bruchlast in kp,
L = Auflagerabstand in cm (15,24 cm = 6″),
b = Breite des Plättchens an der Bruchstelle in cm,
h = durchschnittliche Dicke an der Bruchstelle in cm.

Wird der Auflagerabstand wie oben mit 6″ konstant gehalten, dann kann die Formel wie folgt vereinfacht werden:

$$k_b = \frac{22{,}86\, P}{b \cdot h^2} \tag{32}$$

Die Wasseraufnahme wird wie folgt errechnet:

$$\text{Wasseraufnahme in } \% = \frac{G_S - G_T}{G_T} \times 100 \tag{33}$$

Dabei bedeuten:
G_S = Gewicht des im Wasser gesättigten Plättchens,
G_T = Gewicht des getrockneten Plättchens.

Das spezifische Gewicht in p/cm³ ergibt sich:

$$\gamma = \frac{G_T}{G_{SL} - G_{SW}} \tag{34}$$

Dabei bedeuten:
G_T = Trockengewicht in p,
G_{SL} = Gewicht des gesättigten Plättchens, gewogen in Luft, in p
G_{SW} = Gewicht des gesättigten Plättchens, gewogen in Wasser, in p

Das folgende Diagramm zeigt den Zeitablauf, der für die Versuchsreihe zur Bewertung des Zementes vorgesehen ist.

c) Prüfung des Asbestzementes

Bei der Fertigung von Asbestzement-Platten und Asbestzement-Rohren wird eine Reihe von Prüfungen und Versuchen durchgeführt, die zum Teil in den Landesnormen vorgeschrieben sind und im folgenden Kapitel (Seite 241) behandelt werden und die im Interesse des Erzeugers zur Aufrechterhaltung einer gleichmäßigen Qualität oder zur Kontrolle des Einflusses verschiedener Faktoren durchgeführt werden. Im Laboratorium werden hauptsächlich Versuchsplättchen angefertigt und im wesentlichen die gleichen Versuche durchgeführt, wie sie im vorstehenden Kapitel zur Bewertung des Zementes beschrieben wurden. Werden verschiedene Fasermischungen unter Verwendung des gleichen Zementes geprüft, erhält man Vergleichswerte der einzelnen Asbestfasern. Da die mit den Laboratoriumsgeräten hergestellten Versuchsplättchen naturgemäß von den mit den Produktionsmaschinen erzeugten Platten oder Rohren verschieden sind, werden fallweise aus der Produktion aus frischem Material Versuchsplättchen entnommen. An diesen Versuchsplättchen kann die Festigkeit nach 3 und nach 7 Tagen gemessen werden. Werden diese Werte statistisch erfaßt und mit der Normenfestigkeit nach 24 Tagen verglichen, erhält man allmählich angenäherte konstante Beziehungen, die ein

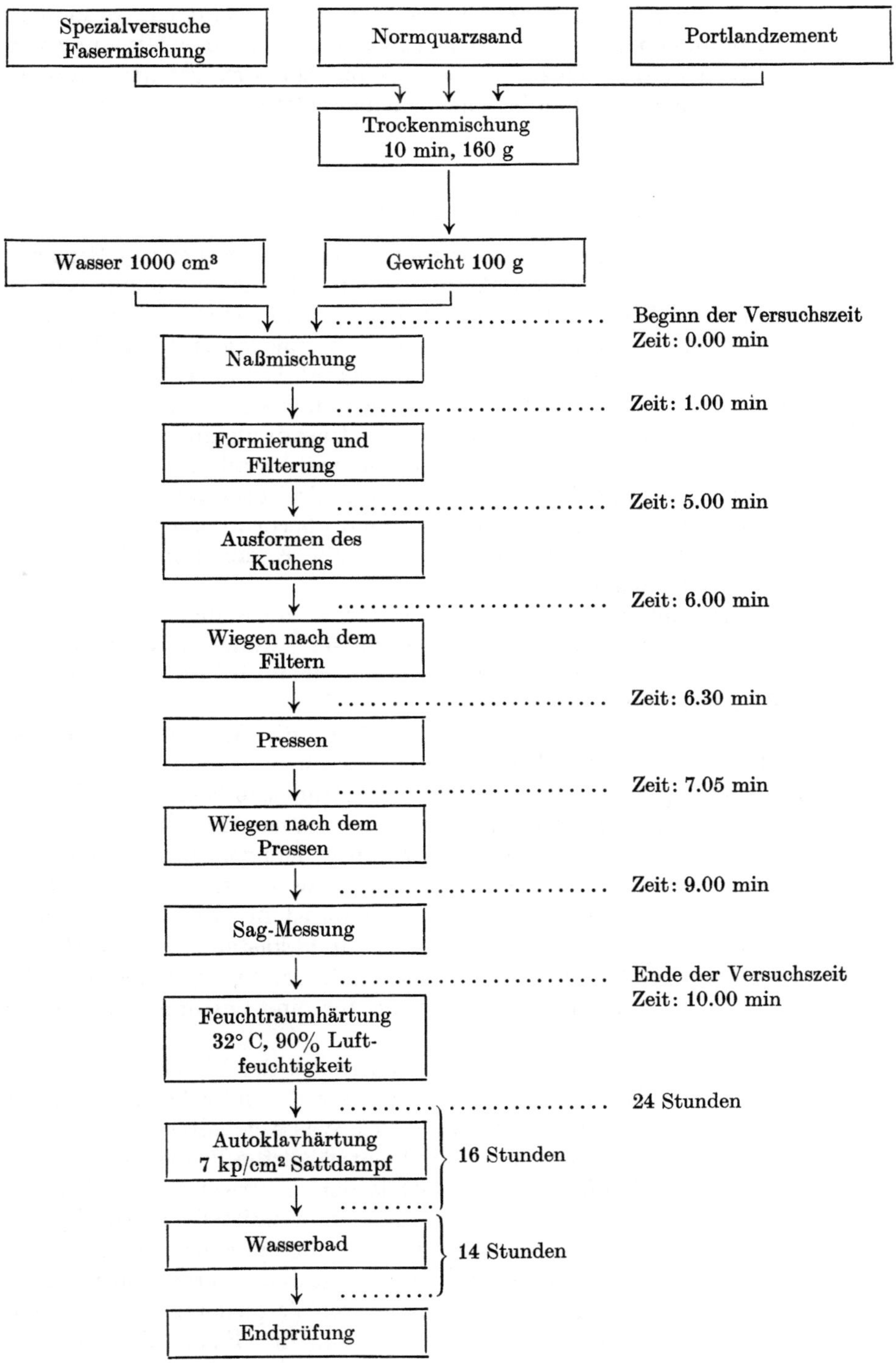

Abb. 144. Zeitablauf beim Sag-Test von Johns Manville Corporation, USA

Vorausschätzen der zu erwartenden Endfestigkeit gestatten. Besondere Vorsicht ist dann geboten, wenn Versuchsplättchen aus einer Mischung von Asbest und Zement ohne Quarzsandbeigabe im Autoklav gehärtet werden, da verschiedene Zementsorten bei einer solchen Härtung verringerte Festigkeiten ergeben.

2. Fertigungskontrolle

Bei der Erzeugung treten immer wieder — meist unerwartet — Schwankungen in der Qualität des Produktes auf, deren Ursachen oft nur schwer festgestellt werden können. Um diese Schwankungen jedoch in zulässigen Grenzen zu halten, müssen alle Faktoren der Produktion laufend überprüft und statistisch festgehalten werden. Dies beginnt bereits bei der genauen Erfassung der für die jeweilige Produktion verwendeten Mischungen, sowohl in bezug auf den Einsatz verschiedener Asbestfasern als auch auf das Verhältnis des Asbestes zum Zement, auf die Menge des allfälligen Wasserzusatzes beim Kollern, auf die Konsistenz im Naßmischer und in den Siebkasten. Die Wasserhärte muß ebenfalls laufend überprüft werden, und auch die Feststellung des p_H-Wertes ist eine wertvolle Ergänzung. Die Wasserhärte wird wie folgt bestimmt.

Zu einer bestimmten Menge Wasser läßt man so viel Seifenlösung bekannter Konzentration hinzufließen, daß das Wasser gerade zu schäumen beginnt. Die Härte wird in Härtegraden angegeben, in 10 mg CaO oder 7,19 mg MgO pro Liter, dies bedeutet 1 deutschen Härtegrad. Durch Verwendung einer Meßeinrichtung nach CLARK kann die Härte ohne Wiegung direkt an Teilstrichen in Graden abgelesen werden.

Zur Bestimmung des p_H-Wertes gibt es elektronische Meßgeräte, die den p_H-Wert über die Leitfähigkeit einer Probe bestimmen. Die Konsistenz der Mischung wird durch Wiegen einer bestimmten Menge, zum Beispiel 500 oder 1000 cm³, bestimmt. Ein Zusammenhang zwischen dem spezifischen Gewicht der Stoffmischung und der Konsistenz ist in Tab. 17 angegeben. Durch Bestimmung der Konsistenz im Siebzylinderkasten sowie im Ablaufkasten vom Siebzylinder kann die Wirksamkeit der Siebzylinder bzw. die Eignung einer bestimmten Siebbespannung für eine bestimmte Mischung überprüft werden.

Die Filtrationsfähigkeit des Asbestzementes auf der Maschine sowie die Wirksamkeit der Hilfs- und Hauptsauger werden durch Probeentnahme vor und nach den Saugern und Errechnung des Wassergehaltes über Naßgewicht und Gewicht des im Trockenschrank entwässerten Probestückes überprüft. Es gibt auch Prüfgeräte, die mittels der elektrischen Leitfähigkeit beim Anhalten des Gerätes an die Prüfstelle eine unmittelbare Anzeige des Feuchtigkeitsgehaltes geben. Ein solches Gerät mit Spitzentaster und Planscheibentaster ist in der folgenden Abb. 145 dargestellt. Vergleiche zwischen den so ermittelten Wassergehalten und den durch Vergleich der frischen und getrockneten Probe ermittelten Werten, die von der Firma Rocalla S. A. in Barcelona durchgeführt wurden, haben eine hohe Übereinstimmung ergeben.

Die Temperatur in den verschiedenen Stadien der Stoffaufbereitung, der Produktion und der Härtung muß ebenfalls statistisch festgehalten werden, da dieser Faktor einen entscheidenden Einfluß auf das Abbindeverhalten und die Härtung des Asbestzementes hat.

a *b*

Abb. 145. Feuchtigkeitsmesser (Fühler), *a)* mit Spitzentaster, *b)* mit Planscheibentaster; von der Fa. Constructora Electronica EMA, Barcelona

Natürlich ist es notwendig, daß die jeweils erzeugten Produkte so gekennzeichnet werden, daß sich späterhin feststellen läßt, wann die Erzeugung erfolgte und wie die Betriebsbedingungen bei der Erzeugung waren.

3. Abnahmeprüfungen

a) Abnahmeprüfungen für Platten

DIN 274 schreibt in den allgemeinen Prüfbestimmungen vor, daß aus jeder Lieferung etwa $0{,}5^0/_{00}$ an Platten oder Tafeln entnommen und geprüft werden. Dabei sind folgende Prüfungen vorgeschrieben:

Prüfung der Abmessungen und der Gestalt:

Als Maß gilt bei Dachplatten das Mittel aus fünf Messungen, bei Tafeln aus drei Messungen, durchgeführt an mindestens fünf trockenen Probestücken.

Raumgewicht:

Das Raumgewicht r ist das Gewicht der Raumeinheit der getrockneten Asbestzement-Platten einschließlich des Porenraumes. Das Raumgewicht wird nach dem Wassersättigungsverfahren bestimmt und nach der Formel

$$r = \frac{G_{tr}}{G_{sl} - G_{sw}} \text{ berechnet.} \qquad (34)$$

Dabei bedeuten:

G_{tr} = Gewicht der 24 Stunden lang bei 110° C getrockneten, dann 2 Stunden im Trocknungsgefäß abgekühlten Versuchsstücke an der Luft.

G_{sl} = Gewicht der wassergetränkten Versuchsstücke an der Luft.

G_{sw} = Gewicht der wassergetränkten Versuchsstücke im Wasser.

Wasseraufnahme

Versuchsstücke von 20 cm × 10 cm werden 24 Stunden lang bei etwa 110° C getrocknet, 2 Stunden lang im Trocknungsgefäß abgekühlt und darauf gewogen. Dann werden sie bis zu etwa einem Viertel ihrer Kantenlänge in Leitungswasser gelagert. Nach der ersten Stunde wird das Wasser bis zur Hälfte, nach Ablauf der zweiten Stunde bis zu drei Viertel der Kantenlänge aufgefüllt. Nach 22 Stunden werden die Versuchsstücke völlig unter Wasser gesetzt und nach 24 Stunden erstmalig gewogen (G_{24}). Das Wiegen wird täglich wiederholt, bis Gewichtsgleichheit eingetreten ist, das heißt, bis die Gewichtszunahme gegen die letzte Wiegung innerhalb 24 Stunden kleiner als 0,5% geworden ist. Vor Bestimmung der Naßgewichte werden die Versuchsstücke mit einem ausgedrückten Schwamm oder Leinenlappen abgetrocknet. Im Versuchsbericht werden das Gewicht der trockenen Versuchsstücke, das Gewicht nach 24stündiger Wasserlagerung und das Gewicht nach Eintritt der Gewichtsbeständigkeit (G_s) sowie die Zeitdauer bis zum Eintritt derselben (Z_s) aufgenommen. Die Wasseraufnahme wird berechnet als

$A = G_s - G_{tr}$ in p oder kp bzw.

$$A_g = \frac{A}{G_{tr}} \times 100 \text{ in Gewichtsprozent oder} \tag{33}$$

$A_r = \dfrac{r \cdot A}{G_{tr}} \times 100 = r \cdot A_g$ in Raumprozent bezogen auf das Gewicht der trockenen Versuchsstücke (scheinbare Porosität). (35)

Frostbeständigkeit

Versuchsstücke von 20 cm × 10 cm werden im Wasser getränkt und dann 25mal abwechselnd dem Frost ausgesetzt und im Wasser aufgetaut. Die Temperatur im Frostraum ist so zu regeln, daß die Temperatur in etwa 4 Stunden allmählich auf mindestens −15° C fällt und 2 Stunden gehalten wird. Nach jeder Frostbeanspruchung werden die Versuchsstücke in die gleichen mit Leitungswasser von etwa +15° C gefüllten Gefäße gebracht, wo sie mindestens 2 Stunden verbleiben. Vor jeder neuen Frostbeanspruchung sind die Versuchsstücke zu wiegen und auf äußerlich wahrnehmbare Zerstörungserscheinungen zu untersuchen. Im Versuchsbericht werden das Gewicht der getrockneten Versuchsstücke, das Gewicht der wassergetränkten Versuchsstücke vor und nach dem Frostversuch sowie die Beschaffenheit der Versuchsstücke angegeben. Einen meßbaren Anhalt für die Beurteilung der Frostbeständigkeit gibt der Abfall der Biegefestigkeit der ausgefrorenen, wassergetränkten Versuchsstücke gegenüber der Biegefestigkeit der luftgetrockneten Versuchsstücke, wobei die Norm vorschreibt, daß der Abfall weniger als ein Drittel betragen darf.

Hitzebeständigkeit

Versuchsstücke von 20 cm × 10 cm werden 25mal abwechselnd im Trockenschrank 1 Stunde lang bei 110° C erhitzt und im Wasser mit Zimmertemperatur abgeschreckt. Die Temperatur von 110° C darf erst nach etwa 15 Minuten nach dem Einlegen der Versuchsstücke erreicht werden. Nach jeder Beanspruchung werden die Versuchsstücke auf äußerlich wahrnehmbare Zerstörungserscheinungen untersucht. In Zweifelsfällen gibt der Abfall der Biegefestigkeit einen Anhalt für die Beurteilung.

Biegefestigkeit

Aus ebenen Platten werden Versuchsstücke von 20 cm × 10 cm senkrecht und gleichlaufend zur Faser aus den Platten herausgeschnitten und luftgetrocknet auf Biegefestigkeit geprüft. Der Auflagerabstand nach DIN 274 beträgt 18 cm, die Schneiden der Auflager sind kreisförmig mit 1,5 cm Durchmesser gerundet. Die glatte Seite des Versuchsstückes ist der Last zuzuwenden. Die Versuchsstücke werden durch eine Einzellast in der Mitte über eine Schneide belastet. Die Schneidenrundung ist gleich wie bei den Auflagern. Der Belastungsgradient soll 1 kp/Sekunde betragen. Die Biegefestigkeit in kp/cm² ergibt sich mit

$$\sigma_b = \frac{M}{W} = \frac{18\,P \cdot 6}{4 \cdot 10 \cdot d^2} = 2{,}7\,\frac{P}{d^2} \qquad (36)$$

Dabei bedeuten:
P = Belastung in kp,
d = Dicke des Versuchsstückes in cm.

Bei Welltafeln wird ein mindestens 125 cm langes Versuchsstück mit einer Breite von zwei Wellen herausgeschnitten und bei 120 cm Stützweite luftgetrocknet auf Biegefestigkeit geprüft. Die Schneiden der Auflager und des in der Mitte angebrachten Druckstückes haben kreisförmigen Querschnitt von etwa 1,5 cm Durchmesser. Der Belastungsgradient soll 10 kp/Sekunde betragen. Die Bruchspannung errechnet sich wieder als Quotient aus Biegemoment und Widerstandsmoment.

ISO/TC 77 (International Organization for Standardization Technical Commitee 77) empfiehlt darüber hinaus zur Prüfung von Asbestzement-Platten einen Wasserdurchlässigkeitsversuch an gewellten Asbestzement-Platten. Die Prüfung soll in Luft mit einer relativen Feuchtigkeit von mehr als 70% erfolgen. Ein vertikales durchsichtiges Rohr mit einer Länge von 30 cm und einer Bohrung von 3,5 cm, dessen unteres Ende der Form eines Wellentales angepaßt ist, soll in der Mitte einer Wellplatte, die auf zwei Unterstützungen liegt, aufgesetzt und gegen die Platte abgedichtet werden. Das Rohr wird bis zu einer Höhe von 25 cm, gemessen vom Wellental, mit Wasser gefüllt. Die Versuchsdauer beträgt 24 Stunden. In dieser Zeit dürfen Feuchtigkeitsspuren auf der Unterfläche der Platte auftreten, doch dürfen sich auf keinen Fall Tropfen bilden. Abb. 146 zeigt die Anordnung für diesen Versuch.

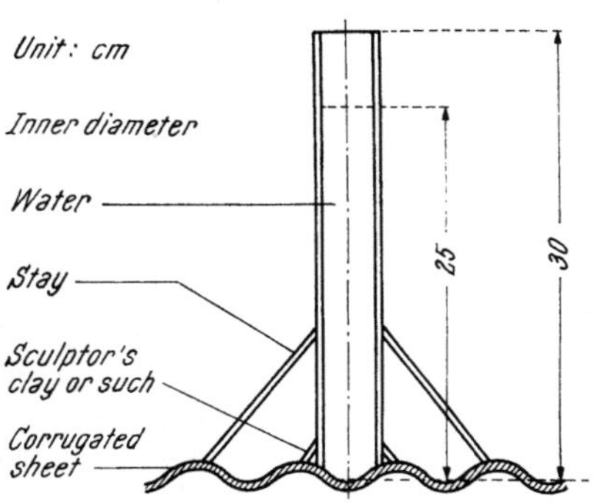

Abb. 146. Anordnung zur Wasserdurchlässigkeitsprüfung nach ISO

Manche Länder haben darüber hinausgehende strengere Prüfvorschriften. Zum Beispiel schreibt die japanische Industrienorm A 5403 - 1960 für Asbestzement-Welltafeln einen Durchschlagversuch vor. Ein annähernd birnenförmiges Gewicht, welches aus 120 cm Höhe im freien Fall auf den Wellenberg der Asbestzement-Platte aufschlägt, darf die Platte nicht durchschlagen.

b) Abnahmeprüfungen für Rohre

DIN 19800 schreibt in den technischen Lieferbedingungen *für Druckrohre* vor, daß sämtliche Rohre einer Prüfung auf Wasserdichtheit im Herstellerwerk unterzogen werden und daß die Festigkeitswerte der Rohre der Norm entsprechen. Die Festigkeitswerte werden als Mittel aus drei Prüfungen festgestellt, wobei kein Einzelwert der Prüfungen unter den nachfolgend angeführten Festigkeitswerten liegen darf.

a) Ringzugfestigkeit = 200 kp/cm²
b) Scheiteldruckfestigkeit = 450 kp/cm²
c) Biegezugfestigkeit = 250 kp/cm²

Für die Maße schreibt DIN 19800 folgende zulässige Abweichungen vor:

Tabelle 39

Nennweite (NW) d_1	Zulässige Abweichungen		
	für Außendurchmesser an		von der Geraden (siehe Abb. 147
	unbearbeiteten Rohrenden	bearbeiteten Rohrenden	
65	+ 2,0 − 0,8	+ 0,7 − 0,8	0,0055 l
80	+ 2,6 − 0,8	+ 0,7 − 0,8	0,0055 l
100	+ 2,6 − 0,8	+ 0,7 − 0,8	0,0055 l
125	+ 3,0 − 0,8	+ 0,7 − 0,8	0,0055 l
150	+ 3,2 − 0,8	+ 0,7 − 0,8	0,0045 l
200	+ 3,6 − 0,8	+ 0,7 − 0,8	0,0045 l
250	+ 4,2 − 0,8	+ 0,7 − 0,8	0,0035 l
300	+ 4,2 − 0,8	+ 0,7 − 0,8	0,0035 l
350	+ 4,6 − 1,5	+ 1,0 − 1,5	0,0035 l
400	+ 4,6 − 1,5	+ 1,0 − 1,5	0,0035 l

Wanddicke der Rohrenden	Zulässige Abweichung
bis 10	± 1,5
über 10 bis 20	± 2,0
über 20 bis 30	± 2,5
über 30	± 3,0

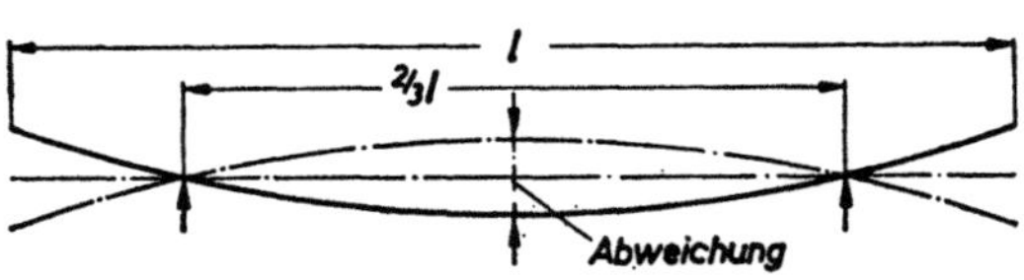

Abb. 147. Abweichung von der Geraden

Für die Prüfung auf Wasserdichtheit, Ringzugfestigkeit, Scheiteldruckfestigkeit und Biegezugfestigkeit müssen die nicht weniger als 28 Tage alten Rohre vor der Prüfung mindestens 48 Stunden im Wasser lagern und sollen dann mit einem Schwamm leicht abgetrocknet werden.

Die Druckrohre müssen mit Wasser in der zweifachen Höhe des Nenndruckes abgedrückt werden. Während der Prüfung, bei welcher der Druck mindestens 30 Sekunden zu halten ist, dürfen sich keinerlei Undichtheiten oder Wasserflecken und Tropfen zeigen.

Zur Ermittlung der Ringzugfestigkeit wird ein Probekörper mit einer Länge von 50 cm mit Wasser bis zum Bruch abgepreßt (Berstdruckprüfung). Die Drucksteigerung darf höchstens 2 kp/cm² pro Sekunde betragen. Die Ringzugspannung ergibt sich dann nach der Formel

$$\sigma_z = \frac{P \cdot d}{2 \cdot s} \text{ in kp/cm}^2 \qquad (37)$$

Dabei bedeuten:
P = Wasserdruck in kp/cm²,
d = tatsächliche lichte Weite des Rohres in cm,
s = tatsächliche Wanddicke des Rohres in cm (an Bruchstücken gemessen).

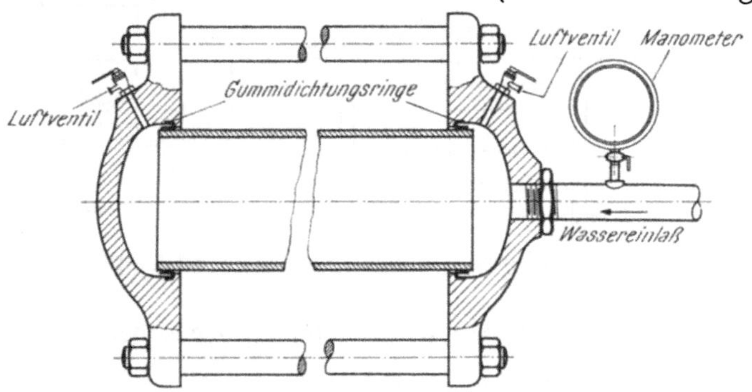

Abb. 148. Prüfung auf Wasserdichtheit (Ringzugfestigkeit) nach BSS 486, 1956

Abb. 148 zeigt eine Prüfpresse, wie sie in der britischen Norm 486:1956 zur Prüfung ohne feste Einspannung der Rohrenden vorgeschlagen wird.

Für die Prüfung auf Wasserdichtheit gibt die ISO-Empfehlung R 160 als alternative Prüfbedingung an, daß der Innendruck nur 10 Sekunden lang gehalten werden muß, wenn er um 10% über den bei der 30-Sekunden-Prüfung vorgeschriebenen Wert erhöht wird.

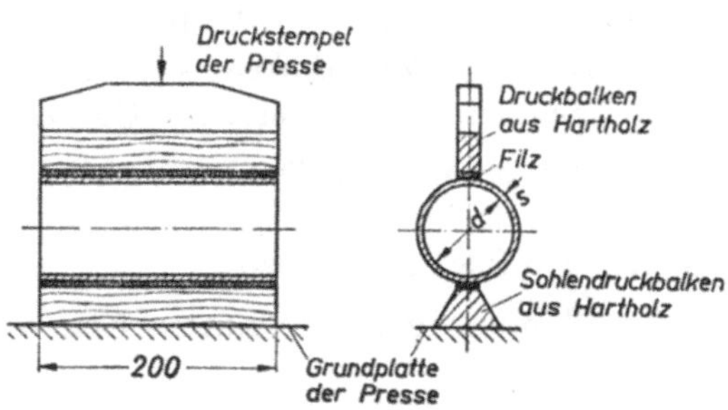

Abb. 149. Scheiteldruckfestigkeitsprüfung nach DIN 19800

Die Prüfung der Scheiteldruckfestigkeit erfolgt mit einer Anordnung nach Abb. 149; dabei werden zwischen das Rohr und die Platten der Prüfpresse Filzschichten von mindestens 10 mm Dichte gelegt. Die Scheiteldruckfestigkeit ergibt sich mit

$$\sigma_d = \frac{3P \cdot (d+s)}{\pi \cdot s^2 \cdot 1} \text{ in kp/cm}^2 \tag{38}$$

Dabei bedeuten:

P = Bruchlast in kp,
d = tatsächliche lichte Weite des Rohres in cm,
s = tatsächliche Wanddicke des Rohres in cm (an Bruchstücken gemessen),
l = 20 cm Länge der belasteten Rohrmantellinie.

Die Belastung wird um 40 bis 60 kp je Sekunde gesteigert, bis die Bruchlast P erreicht ist, das heißt, bis die Lastanzeige bei fortschreitendem Zusammendrücken des Rohres nicht mehr steigt.

Die Biegezugfestigkeit wird bei geraden Rohren nur bis Nennweite 200 ermittelt. Zwischen die um zwei waagrechte Achsen drehbaren Mittelträger und das Rohr sowie zwischen die die Last übertragenden Metallstützen wird eine mindestens 10 mm dicke Filzschicht eingelegt. Die Versuchsanordnung ist in Abb. 150 dargestellt.

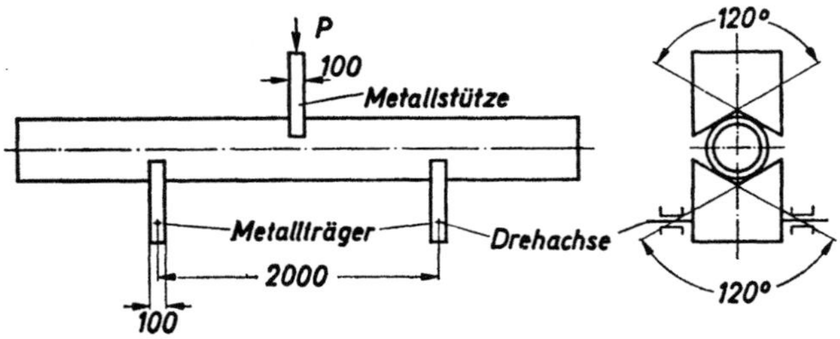

Abb. 150. Biegezugfestigkeitsprüfung nach DIN 19800

Die Biegezugfestigkeit wird nach folgender Formel berechnet:

$$\sigma_b = \frac{8P \cdot l}{\pi} \cdot \frac{d+2s}{(d+2s)^4 - d^4} \text{ in kp/cm}^2 \tag{39}$$

Dabei bedeuten:

P = Bruchlast in kp,
l = Abstand zwischen den Mitten der Stützen in cm,
s = tatsächliche Wanddicke des Rohres in cm (an Bruchstücken gemessen),
d = tatsächliche lichte Weite des Rohres in cm.

Für *Abflußrohre und Formstücke* sind die Gütebestimmungen und Prüfverfahren in DIN 19830 zusammengestellt. Die zulässigen Maßabweichungen sind wie folgt angegeben:

Für die Wanddicke an den glatten Enden der Rohre und Formstücke	$+2$ mm / -1 mm
Für die Baulänge	± 10 mm
Für die Außendurchmesser von Rohr- und Formstückenden	$+3$ mm
Für die Innendurchmesser von Muffen	$+2$ mm
Für die Muffentiefe	± 4 mm

Zulässige Abweichung der Rohrachse von der Geraden (Durchbiegung), bezogen auf die jeweilige Baulänge 0,004 l_1

Die Rohre müssen folgende Festigkeit aufweisen: Ringzugfestigkeit mindestens 130 kp/cm², Scheiteldruckfestigkeit mindestens 350 kp/cm² und Biegezugfestigkeit (Längsbiegung) mindestens 150 kp/cm².

Die Wasserdichtheit wird durch einen Innendruckversuch (Abdrückversuch) geprüft, wobei ein Rohrabschnitt von mindestens 750 mm Länge (zusätzlich Muffenlänge bei Muffenrohren) 15 Minuten lang einem Überdruck von 2 kp/cm² $\pm$ 0,2 kp/cm² ausgesetzt wird, ohne daß Tropfenbildung auftreten darf.

Zur Prüfung auf Frostbeständigkeit werden die wassergesättigten Prüfstücke nach 48stündigem Lagern unter Wasser in einem abgeschlossenen Luftraum von 0,25 bis 2,5 m³ Inhalt 25mal abwechselnd dem Frost ausgesetzt und in Wasser wieder aufgetaut. Die Regelung des Temperaturgefälles im Frostraum muß so erfolgen, daß die Temperatur in etwa 2 Stunden allmählich auf $-15°$ C abgesenkt und diese Temperatur 1 Stunde lang gehalten wird. Nach jeder Frosteinwirkung werden die Prüfstücke in Wasser von etwa $+10°$ C wieder aufgetaut und verbleiben im Wasser mindestens 1 Stunde lang. Vor jeder neuen Frostbeanspruchung sind die Prüfstücke auf Schäden zu untersuchen.

Die Prüfung auf Ringzugfestigkeit wird gleich wie für Druckrohre nach DIN 19800 durchgeführt.

Die Prüfung auf Scheiteldruckfestigkeit weicht insofern von der Prüfung für Druckrohre nach DIN 19800 ab, als die Belastungssteigerung nur 10 bis 20 kp/Sekunde betragen darf.

Die Prüfung auf Biegefestigkeit unterscheidet sich darin von der für Druckrohre nach DIN 19800 vorgeschriebenen Prüfung, daß die Drucksteigerung ebenfalls auf 10 bis 20 kp/Sekunde begrenzt ist und die Stützlänge jeweils das 6fache der Nennweite des Rohres beträgt.

II. Projektierung

1. Einleitung

Für die Projektierung einer Fabrikanlage gibt es eine Reihe von allgemeinen Grundsätzen, die beachtet werden müssen. Zunächst liegt der Wunsch des Auftraggebers fest, welche Waren erzeugt werden sollen und wie hoch die Produktion derselben sein soll.

Mit der Aufgabenstellung über Art und Menge der herzustellenden Ware ergibt sich die Fragestellung nach den günstigsten Erzeugungsverfahren, nach den dazu erforderlichen Maschinenanlagen und sonstigen Einrichtungen, und damit ergibt sich weiter der für die Erzeugung benötigte Bedarf an Rohmaterialien und Kraft.

Die Entscheidung über die günstigsten Erzeugungsverfahren wird auf Grund von betriebswirtschaftlichen Erwägungen getroffen, wobei Investitionskosten, Produktionskosten und die durch die Qualität des Produktes bedingte Markterwartung gegeneinander abgewogen werden müssen.

Nachdem für den Projektanten nunmehr auch bereits die Produktionsverfahren und damit in grundsätzlichen Zügen die Maschinenausstattung festliegen, muß das ganze Projekt im großen und im kleinen unter folgenden allgemeinen Richtlinien durchgearbeitet werden:

1. In der Zeiteinheit herzustellende Ware unter Berücksichtigung von Dimensionen, Profilen u. dgl.
2. Für die Herstellung dieser Waren benötigte Maschinenanlagen und Einrichtungen.
3. Benötigte Rohmaterialien, Größe der Vorratshaltung und Raumbedarf für die Vorratshaltung.
4. Benötigte Lagerräume für die Waren (z. B. Vorhärtung, Härtung, Verkaufslager).
5. Untersuchung der innerbetrieblichen Transportwege in bezug auf Länge der Wege sowie Gewicht und Rauminhalt der bewegten Waren.
6. Reserveteilehaltung bzw. Raumbedarf für die Lagerung derselben.
7. Größe und Anzahl der Produktionshallen und Lagerhallen, Ausführung mit oder ohne Hallenkran, Fahrwege für Transportfahrzeuge.
8. Innerbetriebliche Werkstätten (Schlosser, Schweißer, Tischler, Zimmerer, Elektriker, Anstreicher und Lackierer, Maurer, Sattler u. a.), Art der benötigten Maschinen, Größenbedarf der Werkstätten und Größe der Rohmaterialmagazine.
9. Vorzusehende Laboratoriumseinrichtungen, Art und Größe des Laboratoriums.

10. Betriebs- und Abnahmekontrolle. Benötigte Einrichtungen.
11. Wiegeanlagen, Fahrzeugwaagen u. dgl.
12. Transporteinrichtungen für den Antransport der Rohmaterialien und die Auslieferung der Ware, Anschluß an Bahn, Straße, eventuell Schiffahrt.
13. Kraftbedarf der Maschinenanlage, einschließlich der Nebenbetriebe, Strombedarf für Beleuchtung.
14. Besteht ein Stromversorgungsnetz, an das die Fabrikanlage angeschlossen werden kann? Größe und Leistung der benötigten werkseigenen Transformatorenstation.
15. Wasserversorgung.
16. Kanalisierung, Ableitung von sanitären Abwässern, Ableitung von Betriebsabwässern und Kläranlagen für Dickstoffe.
17. Temperatur und Witterungsverhältnisse.
18. Heiz- und Klimaanlagen für Fertigung und Personal.
19. Anzahl des benötigten Personals für die Produktionsanlage, für die Nebenbetriebe und für Verwaltung und Vertrieb.
20. Büros für Verwaltung und Vertrieb.
21. Sozialeinrichtungen, wie Werksküche, Kantine, Aufenthaltsräume, Sanitätsstation. Ferner sanitäre Einrichtungen, wie Waschräume, Umkleideräume, Toiletten.
22. Werksstraßen, Anzahl der Ausgänge, Portierlogen, Bewachung, Werksfeuerwehr.
23. Verkehrsverbindungen für die Beschäftigten, Werksautobusse, Parkplätze usw.
24. Allfällige Einplanung zukünftiger Erweiterungsmöglichkeiten.

Die Problemstellung und auch die Auswahl der günstigsten Lösungen sind von Fall zu Fall verschieden und die allgemein gültigen Richtlinien zu allgemein, um daraus unmittelbare Ableitungen für die Anwendung zu ziehen.

Gegenstand dieses Abschnittes wird als Beispiel die Projektierung von Fabrikanlagen zur Erzeugung von Asbestzement-Platten und von Asbestzement-Hochdruckrohren sein, wobei wegen der notwendigen Beschränkung des hier behandelten Umfanges keinesfalls alle oben angeführten Punkte behandelt werden können und im wesentlichen nur die Auslegung der Maschinenanlagen und Gebäude gezeigt wird.

Der Verfasser muß sich dabei darauf beschränken, jeweils eine von vielen Lösungsmöglichkeiten zu wählen und projektmäßig durchzuarbeiten, wobei keinesfalls der Anspruch erhoben werden soll, daß es sich um die einzig mögliche oder um die beste Möglichkeit handelt.

Der Verfasser glaubt aber, daß es an Hand von Beispielen am leichtesten möglich ist, die für die Projektierung maßgeblichen Grundsätze aufzuzeigen, und daß es bei entsprechender Überlegung möglich sein sollte, diese Grundsätze auf andere ähnlich gelagerte Fälle zu übertragen.

Bei der Behandlung der Größe der für die Erzeugung von Asbestzement-Waren benötigten Produktionshallen muß man eine grundsätzliche Unterscheidung treffen nach dem erzeugten Produkt, nach den verschiedenen Erzeugungsverfahren und vor allem auch danach, ob reiner Asbestzement in der Luft oder im Wasser ausgehärtet werden soll oder ob ein Teil des

Zementes durch Quarzsand (Silika) ersetzt wird und die Härtung im Autoklav erfolgt. In den angeführten Beispielen ist dann willkürlich eine der gebräuchlichen Maschinenausstattungen angenommen. Bei Verwendung anderer Maschinenausstattungen müßten entsprechende Korrekturen vorgenommen werden.

Werden daher in den folgenden Abschnitten Produktionsziffern und Erzeugungsprogramme zugrunde gelegt, so handelt es sich jeweils um Zahlenwerte aus den im folgenden angeführten Aufgabenstellungen, sofern nicht ausdrücklich besondere Hinweise gegeben sind.

2. Aufgabenstellung

a) Aufgabenstellung für eine Plattenfabrik

Es soll eine Fabrik zur Herstellung von Asbestzement-Platten errichtet werden, wobei eine Produktion von 60.000 t pro Jahr vorgesehen ist.

Folgende Produktionsaufteilung ist geplant:

32.000 t *Wellplatten, Profil Bigsix Type B* gemäß BSS 690 : 1963,
6.000 t *Wellplatten, Profil Standard Corrugated* nach Type A, gemäß BSS 690 : 1963,
10.000 t *Ebene Platten* nach Table 4, BSS 690 : 1963,
6.000 t *Formstücke.*

Die Asbestfabrik wird in der Nähe einer bestehenden Zementfabrik errichtet, so daß der Zement mit einer pneumatischen Förderleitung angeliefert werden kann. Der Asbest wird per Bahn angeliefert, und die Auslieferung der fertigen Waren erfolgt teils per Bahn und teils per Lkw.

Es wird weiter angenommen, daß von den Platten Profil Bigsix der Bedarf der verschiedenen Längen sich wie folgt verteilt:

10 Fuß (3050 mm) 40%	6 Fuß (1830 mm) 15%
8 Fuß (2440 mm) 40%	4 Fuß (1220 mm) 5%

Bei den Platten Profil Standard Corrugated wird folgende Längenverteilung angenommen:

10 Fuß (3050 mm) 30%	6 Fuß (1830 mm) 5%
8 Fuß (2440 mm) 50%	4 Fuß (1220 mm) 15%

Bei ebenen Platten wird angenommen, daß 70% mit einer Länge von 4 Fuß und 30% mit einer Länge von 8 Fuß benötigt werden, wobei die mittlere Dicke $^1/_4''$ beträgt.

b) Aufgabenstellung für eine Rohrfabrik

Es soll eine Fabrikanlage zur Erzeugung von Hochdruckrohren von NW 80 bis NW 600 errichtet werden.

Die maximale Jahresproduktion soll für eine Maschinenstraße angegeben werden unter Annahme des folgenden Erzeugungsprogramms:

NW 100	4 m lang	7%	NW 250	5 m lang	10%
NW 100	5 m lang	5%	NW 300	4 m lang	2%
NW 150	4 m lang	14%	NW 300	5 m lang	8%
NW 150	5 m lang	6%	NW 400	5 m lang	5%
NW 200	4 m lang	12%	NW 500	5 m lang	5%
NW 200	5 m lang	15%	NW 600	5 m lang	5%
NW 250	4 m lang	6%			

Die angegebenen Prozentzahlen beziehen sich auf die Stückzahl und nicht auf die Gewichte. Für die Auslegung soll ein mittlerer Prüfdruck von 12 kp/cm² angenommen werden. Die Druckrohre sollen den ISO-Normen entsprechen und mit Ring-Tite-Kupplungen geliefert werden.

A. Plattenanlage

1. Technologische Auslegung

a) Erzeugungsprogramm der Plattenanlage

Das Erzeugungsprogramm ergibt sich aus der Aufgabenstellung gemäß Seite 250 ff.

Zunächst werden die Anzahl der erzeugten Platten und die zugehörige Bruttoproduktion errechnet.

Die mittlere Plattenlänge sowie das mittlere Plattengewicht ergeben sich wie folgt:

Profil Bigsix BSS 690 : 1963 Type B

Wellteilung: $5^3/_4'' = 146{,}05$ mm
Höhe über alles: $2^1/_8'' = 54$ mm
Dicke: $^1/_4'' = 6{,}35$ mm
Gesamtbreite: $36^3/_4'' = 934$ mm

Tabelle 40

Plattenlänge	Gewicht	Erzeugungsanteil	
10 Fuß	39,5 kp	40%	10 × 40 = 400
8 Fuß	38,6 kp	35%	8 × 35 = 280
6 Fuß	23,7 kp	15%	4 × 15 = 90
4 Fuß	15,8 kp	10%	4 × 10 = 40
			8,1 × 100 = 810

Mittlere Plattenlänge 8,1 Fuß ... 32 kp
Mittlere Bruttoplattenlänge 8,4 Fuß ... 33,2 kp

Bei einer jährlichen Produktion von 32.000 t werden

$$\frac{32{,}000.000}{32} = 1{,}000.000 \text{ Platten erzeugt.}$$

Profil Standard 3″ Corrugated BSS 690 : 1963 Type A

Wellteilung: $2^7/_8'' = 73$ mm
Höhe über alles: $1'' = 25{,}4$ mm
Dicke: $^7/_{32}'' = 5{,}61$ mm
Gesamtbreite: $26'' = 660$ mm

Tabelle 41

Plattenlänge	Gewicht	Erzeugungsanteil	
10 Fuß	24,2 kp	30%	10 × 30 = 300
8 Fuß	19,4 kp	50%	8 × 50 = 400
6 Fuß	14,5 kp	5%	6 × 5 = 30
4 Fuß	9,7 kp	15%	4 × 15 = 60
			7,9 = 100 = 790

Mittlere Plattenlänge 7,9 Fuß ... 19,2 kp
Mittlere Bruttoplattenlänge: 8,2 Fuß ... 19,9 kp

Bei einer jährlichen Produktion von 6000 t werden

$$\frac{6{,}000.000}{19{,}2} = 312.500 \text{ Platten erzeugt.}$$

Ebene Platten nach BSS Tafel 4

Plattenbreite 4 Fuß = 1220 mm
Mittlere Plattendicke $^3/_{16}$ Fuß = 4,76 mm
(für die Rechnung)

Tabelle 42

Plattenlänge	Gewicht	Erzeugungsanteil	
4 Fuß	12,8 kp	70%	4 × 70 = 280
8 Fuß	25,6 kp	30%	8 × 30 = 240
			5,2 × 100 = 520

Mittlere Plattenlänge 5,2 Fuß ... 16,6 kp
Mittlere Bruttoplattenlänge 5,45 Fuß ... 17,4 kp

Bei einer jährlichen Produktion von 12.000 t werden

$$\frac{12{,}000.000}{16{,}6} = 722.900 \text{ Platten erzeugt.}$$

Formstücke

Es wurde die Produktion von 6000 t Formstücken angenommen. Mit einem Zuschlag für Abfälle von 33% beträgt die erforderliche Bruttoproduktion 8000 t.

Jahresbruttoproduktion

Wellplatten Bigsix	1,000.000 × 33,2 kp =	33.200 t
Wellplatten Standard 3″	312.500 × 19,9 kp =	6.219 t
Ebene Platten	722.900 × 17,4 kp =	12.578 t
Formstücke		8.000 t
insgesamt		59.997 t

b) Materialbedarf der Plattenanlage

Zur Ermittlung des Materialbedarfes muß man von der Nettoproduktion ausgehen. Dabei versteht man in diesem Fall unter Nettoproduktion die Gesamtproduktion an Fertigwaren unter Einschluß von Ausschuß und Bruch, während der Beschnitt der Platten im grünen Zustand, der wieder aufgelöst und der Produktion zugeführt wird, unberücksichtigt bleibt. Bei den Formstücken nehmen wir an, daß die Hälfte des Verschnittzuschlages wieder aufgelöst wird.

Nettoproduktion

Wellplatten Bigsix	1,000.000 × 32	= 32,000.000 kp
Wellplatten Standard 3″	312.500 × 19,2	= 6,000.000 kp
Ebene Platten	722.900 × 16,6	= 12,000.000 kp
Formstücke		7,000.000 kp
Insgesamt		57,000.000 kp

Diese 57.000 t Nettoproduktion setzen sich zusammen aus etwa 14.250 t Produktionswasser und 42.750 Tonnen Trockenstoff. Wie bereits im Abschnitt „Wertigkeit und Festigkeit", S. 173, behandelt, kann man Asbestzement-Materialien mit einer bestimmten Festigkeit mit verschiedenen Stoffmischungen erzeugen.

Für den vorliegenden Fall wird angenommen, daß die Mischung aus 13% Asbest und 87% Zement besteht. Der Asbestanteil setze sich zur Gänze aus Chrysotilasbest zusammen, und zwar 25% Klasse 3, 25% Klasse 4 und 50% Klasse 5.

Beim Zement handle es sich um PZ-275, die Zementfeinheit betrage 3500 cm²/g nach Blaine.

Für die Jahresproduktion werden somit benötigt: 5.558 t Asbest
und 37.192 t Zement.

Der Asbest setze sich aus 1389,5 t Klasse 3,
1389,5 t Klasse 4
und 2779,0 t Klasse 5 zusammen.

Sollen die Asbestzement-Platten im Autoklav gehärtet werden, dann ändert sich der Materialbedarf entsprechend, da 30 bis 40% des Zementes durch Quarzsand ersetzt werden. Unter Annahme des zweiten Wertes setzt sich dann die für eine Jahresproduktion benötigte Materialmenge wie folgt zusammen:

Asbest Klasse 3	1389,5 t	
Asbest Klasse 4	1389,5 t	
Asbest Klasse 5	2779,0 t	5.558 t
Zement		22.315,2 t
Quarzsand		14.876,8 t
Trockenstoff		42.750,0 t

c) Maschinenwahl für eine Plattenanlage

Im folgenden wird an Hand der in Abb. 105 schematisch dargestellten Anlage die Auslegung der einzelnen Maschinen durchgesprochen. Die Aufbereitung besteht aus einer Asbestwaage, aus einem Kollergang, der mit einem Schrägförderband beschickt wird, aus einem Mischbehälter, in den der gekollerte Asbest eingetragen und aus dem der Asbest mit einer Förderschnecke zur Asbestwaage gebracht wird.

Weiters besteht die Aufbereitung aus einem Zementsilo mit einer angeschlossenen Austrageinrichtung, die den Zement in die Zementwaage bringt. Die beiden Waagen entleeren in einen darunter befindlichen Turbopulper, in welchen eine entsprechende Wassermenge zur Erreichung einer Stoffkonsistenz von ungefähr 20% zugesetzt wird. Die Turbopulperchargen werden in ein Rührwerk abgelassen, aus dem der Stoff mit einer Stoffpumpe zunächst in einen Misch- und Verdünnungsbehälter gepumpt wird, in dem durch Zusatz von Rückwasser der Siebzylinder und von Stoffwasser vom Grünabfallauflöser die für die Plattenmaschine gewünschte Konsistenz hergestellt wird. Vom Misch- und Verdünnungsbehälter wird dann der Stoff auf die drei Siebzylinderkasten verteilt. Der Stoffkreislauf, der sich bei dieser Anordnung für eine Tagesproduktion von 120 t ergibt, ist in Tab. 18, S. 164 dargestellt.

Materialbedarf

Die Aufbereitung ist für eine Tagesproduktion von 120 t ausgelegt. Da in dem Gewicht der Asbestzement-Produkte auch das in Zement gebundene Wasser sowie die Restfeuchtigkeit enthalten sind, beträgt der Bedarf an Trockenstoff (Asbest und Zement) nur rund 75 bis 80% des Produktionsgewichtes.

Für die Tagesproduktion von 120 t werden bei einem angenommenen Mischungsverhältnis von 12% Asbest und 88% Zement täglich 10,8 t Asbest und 79,2 t Zement verbraucht. Der Bedarf an frischem Produktionswasser beträgt rund 30 m³ pro Tag.

Kollergang

Unter der Annahme einer maximalen Kollerzeit von ca. 30 Minuten wird der Kollergang für eine Beschickungsperiode von ca. 40 Minuten ausgelegt. Für die Beschickung und Entleerung des Kollerganges stehen dann 10 Minuten zur Verfügung. Eine Kollergangcharge enthält maximal

$$\frac{10.800}{24} \times \frac{40}{60} = 300 \text{ kp}$$

Der Asbest wird mit einem Zusatz von 30% Wasser (bezogen auf das Asbestgewicht) gekollert, so daß sich des Gesamtgewicht der Charge auf $300 \times \frac{100}{70} = 429$ erhöht. Der Wasserzusatz pro Charge beträgt somit 129 kp.

Es wird daher ein Kollergang für einen Eintrag von 450 bis 500 kp gewählt. Der Bodenstein des Kollerganges hat einen Durchmesser von 2200 mm, die konischen Läufersteine einen größten Durchmesser von 1800 mm bei einer Steinbreite von 500 mm. Der Kollergang läuft mit ca. 10 Umdrehungen in der Minute und erfordert eine Antriebsleistung von ca. 30 kW.

Zur Naßkollerung ist eine Wasserringleitung in den Kollergang eingebaut, mit der der Asbest besprüht wird. Die benötigte Wassermenge wird zweckmäßig in einem Arbeitsbehälter bereitgestellt, da dadurch eine exakte Messung der Wassermenge möglich ist, die die Voraussetzung für eine exakte Stoffmischung bietet.

Die Beschickung des Kollerganges erfolgt über ein Schrägförderband, welches ebenso wie der Kollergang in eine geschlossene Staubhaube eingebaut ist. Die Bandbreite beträgt 600 mm und die Bandgeschwindigkeit ca. 1 m/sec. Bei einer durchschnittlichen Lagenaufschüttung von 50 mm Dicke bei einer Arbeitsbreite von 500 mm und bei Annahme eines Raumgewichtes des Schüttgutes von 250 kp/m³ beträgt die Förderleistung des Schrägförderbandes 375 kp/min.

Es gibt Asbestsorten, die eine längere Kollerung erfahren, und andere, die gegen die Kollerung empfindlich sind, so daß es zweckmäßig sein kann, die Kollerzeit der einzelnen Sorten durch gestuften Eintrag zu variieren.

Sehr häufig aber wird es bei der Erzeugung von Asbestzement-Platten möglich sein, alle Asbestsorten gleichzeitig in den Kollergang einzutragen.

Asbestwaage

Der Asbestanteil wird üblicherweise aus zwei bis vier Sorten gemischt. Wie oben ermittelt, beträgt der Asbesteintrag für eine Kollergangcharge 300 kp. Man trachtet, die Asbestmischung womöglich so festzulegen, daß jeweils eine ganze Zahl von Asbestsäcken einer Sorte verwendet wird.

Beispielsweise könnte man die Kollergangcharge mit 6 Säcken à 50 kg aufbringen, wobei 3 Säcke der Sorte A, 2 Säcke der Sorte B und 1 Sack der Sorte C verwendet werden. Wird der Asbest in Säcken mit je 100 Pfund angeliefert, so müßte man die Beschickungsperiode des Kollerganges etwas variieren, um mit 6 Säcken auf eine Charge von 272 kp oder mit 7 Säcken auf eine Charge von 317 kp zu kommen.

Da es sich jedoch als notwendig erweisen kann, Asbestsorten so zu mischen, daß keine ganzen Säcke verwendet werden können, muß man eine Asbestwaage vorsehen. Diese sollte einen Wiegebereich von 500 kp haben und zum Einwiegen des Asbestes einen Behälter zum Wiegen mit einem Volumen von 1 m³ haben. Es ist nicht erforderlich, daß die gesamte Asbestmischung auf einmal verwogen wird. Der Wiegebehälter soll kippbar oder mit aufklappbarer Seitenwand ausgeführt sein, um eine einfache Entleerung zu ermöglichen.

Mischbehälter (Einfachmischer)

Der aus dem Kollergang ausgetragene Naßasbest fällt durch die Ausleeröffnung in einen darunter befindlichen Mischbehälter. Das Arbeitsvolumen des Mischbehälters beträgt ca. 1400 l. Im Mischer befinden sich zwei Rührscheite, die so schraubenförmig verwunden sind, daß sie den Asbest zu der in der Mitte des Wannenbodens befindlichen Austragöffnung fördern. Der Mischer läuft mit ca. 15 U/min.

An die Austragöffnung schließt eine Förderschnecke an. Unterhalb der Austragöffnung ist im Gehäuse der Förderschnecke ein Fenstersatz mit einer Lichtschranke angebracht, welche ein Signal gibt, wenn kein Asbest aus dem Mischer nachfällt. Dieses Signal dient gleichzeitig als Einschaltungsbefehl für die nächste Kollergangentleerung.

Asbestförderschnecke

Die Asbestförderschnecke für Naßasbest besteht zweckmäßig aus einer Schneckenwelle mit aufgesetzten verdrehbaren Schaufelblättern. Mit steigendem Verhältnis von Steigung zum Außendurchmesser sinkt der volumetrische Wirkungsgrad der Förderschnecke. Ein Verhältnis von Steigung : Durchmesser von ca. 0,75 ist zu empfehlen. Bei einem Außendurchmesser von 250 mm und einer Steigung von 180 mm sowie bei einer Drehzahl von etwa 50 U/min beträgt die theoretische Förderleistung der Schnecke ca. 125 kp/min. Dabei sind ein Raumgewicht von etwa 0,4 t/m³ und ein Schneckenwirkungsgrad von 0,7 zugrunde zu legen.

Asbestwaage

Von der Asbestförderschnecke wird der Asbest in eine Behälterwaage eingetragen. Um zu große Naßmischer zu vermeiden, wird eine Kollergangcharge auf zwei Wiegechargen aufgeteilt. Eine Wiegecharge enthält somit 150 kp trockenen bzw. 215 kp naßen Asbest. Da sich der Asbest im Wiegebehälter pyramidenförmig aufbaut, wird derselbe mit einem Arbeitsvolumen ausgelegt, das ungefähr dem doppelten Rauminhalt des Asbestes entspricht.

Mit Annahme eines Raumgewichtes von 0,35 t/m³ wird ein Wiegebehälter mit 1200 l Inhalt benötigt. Es wird daher ein Wiegebehälter mit einem Querschnitt von 900×900 mm und einer Höhe von 1500 mm gewählt, dessen Boden durch zwei ausschwenkbare Klappen gebildet wird. Sobald das eingestellte Asbestgewicht erreicht ist, wird die Zufuhr des Asbestes über die Asbestförderschnecke abgestellt.

Zementsilo

Der tägliche Zementverbrauch beträgt maximal 79,2 t; es wird daher ein Zementtagessilo mit einem Rauminhalt von ca. 60 m³ gewählt. Der Zementsilo kann rechteckig oder rund ausgeführt werden. Ist der Bodenkonus mit einer Neigung von ca. 60° ausgebildet, so rutscht der Zement im Regelfalle selbst nach und sind pneumatische Auflockerungseinheiten oder Einblasleitungen nur in seltenen Fällen zur Beseitigung von Brückenbildungen notwendig. Bei flacheren Bodenausführungen ist es zweckmäßig, Luftförderrinnen in den Boden einzubauen.

Zementförderung

Zur Förderung des Zementes vom Zementsilo in die Zementwaage dient eine Fördereinrichtung, die aus einem an den Zementsilo anschließenden Handabsperrschieber, aus einem Abschluß- und Regelorgan und aus einer Förderschnecke oder Luftförderrinne besteht.

Der Zementeintrag pro Wiegecharge beträgt 1100 kp. Die Zeit für eine Wiegecharge ist mit der halben Beschickungsperiode des Kollerganges, das heißt mit ca. 20 Minuten, ausgelegt. Man benötigt daher eine Zementfördereinrichtung mit einer Mindeststundenleistung von $1{,}1 \times 3 = 3{,}3$ t pro Stunde. Diese Leistung entspricht etwa einer Zementförderschnecke mit einem Außendurchmesser von 150 mm, einer Schneckensteigung von 120 mm und einer Drehzahl von 135 U/min.

Zementwaage

Für die Zementwaage muß angenommen werden, daß der mit Luft aufgelockerte Zement ein Raumgewicht von nur 1,1 t/m³ hat. Die Zementwaage wird daher mit einem Arbeitsvolumen von 1500 l ausgeführt. Die Zementwaage wird als Kegel ausgebildet, mit einem Durchmesser an der Oberkante von 2350 mm und einer Höhe von 2000 mm. Bei Erreichen des eingestellten Zementgewichtes stellt die Waagensteuerung den Zementzulauf ab.

Turbopulper

Im Turbopulper wird zunächst der Asbest in Wasser weiter aufgeschlossen und anschließend mit dem Zement vermischt. Die Konsistenz im Turbopulper beträgt 20—25%. Ein Eintrag beinhaltet 150 kp trockenen Asbest (mit 65 kp Wasser) und 1100 kp Zement, somit insgesamt 1250 kp Trockenstoff.

Es werden daher zuerst 3750 l Wasser eingetragen, und das Volumen der fertigen Mischung beträgt ca. 4,15 m³. Der Behälter des Turbopulpers wird mit einem Durchmesser von etwa 2500 mm und einer Höhe von 2000 mm ausgeführt. Der Rotor liegt flach im Behälterboden und ist mit einer kleinen Beschaufelung ausgeführt. Der Durchmesser des Rotors beträgt 750 mm, die Drehzahl 750 U/min.

Dieser Turbopulper benötigt eine Antriebsleistung von ca. 60 kW. Wie bereits erwähnt, ist es zweckmäßig, zuerst nur den Asbest in das Wasser einzutragen und den Turbopulper einige Minuten zur Auflockerung des Asbestes laufen zu lassen.

Nach dem Eintrag des Zementes erfolgt nur eine verhältnismäßig kurze Durchmischung, die etwa 1 Minute dauern kann.

Die günstigen Öffnungs- und Mischungszeiten können nur empirisch festgestellt werden, da jeder Asbest anders auf die Verarbeitung im Turbopulper reagiert. Es ist daher notwendig, aus Asbestzement-Stoff, welcher verschieden lang im Turbopulper gemischt wurde, Probeplättchen zu erzeugen und die Festigkeiten im Labortest zu überprüfen. Für eine bestimmte Asbestmischung steigt die Festigkeit zunächst mit steigender Mischzeit an, um dann nach Erreichung eines optimalen Wertes wieder abzusinken. Dieses Verhalten ist darauf zurückzuführen, daß am Anfang der Turbopulperbehandlung der Öffnungseffekt gegenüber der Faserkürzung überwiegt, während nach Erreichung eines optimalen Wertes die Festigkeitsverminderung durch Faserkürzung den Festigkeitszuwachs durch Asbestöffnung überwiegt. Bei unendlich langer Laufzeit im Turbopulper würde letzten Endes der Asbest zu Asbeststaub vermahlen werden.

Die vorhergehende Auflösung des Asbestes allein im Turbopulper ergibt Asbestzement-Platten mit größerer Elastizität und geringerem Raumgewicht. Würde man den Zement schon von allem Anfang an zusetzen, so würde bei vielen Asbesten der Aufschließungseffekt vergrößert, doch werden aus solchen Stoffen gefertigte Platten dichter und auch weniger elastisch. Es läßt sich daher durch die zeitlich gestufte Stoffeinbringung eine Stoffeinsparung erzielen.

Im Boden des Turbopulperbehälters ist ein Auslaßventil, welches von außen betätigt wird und durch welches das Stoffwasser in das darunter befindliche Rührwerk läuft.

Wasserbehälter zur Beschickung des Turbopulpers

Für eine Turbopulpercharge werden 3750 l Wasser benötigt. Diese Wassermenge wird in einem Behälter bereitgestellt und entweder durch Wiegung oder durch einen schwimmergesteuerten Zulauf eingemessen.

Aus dem Wasserbehälter wird das Wasser in den Turbopulper geleitet, wobei der Abschluß des Wasserbehälters bei vollautomatischen Aufbereitungsanlagen mittels eines servogesteuerten Membranventils, bei handgesteuerten Aufbereitungsanlagen mittels eines handbetätigten Absperrventils gesteuert werden kann.

Das Rührwerk stellt das Übergangsglied zwischen der diskontinuierlichen Aufbereitung und der kontinuierlichen Beschickung der Plattenmaschine dar. Bei Erreichen eines bestimmten Mindeststoffstandes im Rührwerk muß die nächste Turbopulpercharge eingetragen werden. Zweckmäßig wird das Rührwerk mit einem Arbeitsvolumen ausgeführt, welches ungefähr zwei Turbopulperchargen entspricht. Für den angenommenen Bedarfsfall könnte das Rührwerk mit einem Arbeitsvolumen von 7 bis 10 m^3 ausgeführt werden. Der letztgenannten Größe entsprechen ein Radius der Bodenwanne von 1100 mm, eine Länge von 2500 mm und eine Gesamthöhe des Behälters von Sohle bis Oberkante von 2400 mm. Im Rührwerk läuft ein mit Rührscheiten besetzter Rührer, der mit ca. 10 bis 20 U/min angetrieben wird. Um möglichst wenige Absetzmöglichkeiten zu lassen, sollen die Rührscheite bis knapp an die Behälterwand geführt werden. Um den Stoff in Bewegung zu halten, sind die Rührscheite schraubenförmig verwunden.

Trichterfilter

In der Aufbereitungsanlage gemäß dem Schema in Abb. 105 sind zur Klärung des Produktionswassers zwei Trichterfilter vorgesehen. In den Trichterfilter 1 wird das Rückwasser von der Plattenmaschine eingeleitet. Aus der Spitze des Trichterfilters wird der Dickschlamm mit einer erforderlichen Menge Verdünnungswasser zum Turbopulper geführt.

Das Betriebswasser für den Grünabfallauflöser wird nahe der Oberkante des Filters — weitgehend geklärt — entnommen. Über den oberen Rand des Trichterfilters strömt das geklärte Wasser in eine Ringleitung, aus der es zum Trichterfilter 2 geleitet wird. Im Trichterfilter 2 fallen nur mehr wenige Schwebstoffe an, die aus der Spitze kontinuierlich zum Grünabfallauflöser abgezogen werden.

Außerdem werden die für den Kollergang erforderlichen Wassermengen (jeweils 150 l) aus dem Kranz des Trichterfilters 1 entnommen. Nahe dem oberen Rand des Trichterfilters 2 erfolgt die Entnahme des doppelt geklärten Spritzwassers. In den Trichterfilter 1 wird außer dem Überlauf vom Trichterfilter 1 und dem Frischwasser, welches als Ersatz des mit der Produktion abgehenden Wassers zugeführt wird, auch das Rückwasser von der Filzwaschanlage und von der Vakuumanlage eingeleitet.

Die Trichterfilter werden für die vorgesehene Produktion mit einem Inhalt von je ca. 50 m³ ausgeführt. Der Spitzenwinkel des Trichterkonusses beträgt ca. 60°. Bei dieser Wandneigung wird ein Ansetzen der Schwerstoffe an den Wänden weitgehend hintangehalten.

Pumpen

Die folgende Aufstellung bezieht sich auf das Stoffkreislaufschema Abb. 105 S. 160.

Pumpe (in der Abb. nicht eingetragen) zur Förderung von Asbestzement-Dickschlamm mit einem spezifischen Gewicht von 1,2 t pro m³ vom Rührbehälter RB zum Mischbehälter MB; maximale Fördermenge 26 m³/h.

Pumpe 1 ist eine Spezialstoffpumpe zur Förderung von Asbestzement-Dünnschlamm mit einem spezifischen Gewicht von 103 t/m³; maximale Fördermenge 140 m³/h.

Pumpe 2 ist eine Spezialstoffpumpe zur Förderung von Rückwasser mit geringfügigen Asbestzement-Beimengungen; maximale Fördermenge 65 m³/h.

Pumpe 3 ist eine Spezialstoffpumpe zur Förderung des Rückwassers vom Grünabfallauflöser in den Mischbehälter, wobei es sich im Normalfall um Dünnschlamm mit einem spezifischen Gewicht von 1,02 t/m³, kurzzeitig jedoch auch um Asbestzement-Dickschlamm mit einem spezifischen Gewicht von 1,25 t/m³ handeln kann. Die maximale Fördermenge bei Dickschlamm beträgt 10 m³/h.

Pumpe 4: Hochvakuumpumpe mit einer Ansaugleistung von 1200 m³/h bei einem Unterdruck von 450 mm HgS.

Pumpe 5 ist eine Stoffpumpe zur Abfuhr des in der Hochvakuumanlage anfallenden Asbestzement-Dünnschlammes mit einem spezifischen Gewicht von ca. 1,01 t/m³; maximale Fördermenge ca. 10 m³/h.

Pumpe 6 ist ein Gebläse zum Waschsauger mit einer Ansaugleistung von 1200 m³/h bei einem Unterdruck von 350 mm WS.

Pumpe 7: Reinwasserpumpe zur Förderung von Klärwasser; maximale Fördermenge 126 m³/h.

Plattenmaschine

Es ist eine Plattenmaschine mit 3 Siebzylindern mit einem Durchmesser von 1000 mm und einer maximalen Arbeitsbreite von 1500 mm vorgesehen. Die Ansichten über den günstigsten Durchmesser der Siebzylinder sind noch immer im Wechsel begriffen. Während man früher Plattenmaschinen mit Siebzylindern mit einem Durchmesser von 700 bis 800 mm gebaut hat, werden jetzt meistens solche mit 1000 mm verwendet. In einzelnen Fabriken wurden bereits Siebzylinder mit einem Durchmesser von 1250 mm eingesetzt, während andernorts wiederum zu kleineren Siebzylinderdurchmessern zurückgekehrt wurde.

Die verbreitetste Arbeitsbreite ist 1500 mm. Werden nur Platten eines bestimmten Profils mit geringerer Breite, zum Beispiel mit einer maximalen gestreckten Länge von 1200 mm, gefertigt, so würde auch eine Arbeitsbreite von 1300 mm genügen. Außerdem gibt es Plattenmaschinen zur Erzeugung von Großplatten mit 2 und 3 m Arbeitsbreite.

Die Filzgeschwindigkeit ist zweckmäßig regelbar, bis zu einem Höchstwert von 60 m/min. Während man in den vierziger Jahren Filzgeschwindigkeiten zwischen 30 und 36 m/min gefahren hat, sind heute Filzgeschwindigkeiten von 48, 54 und in einem Fall bis zu 80 m/min bekannt.

Selbstverständlich erfordern die hohen Filzgeschwindigkeiten entsprechende Maßnahmen zur Gewährleistung einer ausreichenden Vakuumtrocknung und eine Anpassung der Antriebsleistung der Maschine.

Bei den Siebzylindern sind am gebräuchlichsten Ausführungen, bei denen ein Unter- und ein Obersieb auf ein Gerippe aufgezogen werden, welches aus Hochkantprofilstäben und Tragringen aus Metall besteht, welche von zwei Seitenscheiben und Tragkreuzen getragen werden, die auf einer starken Welle montiert sind.

Die Bespannsiebe sind vorzugsweise aus Bronzedraht, das Untersieb aus halbrundem Drahtgewebe Nr. 2 cm, während das aus rundem Bronzedraht gefertigte Obersieb in seiner Maschenzahl stark variiert. Entsprechend der spezifischen Oberfläche des Zementes zwischen 2400 und 4500 cm²/g wird das Obersieb mit Siebnummern zwischen Nr. 18 cm und Nr. 24 cm ausgeführt.

Es wurden auch schon Ausführungen mit einem Obersieb aus rostfreiem Stahldraht verwendet. Die Standzeit dieser Bespannung ist wesentlich größer, doch ist auch der Preis viel höher als bei der Bronzedrahtausführung. Als Nachteil ist zu vermerken, daß zwischen dem Stahldrahtobersieb und dem Bronzedrahtuntersieb elektrolytische Korrosion auftritt.

Die Standzeit eines Bronzedrahtobersiebes liegt bei Verwendung steinfreier Asbeste und Zemente zwischen 4 und 12 Wochen.

Durch die Ausführung der Siebzylinder mit einem Mittelsieb (ca. Nr. 4 cm) wird die Lebensdauer des Obersiebes auf das 2- bis 3fache erhöht. Trotzdem ist die Verwendung eines Mittelsiebes wenig gebräuchlich, da der Versperrungsgrad der Siebzylinderspannung verschlechtert wird.

Die Standzeit des Mittelsiebes liegt zwischen 4 und 8 Monaten. Selbstverständlich sind diese Angaben nur unverbindliche Richtwerte.

In Abb. 62 ist eine Siebzylinderausführung wie oben beschrieben dargestellt. Es werden auch frei tragende Siebzylinderkonstruktionen ohne Innenstützen verwendet. Bei dieser Ausführung wird der Körper aus drei aufeinander abgestimmten Lagen von Nickel-Bronze-Profilen gebildet, die an den Verbindungsstellen hart gelötet sind.

Die Siebzylinderkasten werden mit einem oder zwei Rührern ausgestattet, welche eine mehrfache Aufgabe erfüllen. Sie sorgen für eine gleichmäßige Stoffverteilung, verhindern das Absetzen von Feststoffen im Siebkasten und beeinflussen in gewissem Maße auch die Ausrichtung der Asbestfasern.

Manche Erzeuger führen die Rührer im ersten Siebkasten und im dritten Siebkasten entgegengesetzt verwunden aus, während im mittleren Siebkasten gerade Rührscheite angeordnet sind. Dadurch sollen in der Asbestzement-Lage die Fasern vom ersten und vom dritten Siebzylinder vorwiegend schräg zur Filzlaufrichtung und zueinander gekreuzt und die Fasern vom mittleren Siebzylinder vorwiegend parallel zur Filzlaufrichtung zu liegen kommen. Bei dieser Anordnung kommt es jedoch leicht zu einer ungleichen Plattendicke an den beiden Seiten.

Auch mit geraden Rührscheiten läßt sich die Faserrichtung durch die Drehzahl und die Drehrichtung der Rührer beeinflussen. Die Drehzahlen der Rührer liegen meistens zwischen 80 und 150 U/min, wobei eine Antriebsleistung von etwa 1,5 kW erforderlich ist.

Die Antriebsleistung des Hauptantriebes hängt vor allem von der Größe und der Ausbildung der Saugkasten ab. Bei Dreizylindermaschinen mit einer Arbeitsbreite von 1500 mm werden Antriebsleistungen zwischen 15 und 22 kW benötigt.

Die Produktionsfilze für Plattenmaschinen haben meist ein Gewicht von 1250 bis 1350 g/m^2. Während man früher die Filze aus Schafwolle ausgeführt hat, denen man eventuell zur Beschränkung der Dehnung Ramiefasern beigemischt hat, verwendet man heute fast ausschließlich vollsynthetische Filze. Zur Verbesserung der Textur werden die Filze genadelt, das heißt, die Schuß- und Kettenfäden werden an den Kreuzungspunkten durchgestochen und durch das Durchziehen feinster Fasern verbunden. Die Filze für die Asbestzement-Industrie werden im allgemeinen endlos gewebt, wobei die langen, in der Produktionsrichtung laufenden Fäden den Schuß, die kurzen, quer zur Produktionsrichtung laufenden Fäden die Kette bilden. Die Lebensdauer vollsynthetischer Filze hängt in hohem Maße von der Reinheit und Feinheit des Zementes ab und natürlich auch von der Ausbildung der Plattenmaschine, von den Saugkasten und von der Filzwaschanlage. Im günstigsten Falle erreicht man eine Lebensdauer von etwa 600 Stunden.

Die Übertragung des Asbestzement-Vlieses vom Siebzylinder auf den Filz erfolgt unter Einwirkung des Gautschdruckes der am Filz laufenden Gautschwalze. Die Gautschwalzen sind mit Weichgummi bezogen. Der Gautschdruck, der oft einstellbar ausgeführt wird, beträgt meist 2,2 bis 2,5 kp/cm.

Bei Plattenmaschinen ist auch die Brustwalze mit Weichgummi bezogen. Dieser Gummibezug hat eine Dicke von 20 mm und eine Härte von 60 bis 80° Shore.

Die Formatwalze, auf welcher das Asbestzement-Vlies aufgewickelt wird, wird meist aus Grauguß ausgeführt. Über die günstigste Ausbildung der Oberfläche der Formatwalze sind die Ansichten nicht einheitlich. Es wurden Formatwalzen aus Stahl mit verchromter und polierter Oberfläche ausgeführt. Im allgemeinen wird jedoch die Oberfläche der Formatwalze entweder grob geschlichtet oder gekordelt oder sandgestrahlt, da durch die rauhe Oberfläche ein leichteres Ablösen der Asbestzement-Platte eintreten dürfte.

Zwischen Formatwalze und Brustwalze wird die Asbestzement-Platte unter Einwirkung des Formatwalzendruckes weiter entwässert und verdichtet. Der Liniendruck liegt im allgemeinen zwischen 20 und 30 kp/cm und muß einstellbar ausgeführt werden.

Die Dicke der Asbestzement-Platte kann an der Plattenmaschine entweder indirekt zwischen Formatwalze und Brustwalze oder direkt an der Formatwalze gemessen werden. Bei der indirekten Messung wird das Steigen der Formatwalze beim Aufwickeln der Platte als Ausgangswert für die

Messung der Plattendicke genommen. Diese Methode hat den Vorteil, daß bei der Dickenmessung auch noch die letzte Asbestzement-Lage, die auf die bereits auslaufende Asbestzement-Platte aufgebracht wird, mit erfaßt wird. Der Nachteil der Methode ist, daß die über Ort und Zeit veränderliche Filzstärke sowie etwaige Exzentrizitäten von der Brust- oder Formatwalze in den Meßwert mit eingehen.

Bei der direkten Messung der Plattendicke an der Formatwalze wird als Ausgangswert der Weg zwischen einer Dickenmeßeinrichtung und der Formwalze genommen. Dadurch ist der Meßwert sehr genau, doch kann die Plattendicke nur bis zur vorletzten Lage gemessen werden. Der dabei erhaltene Wert muß dann unter Berücksichtigung der gesamten Lagenzahl extrapoliert werden.

Eine Eichung der Dickenmeßeinrichtungen kann durchgeführt werden, indem man die dicke, fertige Asbestzement-Platte zum Beispiel am Schneidtisch mit einer Feinmeßuhr mißt und danach die Einstellung der Dickenmeßeinrichtung korrigiert. Die Dickenmeßeinrichtung dient nicht nur zur unmittelbaren Information des Bedienungspersonals, sondern ist im allgemeinen mit einer Impulsgabeeinrichtung zur Einschaltung der Abschlageinrichtung ausgestattet. Diese Abschlag- oder Aufschneidvorrichtung trennt die Platte nach Erreichen der gewünschten Dicke längs einer Erzeugenden auf, so daß die Platte von der Formatwalze abläuft.

Wird die Plattendicke mit einem Schreibgerät aufgezeichnet, so kann man nicht nur die Genauigkeit der Produktion, sondern auch die Produktionsfolge und allfällige Produktionsunterbrechungen aus dem Meßstreifen ablesen.

In der Filzführung ist eine Filzspanneinrichtung vorgesehen. Die Filze sind im neuen Zustand um ca. 500 mm länger als die kürzeste durch die Filzspanneinrichtung gegebene Filzlänge. Die Dehnung der Filze während der Produktion ist sehr verschieden und kann zwischen Null und etwa 10% der Gesamtlänge liegen.

Da der Filz über die Breite ungleich lang ist und in der Filzführung keine bombierten Walzen verwendet werden, neigt der Filz zum seitlichen Verlaufen, wenn keine geeigneten Gegenmaßnahmen vorgesehen werden.

Die älteste Methode ist die, eine Umlenkwalze schwenkbar anzuordnen, so daß beispielsweise mittels Handradverstellung bei einem Verlaufen des Filzes gegengeregelt werden kann. Mitunter wird auch eine der Filzspannwalzen so ausgeführt, daß sie sowohl parallel verschoben als auch verschwenkt werden kann. Neben dieser Regelung mittels Handverstellung sind verschiedene automatische Filzlaufregler in Verwendung. Eine einfache selbsttätige Filzlaufregeleinrichtung ist schematisch in Abb. 151 dargestellt.

Der Filz wird hier mit einem sehr kleinen Umlenkwinkel (3 bis 10°) über eine Walze geführt, die über ein Hebelsystem seitlich verschwenkt wird. Die Betätigung des Hebelsystems erfolgt durch den gegen die seitlichen Führungswalzen auflaufenden Filzrand. Verläuft der Filz nach rechts, wie im Grundriß der Abbildung dargestellt, so wird die Leitwalze entgegen dem Uhrzeigersinn verschwenkt. Dadurch wird der Filz allmählich wieder nach links geführt.

Da der Filzrand nur sehr kleine Kräfte aufbringen kann, ist das Hebelverhältnis bei dieser Anordnung sehr wesentlich, und es muß auf kleinstmögliche Reibung in den Lagerungen geachtet werden. Bei automatischen Filz-

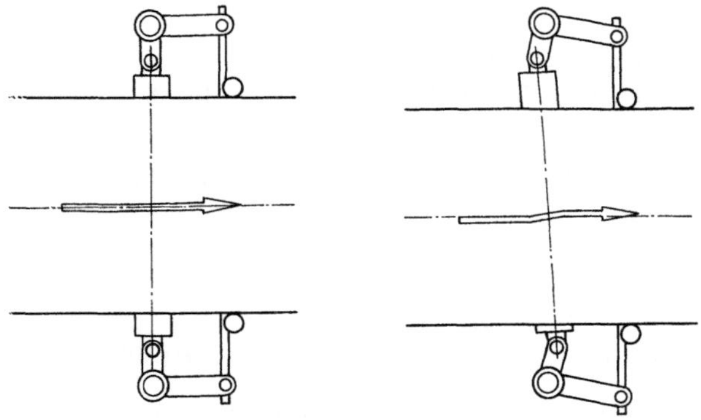

Abb. 151. Automatischer mechanischer Filzlaufregler

reglern mit Servoantrieb wird die Verstellkraft entweder durch elektromotorischen oder hydraulischen oder pneumatischen Antrieb aufgebracht. Bei diesen Reglern kann daher auch der Umlenkwinkel größer ausgeführt werden.

d) Technologische und mechanische Produktionsgrenzen

Werden jährlich 250 Arbeitstage angenommen, so beträgt das tägliche Produktionserfordernis 240 t. Eine moderne Plattenmaschine mit drei Siebzylindern erzeugt maximal 120 bis 180 t in 24 Stunden. Demnach wären für die angegebene Produktion zwei Plattenanlagen mit 3-Zylinder-Plattenmaschinen erforderlich.

Nach dem heutigen Stand der industriellen Erzeugung von Asbestzement-Platten kann man bei der Erzeugung einfach-breiter Platten beispielsweise für Hatschek-Maschinen folgende Richtwerte für die Produktionsziffern aufstellen:

1-Filz-Maschinen	1 Siebzylinder	maximal	55 bis 80 t/Tag
	2 Siebzylinder	maximal	80 bis 120 t/Tag
	3 Siebzylinder	maximal	120 bis 180 t/Tag
	4 Siebzylinder	maximal	130 bis 200 t/Tag
2-Filz-Maschinen	4 Siebzylinder	maximal	160 t/Tag
	6 Siebzylinder	maximal	240 t/Tag

Bei Gußverfahren liegt die Höchstleistung meist zwischen 60 bis 80 t, wobei die Qualität mit steigender Produktionsgeschwindigkeit oft fällt.

Es gibt auch 2-Filz-Maschinen, die sich von den vorerwähnten Hatschek-Maschinen dadurch unterscheiden, daß sie die Platte nicht in mehreren Lagen auf eine Formatwalze wickeln, sondern daß sie die gesamte Plattendicke auf einmal ausbringen. Dadurch ist die Dickenregulierung wesentlich schwieriger durchzuführen. Die Leistung dieser Maschine kann ebenfalls 200 t/Tag überschreiten.

Zur Ermittlung der erforderlichen Maschinenleistung kann man von der Lagenzahl pro Platte und der Filzgeschwindigkeit der Plattenmaschine ausgehen.

Profil Bigsix

Mittlere Bruttolänge 8,4 Fuß = 2,562 m.
Jährliche Gesamtbruttolänge: 1,000.000 × 2,562 m = 2,562.000 m.

Nimmt man an, daß eine Platte aus sieben Lagen (mit einer Lagendicke von 0,9 mm) erzeugt wird, dann ist die Jahresbruttolänge des Asbestzement-Vlieses 17,934.000 m.

Wellplatte Standard 3''

Mittlere Bruttolänge 8,2 Fuß = 2,501 m.
Jährliche Gesamtbruttolänge: 312 × 2,501 = 781.560 m.

Mit sechs Lagen (von je 0,94 mm Dicke) erhält man die Jahresbruttolänge des Asbestzement-Vlieses von 4,689.400 m.

Ebene Platten

Mittlere Bruttolänge 5,45 Fuß = 1,662 m.
Jährliche Gesamtbruttolänge: 722.900 × 1,662 = 1,201.460 m.

Mit fünf Lagen (von je 0,95 mm Dicke) erhält man die Jahresbruttolänge des Asbestzement-Vlieses von 6,007.300 m.

Zur Erzeugung von ***Formstücken*** wird angenommen, daß diese aus Platten mit einer Breite von 1200 mm und einer Dicke von 6 mm bei einem Raumgewicht von 1,8 p/cm² gefertigt werden.

Für 8000 t erhält man dann eine Gesamtplattenfläche von 615.400 m² und eine Jahresbruttolänge der Platten von 512.750 m. Bei Annahme von sechs Lagen (mit einer Dicke von je 1 mm) erhält man eine Jahresbruttolänge des Asbestzement-Vlieses von 3,076.500 m.

Gesamtjahreslänge des Asbestzement-Vlieses:

17,934.000 m
4,689.400 m
6,007.300 m
3,076.500 m
31,707.200 m

Auf einer modernen Plattenmaschine mit drei Siebzylindern kann eine Lagendicke von 0,9 bis 1 mm ohne weiteres mit einer Filzgeschwindigkeit von 42 m/min gefahren werden. Damit erhält man eine Vlieslänge von 2520 m/h oder 60.480 m/24 h oder ca. 15,120.000 m in 250 Tagen. Die jährliche erforderliche Vlieslänge kann daher bei einer Filzgeschwindigkeit von 42 m/min mit zwei Plattenmaschinen mit je drei Siebzylindern erzeugt werden.

Eine dritte Ermittlungsmöglichkeit geht von einer in der Praxis üblichen Faustformel aus, die besagt, daß man mit einer 3-Zylinder-Plattenmaschine je Sekunde etwa 10 cm einer 6 mm dicken Platte erzeugen kann. Dieser Wert ergibt sich bei folgenden Verhältnissen:

Filzgeschwindigkeit	30 m/min ...	Lagendicke	1,2	mm
,,	36 m/min ...	,,	1	mm
,,	42 m/min ...	,,	0,86	mm
,,	48 m/min ...	,,	0,75	mm

Kleine Abweichungen sind möglich, so daß also der gleiche Längenwert auch für Platten mit $^1/_4''$ = 6,35 mm Dicke gilt.

Demnach können von

Wellplatten Profil Bigsix	10 cm/sec,
Wellplatten Profil Standard 3″	11,66 cm/sec,
von ebenen Platten $^3/_{16}''$ Dicke	14 cm/sec
und von Formstücken	11,66 cm/sec

erzeugt werden.

Damit würden dann für

das Profil Bigsix	71.200	Erzeugungsstunden,
das Profil Standard 3″	18.600	,, ,
ebene Platten	22.200	,,
und für Formstücke	12.200	,,

benötigt werden.

Das sind insgesamt jährlich 124.200 Stunden oder 518 Tage.

2. Räumliche Auslegung

a) Asbestlager

Die folgenden Abschnittseinteilungen beziehen sich auf eine Plattenanlage, ähnlich dem in Abb. 152 und 63, S. 116, dargestellten Projekt.

Je nach Verkehrslage und Einschätzung der Sicherheit einer kontinuierlichen Nachlieferung wird die Größe des Asbestlagers festgelegt. Im allgemeinen wird das Asbestlager für einen Mindestzeitraum von 2 Monaten ausgelegt. Im Maximum geht man bis zu einem Lagervorrat für 6 Monate. Demnach müßten im Asbestlager 926 bis 2779 t Asbest eingelagert werden können. Nehmen wir für unser Projektierungsbeispiel eine Lagerkapazität von 3 Monaten an, so wären rund 1400 t Asbest einzulagern. Mit einem Raumgewicht von 0,4 bis 0,5 t/m³ beträgt der entsprechende Lagerraum 2800 bis 3500 m³. Bei einer Stapelhöhe bis 5 m beträgt die zugehörige Grundfläche 560 bis 700 m².

Einige Anordnungsmöglichkeiten des Asbestlagers sind in den folgenden Abb. 153*a* — *c* dargestellt. Abb. 153*a* zeigt eine Asbestlagerhalle mit einer Breite von 24 m, welche als Querschiff stirnseitig von zwei Produktionshallen von je 18 m Breite gesetzt ist. Die gesamte Grundfläche nach Abb. 153*a* für die Asbestlagerung beträgt dann 660 m².

Wird die Tiefe der Asbestlager mit 7 m begrenzt, wie dies in Abb. 153*b* dargestellt ist, dann beträgt die Länge der Asbestlagerhalle 50 m und die Breite 18 m.

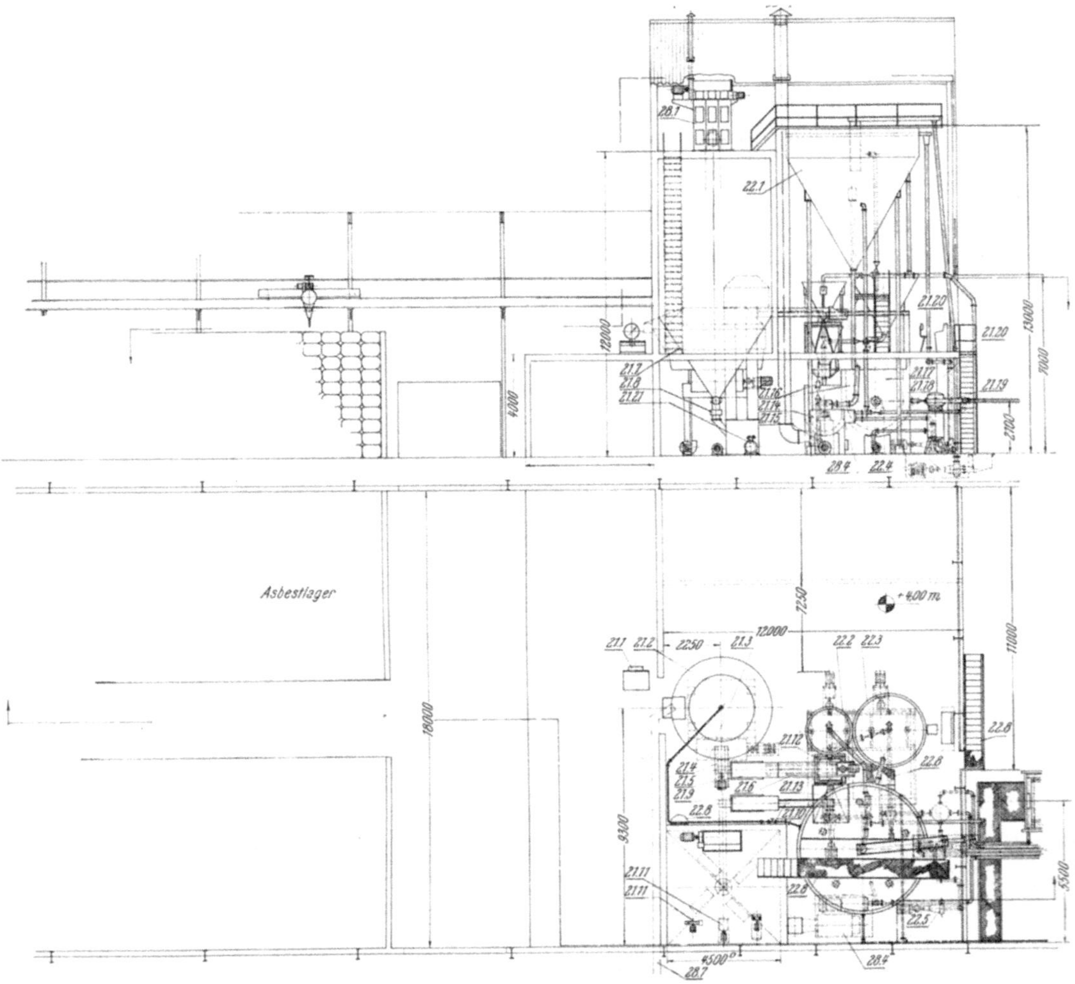

Abb. 152. Aufbereitungsanlage zu einer Asbestzement-Plattenanlage

21.1 Asbestwaage
21.2 Kollergang
21.3 Mischbehälter
21.4 Asbestförderschnecke I
21.5 Elevator für Asbest
21.6 Asbestförderschnecke II
21.7 Zementsiloboden
21.8 Zementaustrageeinrichtung
21.9 Elevator für Zement
21.10 Luftförderleitung
21.11 Drehkolbengebläse zur Versorgung der Austrageeinrichtung
21.12 Zentrifugalgebläse
21.13 Asbestwaage
21.14 Zementwaage
21.15 Rührwerk I
21.16 Mischpumpe
21.17 Rohrleitung
21.18 Rührwerk II
21.19 Stoffzuführungspumpe
21.20 Stoffverteilungsleitung
21.21 Elektrische Einrichtungen zur Aufbereitung
21.22 Preßluftanlage
22.1 Trichterfilter
22.2 Meßtrichter I
22.3 Meßtrichter II
22.4 Hauptrückwasserpumpe
22.5 Spritzwasserpumpe
22.8 Bedienungspodest und Leitern

Abb. 153 *c* zeigt die Anlage des Asbestlagers in der Verlängerung einer einzigen Produktionshalle mit 21 m Breite, wie dies etwa bei Aufstellung einer Plattenanlage mit 6-Zylinder-Plattenmaschine oder einer Hochdruckrohranlage zu empfehlen wäre. In diesem Fall würde die Länge der Asbestlagerhalle 45 m betragen.

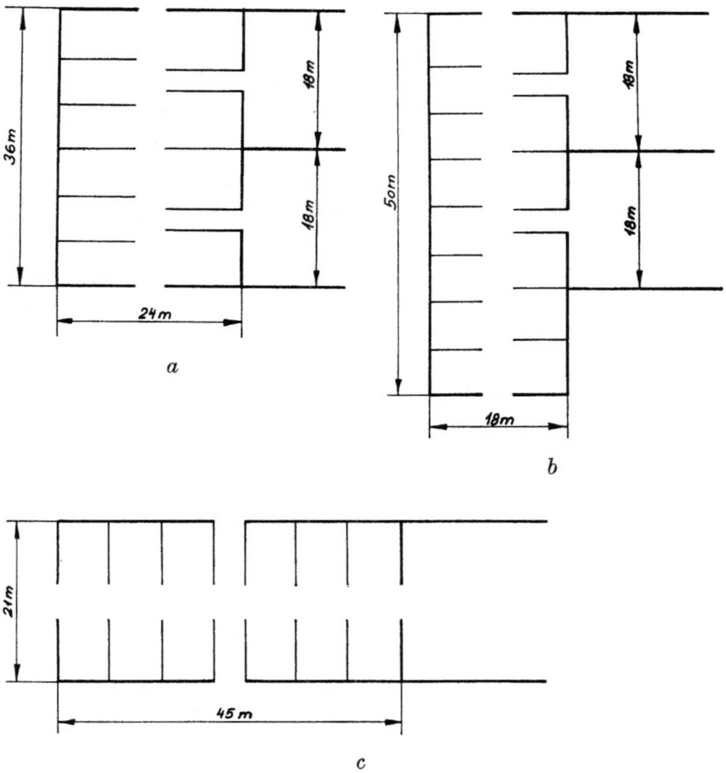

Abb. 153*a*—*c*. Asbestlageranordnungen

b) Zementlager

Nach unserem Beispiel werden täglich 240 t Asbestzement-Platten erzeugt, die aus 60 t Wasser und 180 t Trockenstoff bestehen. Vom Trockenstoff sind 87%, das sind 156,60 t, Zement und 23,40 t Asbest.

Im allgemeinen hat man bei jeder Anlageneinheit einen Zementsilo, der für den Produktionsbedarf von 12 bis 24 Stunden ausreicht. Für den vorliegenden Fall werden daher zwei Zementsilos mit einem Fassungsvermögen von je 80 t benötigt.

Um sehr hohe Leistungen herauszufahren und eine gleichmäßige Qualität des Produktes zu gewährleisten, ist es notwendig, gleichbleibende Betriebsbedingungen sicherzustellen. Das bezieht sich nicht nur auf die Maschineneinstellung, sondern auch auf die verwendeten Rohstoffe.

In der Praxis kann immer wieder festgestellt werden, daß auch vom Zement her Störungen auftreten und Änderungen der Betriebsbedingungen notwendig werden können. Vor allem wurde festgestellt, daß frischer Zement das Kleben des Asbestzement-Vlieses an den Siebzylindern begünstigt. Dies ist auch dann der Fall, wenn der Zement immer von der gleichen Firma bezogen wird. Dies mag teilweise auf Änderungen in der Zusammensetzung der einzelnen Brände, möglicherweise aber auch auf Veränderungen des Zementes beim Altern und unterschiedliches Anlieferungsalter desZementes zurückzuführen sein.

Eine Verbesserung der Produktionsbedingungen kann durch die Aufstellung von Wochensilos oder Wochensiloanlagen für den Zement erzielt werden. Beispielsweise verwendet eine Asbestzement-Fabrik zwei große Mischsilos von je 600 t Inhalt, in die der Zement aus der daneben gelegenen Zementfabrik geblasen wird und in denen er durch dauerndes Umblasen gemischt wird. Erst nach ein- bis zweiwöchiger Alterung kommt der Zement in die Produktion.

Eine andere Asbestzement-Fabrik hat eine Wochensiloanlage, die aus fünf Silos mit je 300 t Inhalt besteht und in der ebenfalls ein ständiges Umpumpen des Zementes erfolgt.

Für unsere Plattenanlage würden wir eine Wochensiloanlage mit einem Fassungsvermögen von 6 × 160, das sind ca. 1000 t benötigen.

Es sei hier ausdrücklich darauf hingewiesen, daß eine solche Wochensiloanlage nicht unbedingt erforderlich ist und insbesondere in der ersten Ausbaustufe, falls die Investitionsmittel beschränkt sind, weggelassen werden kann. Auf lange Sicht ermöglicht sie jedoch eine Qualitätsverbesserung und eine Produktionserhöhung.

c) Wasserversorgung

Asbestzement setzt sich zu etwa drei Viertel aus Trockenstoff und zu einem Viertel aus Wasser, das teils chemisch, teils physikalisch gebunden ist, zusammen. Bei einer Tagesproduktion von 240 t werden also täglich 60 t Wasser benötigt, die im Produkt gebunden werden.

Der tatsächliche Wasserbedarf ist jedoch größer, weil sowohl für die Fabrikation selbst als auch für die diversen Nebenbetriebe, sanitären Einrichtungen u. dgl. ein entsprechender Wasserbedarf vorhanden ist.

Bei der Auslegung der Wasserversorgung nimmt man an, daß der tatsächliche Wasserbedarf um ca. 50% höher ist als der Bedarf an Produktionswasser. Mit dieser Annahme würden also für eine Fabrikanlage mit einer Tagesproduktion von 240 t Asbestzement rund 90 t Wasser pro Tag benötigt.

An die chemische Beschaffenheit des Wassers werden gewisse Anforderungen gestellt, die bereits im Kapitel „Das Anmachwasser", S. 75 ff., behandelt wurden. Grundsätzlich geeignet ist jedes Wasser, das auch für den menschlichen Genuß verwendbar ist.

d) Vorabbindung

Die Größe des Hallenabschnittes, der als Vorabbinderaum für die Lagerung der Asbestzement-Platten bis zur Entstapelung benötigt wird, richtet sich nach der Maximalproduktion, nach den für die Vorabbindezeit maßgeblichen Betriebsbedingungen und nach den unterschiedlichen Längen der erzeugten Asbestzement-Platten.

Die größten Platten bestimmen den Platzbedarf für die Stapel, die kleinsten Platten ergeben die maximale Zahl der Stapel.

Die Zeit bis zum Entstapeln hängt im wesentlichen von der Hallentemperatur, von der Abbindegeschwindigkeit des Zementes und von der Temperatur des Produktionswassers ab.

Durch nachträgliche Beheizung der Asbestzement-Platten beispielsweise in einem Wärmetunnel kann eine Verkürzung der Entstapelzeit erreicht werden.

Wenn man von extremen Bedingungen absieht, die sich beispielsweise in unbeheizten Fabrikhallen bei strenger Wintertemperatur ergeben, beträgt die Entstapelzeit maximal 12 Stunden und kann mit geringem Aufwand auf 5 bis 6 Stunden abgekürzt werden. Wie auf S. 264 ausgeführt, wird zur Erzeugung von Wellplatten Profil Bigsix auf einer 3-Zylinder-Plattenmaschine etwa 1 Sekunde pro 10 cm Plattenlänge benötigt. Das ergibt folgende Produktionstakte:

Plattenlänge in Fuß	in mm	Produktionstakt in Sekunden
4	1220	12
6	1830	18
8	2440	24
10	3050	30
12	3660	36

Wenn wir annehmen, daß die Maschinenanlage einen mechanischen Mindesttakt von 22 Sekunden hat, so kann die volle Produktion der Plattenmaschine erst bei der Erzeugung von Platten mit einer Länge von 8 Fuß und mehr ausgenützt werden. Es ist daher notwendig, kürzere Platten durch Teilung von längeren Platten herzustellen. 4 Fuß lange Platten werden aus einer 12-Fuß-Platte durch Dreiteilung, 6 Fuß lange Platten aus einer 12-Fuß-Platte durch Halbierung hergestellt.

Es wäre auch möglich, aus einer 10 Fuß langen Platte je eine Platte mit 4 und eine Platte mit 6 Fuß Länge zu erzeugen, doch sind solche Kombinationen wegen des im allgemeinen ungleichen Absatzes nur in beschränktem Maße möglich.

Die Formbleche für eine maximale Plattenlänge von 12 Fuß (3660 mm) haben eine Länge von 3750 mm. Die kürzesten Asbestzement-Platten, die auf diese Formbleche aufgelegt werden, haben eine Länge von 8 Fuß. Pro Stunde werden von einer Maschinenanlage 100 Platten mit 12 Fuß Länge oder 150 Platten mit 8 Fuß Länge erzeugt.

Nimmt man den Zeitraum für die Vorabbindung mit 6 Stunden an, so werden für die Zwischenlagerung $6 \times 150 = 900$ Formbleche benötigt. Dazu kommen bei durchlaufender Produktion zwei Stapel mit je 50 Formblechen, die sich in der Maschinenanlage bzw. beim Transport von oder zu der Stapelung befinden, so daß sich die Gesamtzahl der Formbleche je Profil auf 1000 Stück erhöht.

In der Vorabbindezone befinden sich somit maximal 900 Asbestzement-Platten, die jeweils in Stapeln von 50 Stück (18 Stapel) zusammengefaßt werden. Legt man die Stapel einzeln auf dem Boden auf, so wird bei einem Platzbedarf je Stapel von etwa 4 m × 1,40 m eine Grundfläche von 100,8 m² benötigt.

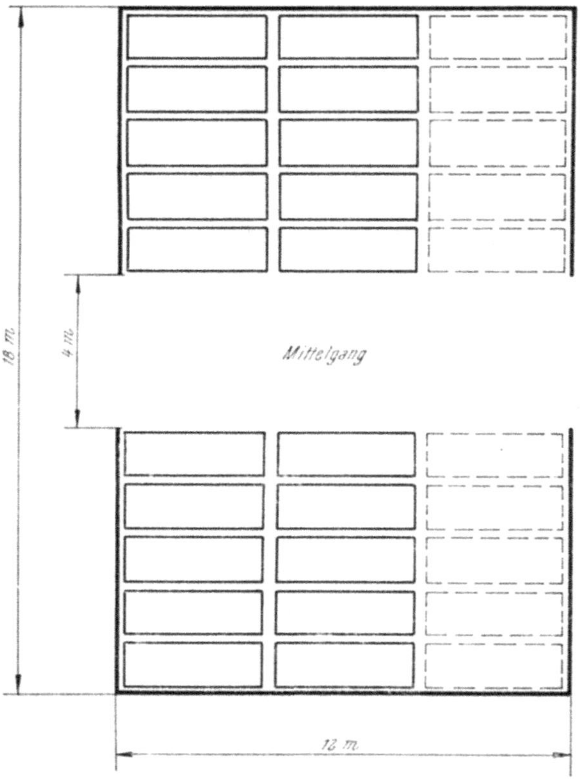

Abb. 154. Vorabbindezone

Abb. 155. Stapelung der Asbestzement-Platten

Werden die Stapel in der Vorabbindung in vier Feldern gelagert, wobei jeweils ein Feld aufgebaut und ein anderes abgebaut wird, so ist die tatsächlich benötigte Grundfläche um ein Drittel größer als die oben errechnete.

Bei sechs Feldern, wie dies in Abb. 154 skizziert ist, müßte ein Fünftel zur errechneten Grundfläche zugeschlagen werden. Unter Annahme eines Mittelganges von 4 m Breite können auf 12 m Hallenlänge bis zu 25 Stapel bei kontinuierlicher Produktion aufgelegt werden.

e) Feuchtraum für Lufthärtung

Nach der Entstapelung kommen die Asbestzement-Platten in einen Feuchtraum, in dem sie normgemäß 28 Tage aufbewahrt werden sollen.

Auch hier bestimmen die Abmessungen der größten Platte den Platzbedarf je Stapel. Es wird vorgeschlagen, die Asbestzement-Platten in drei Stapeln von je 100 Stück übereinander zu lagern, wie dies in Abb. 155 dargestellt ist.

Unter Annahme von 130 Produktionsstunden pro Woche und bei einer mittleren Plattenlänge von 10 Fuß erhält man in 4 Wochen 62.400 Platten, das sind 624 Stapel von je 100 Stück. Lagert man je drei Stapel übereinander und rechnet man 5,6 m² Grundfläche je Stapel, so beträgt die erforderliche Grundfläche 1165 m². Mit einem freien Durchgang von ca. 4 m erhält man die erforderliche Länge des Hallenabschnittes mit ca. 69 m.

Summiert man die oben angeführten Abschnitte, so erhält man die Mindestlänge der Halle wie folgt:

Asbestlager	24 m
Aufbereitung	12 m
Erzeugungsmaschinen	48 m
Vorabbindung	12 m
Formstückerzeugung	12 m
Härtung	69 m
	177 m

Mit Zuschlägen für Transportwege wird eine *Hallenlänge von mindestens etwa 185 m* erforderlich. Es ist jedoch zweckmäßig, in der Geländeauslegung Erweiterungsmöglichkeiten auf eine Halle von 250 m vorzusehen.

Bei älteren Anlagen, bei denen die Tagesproduktion nur bei 60 t liegt, wäre man vergleichsweise mit folgender Hallenauslegung ausgekommen:

Asbestlager	12 m
Aufbereitung	12 m
Erzeugungsmaschinen	42 m
Vorabbindung	6 m
Formstückerzeugung	12 m
Härtung	36 m
	120 m

Der Vollständigkeit halber sei auch noch die Hallenauslegung für eine Höchstleistungsanlage mit Doppelplattenmaschine mit einer maximalen Tagesproduktion von 240 t angegeben:

Asbestlager	48 m
Aufbereitung	12 m
Erzeugungsmaschinen	56 m
Vorabbindung	16 m
Formstückerzeugung	18 m
Härtung	136 m
	286 m

Gesamtlänge ca. 300 m

f) Formstückerzeugung

Im Rahmen der Plattenfabrik ist eine Abteilung zur Formstückerzeugung vorgesehen. Hier werden die Formplatten erzeugt, die zum Anschluß an Traufe, First, Schornstein, Dachfenster usw. erforderlich sind. Auch andere Formstücke, wie Blumenkasten, Behälter u. dgl., werden in dieser Abteilung gefertigt.

In der einfachsten Form werden die Formstücke aus grünen Asbestzementplatten auf Holzformen modelliert. Vor dem Einformen werden die Asbestzement-Platten gründlich angefeuchtet. Die für das Formstück benötigte Platte wird in der ungefähr benötigten Größe ausgeschnitten. Zum Modellieren verwenden die Arbeiter angefeuchtete Gummihandschuhe sowie Gummihämmer und Spatel.

Zur maschinellen Erzeugung von Formstücken wurden zahlreiche Maschinen entwickelt, die teils ebenfalls mit grünen Asbestzement-Platten, teils nach dem Injektionsprinzip arbeiten. Einige dieser Maschinen sind auf S. 125—128 erwähnt.

Für eine einfache Handformerei genügt es, Stellagen für die Modelle und Stellagen für die zur Härtung abgestellten Formstücke sowie ausreichend große Arbeitstische vorzusehen.

g) Produktionshalle zur Erzeugung von Asbestzement-Platten ohne Autoklavhärtung

Fabrikationshallen zur Produktion von Asbestzement-Platten haben meist eine Breite zwischen 16 und 21 m. Die genaue Breite richtet sich nach den landesüblichen Normen für Stahlskelettbauten. Beispielsweise ist in vielen Ländern Osteuropas die gebräuchlichste Breite 18 m und kann durch Einfügen eines Mittelfeldes auf 21 m erhöht werden.

Innerhalb der Halle unterscheidet man die Abschnitte für das Asbestlager, das mitunter auch von der Produktionshalle getrennt sein kann, für die Aufbereitung, für die Erzeugungsmaschinen, für die Zwischenlagerung der Platten bis zum Entstapeln und für die Aushärtung der Asbestzement-Platten. Auch die Reservesiebzylinder, die Siebzylinderwaschmaschine sowie nichtbenötigte Formbleche verschiedener Profile müssen in der Halle untergebracht werden. In der Regel ist auch eine Abteilung für die Erzeugung von Formstücken vorgesehen.

Für eine Plattenfabrik gemäß S. 250 werden zwei nebeneinander angeordnete Hallen mit je 18 m Breite vorgeschlagen. Im Kopfteil befindet sich das Asbestlager, das nach Abb. 63, S. 116, eine Länge von 36 m und eine Breite von 24 m hat. Anschließend kommt in beiden Hallen die entsprechende Aufbereitung, für die etwa 12 m Hallenlänge benötigt werden.

Stark unterschiedlich ist der Platzbedarf für die Erzeugungsmaschinen. In der in Abb. 63 dargestellten Anlage wird für die Erzeugungsmaschinen ein Hallenstück von ca. 48 m benötigt. Hier ist auch seitlich Platz für die Aufstellung von Reservesiebzylindern und einer Siebzylinderwaschmaschine,

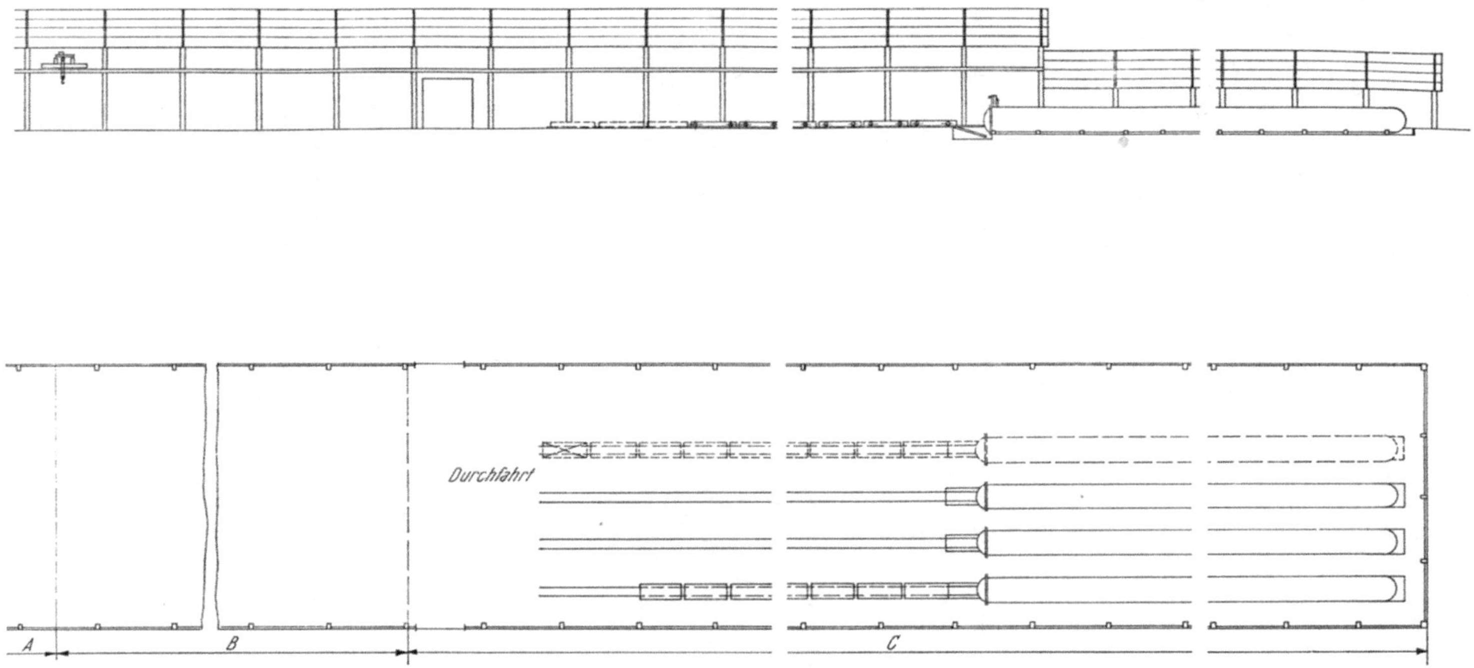

Abb. 156. Plattenfabrik mit anschließender Autoklavenanlage

A. Produktionshalle (siehe Abb. 63)

B. 22 m Zwischenlager
5 m Blechlager
30 m Handformerei
20 m Reserve
} 77 m

C Autoklaven und Autoklavenwagen

und überdies sind etwa 70 m^2 verfügbar, die für die Ablage von Profilblechen verwendet werden können.

Die Größe des anschließenden Hallenabschnittes, der als Lagerraum für die Vorabbindung der Asbestzement-Platten bis zur Entstapelung dient, wird gemäß S. 268 mit einer Länge von 12 m ausgelegt.

Der Raumbedarf für die Formstückerzeugung hängt vor allem davon ab, ob lediglich für Dachdeckungen erforderliche Formstücke erzeugt werden oder ob auch die Erzeugung der heute immer mehr gefragten Formstücke, wie Gartengeschirr, Blumenständer, Wasserbehälter u. dgl., im Erzeugungsprogramm vorgesehen ist.

Der Raumbedarf hängt auch davon ab, ob die Formstückerzeugung ausschließlich durch Handformerei oder durch Verwendung von modernen Formmaschinen durchgeführt wird.

Diese Abteilung benötigt außer den eigentlichen Arbeitsflächen noch ausreichend Raum für die Lagerung der Modelle und die Lagerung der Formstücke. Ein Hallenabschnitt mit 12 bis 18 m Länge sollte als Mindestraum für die Formstückerzeugung vorgesehen werden.

Der Abschnitt der Halle, der als Feuchtraum für die Lufthärtung für die Platten benötigt wird, wird gemäß S. 270 mit einer Länge von 69 m ausgelegt.

h) Produktionshallen zur Erzeugung von Asbestzement-Platten mit Autoklavhärtung

Der grundsätzliche Unterschied bei Produktionshallen zur Erzeugung von Asbestzement-Platten mit und ohne Autoklavhärtung liegt im Wegfall der Härtezone, an deren Stelle die Autoklavanlage tritt. In der Aufbereitung wird ein zusätzlicher Silo für den Quarzsand benötigt. Die Gesamtlänge der Halle ergibt sich daher wie folgt:

Asbestlager	24 m
Aufbereitung	12 m
Erzeugungsmaschinen	48 m
Vorabbindung	12 m
Formstückerzeugung	12 m
	108 m

Gesamtlänge mit Zuschlägen für innerbetrieblichen Transport ca. 120 m.

Die Autoklaven können im Freien aufgestellt werden. Allerdings kann bei entsprechenden klimatischen Bedingungen eine einfache Überdachung erforderlich werden. Werden die Autoklaven in der Verlängerung der Halle aufgestellt, kann man den überdachten Raum als Hallenteil mit verringerter Bauhöhe anschließen, wie dies in Abb. 156 dargestellt ist.

B. Hochdruckrohranlage

1. Technologische Auslegung

a) Erzeugungsprogramm

Nach der Aufgabenstellung S. 250 muß zunächst die maximale Jahresproduktion unter Annahme eines bestimmten Produktionsprogramms ermittelt werden. Dabei muß von der Maximalproduktion der Maschinenanlage ausgegangen werden, die gemäß der nachstehenden Tab. 43 angenommen wird.

Die Ermittlung der Jahresproduktion ist in Tab. 44 durchgeführt.

Tabelle 43. *Rohrproduktion*

Nenndurchmesser in mm	Druckklasse in kp/cm²	Gewicht eines Rohres, 5 m Länge, in kp	Anzahl der Rohre		Tonnen pro Tag
			pro Stunde ca.	pro Tag (24 h)	
50	6 + 12	18,5	136	3270	60
60	6 + 12	24	111	2660	64
70	6 + 12	27,5	101	2430	67
80	6 + 12	31	96	2300	72
100	6 + 12	38,5	77	1840	74
125	6 + 12	47	69	1660	78
150	6 + 12	55	76	1820	100
200	6 + 12	83,5	52	1250	104
250	6 + 12	128,5	47	1120	144
300	6 + 12	164	37	880	144
350	6 + 12	202,5	30	730	148
400	6	245	25	610	149
400	12	260	24	580	150
500	6	340	19	456	155
500	12	397,5	16	394	156
600	6	429,5	15	366	157
600	12	585	11	272	159

Tabelle 44. *Ermittlung der Jahresproduktion*

Rohre NW	Rohrlänge in m	Anteilige Stückzahl je 100 Rohre insgesamt	Gewicht pro Rohr in kp	Gewichtsanteil je 100 Rohre in kp	Produktionszeit pro Rohr in sec	Anteilige Produktionszeit je 100 Rohre insges. in sec
100	4	7	30	210	47	329
100	5	5	39	195	47	235
150	4	14	44	616	47,5	665
150	5	6	55	330	47,5	285
200	4	12	69	828	69	828
200	5	15	84	1260	69	1035
250	4	6	103	618	77	462
250	5	10	129	1290	77	770
300	4	2	162	324	98	196
300	5	8	203	1624	98	784
400	5	5	260	1300	142	710
500	5	5	398	1990	189	945
600	5	5	585	2425	236	1180
insgesamt		100		13010		8424

Die theoretische Höchstleistung wurde ermittelt unter Annahme einer Filzgeschwindigkeit von 42 m/min und unter Annahme folgender Vliesdicken:

Für Druckrohre mit Nennweite 50 bis 125	0,15 mm
Für Druckrohre mit Nennweite 150 bis 225	0,20 mm
Für Druckrohre mit Nennweite 250 und darüber	0,25 mm
Für Abflußrohre mit Nennweite 50 bis 200	0,15 mm

Für je 100 Asbestzement-Rohre, die prozentmäßig nach dem Erzeugungsprogramm zusammengesetzt sind und somit ein Gesamtgewicht von 13.010 kp haben, wird eine Produktionszeit von 8424 Sekunden, das sind 140,4 Minuten, benötigt.

Bei Annahme von 250 Arbeitstagen mit je 23 Produktionsstunden erhält man pro Jahr 5750 Produktionsstunden. In dieser Zeit werden daher insgesamt 245.726 Rohre erzeugt. Die jährliche Maximalproduktion beträgt somit $2457{,}3 \times 13.010 = 31.969$ t.

In diesem Erzeugungsprogramm sind die zugehörigen Muffenrohre nicht gesondert berücksichtigt. Da der Anteil der Muffenrohre am Gesamtprogramm jedoch nur 3 bis 4% beträgt und die Produktion bei dem größeren Durchmesser der Muffenrohre nur geringfügig steigt, kann mit hinreichender Genauigkeit eine Jahresproduktion von 32.000 t angenommen werden. Das gibt eine durchschnittliche Tagesproduktion von 128 t.

b) Materialbedarf

Gemäß S. 276 ergibt sich die jährliche Nettoproduktion mit 31.969 t. Die Bruttoproduktion ist um die Verluste beim Abdrehen der Rohrenden größer und kann mit hinreichender Genauigkeit mit

32.000 t pro Jahr, das sind

128 t pro Tag,

angenommen werden.

Die Gesamtproduktion setzt sich zusammen aus

8.000 t Produktionswasser und

24.000 t Trockenstoff.

Für den vorliegenden Fall wird angenommen, daß die Mischung aus 15% Asbest und 85% Zement besteht. Der Asbestanteil setzt sich zur Gänze aus Chrysotilasbest zusammen, und zwar 45% Klasse 3, 45% Klasse 4 und 10% Klasse 5.

Es wird Portlandzement PZ-275 mit einer Feinheit nach Blaine von 3500 cm²/g verwendet. Für eine Jahresproduktion werden somit

3.600 t Asbest und

20.400 t Zement benötigt.

Der Asbest setzt sich zusammen aus

1620 t Klasse 3,

1620 t Klasse 4 und

360 t Klasse 5.

Bei Fertigung von Asbestzement-Rohren mit Autoklavhärtung werden 30 bis 40% des Zementes durch Quarzsand ersetzt. Mit Ausnahme der letzteren Wertes verringert sich der Zementbedarf auf 12.240 t, während an Quarzsand ca. 8160 t benötigt werden.

c) Maschinenwahl

Für die Aufbereitung wird die gleiche Maschinenanordnung wie für die Plattenanlage, S. 266, angenommen.

Die Tagesproduktion beträgt im Durchschnitt 128 t. Da jedoch die Leistung einer Rohranlage in Abhängigkeit vom Durchmesser und von der Wanddicke der erzeugten Rohre stark schwankt und gemäß Tab. 43 auf S. 275 bei der angenommenen Anlage bis auf 159 tato steigt, ist es zweckmäßig, die Aufbereitung für eine Tagesproduktion von 160 t auszulegen. Davon sind rund 120 t Trockenstoff, welcher sich mit unserer Mischungsannahme aus 18 t Asbest und 102 t Zement zusammensetzt. Der Bedarf an frischem Produktionswasser beträgt rund 40 m³ pro Tag.

Unter der Annahme einer maximalen Kollerzeit von ca. 30 Minuten und einer Beschickungsperiode von etwa 40 Minuten erhält man das Gewicht einer Kollergangcharge wie folgt:

$$\frac{18.000}{24} \times \frac{40}{60} = 500 \text{ kp}$$

Mit einem Wasserzusatz von 30%, bezogen auf das Asbestgewicht, erhält man das Gesamtgewicht der Charge mit 714 kp. Der Wasserzusatz pro Charge beträgt somit 214 kp.

Der Kollergang ist somit für einen Eintrag von ca. 800 kp auszulegen.

Alle anderen Maschinenaggregate der Aufbereitung, wie Schrägförderband zum Kollergang, Mischbehälter, Asbestförderschnecke, Asbestwaage, Zementsilo, Zementfördereinrichtungen, Zementwaage, Turbopulper, Wasserbehälter, Trichterfilter und Pumpenanlage, sind sinngemäß entsprechend der höheren Leistung wie bei der Plattenanlage S. 253 ff. auszulegen.

Die Rohrmaschine kann mit einem oder zwei Siebzylindern ausgeführt werden. Während man in der Anfangszeit der Asbestzement-Rohrerzeugung häufig mit kleinen Siebzylindern mit einem Durchmesser von beispielsweise 700 mm arbeitete, wurden in den letzten Jahren fast einheitlich Siebzylinder mit einem Durchmesser von 1000 mm verwendet. Teilweise wurden auch schon größere Siebzylinder, zum Beispiel mit 1250 mm, ausgeführt. Die Ansichten, ob die größeren Durchmesser tatsächlich zu einer Leistungssteigerung führen, sind allerdings unterschiedlich. Da die Siebzylinder sofort nach dem Eintauchen in den Stoffschlamm mit einem Stoffvlies bedeckt werden, dürfte das hydraulische Gefälle sowie die Länge des eingetauchten Umfangs nur eine beschränkte Rolle spielen.

Die meisten Rohrmaschinen haben eine Erzeugungsbreite von 4000 mm. Rohre mit dieser Länge sind sehr handlich, leicht zu transportieren und leicht zu verlegen. Wirtschaftlicher sind Rohrleitungen mit größeren Rohrlängen, da hier der Anteil der Muffen geringer wird. Aus dieser Erwägung heraus werden in den letzten Jahren immer mehr Rohrmaschinen für eine Rohrlänge von 5000 mm erzeugt. Einzelausführungen gibt es auch bereits für 6000 mm Rohrlänge.

Für unseren Projektfall wurde eine Rohrlänge von 5000 mm angenommen. Die Filzbreite sowie die Breite der Siebzylinderbrust betragen 5300 mm. Die Rohrmaschine wird mit zwei Siebzylindern ausgeführt. Man kann eine hohe Leistung auch mit einem Siebzylinder erreichen dadurch, daß man die Vliesdicke verhältnismäßig groß (ca. 0,3 mm) wählt. Fährt man mit zwei Siebzylindern und bringt das Vlies somit in zwei Lagen auf, erreicht man mit der gleichen Mischung höhere Festigkeiten.

Die Rohrmaschine wird mit Unter- und Oberfilz ausgeführt. Die Filzgeschwindigkeit ist stufenlos bis auf 80 m/min regelbar. Bezüglich Ausführung der Siebzylinder und Siebbespannung gilt das gleiche wie für die Plattenmaschine auf S. 259.

Die Vliesdicke wird bei der Rohrmaschine im allgemeinen zwischen 0,12 und 0,35 mm eingestellt. Bezüglich der bei der Erzeugung auftretenden Probleme sei hier auch auf Seite 186 verwiesen.

d) Produktionsgrenzen

Bei einer Vliesdicke von 0,3 mm und einer Filzgeschwindigkeit von 50 m/min sowie einer Rohrlänge von 5 m werden pro Minute 75 dm^3 Asbestzement erzeugt. Das ergibt in einem Arbeitstag mit 23,5 Stunden reiner Produktionszeit ein erzeugtes Volumen von 105 m^3 bzw. ca. 210 t. Da jedoch für den Mandrellwechsel Stillstandszeiten in Abzug gebracht werden müssen, ist die erzielbare Produktion je nach Rohrdurchmesser geringer. Bei kleinen Rohrdurchmessern kommt überdies dazu, daß hier mit kleineren Vliesdicken, zum Beispiel 0,15 mm, gefahren wird.

Als Beispiel für die Ermittlung der technologischen Produktionsgrenzen sei hier die Tagesleistung bei Erzeugung von Rohren mit Nennweite 80 und 12 mm Wanddicke errechnet: Bei einer Vliesdicke von 0,15 mm werden 80 Lagen benötigt. Die gestreckte Länge des Vlieses ergibt sich mit $80 \times 0{,}091\,\pi = 22{,}8$ m. Die reine Wickelzeit ergibt sich daraus mit 27,4 Sekunden. Nimmt man für den Mandrellwechsel ca. 10 Sekunden an, so beträgt der Produktionstakt rund 38 Sekunden. An einem Arbeitstag mit 23,5 Produktionsstunden können daher 22.250 Rohre erzeugt werden. Nimmt man das Gewicht des Rohres mit 34 kg an, so beträgt die Tagesproduktion 75 t.

Die Produktion ist einerseits von qualitativen Erwägungen in bezug auf die Vliesdicke und Filzgeschwindigkeit und anderseits von den mechanisch bedingten Stillstandszeiten beim Mandrellwechsel begrenzt. Mit modernen Hochleistungsmaschinen mit zwei Siebzylindern und einer Rohrlänge von 5 m sollte bei Rohren mit NW 800 und darüber eine Maximalproduktion von 200 t pro Tag erreicht werden können.

2. Räumliche Auslegung

Eine schematische Darstellung einer kompletten Rohrerzeugungsanlage vom Rohmateriallager bis zum Versand zeigt Abb. 157. Bei einer Auslegung der Rohrerzeugungsanlage gemäß Abb. 159 S. 286 sind die im folgenden angeführten Überlegungen zugrunde gelegt:

a) Rohmateriallager und Wasserversorgung

Die Ermittlung des Lagerraumes für Asbest, Zement und gegebenenfalls Silika (bei Autoklavhärtung) sowie die Auslegung der Wasserversorgung wurde ausführlich bereits für eine Plattenanlage auf S. 253 behandelt. Unter Verwendung der entsprechenden Zahlenwerte gilt die gleiche Vorgangsweise auch bei Rohranlagen.

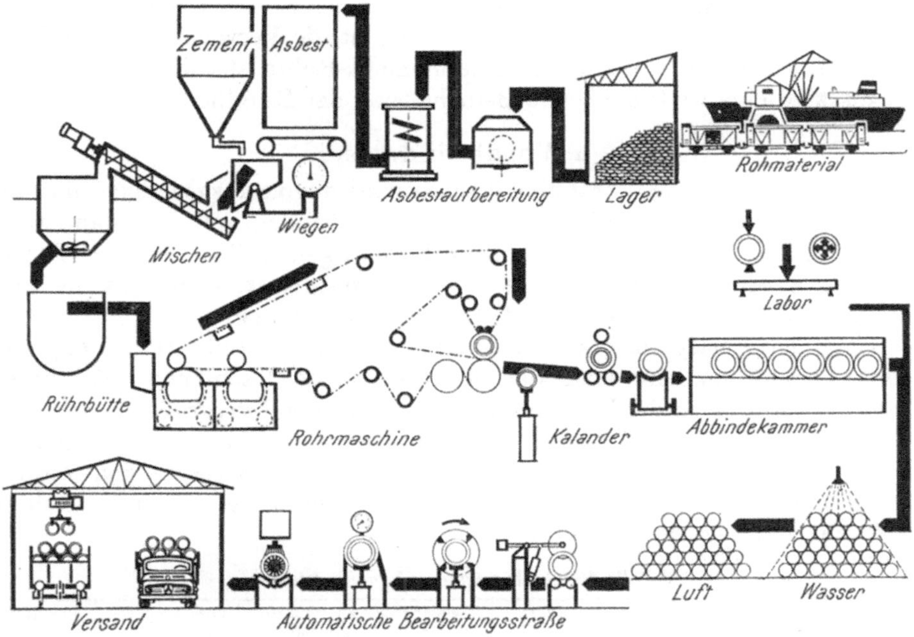

Abb. 157. Schema einer kompletten Rohrerzeugungsanlage, von Duritwerke Kern & Co., Wietersdorf

b) Vorabbindung

Für die Rundheit der Rohre sind in den Normen Festlegungen getroffen. Beispielsweise darf nach den ISO-Empfehlungen der Innendurchmesser des Rohres an keiner Stelle eine Minus-Toleranz von $2{,}5 + 0{,}01\,d$ (mm) unterschreiten.

Nachdem die Rohre in der Rohrmaschine auf einen Mandrell gewickelt wurden, wird das Rohr kalandriert und der Mandrell ausgezogen. In diesem Zustand — unmittelbar nach Beendigung des Wickelvorganges — besitzt das Rohr noch nicht genügend Steifigkeit, um ohne zusätzlichen Hilfen die Form halten zu können.

Es sind verschiedene Hilfsmittel oder Maßnahmen üblich, um die Formhaltigkeit der Rohre bis zum Erstarren des Zementes zu gewährleisten. Manche Fabriken lassen die Rohre bis zu 1 Stunde auf dem Mandrell. Diese Methode ist jedoch insofern kostspielig, als eine sehr große Anzahl von Mandrells benötigt wird. Zur Beschränkung der Mandrellzahl arbeiten manche Fabriken mit einem ständigen Dimensionswechsel in der Rohrerzeugung, was jedoch gewisse Erschwernisse in der Produktion mit sich bringt.

Eine andere Möglichkeit ist, nach dem Ausziehen der Mandrells für die Zeit bis zum Erstarren des Zementes eigene Rohrkerne in die Asbestzement-Rohre einzuschieben. Diese Rohrkerne können aus Holz oder aus Asbestzement bestehen. Bei kleinen Rohrdurchmessern nimmt man auch gerne dünnwandige Aluminiumrohre.

Eine weitere Möglichkeit zur Formhaltung der Rohre, welche sich in den letzten Jahren immer mehr eingeführt hat, ist die Verwendung eines Rollofens. Im Rollofen werden die Asbestzement-Rohre ständig gedreht, und damit wird eine weitestgehende Beibehaltung der Rundheit erreicht.

α) Vorabbindetisch

Zur Auslegung des Vorabbindetisches wird davon ausgegangen, daß die Rohre bei Maximalproduktion zumindest 3 Stunden am Vorabbindetisch lagern sollen. Die Tischlänge ergibt sich dann gemäß Tab. 45. Der Vorabbindetisch wird mit einer Länge von 36 m festgelegt. Damit ist die Verbleibzeit lediglich bei Rohren NW 150 unter 3 Stunden.

Die obige Auslegung bezieht sich auf die Maximalproduktion. Bei geringerer Produktion wird entweder nicht die ganze Tischlänge mit Rohren belegt, oder es wird die Vorabbindezeit entsprechend vergrößert.

Zur Festlegung der Anzahl der erforderlichen Rohrkerne wird angenommen, daß nach einem Drittel der Tischlänge die Kerne ausgezogen werden. Die kürzeste Zeit bis zum Ausziehen der Rohrkerne ergibt sich bei Rohren NW 150 und beträgt 54 Minuten.

Tabelle 45. *Auslegung des Vorabbindetisches*

NW mm	Außendurchmesser mm	Rohre pro Stunde max.	Rohre pro 3 Std. max.	Tischlänge für 3 Std. m	Ausgeführte Tischlänge m	Vorabbindezeit in Stunden max.	Benötigte Rohrkerne max.
50	68/70	136	408	28,6	36	3,75	170
70	90/93	101	303	28,2	36	3,80	130
100	122/125	77	231	28,9	36	3,68	95
150	173/176	76	228	40,1	36	2,63	67
200	224/227	52	156	35,5	36	3,05	53
300	330/334	36	108	36,0	36	3,00	36
400	434/438	25	75	32,9	36	3,27	27
500	538/542	19	57	30,8	36	3,47	22
600	640/645	15	45	29,0	36	3,67	18

β) Rollofen

Im Rollofen sollen die Asbestzement-Rohre etwa 3 Stunden verbleiben. Nimmt man für einen Rollofen für NW 50 bis 600 an, daß als Rostrohre Stahlrohre mit einem Außendurchmesser von 159 mm bei einer Teilung von 180 mm und für einen Rollofen für NW 80 bis 1000 Stahlrohre mit einem Außendurchmesser von 216 mm bei einer Teilung von 225 mm verwendet werden, dann ergeben sich die erforderliche theoretische Rollofenlänge sowie die tatsächliche Verbleibzeit und die mittlere Vorschubgeschwindigkeit bei der tatsächlichen ausgeführten Rollofenlänge gemäß der nachstehenden Tab. 46 und 47.

Die Rollofenlänge wird demnach mit 60 m festgelegt, was beim Rollofen für NW 50 bis 600 nur beim kleinsten Rohrdurchmesser eine Verbleibzeit unter 3 Stunden ergibt.

Beim Rollofen für NW 80 bis 1000 würde die Verbleibzeit bei Rohren NW 80 und bei Rohren NW 200 unter 3 Stunden liegen. Allerdings bezieht sich auch hier die ermittelte Verbleibzeit auf die Maximalproduktion und wird bei geringerer Produktion entsprechend größer.

Die erforderliche Antriebsleistung für den Vorschub ergibt sich aus dem Gesamtgewicht der bewegten Teile und der mittleren Vorschubgeschwindigkeit unter Berücksichtigung der Rollreibung und des Wirkungsgrades wie folgt:
Dabei sind:

G_1 = Gewicht von 83 Asbestzement-Rohren NW 600 ND 6 = 35.650 kp
G_2 = Gewicht des Rollrostes bestehend aus 680 Stahlrohren $159/150 \times 5200$ mit zugehörigen Zapfen, Lagern und Zugkettengliedern = 88.400 kp
$G = G_1 + G_2$ = 124.050 kp Gesamtgewicht der bewegten Teile
v = mittlere Vorschubgeschwindigkeit bei NW 600 = 0,180 m/min
μ_r = Rollreibung ... 0,1 angenommen
η = Gesamtwirkungsgrad 0,6 angenommen
N_{erf} = erforderliche Antriebsleistung in PS

$$N_{\text{erf}} = \frac{\mu_r \cdot G \cdot v}{60 \cdot 75 \cdot \eta} = \frac{0,1 \cdot 124.050 \cdot 0,180}{60 \cdot 75 \cdot 0,6} = 0,83 \text{ PS}$$

Tabelle 46. *Rollofen NW 50—600, Rollrostteilung 180 mm*

NW	Außen-durch-messer	Rohre pro 3 Stunden max.	Rohr-abstand mm	Theoretische Rollofen-länge m	Ausgeführte Rollofen-länge m	Vorabbinde-zeit in Stunden minimal	Mittlere Vorschubge-schwindigkeit m/min
50	68/70	408	180	73,4	60	2,45	0,408
70	90/93	303	180	51,9	60	3,48	0,288
100	122/125	231	180	41,6	60	4,32	0,231
150	173/176	228	180	41,1	60	4,37	0,228
200	224/227	156	360	56,1	60	3,20	0,312
300	330/334	108	360	38,9	60	4,63	0,216
400	434/438	75	540	40,5	60	4,45	0,225
500	538/542	57	720	41,0	60	4,36	0,228
600	640/645	45	720	32,4	60	5,57	0,180

Tabelle 47. *Rollofen NW 80—1000, Rollrostteilung 225 mm*

NW	Außen-durch-messer	Rohre pro 3 Stunden max.	Rohr-abstand mm	Theoretische Rollofen-länge m	Ausgeführte Rollofen-länge m	Vorabbinde-zeit in Stunden minimal	Mittlere Vorschub-geschwindigkeit m/min
70	90/93	303	225	64,9	60	2,78	0,359
100	122/125	231	225	52,0	60	3,46	0,289
150	173/176	228	225	51,2	60	3,51	0,285
200	224/227	156	450	70,2	60	2,56	0,390
300	330/334	108	450	48,6	60	3,70	0,270
400	434/438	75	450	33,8	60	5,32	0,188
500	538/542	57	675	38,5	60	4,67	0,214
600	640/645	45	675	30,3	60	5,93	0,168
700	747/752	31	775	27,5	60	5,88	0,170
800	853/858	28	900	24,8	60	6,52	0,153
900	958/963	22	1125	25,3	60	8,00	0,125
1000	1065/1070	18	1125	20,6	60	9,83	0,102

Im Rollofen befinden sich die Asbestzement-Rohre ohne Kern. Der Rollofen dient jedoch nicht nur zur Rundhaltung der Rohre, sondern wird meist auch zur Beschleunigung des Härtevorganges verwendet. Zu diesem Zweck werden die Asbestzement-Rohre im Rollofen vorübergehend erwärmt.

Am günstigsten dürfte eine Temperaturführung sein, bei der die Rohre bis zum Erstarren, das heißt auf die Dauer von etwa 1½ Stunden, nur auf ca. 40° C erwärmt werden und erst im anschließenden Ofenteil eine Steigerung der Temperatur auf 70° C stattfindet. Im Auslaufteil kann eine allmähliche Temperaturherabsetzung vorgenommen werden.

Da eine Durchhärtung des Zementes nur stattfinden kann, wenn genügend Wasser zur Hydratation vorhanden ist, darf im Rollofen auf keinen Fall Wasser den Asbestzement-Rohren entzogen werden. Es ist daher besonders wichtig, daß im gesamten Rollofen die Luftfeuchtigkeit zwischen 98 und 100% gehalten wird.

Zur Beheizung wird der Rollofen auf eine Länge von 58 m mit einer Kammer überbaut, die eintritts- und austrittsseitig mit Vorhängen aus gebrauchten Produktionsfilzen abgedichtet wird. Die Beheizung kann im Luftumwälzverfahren erfolgen.

Durch Versprühen von entsprechend vorgewärmtem Wasser muß der Luftstrom auf eine Luftfeuchtigkeit von 98 auf 100% gebracht werden. Die erforderliche Sprühwassermenge ergibt sich aus dem Wassergehalt der Luft bei 40° C bzw. 70° C und 100% Luftfeuchtigkeit.

Die erforderliche Wärmemenge für den Betrieb des Rollofens setzt sich zusammen aus:

Wärmeverlusten durch Abstrahlung der Ofenkammer,
Wärmebedarf zur Aufheizung der Asbestzement-Rohre,
Wärmebedarf zur Aufheizung der Luft (bei Abnahme von 20% Luftverlust durch Undichtheiten),
Wärmebedarf zum Aufheizen des Sprühwassers.

c) Härtung

Die Härtung der Asbestzement-Rohre besteht in einem fortschreitenden Hydratationsprozeß des Zementes. Die Umgebungstemperatur muß daher normale Reaktionsgeschwindigkeiten gestatten, und im Asbestzement muß genügend Wasser für die vollständige Hydratation des Zementes vorhanden sein.

Im allgemeinen reicht der Wassergehalt des Rohres unmittelbar nach dem Wickeln für die Hydratation aus, doch muß verhindert werden, daß während der Härtung Wasser dem Rohr durch Verdampfung entzogen wird.

Werden die Rohre nicht im Wasserbad gehärtet, muß bei Lufthärtung eine Luftfeuchtigkeit von 98 bis 100% aufrechterhalten werden. Bei Lufthärtung ist eine Umgebungstemperatur von 20 bis 30° C günstig. In der Regel wird die Härtung der Rohre im Wasserbad auf einige Tage (6 bis 10) beschränkt. Durch eine höhere Temperatur im Wasserbad kann die Aushärtung beschleunigt werden, so daß eine Kürzung der nachfolgenden Lufthärtung möglich wird.

α) Wassertanks für Wasserhärtung — Wasserbecken

Für die Auslegung der Wasserbecken wird angenommen, daß die Rohre bei Maximalproduktion 10 Kalendertage in den Becken belassen werden. 10 Kalendertagen entspricht die Produktion von maximal 8½ Tagen. Es wird weiter angenommen, daß die Wasserbecken 5 m lang, 5½ bis 6 m breit und 5 m tief sind und bis zu einer Höhe von 4,75 m mit Rohren belegt werden.

Die Rohre werden in einer Anordnung nach Abb. 158 eingelegt. Die Auslegung ergibt sich dann nach Tab. 48.

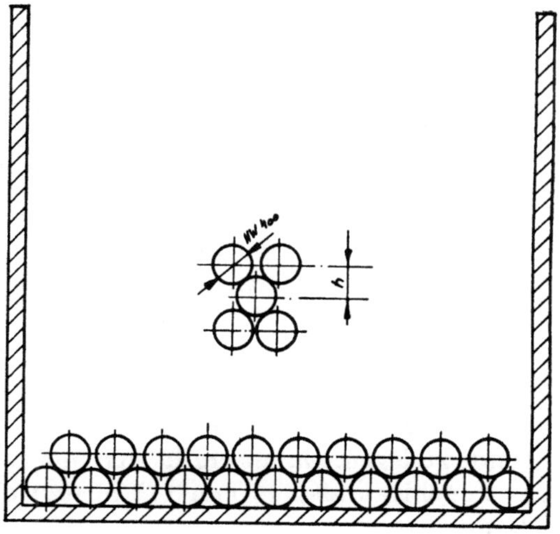

Abb. 158. Anordnung der Rohre im Wasserbecken

Als Mittelwert wird vorgeschlagen, daß 22 Wasserbecken vorgesehen werden, die für die Wasserlagerung von Rohren NW 200 ausreichend sind. Die Gesamtlänge des Beckenabschnittes bei Anordnung von jeweils zwei Becken nebeneinander ergibt sich dann mit ca. $11 \times 5 + 12 \times 0{,}30 = 58{,}60$ m.

Selbstverständlich wäre es auch möglich, die Zeit der Wasserhärtung abzukürzen und damit die Anzahl der Wasserbecken zu verringern.

Tabelle 48. *Auslegung der Wasserbecken*

NW mm	Außendurchmesser	Tagesproduktion maximal	Rohre pro Reihe	Höhe pro Reihe mm	Anzahl der Reihen pro Wasserbecken	Rohre pro Wasserbecken	Anzahl der benötigten Wasserbecken für 10tägige Lagerung[1]
50	68/70	3270	71/70	60	78	5500	6
70	90/93	2430	54/53	80	59	3150	8
100	122/125	1840	40/39	108	44	1740	10
150	173/176	1820	28/27	152	31	852	19
200	224/227	1250	22/21	194	24	516	22
300	330/334	880	15/14	286	16	242	32
400	434/438	610	11/10	380	12	126	42
500	538/524	456	9/8	470	10	85	47
600	640/645	366	7/7	559	8	56	57

β) Feuchtraum für Lufthärtung

Entweder unmittelbar nach der Vorabbindung am Vorabbindetisch oder im Rollofen oder nach der Vorhärtung im Wasserbecken kommen die Rohre in einen Feuchtraum, in welchem bei einer Temperatur von vorzugsweise 25 bis 30° C eine Luftfeuchtigkeit von 98 bis 100% herrscht. Mitunter wird das Drehen (Bearbeiten) der Rohre und Muffen nach der Vorhärtung im Wasserbad und vor der weiteren Lagerung im Feuchtraum durchgeführt.

[1] In dieser Zahl ist jeweils ein Becken mit eingerechnet, welches gerade entleert oder beschickt wird.

Zur Ermittlung des für das Feuchtraumlager erforderlichen Hallenabschnittes gehen wir davon aus, daß die Rohre insgesamt 28 Tage unter Dach aushärten sollen. Bei Vorhärtung im Wasserbad müssen im Feuchtraum die Rohre von maximal 13,5 Produktionstagen, bei Feuchtraumlagerung ohne vorheriges Wasserbad von 22 Produktionstagen untergebracht werden.

Für die Ermittlung des Platzbedarfes wird angenommen, daß die Rohre in der Halle in drei Stapeln von 3 m Höhe gelagert werden, wobei zwischen jede Rohrreihe Zwischenbretter von ca. 20 mm Dicke eingelagert werden.

Es wird weiter angenommen, daß nach jeweils 20 m Stapellänge für die Be- und Entladung der Stapel ein freier Durchgang von 6 m Breite vorgesehen wird. Die erforderliche Länge des Hallenabschnittes ergibt sich dann gemäß Tab. 49 und 50.

Da in der Produktion im allgemeinen das stückzahlmäßige Schwergewicht bei den kleineren Rohrdurchmessern liegt, wird vorgeschlagen, der Auslegung des Feuchtraumes einen mittleren Rohrdurchmesser von NW 200 zugrunde zu legen. Damit ergibt sich mit vorheriger Wasserhärtung eine Länge des Feuchtraumlagers von 142 m und ohne vorherige Wasserhärtung von 221 m.

Für den Feuchtraum genügt eine Hallenhöhe von ca. 7 m bis zur Dachtraufe, wenn mit Hallenkran gearbeitet wird, und von ca. 5 m, wenn der Transport der Rohre mit Gabelstaplern erfolgt.

Tabelle 49. *Ermittlung der Größe des Feuchtraumlagers bei vorheriger Härtung im Wasserbecken, Hallenbreite 21 m*

Rohrdurchmesser in mm	Anzahl der Rohrreihen 3 m Höhe	Gesamtzahl der Rohre von 13,5 Produktionstagen	Gesamt-Netto-Stapellänge m	Nettolänge bei 3 gleichen Stapeln pro m	Länge des Hallenabschnittes samt Durchgängen in m
50/68	33	44.200	94	31	50
70/90	26	32.800	105	35	53
100/122	20	24,900	155	52	70
150/173	15	24.500	288	96	126
200/224	12	16.850	320	107	142
300/330	8	11.850	495	165	213
400/434	6	8.250	602	201	261
500/538	5	6.180	671	224	290
600/640	4	4.950	798	266	370

Tabelle 50. *Ermittlung der Größe des Feuchtraumlagers* ohne *vorherige Härtung im Wasserbecken, Hallenbreite 21 m*

Rohrdurchmesser in mm	Anzahl der Rohrreihen 3 m Höhe	Gesamtzahl der Rohre von 13,5 Produktionstagen	Gesamt-Netto-Stapellänge m	Nettolänge bei 3 gleichen Stapeln pro m	Länge des Hallenabschnittes samt Durchgängen in m
50/68	33	72.000	153	51	70
70/90	26	53.600	185	62	80
100/122	20	40.500	252	84	108
150/173	15	40.000	470	163	211
200/224	12	27.500	520	173	221
300/330	8	19.400	810	270	348
400/434	6	13.400	978	326	422
500/538	5	10.100	1100	367	495
600/640	4	8.100	1300	433	559

Aggregate zur Beheizung und Befeuchtung der Luft müssen vorgesehen werden. In der einfachsten Ausführung genügt es, eine ausreichende Anzahl von Sprühdüsen an der Hallendecke anzubringen und die Rohre in größeren zeitlichen Abständen mit einem Wasserstrahl durchzuspülen.

d) Rohrbearbeitung und -prüfung

Zur Herstellung der erforderlichen Rohrverbindungen müssen die Asbestzement-Rohre auf die gewünschten Maße abgelängt und die Rohrenden entsprechend dem verwendeten Kupplungssystem angedreht werden. Nur bei einfachen Abflußrohren, bei denen die Rohrenden in die Muffen mit großem Spiel eingeschoben werden und der Spalt mit Dichtungsschnüren und Kitt oder Zement abgedichtet, verzichtet man mitunter noch auf eine Bearbeitung. Im allgemeinen verwendet man heute aber bei Abflußrohren Dichtungsringe und dreht daher die Muffeninnenseite und meist auch das eingreifende Rohrende an.

Weitere Bearbeitungsvorgänge ergeben sich bei der Erzeugung der Muffen, für die zuerst die Muffenrohlinge aus normal langen Rohren geschnitten (am gehärteten Rohr Abdrehen, Trennschleifen oder Sägen; am grünen Rohr Abtrennen mittels Rollscheiben) und dann die Muffeninnenseite ausgedreht werden müssen.

Bei Verbindungsstücken, wie Krümmern, Abzweigstücken u.dgl., folgt eine gleichartige Bearbeitung wie bei Abflußrohren.

Ein weiterer wichtiger Arbeitsvorgang bei der Erzeugung von Asbestzement-Rohren ist die Durchführung der Normprüfungen, vor allem das Abpressen der Druckrohre und der Muffen. Da bei Druckrohren jedes Rohr abgepreßt werden muß, benötigt man dazu Rohrprüfpressen mit hoher Leistung, deren Kapazität mit der Erzeugung gleichläuft.

Für viele Verwendungszwecke werden die Rohre an der Innenseite oder an beiden Seiten bituminiert oder mit einem sonstigen Schutzüberzug versehen. Moderne Rohrfabriken verwenden dafür vollautomatisch arbeitende Taktstraßen, auf denen das Ablängen und Andrehen der Rohrenden, das Prüfen und das Bituminieren ohne manuellen Eingriff durchgeführt werden.

Bei der Verlegung der Rohrleitungen müssen Paßstücke an Ort und Stelle angefertigt werden. Dazu gibt es Geräte, die ein Ablängen und Andrehen der Rohre von Hand aus ermöglichen.

Beim Drehen der Rohre unterscheidet man grundsätzlich Maschinen mit feststehendem Asbestzement-Rohr und rotierenden Messerköpfen und Drehbänke mit rotierendem Rohr, bei denen die Drehmesser nur die axiale und radiale Vorschubbewegung durchführen. Die Schnittgeschwindigkeit bei der Bearbeitung von Asbestzement liegt im allgemeinen zwischen 100 und 300 m/min. Dadurch ergibt sich bei Rohren mit kleinem Durchmesser, wenn die Rohre rotieren, eine sehr hohe Drehzahl. Da jedoch Rohre mit kleinem Durchmesser auch kleine Wanddicken haben, tritt häufig Bruch an den Einspannstellen auf. Für Rohre mit kleinem Durchmesser sind daher Maschinen mit feststehendem Rohr und rotierenden Messerköpfen vorzuziehen. Bei sehr großen Durchmessern ist jedoch der normalen Drehbank der Vorzug zu geben, da hier die Messerköpfe zu groß werden würden.

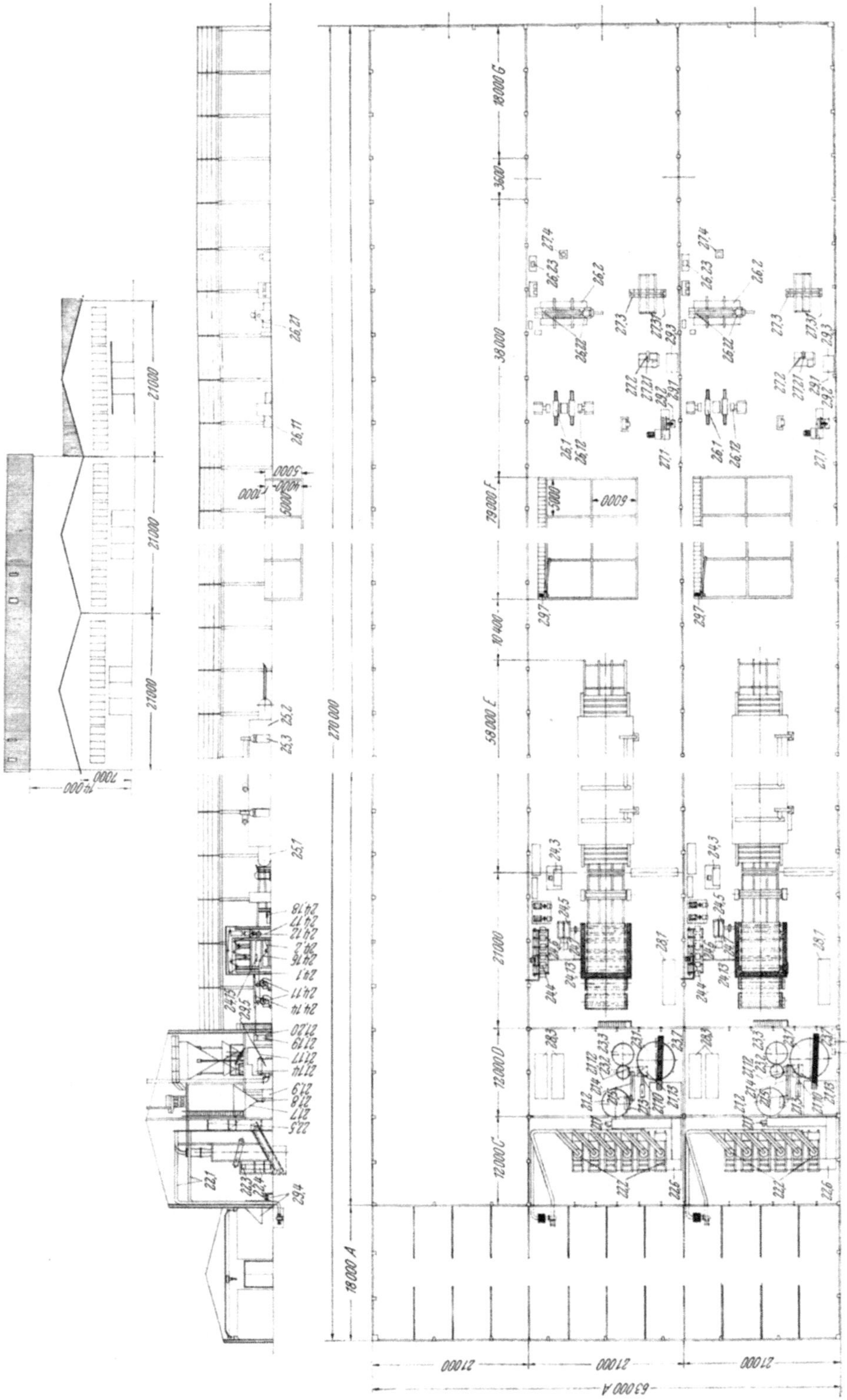

Abb. 159. Asbestzement-Rohrfabrik mit 2 Rohrstraßen (Projekt)

Eine weitere Unterscheidung liegt darin, ob die Rohrenden in Ringen abgetrennt oder abgestochen oder zur Gänze zerspant werden. Das Zerspanen erfordert einen größeren Leistungsverbrauch und Messerverschleiß, ermöglicht jedoch einen vollautomatischen Betrieb, da die Späne mittels Absauganlagen abtransportiert werden. Beim Abstechen in Ringen ist das zerspante Volumen verhältnismäßig klein, doch müssen die Ringe bei jedem Rohrwechsel aus der Maschine genommen werden. Da es sich bei den Ringen in der Regel um unbrauchbares Abfallmaterial handelt, das sehr sperrig ist, müssen die Ringe dann noch vor der Ablagerung zerschlagen werden.

Beim Ausdrehen der Muffen unterscheidet man wiederum das Ausdrehen im Kopierverfahren, bei dem das Messer die Muffen axial durchläuft, und das Fassondrehen mit einem zusammengesetzten Drehmesser, welches die ganze Muffeninnenseite gleichzeitig bearbeitet.

Um beim Prüfen der Rohre auf Innendruckfestigkeit mit der Leistung der Rohrmaschine Schritt zu halten, verwendet man bei Hochleistungsanla-

---

Legende zu Abb. 159

21.1 Asbestwaage
21.2 Kollergang
21.3 Mischbehälter
21.4 Asbestförderschnecke I
21.5 Asbestelevator
21.6 Asbestförderschnecke II
21.7 Zementsiloboden
21.8 Zementaustrag-Einrichtung
21.9 Zementelevator
21.10 Luftförderleitung II
21.11 Druckluftanlage zur Zementförderung
21.12 Asbestwaage
21.13 Zementwaage
21.14 Rührwerk I
21.15 Mischpumpe
21.16 Rohrleitungen zur Naßmischung
21.17 Rührwerk II
21.18 Stoffzuführungspumpe
21.19 Stoffmischung und -verteilung
21.20 Elektrische Einrichtungen
21.21 Druckluftanlage zur Aufbereitung
22.1 Asbestluftförderleitung
22.2 Asbestsilobatterie
22.3 fahrbare Asbestwaage
22.4 Asbestarbeitsbunkerbatterie
22.5 Traggerüst, Stützkonstruktionen und Laufsteg
22.6 Asbestförderbänder
22.7 Elektrische Einrichtungen zur Programmieranlage
23.1 Trichterfilter
23.2 Meßtrichter I
23.3 Meßtrichter II
23.4 Hauptrückwasserpumpe
23.5 Spritzwasserpumpe
23.6 Rohrleitungen und Armaturen
23.7 Bedienungspodeste und Leitern
24.1 Rohrmaschine
24.2 Produktionsfilz
24.3 Steuerstand zur Rohrmaschine
24.4 Hochvakuumpumpen
24.5 Entwässerungsarmaturen
24.6 Gebläse zur Filzwaschanlage
24.7 Rohrleitungen und Armaturen
25.1 Rollenförderer
25.2 Rollofenkammer
25.3 Klimatisierungseinrichtungen
26.1 Rohrdrehwerk
26.11 Ladeeinrichtung zum Rohrdrehwerk
26.12 Spannvorrichtungen
26.2 Mehrfach-Rohrprüfpresse
26.21 Ladeeinrichtung zur Rohrprüfpresse
26.22 Prüfköpfe
27.1 Muffentrennmaschine
27.2 Muffendrehbank
27.21 Spanneinrichtungen zur Muffendrehbank
27.3 Muffenprüfpresse
27.31 Prüfköpfe
27.4 Gummiring-Prüfmaschine
28.1 Siebzylinderwaschmaschine
28.3 Siebzylindertransportwagen
29.1 Absaug- und Entstaubungsanlage zum Rohrdrehwerk
29.2 Absaug- und Entstaubungsanlage zur Muffentrennmaschine
29.3 Absaug- und Entstaubungsanlage zur Muffendrehbank
29.4 Absaug- und Entstaubungsanlage zur Asbestaufgabe
29.5 Warmwasserbereitung
29.6 Entwässerungspumpen
29.7 Umpumpanlage

gen Mehrfachrohrprüfpressen, bei denen beispielsweise bis NW 150 drei Rohre gleichzeitig, bei NW 200 bis 300 zwei Rohre gleichzeitig und darüber die Rohre einzeln geprüft werden. Tab. 51 gibt eine Übersicht über die Kapazität einer solchen Mehrfachprüfpresse.

Auch zur Prüfung von Muffen gibt es Mehrfachprüfpressen.

In dem Projekt einer Rohrfabrik nach Abb. 159 sind im Bearbeitungsabschnitt ein Horizontaldrehwerk, eine hydraulische Mehrfachprüfpresse, eine Trennschleifmaschine, eine Muffendrehbank, eine Muffenprüfpresse und

Abb. 160. Vollautomatische Rohrbearbeitungsstraße, von Duritwerke Kern & Co., Wietersdorf

eine Gummiringprüfmaschine sowie die zugehörigen Entstaubungsanlagen vorgesehen. Nimmt man beiderseits der Rohrdrehbank für die Zuführung und Abführung der Rohre ein Zwischenlager von je 6 m Länge an, so ist der Platzbedarf für eine Rohrdrehbank für 5 m Rohrlänge ca. 14×10 m. Unter der Annahme gleicher Lagerflächen benötigt man für eine Rohrprüfpresse ca. 14×11 m^2. Für die Muffentrennmaschine werden etwa 13×6 m benötigt. Für die Muffendrehbank benötigt man bei Annahme von Zwischenlagern von etwa 4 m Länge ca. 10×3 m und für die Muffenprüfpresse ungefähr den gleichen Raum. Ein Drehwerk für NW 50 bis 200 erfordert mit Zwischenlagern eine Gesamtarbeitsfläche von etwa 9×9 m^2 und eine Bituminieranlage von ca. 20×10 m. Damit ergibt sich für den Bearbeitungsabschnitt bei einer Hallenbreite von 21 m eine Abschnittslänge von 30 m.

Abb. 160 zeigt eine verkürzte Darstellung einer der modernsten vollautomatischen Rohrbearbeitungsstraßen, die nur von einem einzigen Mann bedient wird. In der genannten Abbildung sind der Zulauftisch, die Besäumungsmaschine zur Ablängung der Rohre, eine Putzmaschine zur Entfernung des in den Rohren befindlichen Staubes, eine Kalibriermaschine zum Andrehen der Rohrenden mit Entstaubungskasten, ein Wechselförderband und 2 Prüfmaschinen zum hydraulischen Abpressen der Rohre gezeigt. In der Fabrik schließen an die Prüfmaschinen, Transporteinrichtungen, Reinigungs- und Trockeneinrichtungen sowie Maschinen zum Lackieren der Rohre im Inneren und an der Außenseite der Rohrenden sowie Ausgabeeinrichtungen an, die ebenfalls vollautomatisch arbeiten und von dem in der Abb. 160 gezeigten Bedienungsmann kontrolliert werden.

Tabelle 51. *Kapazität einer vollautomatischen Mehrfach-Prüfpresse für Asbestzement-Rohre NW 80—600*

NW (mm)	Rohre, die gleichzeitig geprüft werden (Stück)	Prüfzeit (sek.)	Gesamtzeit für einen Prüfungszyklus (sek.)	Prüfkapazität maximal (Stück/Stunde)	(Stk./24 St.)
80	3	30	58	186	4464
100	3	30	64	168	4032
150	3	30	89	120	2880
200	2	30	91	78	1872
250	2	30	114	62	1488
300	2	30	152	46	1104
400	1	30	133	27	648
500	1	30	188	19	456
600	1	30	250	14	336

e) Formstückerzeugung

Zur Erzeugung der für die Verlegung von Rohrleitungen bzw. für den Anschluß und die Verbindung derselben benötigten Formstücke wird eine eigene Formereiabteilung benötigt. In der einfachsten Art werden die Formstücke durch Handformerei erzeugt. Für Verbindungsstücke zu drucklosen Abflußleitungen können als Rohmaterial Zuschnitte aus Asbestzement-Platten oder Rohrstücke verwendet werden. An den Nahtstellen erfolgt die Verbindung der angefeuchteten Ränder durch Verstreichen und Verklopfen. Für Druckarmaturen werden in der Regel Rohrstücke verwendet.

Bei der Projektierung einer Rohrfabrik ist daher ein entsprechender Platz für die Formstückerzeugung — Arbeitstische und Stellagen — vorzusehen.

f) Lagerung der Fertigwaren

Nach der Wasserbad- und Lufthärtung können die Fertigwaren im Freien gelagert werden. Handelt es sich um verhältnismäßig dünnwandige Rohre mit kleinem Durchmesser, ist es zweckmäßig, die Lagerung unter Flugdächern durchzuführen, da durch die Einwirkung von Regen und Sonnenschein eine Krümmung der Rohre eintritt. Ansonsten sind Fertigwaren aus Asbestzement witterungsunempfindlich.

g) Produktionshalle zur Erzeugung von Druckrohren ohne Autoklavhärtung

Die Produktionshalle setzt sich aus folgenden Abschnitten zusammen:

Asbestlager,

Asbestaufschließung und Stoffaufbereitung

Rohrmaschine (Erzeugungsmaschine) mit anschließendem Kalander und Kernausziehmaschine,

Vorabbindung mit einfachem Vorabbindetisch
oder mit Rollofen,

Wasserhärtung,
Rohrbearbeitung und Rohrprüfung,
Rohrhärtung.

Für dieses Beispiel gehen wir davon aus, daß mit einer Mazza-Maschine Hochdruckrohre bis NW 600 erzeugt werden und daß die Maximalproduktion zwischen 60 t für NW 50 und 160 t für NW 600 liegt. Die Rohrlänge wird mit 5 m angenommen.

Zur Bestimmung der Länge des Vorabbindetisches oder des Rollofens, der Größe und Anzahl der Wasserbecken sowie des für die Lufthärtung erforderlichen Raumes muß man von der Maximalproduktion der Erzeugungsmaschine ausgehen.

Für unser Beispiel ist die Maximalproduktion entsprechend Tab. 43, S. 275, angenommen.

Für die Produktionshalle wird eine durchgehende Breite von 21 m angenommen.

Für das Asbestlager wird ein Hallenabschnitt von 24 m Länge vorgesehen.

Der Abschnitt für die Asbestaufschließung und Stoffaufbereitung wird so wie bei der Plattenfabrikation mit 12 m Länge festgelegt.

Für die Erzeugungsmaschinen, das sind die Hochdruckrohrmaschine mit zwei Siebzylindern, die zugehörige Ladeeinrichtung und der anschließende Kalander und die Ausziehmaschine, werden etwa 18 m Hallenlänge beansprucht. Die Vorabbindung der Rohre kann entweder auf einem Vorabbindetisch oder in einem Rollofen erfolgen. Zu den einfacheren Lösungen gehört das Auflegen der Rohre auf einem ebenen Hallenboden mit Glattestrich, auf welchem die Rohre von Hand aus weitergerollt werden.

Der Vorabbindetisch wird mit einer Länge von 36 m festgelegt. Wird an Stelle des Vorabbindetisches ein Rollofen verwendet, so ist die Länge desselben mit 60 m einzusetzen. Für die einfache Bodenlagerung sind ebenfalls 36 m erforderlich.

In jedem Fall schließt an die Vorabbindezone ein freier Durchgang von mindestens 6 m Breite. Auf diesem Platz werden die Rohre entweder zum Transport in die Wasserbecken auf ein Krangeschirr aufgelegt oder zum Transport mittels Gabelstapler auf Transportpaletten verladen.

An die Vorabbindezone schließen die Wasserbecken zur Härtung der Rohre im Wasserbad an. Für eine Rohrfabrik mit der in unserem Beispiel vorgesehenen Maximalproduktion werden gemäß S. 283 22 Wasserbecken vorgesehen. Diese Becken mit einer Innenlänge von 5 m, einer Innenbreite von 6 m und einer Innentiefe von 5 m sind jeweils paarweise nebeneinander angeordnet, so daß für die 22 Becken ein Hallenabschnitt von ca. 59 m benötigt wird. Dabei ist vorgesehen, daß die Rohre 10 Kalendertage in den Wasserbecken bleiben.

Bei einer Abkürzung dieser Periode kann natürlich die Zahl der Wasserbecken verringert werden.

Obwohl zweifellos die Härtung der Rohre im Wasserbad am besten den Erfordernissen des Zementes entspricht, ist es auch möglich, die Rohre nur an der Luft zu härten, wenn ausreichende Feuchtigkeit durch dauerndes Besprühen oder Spülen der Rohre gewährleistet wird.

Nach den Normen sollen Druckrohre, die nicht im Autoklav gehärtet werden, frühestens nach 28 Tagen ausgeliefert werden und bis dahin im Wasserbad oder in einem Feuchtraum aushärten. Der Hallenabschnitt für die Lufthärtung hat eine Länge von 142 m, wenn die Rohre im Wasserbad vorgehärtet werden, und eine Länge von 221 m, wenn die Härtung nur im Feuchtraum erfolgt.

Für die Maschinen zur Bearbeitung und Prüfung der Rohre ist ein Hallenabschnitt mit ca. 30 m Länge erforderlich. Zweckmäßig werden diese Maschinen zwischen den Wassertanks und dem Feuchtraumlager aufgestellt, wobei an einer Seite wieder ein Transportweg von 6 m Breite vorzusehen ist.

Auch in einer Druckrohrfabrik müssen Formstücke erzeugt werden. Wenn man aus Gründen der Platzersparnis die jeweils in der Produktion nicht benötigten Rohrkerne über den Wasserbecken auf verschiebbaren Abdeckungen lagert, kann die Formstückerzeugung seitlich von den Wasserbecken vorgesehen werden. Sind keine Wasserbecken vorhanden, dann müßte für die Lagerung der Rohrkerne und die Formstückerzeugung ein Hallenabschnitt von ca. 18 bis 24 m vorgesehen werden.

Im folgenden werden die erforderlichen Hallenlängen für die verschiedenen Varianten ermittelt:

Produktionshalle mit Vorabbindetisch bei Härtung der Rohre im Wasserbad und im Feuchtraum:

Asbestlager	24 m
Aufbereitung	12 m
Erzeugungsmaschinen	18 m
Vorabbindetisch	36 m
Durchgang	6 m
Wasserbecken	59 m
Rohrbearbeitung	30 m
Durchgang	6 m
Feuchtraum	142 m
Gesamtlänge	333 m

Produktionshalle mit Vorabbindetisch bei Härtung der Rohre im Feuchtraum (ohne Wasserbecken):

Asbestlager	24 m
Aufbereitung	12 m
Erzeugungsmaschinen	18 m
Vorabbindetisch	36 m
Durchgang	6 m
Rohrkernlager und Formstückerzeugung	24 m
Rohrbearbeitung	30 m
Durchgang	6 m
Feuchtraum	221 m
Gesamtlänge	377 m

Produktionshalle mit Rollofen bei der Härtung der Rohre im Wasserbad und im Feuchtraum:

Die Gesamtlänge ergibt sich durch Addition der Differenz zwischen Rollofen und Vorabbindetisch mit 357 m.

Produktionshalle mit Rollofen bei Härtung der Rohre im Feuchtraum (ohne Wasserbecken):

Die Gesamtlänge ergibt sich durch Addition der Differenz zwischen Rollofen und Vorabbindetisch mit 401 m.

Die Hallenlänge ergibt sich, wie aus Abb. 159 ersichtlich, mit 7 m bis Traufenhöhe im Abschnitt des Asbestlagers, mit 14 m im Abschnitt der Aufbereitung und mit 7 m in der Produktionshalle. Es ist zweckmäßig, im Abschnitt des Asbestlagers einen Laufkran über die ganze Hallenbreite mit einer Tragfähigkeit von 1,5 t und über der Rohrmaschine und über den anschließenden Hallenteil Laufkrane mit je 5 t Tragfähigkeit vorzusehen. Die Anzahl der erforderlichen Krane und die Auslastung derselben erhält man durch maßstabgerechte Aufzeichnung aller Kranbewegungen und Ausrechnung der Weg- und Standzeiten unter Berücksichtigung der Geschwindigkeit für Längs- und Querfahrt, Grob- und Feinhub beim Heben und Senken und für die einzelnen Manipulationen.

Es ergeben sich somit je nach der angewendeten Technologie Hallenlängen zwischen 333 und 401 m. Da bekanntermaßen ältere Rohrfabriken mit wesentlich kürzeren Hallenlängen auskommen, wird im folgenden eine Ermittlung der Hallenlänge angeführt, bei der die Maximalproduktion mit etwa 60% der für unser Beispiel zugrunde gelegten Werte angenommen wird.

Produktionshalle mit Rollofen bei Härtung der Rohre im Wasserbad und im Feuchtraum:

Asbestlager	18 m
Aufbereitung	12 m
Erzeugungsmaschinen	18 m
Rollofen	36 m
Durchgang	6 m
Wasserbecken	38 m
Rohrbearbeitung	30 m
Durchgang	6 m
Feuchtraum	85 m
Gesamtlänge	249 m

h) Produktionshalle zur Erzeugung von Druckrohren mit Autoklavhärtung

Bei der Erzeugung von Druckrohren mit Autoklavhärtung entfallen die Hallenabschnitte für die Wasserbecken und für die Lufthärtung. Der Abschnitt für die Lagerung der Rohrkerne und für die Formstückerzeugung muß jedoch vergrößert werden, um zusätzlichen Raum für die Zwischenlagerung der Formstücke zu schaffen.

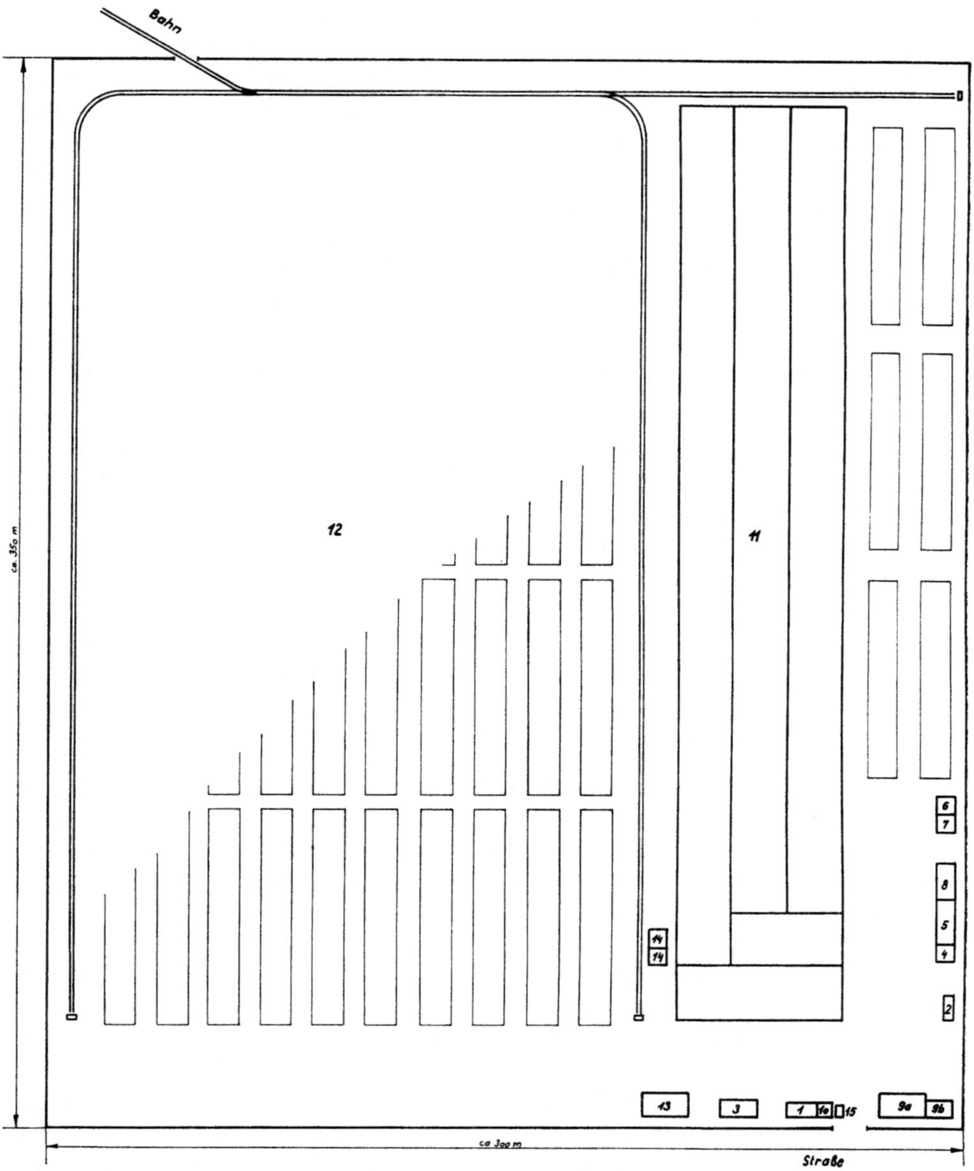

Abb. 161. Gesamtprojekt einer Rohrfabrik

1 Labor
2 Trafostation
3 Kantine und Sozialräume
4 Elektrowerkstätte
5 Mechanische Werkstätte
6 Tischlerei
7 Anstreicherei
8 Magazin
9a Garagen für Lkw
9b Garagen für Pkw
10 Portierloge
11 Erzeugungshallen
12 Freiraumlager
13 Büros
14 Absetzbecken
15 Brückenwaage

Die Gesamtlänge der Produktionshallen ergibt sich somit wie folgt:

Produktionshalle mit Vorabbindetisch bei Autoklavhärtung:

Asbestlager	24 m
Aufbereitung	12 m
Erzeugungsmaschinen	18 m
Vorabbindetisch	36 m
Durchgang	6 m
Rohrkernlager und Formstückerzeugung	36 m
Bearbeitung und Prüfung	30 m
Gesamtlänge	162 m

Produktionshalle mit Rollofen bei Autoklavhärtung:

Asbestlager	24 m
Aufbereitung	12 m
Erzeugungsmaschinen	18 m
Rollofen	60 m
Durchgang	6 m
Rohrkernlager und Formstückerzeugung	36 m
Bearbeitung und Prüfung	30 m
Gesamtlänge	186 m

Das Gesamtgelände für eine Asbestzement-Platten- oder -Rohrfabrik muß etwa zehnmal so groß wie die Erzeugungshallen sein, da die Nebengebäude für Verwaltung, Instandhaltung, Transport u. dgl. sowie freie Lagerflächen ebenfalls untergebracht werden müssen.

Ein Gesamtprojekt einer Rohrfabrik mit den zugehörigen Nebengebäuden ist in Abb. 161 dargestellt.

C. Technologie der Autoklavhärtung

1. Autoklavanlage für Asbestzement-Platten

Die Autoklavhärtung ist eine Schnellhärtung des Asbestzementes, bei welcher durch die Anwesenheit von Quarzsand an Stelle der normalen Hydratation eine chemische Umwandlung stattfindet. Ein durchschnittlicher Portlandzement mit für die Asbestzement-Erzeugung günstigen Eigenschaften besteht aus 60% C_3S, nicht mehr als 20% C_2S und nicht mehr als 7% C_3A.

Wird Asbestzement mit Autoklavhärtung erzeugt, dann werden in der Mischung 30 bis 40% des Zementes durch Quarzsand ersetzt. Dieser Quarzsand soll eine chemische Reinheit von 98 bis 99% und dieselbe Mahlfeinheit wie der Zement haben. Gerade deshalb ist es jedoch nicht möglich, den Quarzsand mit dem Zementklinker zu vermahlen, da der Quarzsand infolge seiner größeren Härte einen größeren Mahlwiderstand besitzt. Bei gemeinsamer Vermahlung kann daher nie die gleiche Mahlfeinheit erreicht werden.

Bei der Aufbereitung für autoklavgehärteten Asbestzement werden der Zement und der Quarzsand getrennt angeliefert und werden üblicherweise auch getrennt siliert. In diesem Falle werden bei der automatischen Mischungsabwaage zumindest 3 Komponenten, nämlich Asbest, Zement und Silika, getrennt eingewogen.

Bei der Autoklavhärtung wird der Asbestzement mit Sattdampf von ca. 175° C gehärtet. Bei Asbestzement mit Zellulosezusatz darf eine Temperatur von 165° C nicht überschritten werden.

Wie auf S. 35 behandelt, bedeutet die Erhöhung der Temperatur letztlich eine Vergrößerung der Reaktionsgeschwindigkeit auf etwa das $2{,}5 \times 10^6$fache. Die Erhöhung des Druckes auf den Sattdampfdruck von 8 atü ist lediglich eine Begleiterscheinung und für den Ablauf der Reaktion von untergeordneter Bedeutung.

Durch diese ungeheure Beschleunigung der Reaktionsgeschwindigkeit bildet sich bei der Behandlung im Autoklav ein Calciumsilikathydrat. In Abb. 90 sind Diagramme über den Verlauf der Temperatur über der Zeit bei der Härtung von Asbestzement wiedergegeben, die in der Zeitschrift Stroitelnye Materialy veröffentlicht wurden.

Im ersten Fall erfolgte die Aufheizung in etwa 4½ Stunden; eine Höchsttemperatur von etwa 170° C wurde dann 6 Stunden konstant gehalten, und über einen Abschnitt von 8 Stunden erfolgte eine langsame Abkühlung. Im zweiten Fall erstreckte sich die Aufheizung über ca. 7 Stunden, die Temperaturkonstanthaltung über etwa 8 Stunden, und die Abkühlung dauerte rund 4½ Stunden.

Eine Normierung der Härtezeit ist kaum möglich. Als Richtlinie gibt man jedoch an, daß bei Platten eine Temperatur von 170 bis 180° C über etwa 8 Stunden und bei Rohren je nach Wanddicke über 10 bis 12 Stunden erhalten werden soll. Die Zeit für das Aufheizen sollte zwischen 2½ und 5 Stunden liegen. Ein langsames Aufheizen erfordert unter Umständen größere Autoklaven, aber kleinere Dampferzeugungsanlagen.

Für das Absenken der Temperatur sollten 2½ bis 4 Stunden vorgesehen werden. Ein kompletter Härtungszyklus für Platten beträgt daher 13 bis 17 Stunden und für Rohre 15 bis 21 Stunden.

Einige Asbestzement-Fabriken in Mittelamerika gehen bei der Festlegung der Härtezeit im Autoklav von einem Richtwert aus, der das Produkt des Druckes im Autoklav in kp/cm² mal der Härtezeit in Stunden darstellt. Für Platten wird ein Richtwert von 120 atü.h, für Rohre von 160 atü.h angegeben.

Tabelle 52. *Autoklavauslegung mit 2 Kesseln für einen Härtezyklus von 13 Stunden (Gesamtzeit mit Be- und Entladung 16 Stunden)*

Plattenlänge		Platten pro Stunde maximal	Platten pro Autoklav (8 Stunden)	Anzahl der Wagen	Wagenlänge mm	Länge des Wagenzuges m	Länge des Autoklavs m
Fuß	mm						
8	2440	150	1200	12	2600	32,4	37
9	2745	133	1064	11	3200	36,3	37
10	3050	120	960	10	3200	33,0	37
11	3355	109	872	9	3800	35,1	37
12	3660	100	800	8	3800	31,2	37

Tabelle 53. *2 Autoklaven — Härtezyklus 17 Stunden, Gesamtzyklus 20 Stunden*

Plattenlänge		Platten pro Stunde maximal	Platten pro Autoklav (10 Stunden)	Anzahl der Wagen	Wagenlänge mm	Länge des Wagenzuges m	Länge des Autoklavs m
Fuß	mm						
8	2440	150	1500	15	2600	40,5	46,5
9	2745	133	1330	14	3200	46,2	46,5
10	3050	120	1200	12	3200	39,6	46,5
11	3355	109	1090	11	3800	42,9	46,5
12	3660	100	1000	10	3800	39,0	46,5

Tabelle 54. *3 Autoklaven — Härtezyklus 13 Stunden, Gesamtzyklus 15 Stunden*

Plattenlänge		Platten pro Stunde maximal	Platten pro Autoklav (5 Stunden)	Anzahl der Wagen	Wagenlänge mm	Länge des Wagenzuges m	Länge des Autoklavs m
Fuß	mm						
8	2440	160	750	8	2600	21,6	24
9	2745	133	665	7	3200	23,1	24
10	3050	120	600	6	3200	19,8	24
11	3355	109	545	6	3800	23,4	24
12	3660	100	500	5	3800	19,5	24

Tabelle 55. *3 Autoklaven — Härtezyklus 17 Stunden, Gesamtzyklus 20 Stunden*

Plattenlänge		Platten pro Stunde maximal	Platten pro Autoklav (6⅔ Stunden)	Anzahl der Wagen	Wagenlänge mm	Länge des Wagenzuges m	Länge des Autoklavs m
Fuß	mm						
8	2440	150	1000	10	2600	27,0	32
9	2745	133	890	9	3200	29,7	32
10	3050	120	800	8	3200	26,4	32
11	3355	109	727	8	3800	31,2	32
12	3660	100	667	7	3800	27,3	32

Tabelle 56. *3 Autoklaven — Härtezyklus 17 Stunden, Gesamtzyklus 24 Stunden*

Plattenlänge		Platten pro Stunde maximal	Platten pro Autoklav (8 Stunden)	Anzahl der Wagen	Wagenlänge mm	Länge des Wagenzuges m	Länge des Autoklavs m
Fuß	mm						
8	2440	150	1200	12	2600	32,4	37
9	2745	133	1064	11	3200	36,3	37
10	3050	120	960	10	3200	33,0	37
11	3355	109	872	9	3800	35,1	37
12	3660	100	800	8	3800	31,2	37

In den vorstehenden Tabellen versteht man unter Gesamtzyklus die Zeit von einer Beschickung eines Autoklavkessels bis zur folgenden. In der Differenz zwischen Gesamtzyklus und Härtezyklus ist der Zeitraum für das Be- und Entladen des Kessels beinhaltet.

Bei Aufstellung von 2 Autoklavkesseln kommt man je nach Größe der Dampferzeugungsanlage und entsprechendem Härtezyklus mit einer Kessellänge (des zylindrischen Teiles) von 37 m bzw. 46,5 m aus.

Bei einer Anlage mit 3 Autoklavkesseln betragen die entsprechenden Längen 24 bzw. 32 m. Will man bei einer Anlage mit 3 Autoklaven in den Rhythmus der 8-Stunden-Schichten kommen und sieht man somit einen Gesamtzyklus von 24 Stunden vor, so beträgt die Länge des Autoklavs 37 m.

Bei einem Kostenvergleich müssen die Kosten der zugehörigen Dampferzeugungsanlage mit berücksichtigt werden.

Würde man bei der obenstehenden Auslegung annehmen, daß die Autoklavwagen für alle Plattenlängen gleich sind, dann würde beispielsweise im ersten Falle eine Länge der beiden Autoklaven von 47,5 m an Stelle von 37 m erforderlich sein, da dann auch bei den 12 Wagen für 8 Fuß lange Platten eine Wagenteilung von je 3,90 m erforderlich wäre. Nach einer einfachen Überlegung ist es daher wirtschaftlicher, mehrere Wagengarnituren und kürzere Autoklaven vorzusehen.

Zu den gemäß Tab. 52 bis 56 ermittelten Autoklavanlagen sind die zugehörigen Zeit-Temperatur-Diagramme in Abb. 162 bis 166 dargestellt.

Abb. 162.
2 Autoklaven
Härtezyklus
13 Std.
Gesamtzyklus
16 Std.

Abb. 163.
2 Autoklaven
Härtezyklus
17 Std.
Gesamtzyklus
20 Std.

Abb. 164.
3 Autoklaven
Härtezyklus
13 Std.
Gesamtzyklus
15 Std.

Abb. 165.
3 Autoklaven
Härtezyklus
17 Std.
Gesamtzyklus
20 Std.

Abb. 166.
3 Autoklaven
Härtezyklus
17 Std.
Gesamtzyklus
24 Std.

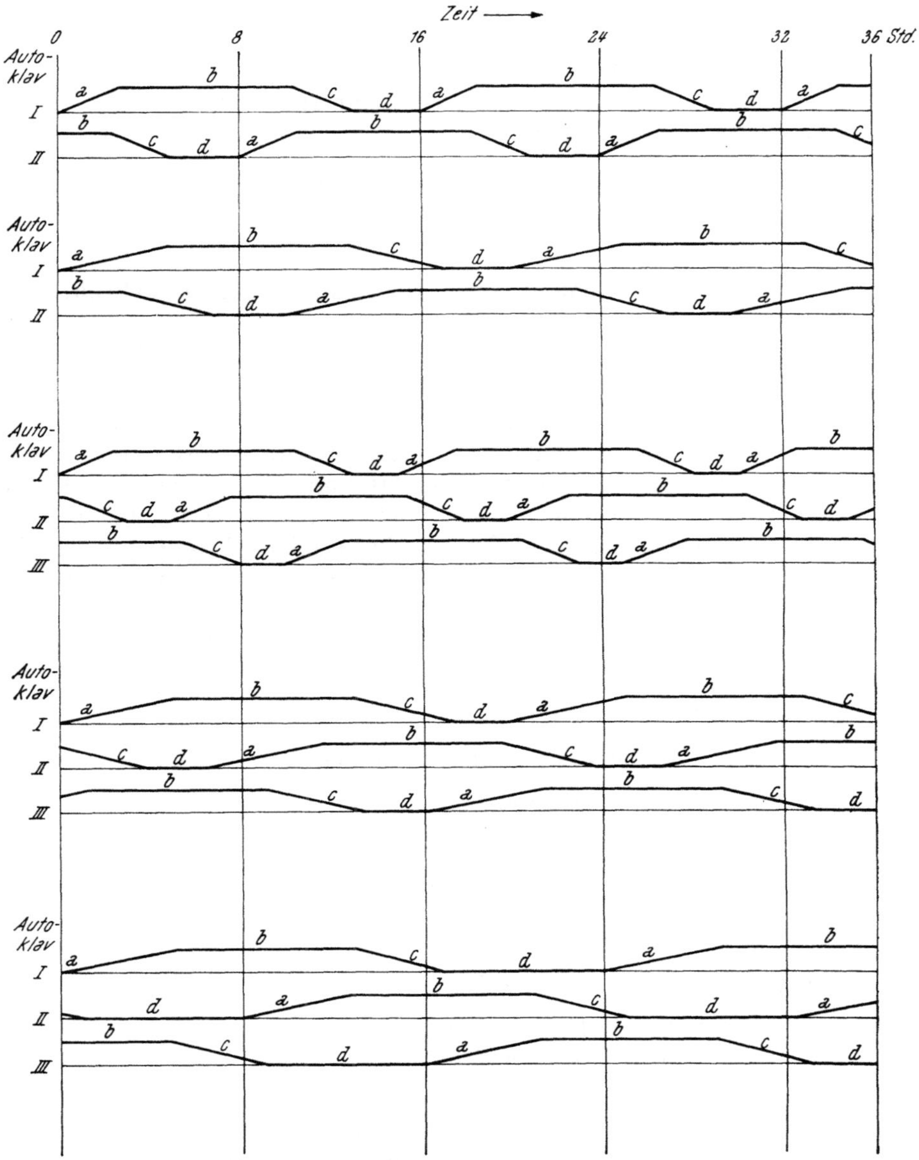

Abb. 162—166. Zeit-Temperatur-Diagramme zur Autoklavenhärtung von Asbestzement-Platten

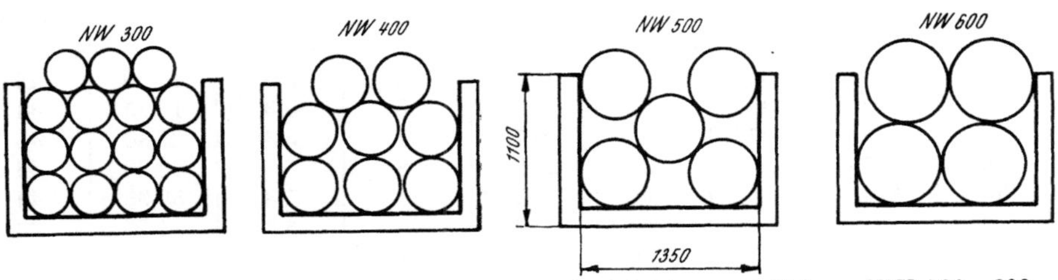

Abb. 167. Beladung des Autoklavenwagens mit Asbestzement-Rohren NW 300—600

Darin bedeuten jeweils:

a = Aufheizperiode

b = Periode der konstanten Härtetemperatur (175°)

c = Abkühlungsperiode

d = Zeitraum für die Entleerung der Beschickung des Autoklavs

2. Autoklavanlage für Asbestzement-Druckrohre

Für die Auslegung der Autoklavanlage legen wir die in Tab. 43, Seite 275, angegebenen Produktionszahlen zugrunde.

Der Durchmesser des Autoklavkessels wird mit 2200 mm angenommen. Die Autoklavwagen haben eine lichte Breite von 1350 mm und eine Höhe der seitlichen Begrenzungen von 1100 mm. Die Anzahl der Rohre, die auf einen Wagen geladen werden können, ist aus Abb. 167 ersichtlich. Die gewählten Beispiele sind für Druckrohre der Klasse 6 mit den Nennweiten 300, 400, 500, 600 gezeichnet. Die Bestimmung von Längen und Anzahl der Autoklaven sind aus Tab. 57 bis 62 ersichtlich, wobei die entsprechenden Vorbemerkungen des vorstehenden Abschnittes anzuwenden sind.

Die Ermittlung ergibt:

Für einen Gesamtzyklus von 24 Stunden

4 Autoklaven von je 55 m Länge,

5 Autoklaven von je 44 m Länge,

6 Autoklaven von je 39 m Länge.

Für einen Gesamtzyklus von 18 Stunden

4 Autoklaven von je 44 m Länge,

5 Autoklaven von je 33 m Länge,

6 Autoklaven von je 28 m Länge.

Tabelle 57.

Autoklavauslegung mit 4 Autoklaven — Härtezyklus 15 Stunden, Gesamtzyklus 18 Stunden

Rohre NW	Außendurchmesser mm	Rohre pro Wagen maximal	Rohre pro Stunde maximal	Rohre pro Autoklav (4,5Stunden)	Anzahl der Wagen	Wagenlänge m	Länge des Wagenzuges m	Länge des Autoklavs m
50	70	352	136	612	2	5,3	10,90	44
70	93	198	101	455	3	5,3	16,35	44
100	125	107	77	347	4	5,3	21,80	44
200	227	33	52	239	8	5,3	43,60	44
300	334	15	36	162	11	5,3	59,95	44
400	438	8	25	113	15	5,3	81,75	44
500	542	5	19	86	18	5,3	98,10	44
600	645	4	15	68	17	5,3	92,65	44

Tabelle 58.

Autoklavauslegung mit 4 Autoklaven — Härtezyklus 21 Stunden, Gesamtzyklus 24 Stunden

Rohre NW	Außendurchmesser mm	Rohre pro		Rohre pro Autoklav (6 Stunden)	Anzahl der Wagen m	Wagenlänge m	Länge des	
		Wagen maximal	Stunde maximal				Wagenzuges m	Autoklavs m
50	70	352	136	816	3	5,3	16,35	55
70	93	198	101	606	4	5,3	21,80	55
100	125	107	77	462	5	5,3	27,25	55
200	227	33	52	312	10	5,3	54,50	55
300	334	15	36	216	15	5,3	81,75	55
400	438	8	25	150	19	5,3	103,55	55
500	542	5	19	114	23	5,3	125,35	55
600	645	4	15	90	23	5,3	125,35	55

Tabelle 59.

Autoklavauslegung mit 5 Autoklaven — Härtezyklus 15 Stunden, Gesamtzyklus 18 Stunden

Rohre NW	Außendurchmesser mm	Rohre pro		Rohre pro Autoklav (3,6Stunden)	Anzahl der Wagen	Wagenlänge m	Länge des	
		Wagen maximal	Stunde maximal				Wagenzuges m	Autoklavs m
50	70	352	136	490	2	5,3	10,90	33
70	93	198	101	364	2	5,3	10,90	33
100	125	107	77	277	3	5,3	16,35	33
200	227	33	52	187	6	5,3	32,70	33
300	334	15	36	130	9	5,3	49,05	33
400	438	8	25	90	12	5,3	65,40	33
500	542	5	19	68	14	5,3	76,30	33
600	645	4	15	54	14	5,3	76,30	33

Tabelle 60.

Autoklavauslegung mit 5 Autoklaven — Härtezyklus 21 Stunden, Gesamtzyklus 24 Stunden

Rohre NW	Außendurchmesser mm	Rohre pro		Rohre pro Autoklav (4,8Stunden)	Anzahl der Wagen	Wagenlänge m	Länge des	
		Wagen maximal	Stunde maximal				Wagenzuges m	Autoklavs m
50	70	352	136	653	2	5,3	10,90	44
70	93	198	101	485	3	5,3	16,35	44
100	125	107	77	370	4	5,3	21,80	44
200	227	33	52	250	8	5,3	43,60	44
300	334	15	36	173	12	5,3	65,40	44
400	438	8	25	120	15	5,3	81,75	44
500	542	5	19	92	19	5,3	103,55	44
600	645	4	15	72	18	5,3	98,10	44

Tabelle 61.

Autoklavauslegung mit 6 Autoklaven — Härtezyklus 15 Stunden, Gesamtzyklus 18 Stunden

Rohre NW	Außendurchmesser mm	Rohre pro		Rohre pro Autoklav (3 Stunden)	Anzahl der Wagen	Wagenlänge m	Länge des	
		Wagen maximal	Stunde maximal				Wagenzuges m	Autoklavs m
50	70	352	136	408	2	5,3	10,90	28
70	93	198	101	303	2	5,3	10,90	28
100	125	107	77	231	3	5,3	16,35	28
200	227	33	52	156	5	5,3	27,25	28
300	334	15	36	108	8	5,3	43,60	28
400	438	8	25	75	10	5,3	54,50	28
500	542	5	19	57	12	5,3	65,40	28
600	645	4	15	45	12	5,3	65,40	28

Tabelle 62.

Autoklavauslegung mit 6 Autoklaven — Härtezyklus 21 Stunden, Gesamtzyklus 24 Stunden

Rohre NW	Außen-durch-messer mm	Rohre pro Wagen maximal	Rohre pro Stunde maximal	Rohre pro Autoklav (4 Stunden)	Anzahl der Wagen	Wagenlänge m	Länge des Wagenzuges m	Länge des Autoklavs m
50	70	352	136	544	2	5,3	10,90	39
70	93	198	101	404	3	5,3	16,35	39
100	125	107	77	308	3	5,3	16,35	39
200	227	33	52	208	7	5,3	38,15	39
300	334	15	36	144	10	5,3	54,50	39
400	438	8	25	100	13	5,3	70,85	39
500	542	5	19	76	16	5,3	87,20	39
600	645	4	15	60	15	5,3	81,75	39

Die Zeit-Temperatur-Diagramme der gemäß Tab. 57 bis 62 ermittelten Autoklaven sind in Abb. 168 bis 173 dargestellt.

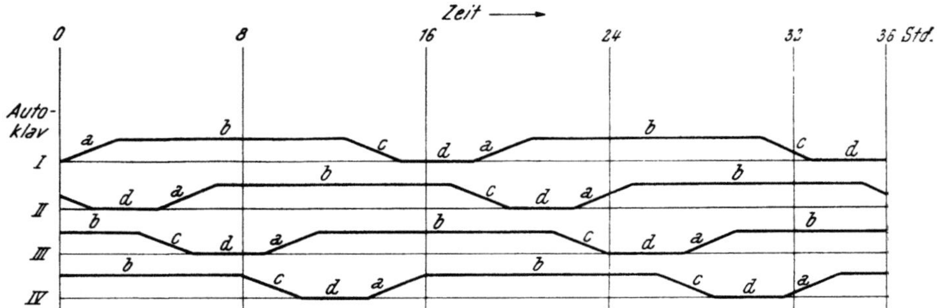

Abb. 168. 4 Autoklaven Härtezyklus 15 Std. Gesamtzyklus 18 Std.

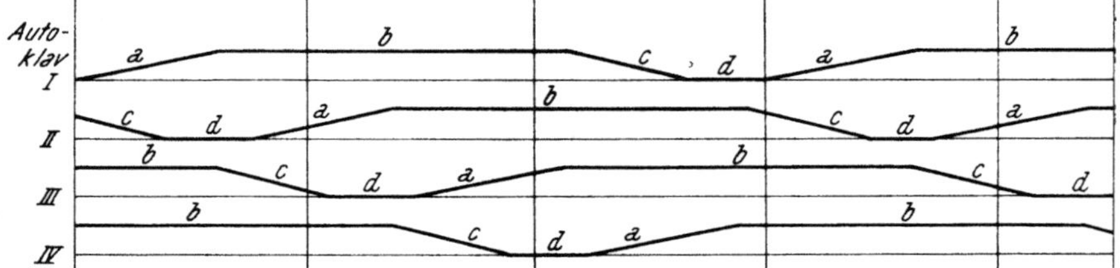

Abb. 169. 4 Autoklaven Härtezyklus 21 Std. Gesamtzyklus 24 Std.

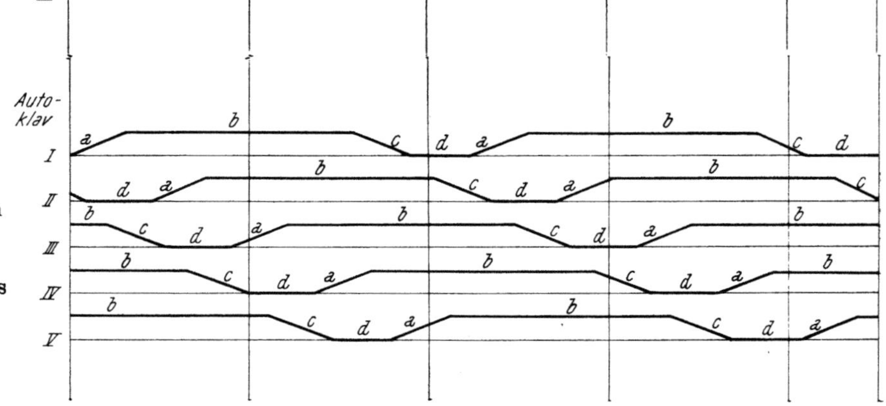

Abb. 170. 5 Autoklaven Härtezyklus 15 Std. Gesamtzyklus 18 Std.

Abb. 171.
5 Autoklaven
Härtezyklus
21 Std.
Gesamtzyklus
24 Std.

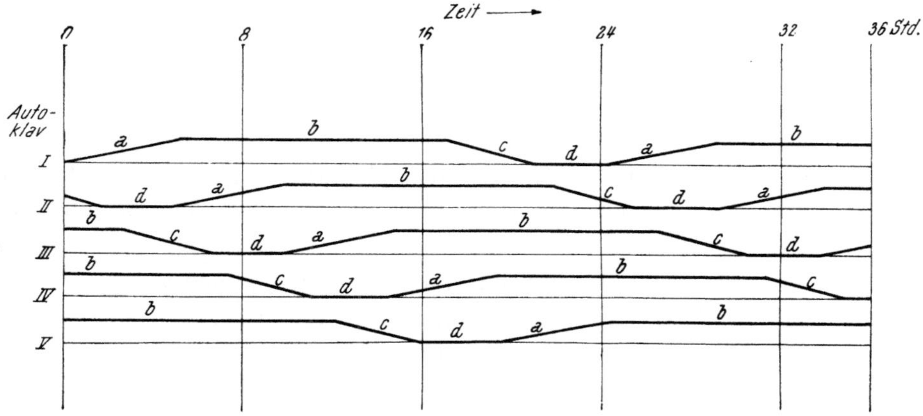

Abb. 172.
6 Autoklaven
Härtezyklus
15 Std.
Gesamtzyklus
18 Std.

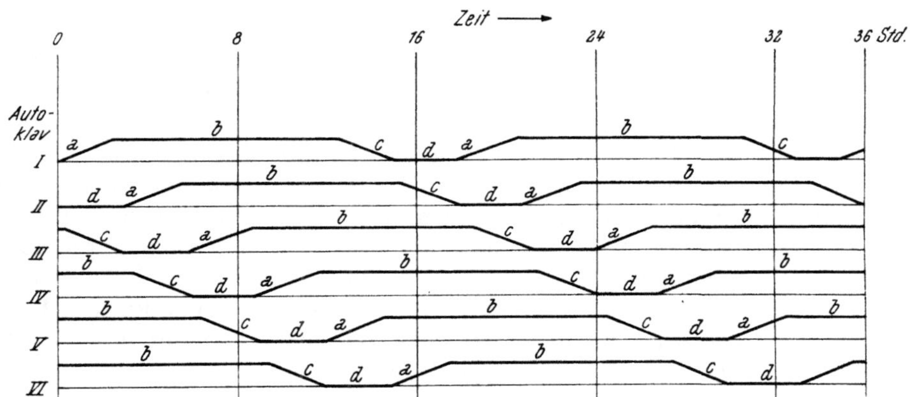

Abb. 173.
6 Autoklaven
Härtezyklus
21 Std.
Gesamtzyklus
24 Std.

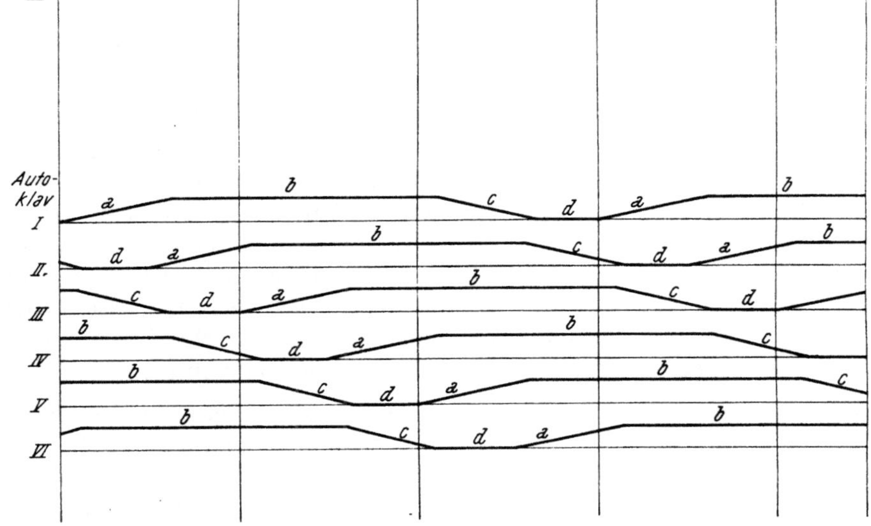

Abb. 168—173. Zeit-Temperatur-Diagramme zur Autoklavenhärtung von Asbestzement-Rohren

3. Wärmebedarf der Autoklavanlage

Bei der Ermittlung des Wärmebedarfes muß man betrachten:

den maximalen Wärmebedarf, welcher für die Auslegung der Dampferzeugungsanlage maßgeblich ist, und

den täglichen Wärmebedarf bzw. den durchschnittlichen Wärmebedarf, welcher für den Heizmaterialverbrauch maßgeblich ist und damit als Kostenfaktor in das Produkt eingeht.

Der maximale Wärmebedarf setzt sich zusammen aus:

1. Wärmebedarf zum Aufheizen des Autoklavkessels;
2. Wärmebedarf zum Aufheizen der Autoklavwagen;
3. Wärmebedarf zum Aufheizen der Asbestzement-Platten oder -Rohre;
4. Wärmeverbrauch bzw. freiwerdende Wärme durch die chemische Reaktion zwischen Zement und Silika;
5. Wärmeverlust durch Wärmedurchgang und Abstrahlung.

Für die Ermittlung des Wärmeverbrauches muß natürlich berücksichtigt werden, wie viele Kessel sich gleichzeitig in der Aufheizperiode befinden und wie viele Kessel gleichzeitig Verlustwärme abgeben.

Zur Ermittlung des gesamten Wärmeverbrauches pro Tag muß der Wärmeverbrauch aller Autoklaven über 24 Stunden summiert werden.

Im folgenden wird zur Ermittlung des spezifischen Wärmeverbrauches bei Autoklavhärtung der Wärmeverbrauch bei kleinster, mittlerer und größter Beladung des Autoklavs ermittelt und jeweils durch das Gewicht der eingebrachten Asbestzement-Menge dividiert. Auch bei der Autoklavhärtung sinkt der spezifische Wärmeverbrauch bei steigender Beschickung des Autoklavs. Dies nicht nur wegen des ebenfalls veränderlichen Wirkungsgrades der Dampferzeugungsanlage.

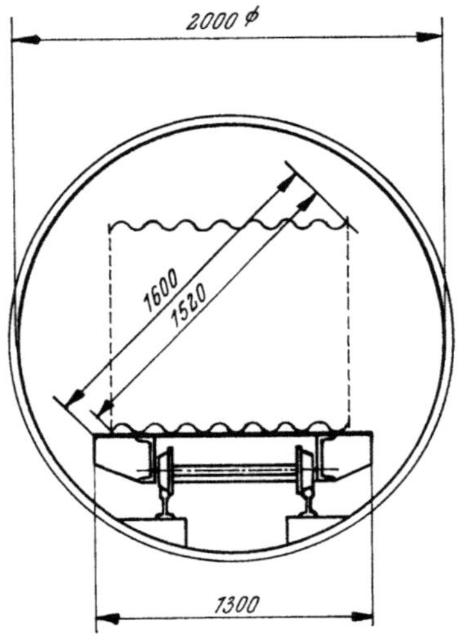

Abb. 174. Schnitt durch einen Autoklavenkessel für Asbestzement-Platten

a) Wärmebedarf einer Autoklavanlage für Asbestzement-Platten

Zur Ermittlung des Wärmebedarfes legen wir die in Tab. 52 bis 56, S. 295, festgelegten Varianten zugrunde. Die Autoklavkessel gemäß Abb. 174 werden mit einem Innendurchmesser von 2000 mm, einer Wanddicke des zylindrischen Teiles von 14 mm, mit einem angeschweißten Kesselboden und mit einem Verschlußdeckel mit einer Wanddicke von 16 mm angenommen.

Der Kessel selbst sowie Boden und Deckel mit Ausnahme eines Teiles im Bereich der Flanschverbindung mit einer Oberfläche von ca. 2 m² sind mit 100 mm dicker Glaswolle isoliert, über der ein Aluminiumblech mit einer Dicke von 0,3 mm aufgebracht ist.

An Stelle eines Aluminiumbleches könnten auch Gipsbandagen verwendet werden, doch ist, wie die folgende Rechnung zeigt, dieser Teil der Isolierung für den Wärmedurchgang nahezu bedeutungslos.

Die Autoklavwagen zur Aufnahme von maximal je 100 Asbestzement-Platten seien nach Abb. 174 projektiert und haben bei einer

Wagenlänge 3800 mm ... für maximale Plattenlänge 12″ (3660 mm) Gewicht 360 kp,

Wagenlänge 3200 mm ... für maximale Plattenlänge 10″ (3250 mm) Gewicht 330 kp,

Wagenlänge 2600 mm ... für maximale Plattenlänge 8″ (2440 mm) Gewicht 300 kp.

Zur Ermittlung des maximalen Wärmebedarfes wird angenommen, daß die Autoklavkessel mit 12″ langen Asbestzement-Platten beschickt werden, wobei jeder Autoklavwagen mit 100 Platten mit einem Gesamtgewicht von 5000 kp beladen ist.

Im folgenden wird zunächst die Wärmedurchgangszahl des Autoklavkessels ermittelt. Der Wärmedurchgang ist:

$$Q = k \cdot F \cdot (t_1 - t_2) \tag{40}$$

Dabei bedeuten:

Q = Wärmedurchgang in kcal

k = Wärmedurchgangszahl in $\frac{\text{kcal}}{\text{m}^2/\text{h grd}}$

F = mittlere Oberfläche des Kessels in m^2

t_1 = Temperatur im Inneren des Kessels in ° C

t_2 = Temperatur der Luft außerhalb des Kessels in ° C

Die Wärmeleitzahl k ergibt sich wie folgt:

$$\frac{1}{k} = \frac{1}{\alpha_1} + \frac{\vartheta_1}{\lambda_1} + \frac{\vartheta_2}{\lambda_2} + \frac{\vartheta_3}{\lambda_3} + \frac{1}{\alpha_2} \tag{41}$$

Dabei sind:

k = Wärmedurchgangszahl in $\frac{\text{kcal}}{\text{m}^2\text{ h grd}}$

α_1 = Wärmeübergangszahl an der Innenwand von kondensierenden Dampf auf Stahl in $\frac{\text{kcal}}{\text{m}^2\text{ h grd}}$

ϑ_1, ϑ_2, ϑ_3 = Materialdicken in m

λ_1 = Wärmeleitzahl des Stahles in $\frac{\text{kcal}}{\text{m h grd}}$

λ_2 = Wärmeleitzahl der Glaswolle in $\frac{\text{kcal}}{\text{m h grd}}$

λ_3 = Wärmeleitzahl des Alu-Bleches in $\frac{\text{kcal}}{\text{m h grd}}$

α_2 = Wärmeübergangszahl an der Außenwand zur Umgebungsluft in $\frac{\text{kcal}}{\text{m}^2\text{ h grd}}$

$\alpha_1 = 10.000$
$\vartheta_1 = 0{,}014$
$\lambda_1 = 40$
$\vartheta_2 = 0{,}100$
$\lambda_2 = 0{,}037$
$\vartheta_3 = 0{,}0003$
$\lambda_3 = 139$

Für α_2 gibt es vereinfachte Werte nach NUSSELT und JÜRGENS als Wärmeübergangszahl von Luft oder Gas in Berührung mit Wänden oder weiten Rohren.

	$w \leqq 5$ m/sec	$w \geqq 5$ m/sec
glatte Wand	$4{,}8 + 3{,}4\,w$	$6{,}12 \cdot w\ 0{,}78$
Walzhaut	$5{,}0 + 3{,}4\,w$	$6{,}14 \cdot w\ 0{,}78$
gerauhte Wand	$5{,}3 + 3{,}6\,w$	$6{,}47 \cdot w\ 0{,}78$

Unter Annahme von $w = 4$ m/sec ergibt sich:

$$\alpha_2 = 4{,}8 + 3{,}4 \cdot 4 = 18{,}4 \frac{\text{kcal}}{\text{m}^2\text{ h grd}}$$

$$\frac{1}{k} = \frac{1}{10.000} + \frac{0{,}014}{40} + \frac{0{,}100}{0{,}037} + \frac{0{,}0003}{139} + \frac{1}{18{,}4} = 2{,}75$$

$$k = 0{,}363 \frac{\text{kcal}}{\text{m}^2\text{ h grd}}$$

Für die nichtisolierten Stahlteile ergibt sich k wie folgt:

$\alpha_1 = 10.000$
$\vartheta_1 = 0{,}016$
$\lambda_1 = 40$
$\alpha_2 = 18{,}4$

$$\frac{1}{k} = \frac{1}{10.000} + \frac{0{,}016}{40} + \frac{1}{18{,}4} = 0{,}0548$$

$$k = 18{,}2 \frac{\text{kcal}}{\text{m}^2\text{ h grd}}$$

Zur weiteren Berechnung benötigen wir das Gewicht des Autoklavkessels bzw. das Gewicht jenes Teiles des Autoklavkessels, der beim Aufheizen erwärmt wird. Dazu nehmen wir an, daß ein Drittel des Gewichtes der Kesselstühle mit aufgeheizt wird.

Weiters benötigen wir das Gewicht der zugehörigen Autoklavenwagen und der entsprechenden maximalen Platteneinbringung.

Für die Wärmebindung durch die Reaktion zwischen Zement und Silika liegen keine ausreichenden Unterlagen für eine genaue Ermittlung fest. In der folgenden Rechnung ist die bei der — vermutlich exothermen — Reaktion frei werdende Wärmemenge nicht berücksichtigt.

Die für die Ermittlung des maximalen Wärmebedarfes maßgeblichen Werte und die Ergebnisse sind in den Tab. 63 bis 67 zusammengestellt.

Gesamter Wärmeverbrauch

Der gesamte Wärmeverbrauch pro Tag ergibt sich aus dem gesamten Wärmeverbrauch eines Autoklav multipliziert mit der Anzahl der Autoklavfüllungen der gesamten Anlage pro Tag.

Der gesamte Wärmeverbrauch für einen Härtungsprozeß ergibt sich aus dem gesamten Wärmebedarf zum Aufheizen der Stahlteile und des Asbest-

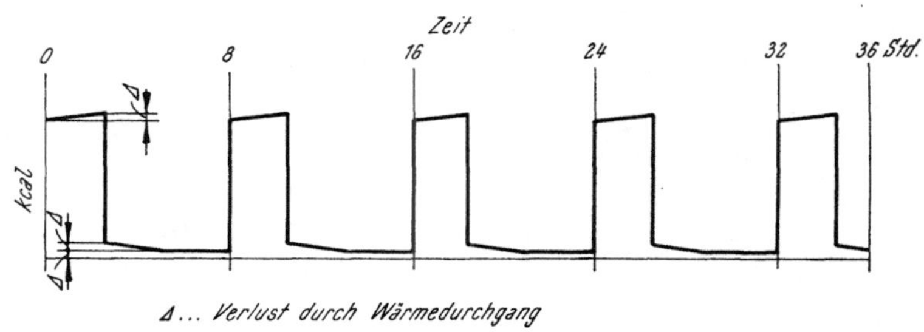

Abb. 175. Wärmeverbrauchsdiagramm einer Autoklavenanlage nach Tab. 52

zementes, aus dem gesamten Wärmebedarf für die chemische Reaktion und aus dem Integral des Wärmedurchganges des Kessels über die gesamte Betriebszeit.

Da die in der Abkühlungsperiode frei werdende Wärmemenge verhältnismäßig groß ist, ist es zweckmäßig, durch den Einbau eines Wasserkühlers, das heißt eines Wasservorwärmers für die Dampferzeugungsanlage, die frei werdende Wärme zurückzugewinnen. Für die Errechnung des gesamten Wärmeverbrauches werden wir die bei der Abkühlung frei werdende Wärmemenge mit 50% ihres vollen Wertes in die Rechnung einbeziehen.

Ein Wärmeverbrauchsdiagramm für die Autoklavanlage nach Tab. 52, Seite 295 ist in Abb. 175 dargestellt. Die Ermittlung des gesamten Wärmeverbrauches für maximale und halbe Füllung ist in den Tab. 68 und 69 zusammengestellt.

Spezifischer Wärmeverbrauch

Der spezifische Wärmeverbrauch ergibt sich durch die Division des gesamten Wärmeverbrauches pro Härteprozeß durch das Gewicht der im Autoklav befindlichen Asbestzement-Platten. Die entsprechenden Werte sind in den Tab. 70 und 71 zusammengestellt.

b) Wärmebedarf einer Autoklavanlage für Asbestzement-Rohre

Zur Ermittlung des Wärmebedarfes legen wir die in Tab. 57 bis 62, S. 298, festgelegten Varianten zugrunde. Die Autoklavkessel gemäß Abb. 176 und Abb. 177 werden mit einem Innendurchmesser von 2200 mm, einer Wanddicke des zylindrischen Teiles von 15 mm, mit einem angeschweißten Kesselboden und mit einem Verschlußdeckel mit einer Wanddicke von 17 mm angenommen.

Der Kessel selbst sowie Boden und Deckel mit Ausnahme eines Teiles im Bereich der Flanschverbindung mit einer Oberfläche von ca. 2 m² sind mit 100 mm dicker Glaswolle isoliert, über der ein Aluminiumblech mit einer Dicke von 0,3 mm angebracht ist.

Abb. 176. Blick in einen beladenen Autoklavenkessel für Asbestzement-Rohre

An Stelle eines Aluminiumbleches könnten auch Gipsbandagen verwendet werden, doch ist, wie die folgende Rechnung zeigt, dieser Teil der Isolierung für den Wärmedurchgang nahezu bedeutungslos.

Die Autoklavwagen zur Aufnahme der Rohre seien nach Abb. 178 projektiert und haben bei einer Wagenlänge von 5300 mm ein Gewicht von 950 kp.

Die Anzahl der Rohre, die auf einen Autoklavwagen aufgeladen werden können, ist in Abb. 167, S. 297, skizziert. Das entsprechende maximale Ladegewicht ist in der folgenden Tab. 72 angegeben.

Zur Ermittlung des maximalen Wärmebedarfes wird angenommen, daß jeder Autoklavwagen mit Asbestzement-Rohren mit einem Gesamtgewicht von 4000 kp beladen ist.

Die Ermittlung des Wärmedurchganges der Autoklavkessel erfolgt in gleicher

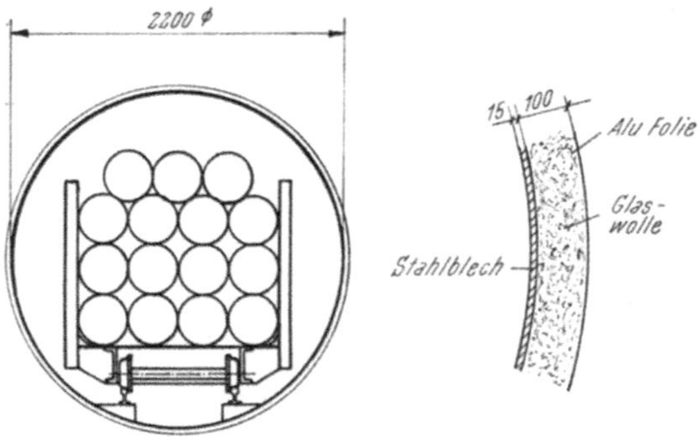

Abb. 177. Schnitt durch einen Autoklavenkessel für Asbestzement-Rohre

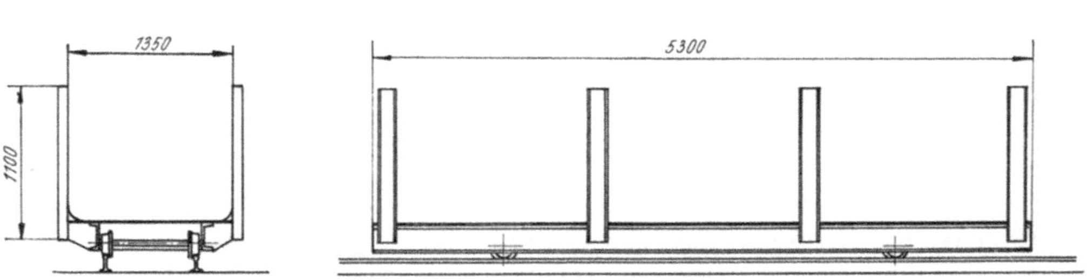

Abb. 178. Autoklavenwagen für Asbestzement-Rohre

Tabelle 63. *Autoklavgewichte*

Autoklav nach Tabelle	52	53	54	55	56
Innendurchmesser in mm			2.000		
Länge des zylindrischen Teiles in m	37	46,5	24	32	37
Anzahl der Verschlußdeckel			1		
Gewicht des zylindrischen Kesselteiles in kp	22.900	28.800	14.900	19.800	22.900
Gewicht des Kesselbodens in kp			830		
Gewicht des Verschlußdeckels in kp			1470		
Gewicht eines Kesselstuhles in kp			950		
Anzahl der Kesselstühle	12	15	8	10	12
Gesamtgewicht der Kesselstühle in kp	11.400	14.250	7.600	9.500	11.400
Anteiliges Kesselstuhlgewicht für die Aufheizung in kp	3.800	4.750	2.550	3.200	3.800
Gesamtgewicht des Autoklavs in kp	36.600	45.350	24.800	31.600	36.600
Anteiliges Gewicht des Autoklavs für die Aufheizung in kp	29.000	35.550	19.750	25.300	29.000
Gewicht eines Autoklavwagens in kp	360	360	360	360	360
Anzahl der Wagen je Autoklav	9	11	6	8	9
Gewicht der Autoklavwagen in kp	3.240	3.960	2.160	2.880	3.240
Gewicht Autoklavanteil + Wagen in kp	32.240	39.510	21.910	28.180	32.240

Tabelle 64. *Beladung mit Asbestzement-Platten*

Autoklav nach Tabelle	52	53	54	55	56
Länge des zylindrischen Teiles in m	37	46,5	24	32	37
Anzahl der Wagen je Autoklav	9	46,5	6	8	9
Beladung je Wagen in kp			5.000		
Gewicht der eingebrachten Asbestzement-Platten in kp	45.000	55.000	30.000	40.000	45.000

Tabelle 65. *Wärmeverbrauch eines Autoklavs für Aufheizung und chemische Reaktion*

Autoklav nach Tabelle	52	53	54	55	56
Länge des zylindrischen Teiles in m	37	46,5	24	32	32
Gewicht Autoklavanteil + Wagen in kp	32.240	39.510	21.910	28.180	32.240
Aufheiztemperatur des Autoklavs			von 35° C auf 175° C = 140° C		
Spezifische Wärme für die Stahlteile in kcal/kp grd			0,15		
Wärmeverbrauch für das Aufheizen der Stahlteile in kcal	677.040	829.710	460.110	591.780	677.040
Gewicht der eingebrachten Asbestzement-Platten in kp	45.000	55.000	30.000	40.000	45.000
Aufheiztemperatur der Asbestzement-Platten			von 25° C auf 175° C = 150° C		
Spezifische Wärme für den Asbestzement in kcal/kp grd			0,46		
Wärmeverbrauch für das Aufheizen der Asbestzement-Platten in kcal	3,105.000	3,795.000	2,070.000	2,760.000	3,105.000
Summe des Wärmeverbrauches für das Aufheizen von Stahl und Asbestzement in kcal	3,782.040	4,624.710	2,530.110	3,351.780	3,782.040

Tabelle 66. *Wärmeverlust eines Autoklavs*

Autoklav nach Tabelle	52	53	54	55	56
Länge des zylindrischen Teiles in m	37	46,5	24	32	37
Mittlere isolierte Oberfläche in m²	259	322	172	225	259
Nichtisolierte Oberfläche in m²			2		
Temperaturgefälle für Wärmedurchgang maximal in grd	von 175° C auf 0° C = 175° C				
Wärmedurchgangszahl der isolierten Oberfläche in kcal/m² h grd			0,363		
$k \cdot (t_1 - t_2)$ für die isolierte Oberfläche in kcal/m² h			63,525		
Wärmedurchgang der isolierten Oberfläche in kcal/h	16.400	20.500	10.900	14.300	16.400
Wärmedurchgangszahl der nichtisolierten Oberfläche in kcal/m² h grd			18,2		
$k \cdot (t_1 - t_2)$ für die nicht isolierte Oberfläche in kcal/m² h			3.185,0		
Wärmedurchgang der nichtisolierten Oberfläche in kcal/h			6.370		
Gesamter Wärmedurchgang pro Autoklav in kcal/h	22.770	26.870	17.270	20.670	22.770

Tabelle 67. *Wärmebedarf der Autoklavanlage*

Autoklav nach Tabelle	52	53	54	55	56
Innendurchmesser in mm			2000		
Länge des zylindrischen Teiles in m	37	46,5	24	32	37
Summe des Wärmeverbrauches für das Aufheizen von Stahl und Asbestzement in kcal	3,782.040	4,624.710	2,530.110	3,351.780	3,782.040
Wärmeverbrauch bei 2½stündiger Aufheizperiode in kcal/h	1,512.820	—	1,012.040	—	—
Wärmeverbrauch bei 5stündiger Aufheizperiode in kcal/h	—	924.940	—	670.360	756.410
Wärmedurchgang je Autoklav in kcal/h	22.770	26.870	17.270	20.670	22.770
Anzahl der gleichzeitig betriebenen Autoklaven *maximal*[1]	1+1	1+1	1+2	2+1	1+1
Insgesamter Wärmedurchgang für die ganze Anlage *maximal* in kcal/h	22.770	26.870	34.540	20.670	22.770
Anzahl der gleichzeitig betriebenen Autoklaven *minimal*[1]	0+1	1+0	1+1	1+1	0+1
Insgesamter Wärmedurchgang für die ganze Anlage *minimal* in kcal/h	22.770	0	17.270	20.670	22.770
Maximaler Wärmebedarf in kcal/h	1,535.590	951.810	1,046.580	1,361.390	779.180
Minimaler Wärmebedarf in kcal/h	22.770	924.940	1,029.310	691.030	22.770

[1] Die Anzahl der gleichzeitig — auch wenn nur kurzzeitig — betriebenen Autoklaven ist aus den Zeit-Temperatur-Diagrammen Abb. 162 bis 166 ersichtlich.

In obenstehender Tabelle bedeutet die erste Ziffer die Anzahl der in der Aufheizperiode stehenden Autoklaven, die zweite Ziffer die Anzahl der bereits aufgeheiztenKessel, deren Wärmeverbrauch durch Wärmedurchgang und Reaktionswärme gegeben ist.

Als Anzahl der minimalen gleichzeitig betriebenen Autoklaven ist jene Kombination angegeben, welche den kleinsten Wärmebedarf ergibt.

Tabelle 68. *Gesamter Wärmeverbrauch bei voller Füllung*

Autoklav nach Tabelle	52	53	54	55	56
Länge des zylindrischen Teiles in m	37	46,5	24	32	37
Aufheizzeit in h	2,5	5	2,5	5	5
Reaktionszeit in h			8		
Abkühlungszeit in h	2,5	4	2,5	4	4
Anteiliges Gewicht der Stahlteile in kp	32.240	39.510	21.910	28.180	32.240
Gewicht der Asbestzement-Platten, volle Füllung in kp	45.000	55.000	30.000	40.000	45.000
Gesamter Wärmeverbrauch für das Aufheizen der Stahlteile in kcal	677.040	829.710	460.110	591.780	677.040
Gesamter Wärmeverbrauch für das Aufheizen der Asbestzement-Platten in kcal	3,105.000	3,795.000	2,070.000	2,760.000	3,105.000
Maximaler Wärmedurchgang in kcal/h	22.770	26.870	17.270	20.670	22.770
Gesamter Wärmedurchgang in kcal	239.000	456.000	182.000	353.000	388.000
Abkühltemperatur in grd	von 175° C auf 50° C = 125° C				
Bei der Abkühlung frei werdende Wärmemenge in kcal	3,150.000	3,850.000	2,110.000	2,800.000	3,150.000
Rückgewonnene Wärmemenge in kcal	1,575.000	1,925.000	1,055.000	1,400.000	1,575.000
Gesamter Wärmeverbrauch in kcal	2,446.040	3,164.710	1,657.110	2,304.780	2,595.040
Autoklavfolge in h	8	10	5	6,6	8
Härteprozeß pro Tag	3	2,4	4,8	3,6	8
Gesamter Wärmeverbrauch pro Tag in kcal	7,338.100	7,595.300	7,954.100	8,297.200	7,785.100

Tabelle 69. *Gesamter Wärmeverbrauch bei halber Füllung*

Autoklav nach Tabelle	52	53	54	55	56
Länge des zylindrischen Teiles in m	37	46,5	24	32	37
Aufheizzeit in h	2,5	5	2,5	5	5
Reaktionszeit in h			8		
Abkühlungszeit in h	2,5	4	2,5	4	4
Anteiliges Gewicht der Stahlteile in kp	32.240	39.510	21.910	28.180	32.240
Gewicht der Asbestzement-Platten bei halber Füllung in kp	22.500	27.500	15.000	20.000	22.500
Gesamter Wärmeverbrauch für das Aufheizen der Stahlteile in kcal	677.040	829.710	460.110	591.780	677.040
Gesamter Wärmeverbrauch für das Aufheizen der Asbestzement-Platten in kcal	1,552.500	1,897.500	1,035.000	1,380.000	1,552.500
Gesamter Wärmedurchgang in kcal	2,390.000	456.000	182.000	353.000	388.000
Bei der Abkühlung frei werdende Wärmemenge in kcal	1,575.000	1,925.000	1,055.000	1,400.000	1,575.000
Rückgewonnene Wärmemenge in kcal	787.500	962.500	527.500	700.000	787.500
Gesamter Wärmeverbrauch in kcal	1,681.040	2,220.710	1,149.610	1,624.780	1,830.040
Autoklavfolge in h	8	10	5	6,6	8
Härteprozeß pro Tag	3	2,4	4,8	3,6	3
Gesamter Wärmeverbrauch pro Tag in kcal	5,043.100	5,329.700	5,518.100	5,849.200	5,490.120

Tabelle 70. *Spezifischer Wärmeverbrauch bei voller Füllung*

Autoklav nach Tabelle	52	53	54	55	56
Länge des zylindrischen Teiles in m	37	46,5	24	32	37
Gewicht der Asbestzement-Platten pro Autoklav in kp	45.000	55.000	30.000	40.000	45.000
Gesamter Wärmeverbrauch in kcal	2,446.040	3,164.710	1,657.110	2,304.780	259.040
Spezifischer Wärmeverbrauch in kcal/kp	54,4	57,5	55,2	57,6	57,7

Tabelle 71. *Spezifischer Wärmeverbrauch bei halber Füllung*

Autoklav nach Tabelle	52	53	54	55	56
Länge des zylindrischen Teiles in m	37	46,5	24	32	37
Gewicht der Asbestzement-Platten pro Autoklav in kp	22.500	27.500	15.000	20.000	22.500
Gesamter Wärmeverbrauch in kcal	1,681,040	2,220.710	1,149.610	1,624.780	1,830.040
Spezifischer Wärmeverbrauch in kcal/kp	74,7	80,8	76,6	81,2	81,3

Tabelle 72. *Maximales Ladegewicht eines Autoklavwagens*

Rohre NW	Gewicht eines Rohres kp	Anzahl der Rohre je Wagen maximal	Gewicht der Rohre kp
50	18,5	352	6512
70	27,5	198	5445
100	38,5	107	4120
200	83,5	33	2755
300	164	15	2460
400	245	8	1960
500	340	5	1700
600	429,5	4	1728

Weise wie für Autoklaven für Asbestzement-Platten auf S. 303 unter Zugrundelegung folgender Werte:

$$\alpha_1 = 10.000 \frac{\text{kcal}}{\text{m}^2\,\text{h}\,\text{grd}} \qquad \vartheta_3 = 0{,}0003 \text{ m}$$

$$\vartheta_1 = 0{,}015 \text{ m} \qquad \lambda_3 = 139 \frac{\text{kcal}}{\text{m}\,\text{h}\,\text{grd}}$$

$$\lambda_1 = 40 \frac{\text{kcal}}{\text{m}\,\text{h}\,\text{grd}} \qquad \alpha_2 = 18{,}4 \frac{\text{kcal}}{\text{m}^2\,\text{h}\,\text{grd}}$$

$$\vartheta_2 = 0{,}100 \text{ m}$$

$$\lambda_2 = 0{,}037 \frac{\text{kcal}}{\text{m}\,\text{h}\,\text{grd}}$$

Damit ergibt sich:

$$\frac{1}{k} = \frac{1}{10.000} + \frac{0{,}015}{40} + \frac{0{,}100}{0{,}037} + \frac{0{,}0003}{139} + \frac{1}{18{,}4} = 2{,}75$$

$$k = 0{,}363 \frac{\text{kcal}}{\text{m}^2\,\text{h}\,\text{grd}}$$

Für die nichtisolierten Stahlteile ergibt sich k wie folgt:

$$\alpha_1 = 10.000 \frac{\text{kcal}}{\text{m}^2\,\text{h}\,\text{grd}} \qquad \alpha_2 = 18,4 \frac{\text{kcal}}{\text{m}^2\,\text{h}\,\text{grd}}$$

$$\vartheta_1 = 0,017 \text{ m} \qquad \frac{1}{k} = \frac{1}{10.000} + \frac{2017}{40} + \frac{1}{18,4} = 0,0548$$

$$\lambda_1 = 40 \frac{\text{kcal}}{\text{m h grd}} \qquad k = 18,2 \frac{\text{kcal}}{\text{m}^2\,\text{h}\,\text{grd}}$$

Die weitere Ermittlung des Wärmebedarfes ist in Tab. 73 bis 77 zusammengestellt, wobei wiederum angenommen wird, daß ein Drittel des Gewichtes der Kesselstühle mit aufgeheizt wird.

Tabelle 73. *Autoklavgewichte*

Autoklav nach Tabelle	57	58	59	60	61	62
Innendurchmesser in mm	2.200					
Länge des zylindrischen Teiles in m	44	55	33	44	28	39
Anzahl der Verschlußdeckel	1					
Gewicht des zylindrischen Kesselteiles in kp	30.000	37.500	22.500	30.000	19.000	26.500
Gewicht des Kesselbodens in kp	1.000					
Gewicht des Verschlußdeckels in kp	1.700					
Gewicht eines Kesselstuhles in kp	1.100					
Anzahl der Kesselstühle	14	17	10	14	9	12
Gesamtgewicht der Kesselstühle in kp	15.400	18.700	11.000	15.400	9.900	12.200
Anteiliges Kesselstuhlgewicht für die Aufheizung in kp	5.150	6.250	3.700	5.150	3.300	4.400
Gesamtgewicht des Autoklavs in kp	48.100	58.900	36.200	48.100	31.600	42.400
Anteiliges Gewicht des Autoklavs für die Aufheizung in kp	37.850	46.450	28.900	37.850	25.000	33.600
Gewicht eines Autoklavwagens in kp	950					
Anzahl der Wagen je Autoklav	8	10	6	8	5	7
Gewicht der Autoklavwagen in kp	7.600	9.500	5.700	7.600	4.750	6.650
Gewicht Autoklavanteil + Wagen in kp	45.450	55.950	34.600	45.450	29.750	40.250

Tabelle 74. *Beladung mit Asbestzement-Rohren*

Autoklav naeh Tabelle	57	58	59	60	61	62
Länge des zylindrischen Teiles in m	44	55	33	44	28	39
Anzahl der Wagen je Autoklav	8	10	6	8	5	7
Beladung der Wagen in kp			4.000			
Gewicht der eingebrachten Asbestzement-Rohre in kp	32.000	40.000	24.000	32.000	20.000	28.000

Tabelle 75. *Wärmeverbrauch eines Autoklavs für Aufheizung*

Autoklav nach Tabelle	57	58	59	60	61	62
Länge des zylindrischen Teiles in m	44	55	33	44	28	39
Gewicht Autoklav-anteil + Wagen in kp	32.000	40.000	24.000	32.000	20.000	28.000
Aufheiztemperatur des Autoklav			von 35° C auf 175° C = 140° C			
Spezifische Wärme für die Stahlteile in kcal/kp grd			0,15			
Wärmeverbrauch für das Aufheizen der Stahlteile in kcal	954.450	1,174.950	726.600	954.450	624.750	845.250
Gewicht der eingebrachten Asbestzement-Rohre in kp	32.000	40.000	24.000	32.000	20.000	28.000
Aufheiztemperatur der Asbestzement-Rohre			von 25° C auf 175° C = 150° C			
Spezifische Wärme für den Asbestzement in kcal/kp grd			0,46			
Wärmeverbrauch für das Aufheizen der Asbest-zement-Rohre in kcal	2,208.000	2,760.000	1,656.000	1,208.000	1,380.000	1,932.000
Summe des Wärmeverbrauches für das Aufheizen von Stahl und Asbest-zement in kcal	3,162.450	3,934.950	2,382.600	3,162.450	2,004.750	2,777.250

Tabelle 76. *Wärmeverlust eines Autoklavs*

Autoklav nach Tabelle	57	58	59	60	61	62
Länge des zylindrischen Teiles in m	44	55	33	44	28	39
Mittlere isolierte Oberfläche in m^2	321	401	241	321	204	285
Nichtisolierte Oberfläche in m^2	2					
Temperaturgefälle für den Wärmedurchgang maximal in grd	von 175° C auf 0° C = 175° C					
Wärmedurchgangszahl der isolierten Oberfläche in kcal/m^2 h grd	0,363					
$k \cdot (t_1 - t_2)$ für die isolierte Oberfläche in kcal/m^2 h	63,525					
Wärmedurchgang der isolierten Oberfläche in kcal/h	20.400	25.500	15.300	20.400	12.900	18.100
Wärmedurchgangszahl der nichtisolierten Oberfläche in kcal/m^2 h grd	18,2					
$k \cdot (t_1 - t_2)$ für die nichtisolierte Oberfläche in kcal/m^2 h	3.185,0					
Wärmedurchgang der nichtisolierten Oberfläche in kcal/h	6.370					
Gesamter Wärmedurchgang pro Autoklav in kcal/h	26.770	31.870	21.670	26.770	19.270	24.470

Tabelle 77. *Wärmebedarf der Autoklavanlage*

Autoklav nach Tabelle	57	58	59	60	61	62
Innendurchmesser in mm			2.200			
Länge des zylindrischen Teiles in m	44	55	33	44	28	39
Summe des Wärmeverbrauches für das Aufheizen von Stahl und Asbestzement in kcal	2,880.000	360.000	2,160.000	288.000	1,800.000	2,520.000
Wärmeverbrauch bei 2½stündiger Aufheizperiode in kcal/h	1,152.000		864.000		72.000	
Wärmeverbrauch bei 5stündiger Aufheizperiode in kcal/h		720.000		567.000		504.000
Wärmedurchgang je Autoklav in kcal/h	26.770	31.870	21.670	26.770	19.270	24.470
Anzahl der gleichzeitig betriebenen Autoklaven *maximal*[1]	1+2	1+2	1+3	2+2	1+4	2+3
Insgesamter Wärmedurchgang für die ganze Anlage *maximal* in kcal/h	53.540	63.740	65.010	43.540	77.080	73.410
Anzahl der gleichzeitig betriebenen Autoklaven *minimal*[1]	0+3	0+2	0+3	1+2	1+3	1+3
Insgesamter Wärmedurchgang für die ganze Anlage *minimal* in kcal/h	80.310	63.740	65.010	43.540	57.810	73.410
Maximaler Wärmebedarf in kcal/h	1,232.310	783.740	929.010	1,195.540	797.080	1,081.410
Minimaler Wärmebedarf in kcal/h	80.310	63.740	65.010	619.540	777.810	577.410

[1] Die Anzahl der gleichzeitig — auch wenn nur kurzfristig — betriebenen Autoklaven ist aus den Zeit-Temperatur-Diagrammen Abb. 166 bis 171 ersichtlich.

In obenstehender Tabelle bedeutet die erste Ziffer die Anzahl der in der Aufheizperiode stehenden Autoklaven, die zweite Ziffer die Anzahl der bereits aufgeheizten Kessel, deren Wärmeverbrauch durch Wärmedurchgang und Reaktionswärme gegeben ist.

Als Anzahl der minimal gleichzeitig betriebenen Autoklaven ist jene Kombination angegeben, welche den kleinsten Wärmebedarf ergibt.

Tabelle 78. *Gesamter Wärmeverbrauch bei voller Füllung*

Autoklav nach Tabelle	57	58	59	60	61	62
Länge des zylindrischen Teiles in m	44	55	33	44	28	39
Aufheizzeit in h	2,5	5	2,5	5	2,5	5
Reaktionszeit in h	10	12	10	12	10	12
Abkühlungszeit in h	2,5	4	2,5	4	2,5	4
Anteiliges Gewicht der Stahlteile in kp	45.450	55.950	34.600	45.450	29.750	40.250
Gewicht der Asbestzement-Rohre, volle Füllung in kp	32.000	40.000	24.000	32.000	20.000	28.000
Gesamter Wärmeverbrauch für das Aufheizen der Stahlteile in kcal	954.450	1,174.950	726.600	954.450	624.750	845.250
Gesamter Wärmeverbrauch für das Aufheizen der Asbestzement-Rohre in kcal	2,208.000	2,760.000	1,656.000	2,208.000	1,380.000	1,932.000
Maximaler Wärmedurchgang in kcal/h	26.770	31.870	21.670	26.770	19.270	24.470
Gesamter Wärmedurchgang in kcal	334.625	525.855	263.340	441.705	240.875	403.755
Abkühlungstemperatur in grd	von 175° C auf 50° C = 125° C					
Bei der Abkühlung frei werdende Wärmemenge in kcal	2,400.000	3,000.000	1,600.000	2,400.000	1,500.000	2,100.000
Rückgewonnene Wärmemenge in kcal	1,200.000	1,500.000	800.000	1,200.000	7,500.000	1,050.000
Gesamter Wärmeverbrauch in kcal	2,297.075	2,960.805	1,845.940	2,404.155	1,495.625	2,131.005
Autoklavfolge in h	4,5	6	3,6	4,8	3	4
Härteprozeß pro Tag	5,3	4	6,6	5	8	6
Gesamter Wärmeverbrauch pro Tag in kcal	12,251.000	11,843.200	12,305.000	12,020.800	11,965.000	12,786.000

Tabelle 79. *Gesamter Wärmeverbrauch bei halber Füllung*

Autoklav nach Tabelle	57	58	59	60	61	62
Länge des zylindrischen Teiles in m	44	55	33	44	28	39
Aufheizzeit in h	2,5	5	2,5	5	2,5	5
Reaktionszeit in h	10	12	10	12	10	12
Abkühlungszeit in h	2,5	4	2,5	4	2,5	4
Anteiliges Gewicht der Stahlteile in kp	45.450	55.950	34.600	45.450	29.750	40.250
Gewicht der Asbestzement-Rohre, halbe Füllung in kp	16.000	20.000	12.000	16.000	10.000	14.000
Gesamter Wärmeverbrauch der Stahlteile in kcal	954.450	1,174.950	726.600	954.450	624.750	845.250
Gesamter Wärmeverbrauch für das Aufheizen der Asbestzement-Rohre in kcal	1,104.000	1,380.000	828.000	1,104.000	690.000	966.000
Gesamter Wärmedurchgang in kcal	334.625	525.855	263.340	441.705	240.875	403.755
Bei der Abkühlung frei werdende Wärmemenge in kcal	1,715.375	2,129.125	1,295.550	1,715.375	1,095.625	1,509,375
Rückgewonnene Wärmemenge in kcal	857.690	1,064.560	647.750	857.690	547.810	754.690
Gesamter Wärmeverbrauch in kcal	1,535.385	2,016.245	1,170.190	1,642.465	1,007.815	1,460.315
Autoklavfolge	4,5	6	3,6	4,8	3	4
Härteprozeß pro Tag	5,3	4	6,6	5	8	6
Gesamter Wärmeverbrauch pro Tag in kcal	8,188.200	8,065.000	7,800.500	8,212.300	8,062.520	8,761.900

Tabelle 80. *Spezifischer Wärmeverbrauch bei voller Füllung*

Autoklav nach Tabelle	57	58	59	60	61	62
Länge des zylindrischen Teiles in m	44	55	33	44	28	39
Gewicht der Asbestzement-Rohre pro Autoklav in kp	32.000	40.000	24.000	32.000	20.000	28.000
Gesamter Wärmeverbrauch in kcal	2,297.075	2,960.805	1,845.940	2,404.155	1,495.625	2,131.005
Spezifischer Wärmeverbrauch in kcal/kp	71,8	74,0	76,9	75,1	74,8	76,1

Tabelle 81. *Spezifischer Wärmeverbrauch bei halber Füllung*

Autoklav nach Tabelle	57	58	59	60	61	62
Länge des zylindrischen Teiles in m	44	55	33	44	28	39
Gewicht der Asbestzement-Rohre pro Autoklav in kp	16.000	20.000	12.000	16.000	10.000	14.000
Gesamter Wärmeverbrauch in kcal	1,535.385	2,016.245	1,170.190	1,642.465	1,007.815	1,460.315
Spezifischer Wärmeverbrauch in kcal/kp	96,0	100,8	97,5	102,2	100,8	104,3

Die in Tab. 70, 71 und 80, 81 angegebenen Zahlen für den spezifischen Wärmeverbrauch in kcal/kp berücksichtigen nur den Wärmeverbrauch für Aufheizung, Abstrahlung und Wärmedurchgang. Für die bei der chemischen Reaktion bei Autoklavhärtung frei werdende Wärmemenge liegen bisher keine Versuchswerte vor. Auf Grund bekannter Zahlen über den Brennstoffverbrauch der Autoklavhärtung kann angenommen werden, daß es sich um einen exothermen Prozeß handelt, bei dem ca. 50 kcal/kp frei werden. Zieht man die bei der Reaktion frei werdende Wärmemenge von den in den Tab. 70, 71 und 80, 81 angegebenen spezifischen Wärmeverbrauchszahlen ab, erhält man den tatsächlichen spezifischen Wärmeverbrauch der Autoklavhärtung.

Quellenverzeichnis

(alphabetisch geordnet)

Lfd. Nr.	Quelle (Autor, Firma, Zeitschrift)	Seite
[1]	Emil Ahrens, A 16.876, 1910	16
[2]	Alpine AG Augsburg, Superplex-Kühlstrommühle	106
[3]	Evaluation of Asbestos Fibre, Asarco, Central Research Laboratories USA	227
[4]	Asbestos Cement Engineering Co., Vaduz, Anlage zur Erzeugung von Abfluß- und Niederdruckrohren	134
[5]	—, Magnani-Rohrmaschine	136
[6]	Asbestos Corp. Ltd., Canada, Quebec-Asbestprüfmaschine	55
[7]	Manual of Testing Procedures for Chrysotile Asbestos Fibre, Asbestos Textile Institute, Quebec Asbestos Mining Association, Asbestos-Cement Products Association, 1962	222—228
[8]	J. Aspdin, Brit. Pat. 5022/1824	11
[9]	M. S. Badollet, Asbestos—A Mineral of Unparalleled Properties, Transactions, Volume LIV, 1951	4, 51
[10]	Jean Bär, Schweiz. Pat. 67.385, 1914	19
[11]	D. A. Baker, The Asbestos Cement Pipe, Civil Engineering and Public Works Review, London	100
[12]	The Bauer Bros. Co., USA, Laboratory Report 1964, Bauer-McNett-Prüfung	224
[13]	F. Becker und W. Schrämli, Portlandzement im Lichte neuerer Anschauungen der Festkörperchemie, Zement—Kalk—Gips Nr. 5/1960	10—12
[14]	A.G. der Maschinenfabrik Th. Bell & Cie., A 61.401, 1931	19
[15]	T. M. Berkowitsch, Method of Intensifying the Hardening Process of Asbestos-Cement; Asbestos Bulletin, Sept.—Okt. 1962	216
[16]	G. Bermig, B 66.158, 1912	17
[17]	R. H. Bogue, The Chemistry of Portl. Cement, New York 1955	65
[18]	R. H. Bogue und W. Lerch, Ind. Eng. Chem. 26 (1934)	74
[19]	W. Brand, Über die Zeit-Temperatur-Abhängigkeit der Erhärtung verschiedener Zementarten, Zement—Kalk—Gips Nr. 7/1956	183
[20]	L. S. Braun, Longtime study of Cement performance in Concrete, Journ. Amer. Concr. Inst. 19 (1948)	65
[21]	BSS 486: 1956 Prüfung auf Wasserdichtheit	245
[22]	P. P. Budnikov und D. B. Dobrownik ,Ukr. Chem. Journ. 12, 190 (1937)	62
[23]	W. Büssen, Symposium of the Chemistry of Cements, Stockholm (1928) S. 141—168	64
[24]	Cape Asbestos Co. Ltd., Asbestos the raw material	47, 59
[25]	H. Le Chatelier, Kieselsäure und Silikate, Leipzig 1920	64
[26]	—, Recherches Expériment. sur la Constitution des Mortiers Hyraul., Paris 1904	65
[27]	Georg Cohn, D 19.080, 1910	16
[28]	Fa. Constructora Electrónica, EMA, Barcelona, Feuchtigkeitsmesser	240
[29]	S. A. Stabilimenti di Dalmine, Österr. Pat. 125.845, 1931; 130.364, 1932; 133.651, 1933; 137.760, 1934; 143.740, 1935	19

Lfd. Nr.	Quelle (Autor, Firma, Zeitschrift)	Seite
[30]	DIN 274 Asbestzementplatten	5
[31]	DIN 1164 Portlandzement, Eisenportlandzement, Hochofenzement	3
[32]	DIN 19800 Asbestzement-Druckrohre	5, 244—246
[33]	DIN 19830 Asbestzement-Abflußrohre und -Formstücke	6
[34]	Dorr-Oliver USA, Zentrifuge zur Feststoffabscheidung	113
[35]	Duritwerke Kern & Co., Katalog Abwasser und Kanalrohre	95
[36]	—, Merkblatt für Quadrat- und Rechteckrohre	96
[37]	—, Druckrohre und Duco-Rapid-Kupplung	99
[38]	—, Rohrerzeugung	279, 288
[39]	W. Eitel, Physikal. Chemie d. Silikate, Berlin 1941	10—12, 61
[40]	Eternitwerke L. Hatschek, Österr. Pat. 140.652, 1934	17
[41]	—, Österr. Pat. 132.264, 1932	18
[42]	—, DRP 581.825 u. 598.594	18
[43]	—, Prospektblatt Welleternit 6	84
[44]	—, Techn. Blatt Müllabwurfanlagen, einfaches System	96
[45]	—, Prospektblatt Ferro-Eternit	89
[46]	—, Verfahren und Vorrichtung zur Herstellung von Wellplatten aus formbaren Platten, insbesondere aus Faserzement ÖP 170.310, 1951	195
[47]	L. E. Fink, Durchgehende Mechanisierung und Automatisierung der Herstellung von Asbestzementteilen, Zeitschrift Stroitelnoe i Doroshnoje Mashinostrojenije Nr. 11/1960	109
[48]	Karl Frank, Asbest, 1952	3, 17, 45, 46, 49
[49]	—, DRP 205.207, 1905	13
[50]	Fulguritwerke Adolf Oesterheld, Wunstorf, Baublätter	
[51]	Dr. Gaspary & Co., A.G., G 84.736, 1936	19
[52]	A. Glauser, Phasenberechnung auf äquivalenter Grundlage mit Berücksichtigung des Kühl'schen Kalkstandards, Zement—Kalk—Gips Nr. 10 (1956)	231
[53]	R. Grün, Zeitschrift Angewandte Chemie 48, 124 (1935)	10—12
[54]	W. Grün und H. R. Grün, Zur Frage der physikochemischen Verhaltensweise von Wasser des hydratisierenden Zementes in Beton, Zement—Kalk—Gips Nr. 11, 1961	70
[55]	Giovanni Guerci, Ungar. Anm. G 9.023, 1940	20
[56]	E. Haiderer, J. M. Voith A.G., Druckregler für Asbestzementrohrmaschinen, ÖP 230.253	208
[57]	Halberger Hütte GmbH, Brebach, H 125.546, 1932	20
[58]	Ludwig Hatschek, Österr. Pat. 151.109 u. 151.450, 1937	14
[59]	—, Österr. Pat. 68.110, 1914	17
[60]	Rudolf Hayden, Grundsätzliche Fragen zur Herstellung von Asbestzement, 1942	3, 19
[61]	—, Das vom Zement gebundene Wasser, Zement—Kalk—Gips Nr. 3/1956	73
[62]	—, Österr. Pat. 121.643, 1930	20
[63]	A. Hedvall, Tecnic Tidskrift Kemi 71, 1, 14, 241 (1941)	63
[64]	A. Hermann, H 56.331, 1913	16
[65]	Carl Herzog, DRP 477.608, 1926	19
[66]	Heribert Hiendl, Asbestzement-Maschinen, Straubing 1964	
[67]	Kurt Hünerberg, Das Asbestzementdruckrohr, 1963	10—12, 80, 92, 93, 97
[68]	Internationale Asbestzement-Revue, ac 22, „Kleine Literaturgeschichte des Asbestes"	7—9
[69]	—, ac 11, „Asbestzement in der Landwirtschaft"	87
[70]	—, ac 14, „Verbesserte Fugenausbildung bei Betonbelägen"	88
[71]	—, ac 21, „Neue Methode zum Ausbetonieren von Kanälen"	89
[72]	—, ac 21, „Verdunstungsprobleme bei der australischen Wasserversorgung"	88
[73]	—, ac 5, „Moderne Skulpturen aus Asbestzement"	101
[74]	U. Isman, DRP 529.944, 1930	21

Lfd.-Nr. Quelle (Autor, Firma, Zeitschrift) Seite

[75] ISO International Standard Organisation, Wasserdurchlässigkeitsprüfung 243
[76] Ispra, Paderno Dugnano, Prospektblätter über Formmaschinen . . . . 125—128
[77] R. ITSCHNER, Über Asbestzement; Zement Nr. 24/1936 202
[78] J. F. JOHN, Über Kalk und Mörtel, Berlin 1819 . . . . . 10—12
[79] Evaluation of Portland Cement für Use in Transite Pipe; Manual of Test Methods, Johns-Manville Corp., USA
[80] R. v. KEFER, Österr. Pat. 42.303, 1909 14
[81] F. KEIL, Eine vereinfachte Deutung der hydraulischen Erhärtung von Zement, Zement—Kalk—Gips Nr. 5/1961 69
[82] F. KEIL und H. MATHIEU, Schnellprüfung von Zement nach dem Kleinzylinderverfahren, Zement—Kalk—Gips Nr. 7/1964 233
[83] F. KEIL und A. NARJES, Über den Einfluß der Dampfbehandlung von Zementklinker verschiedener Zusammensetzung, Zement—Kalk—Gips Nr. 4/1959 182
[84] E. N. KITAJEV, Review of Technologica Factors influencing the output of Asbestos Cement Sheet Products, Asbestos Bulletin, Jan.—Feb. 1963 . 179
[85] J. KLAESI, K 58.708, 1915 16
[86] H. KLEIN-NEUBECKUM, Gesetzmäßigkeit bei der pneumatischen Homogenisierung, Zement—Kalk—Gips Nr. 9/1962 102
[87] Klein-Schanzlin-Becker, Frankenthal, Kennlinien einer Schlammpumpe für Asbestzement 166
[88] EUGEN KLEWITZ, DRP 225.250, 1908 14
[89] ERNST KÖNIG, Österr. Pat. 122.640, 1930 14
[90] HANS KÜHL, Zementchemie II, 1958 . . . . . 10—12
[91] —, Zementchemie I, 1956 . . . . . 23—44, 61
[92] —, Die Erhärtungstheorie im Wandel der Zeiten, Zement—Kalk—Gips Nr. 12/1958 61
[93] Ph. Kurtz-Eisenwerk, Hasloch a. Main, Kollergang 106
[94] —, Holländer 108
[95] ADOLF LANGER, Österr. Anm. A 8.077, 1914 15
[96] LEA DESCH, Charakteristische Festigkeitskurven eines C_3S- und eines C_2S-Zementes 189
[97] E. LECHNER, Gütefragen beim Asbestzement; Zement Nr. 46 (1936) . . 202
[98] W. LERCH und W. C. TAYLOR, Concrete Cem. Mill. Ed. (1937) 45, 199, 217 64
[99] G. H. LIEBAU, L 26.974, 1911 16
[100] LUDWIG LUKÁCS, DRP 194.287, 1905 14
[101] ALESSANDRO MAGNANI, M 128.997, 1936 16
[102] —, Österr. Anm. 8.871, 1931 20
[103] Dr.-Ing. MARCHIOLI, Ispra, Volumetrischer Zyklon 229
[104] ADOLFO MAZZA und LUDOVICO MATTEI, DRP 288.601, 1913 17
[105] —, DRP 416.812, 1921 17
[106] —, DRP 471.659, 1923 17
[107] MENGE-SCHRIEDER, Techn. Wärmelehre, Leipzig 1957 303
[108] A. MEYER, Weiterentwicklung des Kleinzylinderverfahrens; Zement—Kalk—Gips Nr. 11/1965 233
[109] W. MICHAELIS, Zem. Prot. 1909 . . . . . 63, 66
[110] M. MORTON und W. BAKER, Canadian Johns Manville Company, Asbestos Que., „Identification Stain for Chrysotile Asbestos“ 1941 (11) 228
[111] F. MUSIL, EDLER V. MOLLENBRUCK, M 34.431, 1910 15
[112] E. NEUFERT, Welleternit Handbuch, 3. Aufl. 1963 . . . . . 84, 85
[113] N. J. NIKOLAJENKO und V. J. KRAUSE, Österr. Pat. 130.904, 1931 . . . 19
[114] CHARLES L. NORTON, Österr. Anm. A 9.633, 1912 16
[115] AD. OESTERHELD und F. POLSTERER, DRP 143.380, 1901 13
[116] K. A. OESTERHELD, Verfahren und Vorrichtung zum Wellen von Faserzementplatten DP 1101 257, 1123 610 — 1959, DP 1174 239 — 1963. . 193

Lfd. Nr.	Quelle (Autor, Firma, Zeitschrift)	Seite
[117]	J. PARKER, Brit. Pat. 2120/1796	10—12
[118]	C. PASQUALE, R.C.M. Turin, Ö.P. 219.472; Vorrichtung zur selbsttätigen Regelung des Formungsdruckes bei Rohrmaschinen	207
[119]	F. H. PLANK, Die Mörtel-Bindestoffe, München 1952	
[120]	CARL POHL, DRP 151.946, 1902	14
[121]	—, Österr. Anm. A 4.373, 1910	15
[122]	POWERS und BRAUNYARD, Zement—Kalk—Gips Nr. 12/1958	68
[123]	GOTTLIEB PREISELER, DRP 272.557, 1912	14
[124]	L. PULVERMANN, P 25.796, 1911	15
[125]	Bauer-McNett Wet Classification Test for Asbestos Fibre, Quebec Asbestos Mining Association, Asbestos Textile Institute, Asbestos Cement Products Association	224
[126]	F. QUIETMEYER, Zur Geschichte der Erfindung des Portlandzementes, Berlin 1912	10—12
[127]	E. RASTRUP, Heat of hydration in Concrete, Magazine of concrete research 17 (1954)	181
[128]	Riva-Calzoni S.p.A., Mailand-Bologna, Rundsieb-Rohrmaschine	129
[129]	M. Roš, Eternit-Rohre der Eternit A.G. Niederurnen, Bericht Nr. 148/1944 der EMPA Eidgenössische Materialprüfanstalt Zürich	81, 92
[130]	GERHARD ROSENBAUM, Zur Erzeugungstechnik der Asbestzementrohre, Zement 1937 Nr. 5	17—20
[131]	R.C.M. Revisione Costruzione Macchine, Turin; Einrichtung zur Herstellung von Faserzementrohren DP 1107 577 — 1958	130
[132]	A. G. A. SAUL, Principles underlying the steam curing of concrete at atmospheric pressure, Magazin of concrete research 6 (1951)	181
[133]	H. B. DE SAUSSURE, Voyage dans les Alpes; Neuchâtel 1779—1796	10—12
[134]	VIKTOR SCHMIDT, DRP 181.223, 1905	13
[135]	—, DRP 191.141, 1906; DRP 205.380, 1906	13
[136]	H. E. SCHWIETE, Zement 25 (1935) Nr. 38	64
[137]	Simmons & Bocks, Österr. Pat. 2.091, 1900	15
[138]	W. E. SINCLAIR, Asbestos—Its Origin, Production and Utilization, 1955	10
[139]	J. SMEATON, Narrative of the building and the description of the construction of the Edystone Lighthouse, London, 1791	10—12
[140]	F. L. Smidth & Co. Kopenhagen, Modern Asbestos Cement Plants	122—125, 132, 133, 135, 306
[141]	P. N. SOKOLOW, Technologie des Asbestzementes, Moskau 1960	
[142]	E. SPOHN, Dissert. Berlin 1932, Zement 21, 702, 717, 731 (1932)	63
[143]	JOHANN SZABO, Ungar. Anm. S 5.480, 1911	16
[144]	OSKAR TENNER, Österr. Pat. 119.625, 1930	14
[145]	Tonindustrie Berlin, Biegezugfestigkeitsprüfer	232
[146]	—, Biege- und Scheiteldruckprüfmaschine	232
[147]	A. E. TÖRNEBOHM, Die Petrographie des Portlandzementes, Stockholm 1897	64
[148]	UAM, Universal Asbestos Manufacturing Co. Ltd., Data Sheets, Products of the UAM Group	85, 86
[149]	Vereinigte Stahlwerke A.G. Düsseldorf, V 28.217, 1933	20
[150]	GUIDO VIANINI, DRP 459.524, 1924	20
[151]	L. J. VICAT, Recherches expériment. sur les chaux de constr., les bétons et les mortiers ordinaires, Paris 1918	10—12
[152]	NICOLÁS P. WAGANOFF, Asbestocement, Buenos Aires 1952	
[153]	W. WALLACE, Chem. News 11, 185 (1865)	10—12
[154]	A. M. WINITZKIJ, L. I. FIGOTIN und L. B. BACHWALOWA, Automatisation der Autoklavenbehandlung von Bauplatten, Stroitelnye Materialy 7/1962	141

Schlüssel zum Quellenverzeichnis

(nach Seiten geordnet)

Seite	Lfd. Nr. des Quellenverzeichnisses	Seite	Lfd. Nr. des Quellenverzeichnisses
3	31, 48, 60	95	35
4	9	96	36, 44
5	30, 32	97	67
6	33	99	37
7—9	68	100	11
10—12	13, 39, 53, 67, 78, 90, 117, 126, 133, 139, 151, 153	101	73
		102	86
11	8, 138	106	2, 93
13	49, 115, 134, 135	108	94
14	58, 80, 88, 89, 100, 120, 123, 144	113	34
15	95, 111, 121, 124, 137	122—125	140
16	1, 27, 64, 85, 99, 101, 114, 143	125—128	76
17	16, 40, 48, 59, 104, 105, 106	130	131
17—20	130	132	140
18	41, 42	133	140
19	10, 14, 29, 51, 60, 65, 113	134	4
20	55, 57, 62, 102, 149, 150	135	140
21	74	136	5
23—44	91	141	154
45	48	166	87
46	48	179	84
49	48	181	127, 132
51	9	182	83
55	6	183	19
61	39, 91, 92	189	96
62	22	193	116
63	63, 109, 142	195	46
64	23, 25, 98, 136, 147	202	77, 97
65	17, 20, 26	207	118
66	109	208	56
68	122	216	15
69	81	224	12, 125
70	54	227	3
73	61	228	110
74	18	229	103
80	67	231	52
81	129	232	145, 146
84	43, 112	233	82, 108
85	112, 148	240	28
86	148	243	75
87	69	245	21
88	70, 72	279	38
89	45, 71	283	38
92	67, 129	303	107
93	67	306	140

Sachverzeichnis

Abbindekammer 142
Abbindezeit 74
Abbindung 22, 139
Abflußrohre 214, 216
Abflußrohrmaschine 103, 134
Abnahme 222
Abnahmeprüfung 241
Abnahmetisch 118
Absenkvorrichtung 119
Absetzhöhe 145
Absorption 32
Abwasserleitungen 93
Actinolit 47
additive Eigenschaften 30
Adsorption 32
Adsorptionswasser 72
aktiver Zustand 12
allotrop 39
Altersverteilung 167
Amosit 47, 50, 178
Amphibolasbeste 46
Anmachwasser 75
Anthophyllit 47
Arrhenius 35
Asbest 7, 44
Asbestanteil 150
Asbestaufschließung 143
Asbestfaserlänge 150
Asbestförderschnecke 256
Asbestgewinnung 58
Asbestkristalle 46
Asbestlager 265
Asbestosis 58
Asbestsilo 104
Asbestwaage 255
Asbestzement 80
Asbestzement-Dachplatten 5
Asbestzement-Platte 83, 113
Asbestzement-Prüfung 238
Asbestzement-Rohr 92
Asbestzement-Tafeln 5
Atmospheric Corrugator 193
Aufbereitungsverfahren 21, 102
Aufgabeapparat zur Plattenmaschine 123
— — Rohrmaschine 132
Aufschließungsverfahren 21, 102
Aufschließungsverhalten 226
Ausblühen 202
Auslegung 251, 275, 278
Ausreißfestigkeit 53, 144
Austragschnecke 104
Ausziehmaschine 135
Autoklav 35
Autoklavgewicht 307
Autoklavhärtung 141, 294
Autoklavkessel 306
Autoklavwagen 306
Axialschub 209

Bakteriologisches Verhalten 93
Bauer-McNett 224
Behälter aus Asbestzement-Platten 126
Beladung 307, 312
Biegefestigkeit 5, 243, 247
Biege- und Scheiteldruckprüfmaschine 232
Biegezugfestigkeit 6, 244
Biegezugfestigkeitsprüfung 232, 246
Blaine-Dyckerhoff 231
Blauasbest 47, 50, 176
Blumenkasten 128
Bombolo 126
Boyle-Mariotte 23
Buoyancy-Test 145
Brennprozeß 61
Bruttoproduktion 162

Cannone 121
chemisch-mineralogische Zusammensetzung 189
Chrysotilasbeste 46, 49
Cornabo 128
Crocidolit 47
Crudeasbest 55

Dachhaut 83
Dalmine-Maschine 19
Dampfbehandlung 186
Dampfdruck 24
Dampfhärtung 141, 294
— vor Ort 69
Dehnung 53
Desintegrator 103

Dichte 187, 225
Dickenmeßeinrichtung 262
dickflüssiger Stoff 103
Differentialakkumulator 215
Diffusion 37
Disintegration 143
disperse Phase 28
— Systeme 28
Dispersion, grobe 28
Dispersionsmittel 28
Dissoziation 39
Druckregelung 204
Druckregler 208
Druckrohr 92
Druckstoß 93
Druckwagen 204
Duco-Rapid-Kupplung 99
dünnflüssiger Stoff 103
Durchfärben 138
Dyckerhoff 145, 226

Einfachmischer 104, 255
Einfilz-Rohrmaschine 131, 134
Elastizitätsmodul 29, 53
Emulsion 32
Emulsionskolloid 32
endotherm 38
Energie, chemische 43
Entstehung des Asbestes 45
Entwässerung 161
Erhärtung 183
Erhärtungstheorien des Zementes 65
Erstarrung 22
Erstarrungsbeginn 231
Erstarrungsverhalten 231
Erstarrungszeit 172, 181
Erzeugung 102
exotherm 38

Färben 138
Färbetest von Chrysotil 228
Farbpigmente 138
Faserdichte-Vektoren 148
Faserdurchmesser 51
Faserlänge 150, 223
Faseroberfläche 51
Faserrichtung 261
—, mittlere 148
Faserverteilung 146
Faserzahl 51
Faserzement 4
Fernheizleitungen 94
Ferro-Eternit 90
Fertigungskontrolle 240
feste Stoffe 25
Festigkeit 173
Festigkeitsentwicklung 231
Festigkeitsprüfung nach Marchioli 229
Feststoffabscheidung 112
Festwassertheorie 69
Feuchtigkeitsgehalt 228
Feuchtigkeitsmesser 241
Feuchtraum 270, 283
Fiberisation 143
Filterwassertank 110
Filtrationsfähigkeit 181
Filtrationsprüfung 227
Filzgeschwindigkeit 188
Filzspanneinrichtung 262
Filzwaschanlage 117
Fließwiderstand 92
Flüssigkeiten 23
Fördergebläse 104
Förderschnecke 104
Formatwalze 113
Formatwalzendruck 261
Formierungssektion 118
Formstücke 246
Formstückerzeugung 127, 137, 272, 289
Formteile aus Platten 125
Formungsdruck 207
Frischwasser 120
Frittung 25
Frostbeständigkeit 5, 242, 247

Garnfestigkeit 52
Gase 23
Gautschwalze 113, 117
Gay-Lussac 23
Gel 33
Gesetz der konstanten Wärmesummen 40
— — Temperaturabhängigkeit der Wärmetönung 41
Gewicht, spezifisches 80
Gewichtsanteil 151
Gibault-Kupplung 97
Glas 27
Gleichgewicht, falsches 35
Gleichgewichtslehre 34
Grünabfallauflöser 110, 117
Grünabfallauflösung 162
Gütefragen 203
Gußverfahren 20, 122, 135

Handwellen 200
Härtung 22, 139, 282
Hatschek-Maschine 103
Hatschek-Verfahren 13, 113
Hauptsauger 113, 118
Heizleitungen 94
Hess 40
heterogen 28
Hilfssauger 161
Hitzebeständigkeit 242

Hochleistungs-Plattenanlage 165
Hochvakuumanlage 110
Holländer 107
homogen 28
Homogeniseur 104, 106, 110
Hornblendeasbeste 47
Hydratation 22, 30, 74, 139
Hydratationsalter 113, 167
Hydratationswärme 181
Hydratationswasser 72, 80

ideale Mischung 149
Index nach Marchioli 230
Indikator 78
Injektionspresse 127
Inkrustation 92
ISO 243
Isomorphie 26

Jahresproduktion 273
Jodtest 228

Kalander 130, 135
Kalandrieren 213
Kalkstandard 64
Kennlinien 166
Kernwechselvorrichtung 130
Kettenwellmaschine 198
Kirchhoff 41
Klassifizierung 55
—, russische 57
Kleinplatten 125
Kleinplattenanlage 125
Kleinzylinderverfahren 233
Kohäsionsdruck 25
Kollergang 104, 254
Kollern 102
kolligative Eigenschaften 30
Kolloide 28
Kolloidtheorie 65
Konsistenz 158
Kontrolle 222
Konzentration 30
Korrosion 92
Kristalle 26
Kristalltheorie 65
kritischer Druck 23
kritisches Volumen 23
kritische Temperatur 23

Laborprüfungen 222
Lackieren 138
Ladegewicht 310
Lagerung 289
Längsbiegefestigkeit 186
Längsschneidvorrichtung 118
Liniendruck 184, 204
Lösungswärme 40
Luftdurchlässigkeitsprüfung 145, 226
Luftförderleitung 104
Lufthärtung 139
Luftstechen 213

Magnani-Druckrohrmaschine 132, 214
Magnani-Rohrmaschine 20
Magnani-Wellanlage 122
Mahlfeinheit 231
Mahlwerk 106
Mandrellausziehvorrichtung 130
Maschinenwahl 253, 277
Maßabweichungen, zulässige 244
Materialbedarf 252, 254, 276
Materialkosten 174
Mazza-Matteische Rohrmaschine 17
metastabil 27
Mineralogie 46
Mischkristalle 26
Mischung, ideale 149
Mischungsfestlegung 173
Mischungsverhältnis 152
Modul 64
Molekulardispersion 28
molekulare Wirkungsreichweite 29
Molenbruch 30
Morphotropie 26
Muffenrohre 18, 96, 135, 137
Muffenverbindung 135
Mühle 102
Mühlenasbest 55

Nadelgerät 231
Naßaufbereitung 107
Naßfestigkeit 52
Naßkuchen 226
Naßverfahren 21, 104, 128
Naßvolumenprüfung 225
Naturzement 11
Nettoproduktion 160
Niederdruckrohre 20, 134
Niedervakuumanlage 110
Normalsiebbüchsen 231

Oberfläche, innere 31
—, spezifische 52, 145, 231
Oberflächenenergie, spezifische 29
Oberflächenrisse 200
Oberflächenspannung 24
Oberfilz 133
Öffnung 102
Öffnungsgrad 143, 144
Olivin 45

Partialdruck 24
Peptisation 32

Perplex 102
Pfeifenbildung 209
Phasen 28
Phasengleichgewichtsdiagramm 61
Phasengrenzfläche 31
p_H-Wert 77
Plastizität 201
Plattenanlage 251
Plattenerzeugungsanlage 121
Plattenerzeugungsmaschine 121
Plattenmaschine 259
Polymorphie 26
Portlandzement 11
Portlandzementklinker 63
Probenentnahme 222
Produktionsfilz 113, 261
Produktionsgrenzen 263, 278
Produktionshalle 272, 289
Produktionsleistung 103
Produktionstakt 269
Produktionstemperatur 120
Produktionswasser 103
Projektierung 248
Prüfsiebvibrator 224
Pumpen 259

Quebec-Methode 55, 223
Quebec-Standard-Siebtestmaschine 223
Querschneidköpfe 118
Querstapler 118

Raumanteil 151
Raumgewicht 5, 80, 225, 241
Raumgitter 26
Reaktionsgeschwindigkeit 34
Reibung, innere 24
Reife 182
Reinigungs- und Einölmaschine 119
Reka-Kupplung 98
Rekristallisation 27
Repulsionsdruck 25
Resegone 125
Ring-Tite-Kupplung 100
Ringzugfestigkeit 6, 244, 247
Rißbildung 201
Rohmateriallager 279
Rohranlage 275
Rohrbearbeitung 285
Rohrerzeugung 128, 203
Rohrpostanlagen 94
Rohrprüfung 285
Rohrverbindung 97
Rollofen 221, 280
Rollsauger 151
Romankalk 11
Romanzement 11
Ro-Tap Sieve Analysis 224
Rücklaufwasser 162
Rückwasserpumpe 110
Ruhezeit 181
Rührbütte 105, 110
Rührer 113
Rundsieb-Rohrmaschine 129
Rundsiebzylinder 114

sag-test 173, 233
Saugkasten 118
Säulenverkleidungen 94
Säuregrad 77
Scheiteldruckfestigkeit 6, 244, 247
Scheiteldruckfestigkeitsprüfung 245
Scheiteldruckprüfmaschine 232
Schlammpumpe 166
Schmelzwärme 25
Schneidapparat 123
Schneidtisch 118
Schnellprüfung 233
Schraub-Kupplung 100
Schwenk-Mandrell 129
Sedimentation 31
Selbsterwärmung 36
Self-Tite-Kupplung 100
Serpentin 45
Siebtestmethode 57, 223
Siebzylinder 113, 260
Siebzylinderwäsche 142
Sieden 25
Silikatmodul 64
Simplex-Kupplung 98
Skulpturen 101
SM 729 - Aufbereitungsmaschine 107
Sol 33
Solvatation 30
spezifische Oberfläche 145
Spritzrohre 113, 161
Spritzwasser 161
Spritzwasserpumpe 110
Stahlkern 133
Standlage 211
Standzeit 260
Stangenmühle 102
Stangenwellmaschine 192
Stangenwellmaschine, verbesserte 198
Stapelbrücke 118
Stapelung 270
Staubgehalt 225
Stoffaufbereitung 102
Stoffkreislauf 160, 165
Stoffkreislaufschema 160, 165
Stoffwassertemperatur 180, 184
Stoffwasserzulauf 162
Substanzfestigkeit 52, 144

Tagesproduktion 103
technologische Werte 179
Temperaturdiagramm 141
Thermochemie 38
Tonerdemodul 64
Tragfähigkeit einer Faser 4
Transportkreislauf 120
Tremolit 47, 50
Tricalciumaluminat 64
Tricalciumsilikat 64
Trichterfilter 258
Trinkwasserversorgung 93
Triplex-Kupplung 100
Trockenaufbereitung 22, 104
Trocken-Doppelmischer 104
Trockenfestigkeit 52
Trockenstoffanteil 102
Trockentest 225
Trockenverfahren 111, 137
Trockenvolumenprüfung 226
Turbomischer 163
Turbopulper 107, 257
Turnall-Kupplung 100

Umlaufalter 167
Umlaufzahl 167
Umlaufzeit 168
Universalprüfmaschine 232
Unterfilz 132

Verarbeitungswasser 72
Verdampfungswärme 25
Verdichtung 187
Verpressen 120
Vicat 231
Vierkantrohr 96
Viskosität 24
Vliesdichte 187
Volumetrischer Zyklon 229
Vorabbindetisch 280
Vorabbindung 268, 279

Waage 104
Wanddicke 6, 211
Wandverkleidung 86
Wärmebedarf 302
Wärmedehnung 54
Wärmetönung 38
Wärmeverbrauch 305
—, spezifischer 305
Wärmeverlust 308
Waschsauger 113
Wasseraufnahme 5, 241
Wasserbadhärtung 140, 283
Wasserbecken 283
Wasserdichtheit 6, 245, 247
Wasserdurchlässigkeitsprüfung 243
Wassergehalt 160, 216
Wasserhärte 76, 103
Wasserhärtung 140, 283
Wassersättigung 217
Wasserversorgung 268, 279
Wasservorwärmanlage 120
Wasserwirtschaft 159
Wasser-Zement-Faktor 72, 216
Weißasbest 49
Wellmaschine 119
Wellplatten 87, 200
Wellsauger 195
Welltisch 195
Wellverfahren 190
Wellwagen 119
Wertigkeit 173
Wickeldorn 130
Widnes-Kupplung 100
Willow 102

Xerogel 33

Zähigkeit 24
Zement 61
Zementfabrikation 63
Zementförderung 256
Zementlager 267
Zementprüfung 231
Zementsilo 104, 256
Zementwaage 257
Zentrifuge 112
Zerreißspannung, theoretische 29
Zulaufzeit 168

GPSR Compliance

The European Union's (EU) General Product Safety Regulation (GPSR) is a set of rules that requires consumer products to be safe and our obligations to ensure this.

If you have any concerns about our products, you can contact us on ProductSafety@springernature.com

In case Publisher is established outside the EU, the EU authorized representative is:

Springer Nature Customer Service Center GmbH
Europaplatz 3
69115 Heidelberg, Germany

Batch number: 10584556

Printed by Printforce, the Netherlands